青少年大开眼界的军事枪械科技 ①

枪械科技

QIANGXIEKEJI

知识

冯文远◎编

辽海出版社

责任编辑：陈晓玉　于文海　孙德军

图书在版编目（CIP）数据

青少年大开眼界的军事枪械科技/冯文远编. —沈阳：
辽海出版社，2011（2015.5 重印）

ISBN 978-7-5451-1259-7

Ⅰ. ①青…　Ⅱ. ①冯…　Ⅲ. ①枪械—青年读物②枪械
—少年读物　Ⅳ. ①E922. 1 – 49

中国版本图书馆 CIP 数据核字（2011）第 058689 号

青少年大开眼界的军事枪械科技

枪 械 科 技 知 识

冯文远/编

出　版：辽海出版社		地　址：沈阳市和平区十一纬路25号	
印　刷：北京一鑫印务有限责任公司		字　数：700 千字	
开　本：700mm×1000mm　1/16		印　张：40	
版　次：2011 年 5 月第 1 版		印　次：2015 年 5 月第 2 次印刷	
书　号：ISBN 978-7-5451-1259-7		定　价：149.00 元（全 5 册）	

如发现印装质量问题，影响阅读，请与印刷厂联系调换。

《青少年大开眼界的军事枪械科技》
编委会

前　言

　　枪械是现代战争中最重要的单兵作战武器。随着信息化作战的发展，枪械的种类和技术也在不断地发展变化着，从第一支左轮手枪的诞生，到为了适应沟壕战斗而产生的冲锋枪，从第一款自动手枪的出现，到迷你机枪喷射出的强大火舌，等等，枪械正以越来越完美的结构设计，越来越强大的功能展示着现代科技的强大力量。揭开现代枪械的神秘面纱，让你简直大开眼界！

　　不论什么武器，都是用于攻击的工具，具有威慑和防御的作用，自古具有巨大的神秘性，是广大军事爱好者的最爱。特别是武器的科学技术十分具有超前性，往往引领着科学技术不断向前飞速发展。

　　因此，要普及广大读者的科学知识，首先应从武器科技知识着手，这不仅能够培养他们的最新科技知识和深入的军事爱好，还能够增强他们的国防观念与和平意识，能储备一大批具有较高科学文化素质的国防后备力量，因此具有非常重要的作用。

　　随着科学技术的飞速发展和大批高新技术用于军事领域，虽然在一定程度上看，传统的战争方式已经过时了，但是，人民战争的观念不能丢。在新的形势下，人民战争仍然具有存在的意义，如信息战、网络战等一些没有硝烟的战争，人民群众中的技术群体会大有作为的，可以充分发挥聪明才智并投入到维护国家安全的行列中来。

　　枪械是基础的武器种类，我们学习枪械的科学知识，就可以学得武器的有关基础知识。这样不仅可以增强我们的基础军事素质，也可以增强我们基本的军事科学知识。

　　军事科学是一门范围广博、内容丰富的综合性科学，它涉及自然科学、社会科学和技术科学等众多学科，而军事科学则围绕高科技战争进

行，学习现代军事高技术知识，使我们能够了解现代科技前沿，了解武器发展的形势，开阔视野，增长知识，并培养我们的忧患意识与爱国意识，使我们不断学习科学文化知识，用以建设我们强大的国家，用以作为我们强大的精神力量。

为此，我们特地编写了这套"青少年大开眼界的军事枪械科技"丛书，包括《枪械科技知识》、《手枪科技知识》、《步枪科技知识》、《卡宾枪科技知识》、《冲锋枪科技知识》、共5册，每册全面介绍了相应枪械种类的研制、发展、型号、性能、用途等情况，因此具有很强的系统性、知识性、科普性和前沿性，不仅是广大读者学习现代枪械科学知识的最佳读物，也是各级图书馆珍藏的最佳版本。

目 录

枪的产生和发展

概　述

枪械指利用火药燃气能量发射弹丸，口径小于 20 毫米（大于 20 毫米定义为"火炮"）的身管射击武器。以发射枪弹，打击无防护或弱防护的有生目标为主。是步兵的主要武器，也是其他兵种的辅助武器。在民间还广泛用于治安警卫、狩猎、体育比赛。

早期的枪械

早在 1259 年，中国就发明了以黑火药发射弹丸、竹管为枪管的第一枝"枪"——"突火枪"。其基本形状为：前段是一根粗竹管；中段

膨胀的部分是火药室，外壁上有一点火小孔；后段是手持的木棍。其发射时以木棍拄地，左手扶住铁管，右手点火，发出一声巨响，射出石块或者弹丸，未燃尽的火药气体喷出枪口达两三米。

这种原始的火枪真正所能起到的，也只有心理威慑作用，首先，由于火药的原料配比问题，其推力相当有限，射程大概不到一百米，又因为射击方式很僵硬，根本不可能运用现代的"三点一线"式瞄准方式，再因为其枪管为竹管，在射击了大约四到五次之后，枪管末段的竹质就会因为火药爆炸时的灼烧而变得十分脆弱，摔在地上就会折断。更有甚者，射击的时候因为膛压过高干脆炸膛，竹子哪里撑的住那样的爆炸，很少能成功开火，所以只有心理威慑作用。

到了元朝，先是火药的配比被重新调整，导致同样体积的火药，其在相同空间内所引发的爆炸气流压强比原来的压强提高了约三倍，即是说，弹丸的加速度变为了原来的三倍，出膛速度变为了原来的 1.732 倍；而与此相对的，竹管制的枪管被换成了生铁管，能承受的膛压大幅度提高，这样一来，火枪的使用价值由于威力、射程和耐久度的提高而大有提高，因其子弹，主要以石块和铅弹为主，所以这种新式的火枪被命名为"石火矢"。

不过，由于它的体积大，且十分的重，并不是替代弓箭的优秀装备。同时代，元朝也制造出了早期的手枪，其虽然便于携带，但威力和射程都低的可怜，基本上没有战术上的价值。

火绳枪至于西欧方面，出现同类武器是在十四世纪中叶的意大利，

其名叫"火门枪"，其实基本类似以后的"火绳枪"，但体积和重量都远胜后者，而杀伤力似乎和火绳枪差不多，所以，这种武器主要是用于城堡要塞的防御。

当时骑兵也装备了火枪，德意志的枪骑兵们就曾用"火门

枪"把法军打得惊恐万分。骑兵用的火枪要短一些、小一些，射击时先用绳子把枪拴在脖子上，在马鞍上支一个"Y"形的架子架住枪管，后部的木棍抵住胸前的铁甲，右手点火。

到了 15 世纪初期，战场上出现了更小型的手持火炮，原先的"火门枪"的木制握柄被重新设计过，射击时能够倚靠在士兵的肩膀上，而不再是架在支架或者地上，从而，步枪的定义被正式确定为：单兵肩射的长管枪械。而且，工匠们在新式火枪的枪膛内装进了一种能够控制点火的机械装置。但是，这种武器只有在近距离，乱枪齐射的情况下才能发挥出较大的威力。

到了 15 世纪中叶，在日本战场上小放异彩的"火绳枪"终于出现。最初的火绳枪的点火机构是一个简单的呈"C"型的弯钩，其一端固定在枪托一侧，另一端夹着一根缓燃的火绳。火绳是经过硝酸钾或其它化学药物处理的麻绳捻成的，到了后期，也有用火棉（纤维素硝酸酯）拉成丝与浸过蓖麻油的麻绳捻在一起，阿拉伯地区甚至使用"燃水"（石油）浸泡麻绳制作火绳。

弹丸采用铁或者铅做成，一般来说，因为铅软且易变形，所以在装填时和命中目标时，都有相当的好处，否则的话，装填弹丸时，需将铁弹丸放到膛口，用木鎯头打送弹棍，推铁弹进膛，非常的浪费时间。火绳枪发射时，可用手指将金属弯钩往火门里推压，使火绳引燃点火药，继续点燃发射药。这样，射手可以一边瞄准一边推火绳点火。

火绳枪使用了滑膛技术。不过，由于其是前膛单发填装且弹丸与推进药分装，所以其射速非常之慢，大约为 30 秒一发，而且是经过训练的高级火枪手。再者，暴露在外的火绳非常容易被风吹灭或者雨浇灭，射击非常容易失败，枪手还需要用火折子直接去点火绳，所以射击失败之后的重新射击也非常的麻烦。

随着技术的发展，需要火折子直接去点火的问题被圆满解决，西欧的工匠们在枪的后部增加了一个由扳机所带动的小火炬，这个小火炬在战斗的时候一直燃烧着，当需要开枪的时候，就扣动扳机使小火炬向前运动，接触到前面插着的火绳，而小火炬是用浸泡了蓖麻油的布团揉成，上面燃烧着的火不易熄灭。

这样一来，火绳枪手在射击失败之后就不必再重新打火折子，射程起来方便了许多。这种新式的扳机击发式火绳枪的口径一般为15至20毫米，管径比一般为40到45毫米，而最大射程一般为60至80米，它在1543年传入了日本。

"Musket"火枪——于1500年前后诞生于德国纽伦宝地区的螺旋式线膛的扳机击发火绳枪，也称"步枪"，由于内刻的膛线有效的加强了枪的准确度，枪管的长度也有所提高，能对弹药受力后的运动进行较好的导引，也就是说，其最大射程有所提高，到达了200米之多！而且，这种火绳枪还具备了由准星和照门组成的瞄准装置，所以，准确度大大提高。

总之，可谓是枪界一大革命也，不过，很可惜，由于种种原因，这种线膛火绳枪并没有能够广泛的被采用，只有德意志联邦中的普鲁士，奥地利和巴伐利亚三个比较强大的邦国把它正式装备了部队，这也是德意志联邦内这三个邦国能够充分压制汉诺威等小国，以及"威慑"意大利，法兰西等大国的原因之一。不过很显然，这种线膛式火绳枪并没有传入日本，直到以后的燧发枪诞生，日本才进行了火枪的换代。

之后，火枪技术又在两个领域中不断的发生着革命，一是击发技术，另一则是弹药技术。前者的发展，先是在16世纪后期，欧洲发明了一种"火种点火"的方式。技术原理是，在一个小管里放一个"火种"或一节短火绳，枪手只是在用枪时才点燃火种，不至于因枪上都带一条点燃的火绳而在夜间暴露目标。

"火种"式火绳枪就是后来燧发枪的先驱。而燧发枪则在不久后的十七世纪由是法国人发明。它的基本结构如同打火枪，即利用击锤上的燧石撞击产生火花，引燃火药。

燧发枪的平均口径大约为13.7毫米，由于还没有发明后装弹式火枪，所以这对当时的弹药装填技术做了很高的要求，按以前的装填方法，装填弹丸时，需将弹丸放到枪口，用木鎯头打送弹棍，推枪弹进膛，这是非常费时间的，在战场上，就意味着浪费生命。

后来，美国宾夕法尼亚周的枪械师创造了一种加快装填法，使用浸蘸油脂的亚麻布或鹿皮片包着弹丸，装入膛口，减少了摩擦。这种方法不仅加快了装填速度，而且起到了闭气作用，精度随之提高，射程也提高了。如果说燧发枪的出现标志着纯机械式点火时代技术的结束，那么随之而来的爆炸式点火技术就是瞬间点火时代的开始。

首先进行爆炸式点火技术激发试验的是一个名叫亚历山大·福希斯的苏格兰牧师。福希斯开始用的是器皿装雷汞粉。后来把雷汞粉铺在两张纸之间。在进一步制作了纸卷"火帽"，这种发明大大加快了枪械的发射速度。

19 世纪的枪械

1808 年，法国机械工包利应用纸火帽，并使用了针尖发火，1821年，伯明翰的理查斯发明了一种使用纸火帽的"引爆弹"。后来，有人在长纸条或亚麻布上压装"爆弹"自动供弹，由击锤击发。这样一来，击发枪就更完善了，到了 19 世纪，针刺击发枪也诞生了。

其最早出现在 1840 年，是德国人德莱赛发明的，故又称为德莱赛针刺击发枪。其技术特征是：弹药从枪管后端装入，并用针击发火。这种武器首先由普鲁士军队装备，在普鲁士的三次王国统一战争中，其大放异彩，令丹奥法三国骑兵闻枪色变。与击发技术的发展同步的是装弹技术的发展。

在 1840 年的鸦片战争中，英军标准配备的是著名的 BROWN-BESS 前膛装药的滑膛燧石火枪，并非英军上尉派垂克·佛格森于1776 年就发明成功的后膛装弹来

福枪，该"佛格森"后膛装弹来福枪是佛格森上尉在参加英军镇压1776年的美国独立战争中，在美国的前膛装药的肯塔基式线膛来福火绳枪的基础之上研制成功的，英军曾生产了100支这种新枪，装备了由他本人率领的一支百人队伍，有效射程提高到200米，最高射速每分钟六发，但因他本人战死，这种枪一直到1853年也没有在英军中推广。

　　而后来，1860年，美国首先设计成功了13.2毫米机械式连珠枪，开创了弹夹的先河。此枪枪托里有一个弹簧供弹舱直通枪膛。子弹可以由此一发一发装进，自动输送入膛。连珠枪的出现，使步枪进入了一个新的阶段。

一次及二次大战的枪械

　　在一战之后，各国都已经积极开发各种手枪、左轮手枪、冲锋枪、手动步枪、半自动步枪、自动步枪、狙击步枪及机枪。期间先后出现了许多新型枪械，如苏联的莫辛－纳甘步枪、德国的Kar98k毛瑟步枪、MG34、MG42，美国的M1加兰德步枪、M1卡宾枪、勃朗宁自动步枪、英国的李－恩菲尔德步枪、布伦轻机枪等。

至二次世界大战后期，还出现了自动步枪和突击步枪，如 1944 年出现在战场上的德国 7.92 毫米 StG44 突击步枪，特点是火力强大、轻便、在连续射击时亦较机枪容易控制，这是世界上第一种的突击步枪，亦对世界各国枪械的研制产生了重大影响。

20 世纪 50 年代的枪械

AK‑47 战后，苏联开发了著名的 AK‑47，美国亦开发了 M14 自动步枪及 M60 机枪，越战时期，冲锋枪及自动步枪已成为主要战武器，像 60 年代装备美军的 7.62×51 毫米 M14 自动步枪，战时显示大口径子弹不适合用作突击步枪用途，其后开发出著名的小口径 M16、苏联亦推出小口径化的 AK‑74，此时世界各国亦分成北约及华约口径作制式弹药来设计各种枪械。

近代的枪械

个人防卫武器在世界各国以小口径子弹作制式枪械弹药时，他们亦开始在枪械的设计上不断改进，包括改良枪机运作方式，研制新型弹药，加装各种配件等，枪械的质素也渐渐提高。

但因为环保意识关系，以枪械作为狩猎工具渐有被淘汰的趋势，而为了保安的理由，个人拥有枪械变成只属某些国家的独特文化。同时因为保安的理由，专用来做镇暴的非致命弹药，或供保护要人及供非前线军人自卫用途的枪械亦问世了。

未来的枪械

XM29 OICW 在二十世纪中发明了导弹，开创高技术的精确制导武器，对于发射后不能控制的火炮，对其作用便有争论了，可是小型的枪械尚未有可以代替的导弹。

在一些军事科技实验室和绝大部分科幻故事中，虽然有出现了名称和外表似枪械，但原理迥异的新武器，如激光枪和轨道枪。

可是实际上同时倒有人开发了一些，继续使用枪械的原理，但采用高技术和新的结构，如金属风暴、无壳弹、液态火药推进、电热枪炮、理想单兵战斗武器等，可见枪械还有开发、发展的空间。

枪械常用词汇

口　径

枪管的内径，定义是可以塞入时正好贴紧阳膛壁的假想圆筒的直径。一般是测量两个相对的阳膛壁间的距离来断定，也就是膛径。

凸　轮

枪机结构内用来执行转动、倾斜、位移的机件或构型，例如柯尔特M1911A1型手枪上用来在后座行程中将枪管拉下与滑套分离的凸轮即是，又如在M16步枪的枪栓连动座上负责将枪栓头转动完成闭锁、开锁的凸轮栓和相应滑槽。

夹压槽

环绕弹头或弹壳外壁的沟槽。

子　弹

步枪或手枪所使用的弹药，通常包含弹头、弹壳、装药、底火四部分。散弹枪的弹药叫霰弹。

弹　壳

金属或塑胶制，位于弹头后方，用以容纳装药。

中心方位

瞄准标靶时瞄准点选在标靶圆心的正中心。这种瞄准方位的优点在于不必担心距离上的差异，而且可以较快瞄准目标。缺点是准星和照门会挡住部分目标。

弹　夹

基本上一个 clip 指的是用金属框架或金属条做成，把数发子弹构成一排或交错，用以对枪枝装填弹药之用。依照其是否在装填后成为枪身的一部份，又可以分成 enblockclip 和 stripperclip。

前者是金属制用来装子弹的框架，装填时整个框架连子弹一起塞入弹仓中，变成枪枝的一部份。当子弹用光时，空弹夹会自动跳出或从弹仓下方落下。

它的缺点是，大部分使用这种设计的枪枝都无法在使用了一半的弹夹中装入新子弹，而且往往无法在子弹用光前将弹夹取下，造成许多困扰。这装置在 19 世纪由曼尼契发明，多见于曼尼契式的枪栓式步枪上，不过美国的 M1 格兰特半自动步枪也是使用这类的系统。

准直仪

用来对光学瞄准具进行枪膛归零的工具。将它装在枪口，从上方的显示管可以看到枪管轴心线指向某个距离处的投影，然后根据这个影像，调整光学瞄准具的左右高低，必要时用垫片填高前后基座高低。

经过准直仪枪膛归零后的光学瞄准具还是要到靶场去实际归零，不过由于已经将枪管轴心线和光学瞄准具大略对准，实际归零时就比较容易。它的优点是节省空间，可以在室内使用。有时又称为枪膛归零器。

贴腮部

后托的上缘，射手瞄准射击时贴腮的部位。

十字瞄准线

光学瞄准具中使用的一种瞄准线类型，两条细线以直角交会在一起。实际的形状、线的粗细等等随

各厂家设计而有不同。

弹　筒

转轮手枪机件中用以容纳弹药的转轮，上有多个膛室，每个膛室装一发子弹，会顺序轮转跟枪管对正。

弹筒闩

外摆式转轮手枪上用以扣住弹筒锁闩，按下后可以让弹筒往外扳出退壳装弹。

延迟反冲

气体反冲式的一种变形，当弹壳因气体压力后退对枪栓施压时，枪栓利用机械原理把后退的动作延迟一段时间，让膛压下降到安全程度才继续反冲的其余动作。如此一来，枪栓的重量可以大为减轻，复进簧的弹力也可以降低一点。德国 HK 公司的 G3 系列步枪，以及 MP5 系列冲锋枪都是使用滚轮延迟反冲的作用方式。

良视距

射手眼睛能看到光学瞄准镜内全部视野时，眼睛距离接目镜表面最远的距离，单位以公厘（毫米）或英寸表示，是由瞄准镜透镜结构特性造成的。一般放大倍率越大的瞄准镜，良视距就越短。

良视距越长，射手越不必将眼睛贴近接目镜，使用起来比较舒适；而且因为枪械是有后座力的，眼睛太贴近接目镜也有受伤的危险，尤其当射手戴眼镜或者是使用有强大后座力的枪枝时。

所以一般来说选择光学瞄准镜时，良视距长一点比较好。如何判断是否自己眼睛位置在良视距内？或是是否在相对于瞄准镜的正确位置？

视　野

光学瞄准镜在一定距离时可以看到景象的宽度，越宽表示同时可以观察的范围越大，对移动中目标的跟踪也越容易。通常放大倍率越大，视野越小。

防火帽

装在枪口用于分散枪口炽焰的装置，目的是为了避免在较暗的环境下射手视觉被闪亮的炽焰干扰影响瞄准。其作用原理在于将从枪口喷出的燃烧废气降温，使其和外面空气接触时不会燃烧产生火焰。

枪　身

手枪和转轮枪上最基本的结构，其他零件如枪机、枪管、弹筒等等都是加在其上。

枪　体

枪械上用以把持操作的各部分，包括护木、护手、握把、后托等，其材质为木制或塑胶制；等同于广义的"枪托"。

弹　道

弹头的飞行路径。

三脚架

用以承载较重型枪械的平台脚架，通常由中型机枪或重机枪使用。

调整钮

光学瞄准镜上调整高低左右归零的旋钮，以其形似炮塔而得名。通常外有塑胶盖保护，调整前需取下，调整后旋上塑胶盖以免误动刻度。旋钮的刻度一般以 1/4MOA 来表示，更精密的瞄准镜有细到 1/8MOA 的。每转一个刻度，会感到或听到"喀"的声响，所以也有人称一个刻度为一响。

可变倍率瞄准镜

可以调整放大倍率的光学瞄准镜，一般狩猎最常用的可变倍率瞄准镜为 3 – 9 × 40，意为放大倍率在 3 到 9 倍之间，物镜直径 40 公厘。

突火枪

宋理宗开庆元年（公元 1259），宋军发明此种管状火器。以巨竹筒为枪身，内部装填火药与子窠——子弹。点燃引线后，火药喷发，将"子窠"射出，射程远达 150 步（约 230 米）。这是世界第一种发射子弹的步枪。

中国的早期火枪，在宋朝时就已经出现了，当时叫做"突火枪"，其基本形状为：前段是一根粗竹管；中段膨胀的部分是火药室，外壁上有一点火小孔；后段是手持的木棍。其发射时以木棍拄地，左手扶住铁管，右手点火，发出一声巨响，射出石块或者弹丸，未燃尽的火药气体喷出枪口达两三米。

这种原始的火枪真正所能起到的，也只有心理威慑作用，首先，由于火药的原料配比问题，其推力相当有限，射程大概不到一百米，所以，一个 20 人的火枪队，一次射击能有 5 个人成功的开火就已经是万幸了，这射出的 5 发子弹，有两颗能在到达敌人的面前之前不掉下来就又是一种万幸了，而到了敌人的面前可能又会有一颗子弹从敌人的身旁飞过，而最后的子弹，结果因为敌人的甲胄坚固……总而言之，威慑，威慑力量而已……

火门枪

　　火门枪是最早的金属管形火枪，我国早期的小型火铳等都属火门枪，所谓火门枪，就是在枪上有一个点火的火门。火门枪结构很简单，发射方式类似今天的爆竹，它有一个铸铜或熟铁制造的发射管（即枪管），发射管的下端有一火门，用来点燃火药，发射管尾端接一称之为"舵杆"的木棍或长矛，木棍或长矛便于射手握持、瞄准和控火门枪的发射一般需要两个人。

　　发射时，将黑色火药从枪的膛口装人，然后再插入诸如石弹、铁弹、铜弹或铅弹一类的弹丸，接着用烧得红热的金属丝或木炭点燃火门里的火药，从而将弹丸射出。

　　发射时，两名发射手分别负责瞄准和点火。然而两个人使用一杆火门枪，显得很不方便，特别是骑兵，根本无法两人操作，德国的黑衣骑士是最早装备和使用小型火门枪的军队，骑士们全都一人挎一支火门显得很不方便，特别是骑兵，根本无法两人操作，德国的黑衣骑士是最早装备和使用小型火门枪的军队，骑士们全都一人挎一支火门枪。尽管这种枪在今天看来很落后，但在当时，却产生了令人难以相信的威力。

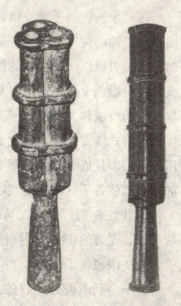

　　一次，黑衣骑士与法国军队交战，黑衣骑士用绳子把枪吊在脖子上，左手握枪，右手点火，打完一次重新从膛口装人

火药和弹丸。尽管德国火门枪命中率较低，操作麻烦，发射效率低，但是，手持长矛和刀剑的法国士兵从来没有见过这种能喷火飞弹的新式武器，吓得争相逃脱。

然而火门枪实在太不方便了，当时，射手们这样评价火门枪："单人操作火门枪，得有两双眼睛三只手才行!"

为了使枪能够单人方便地使用，一位英国人发明了一种新的点火装置，用一根可以燃烧的"绳"代替红热的金属丝，并设计了击发机构，这就是在欧洲流行了约一个世纪的火绳枪。

火绳枪的结构是，枪上有一金属弯钩，弯钩的一端固定在枪上，并可绕轴旋转，另一端夹持一燃烧的火绳，士兵发射时，用手将金属弯钩往火门里推压，使火绳点燃黑火药，进而将枪膛内装的弹丸发射出去。

由于火绳是一根麻绳或捻紧的布条，放在硝酸钾或其他盐类溶液中浸泡后晾干的，能缓慢燃烧，燃速大约每小时80毫米~120毫米，这样，士兵将金属弯钩压进火门后，便可单手或双手持枪，眼睛始终盯准目标。据史料记载，训练有素的射手每3分钟可发射2发子弹，长管枪射程大约100米~200米。

西班牙人发明了燧发枪，他们取掉了那个源于钟表的带发条钢轮，而是在击锤的钳口上夹一块燧石，在传火孔边有一击砧，如果需要射击时，就扣引扳机，在弹簧的作用下，将燧石重重地打在火门边上，冒出火星，引燃点火药，这种击发机构称之为撞击式燧发机，装有撞击式燧发机构的枪械称为撞击式燧发枪。

撞击式燧发枪大大简化了射击过程，提高了发火率和射击精度，使用方便，而且成本较低，便于大量生产。到16世纪80年代，许多国家的军队都装备了这种撞击式燧发枪。

17世纪初期，法国人马汉又对燧发枪进行了重大改进，他研制成功可靠、完善的击发发射机构和保险机构，从而成为当时性能最好的枪，为法国赢得了荣誉。

法王亨利四世为此召他进宫，充任贴身侍从，专门为宫廷制造枪械，到 17 世纪中期，这种燧发枪已广泛装备法国军队，后来，这种隧发枪被世界各国仿制和采用，直到 19 世纪中期。

燧发枪有步兵燧发枪和骑兵燧发枪两种，前者口径 19.8 毫米，枪长 1560 毫米，枪重 5.69 千克，弹丸重 32.1 克；后者口径 17.3 毫米，枪长 1210 毫米，枪重 4.6 千克，弹丸重 21.3 克。

火绳枪

概　述

火绳枪的结构是，枪上有一金属弯钩，弯钩的一端固定在枪上，并可绕轴旋转，另一端夹持一燃烧的火绳，士兵发射时，用手将金属弯钩往火门里推压，使火绳点燃黑火药，进而将枪膛内装的弹丸发射出去。

由于火绳是一根麻绳或捻紧的布条，放在硝酸钾或其他盐类溶液中浸泡后晾干的，能缓慢燃烧，燃速大约每小时 80 毫米 ~120 毫米，这样，士兵将金属弯钩压进火门后，便可单手或双手持枪，眼睛始终盯准目标。据史料记载，训练有素的射手每 3 分钟可发射 2 发子弹，长管枪射程大约 100 米 ~200 米。

操作过程

1、演示者身上的装备特写，其中的小壶是装引药用的；皮盒是装弹丸的；白色小瓶是装发射药用的，每瓶装一发的药量，这样可以避免士兵在战场上因紧张，而装多或装少发射药。

2、第一步：清理引火孔和引药锅。火药残渣阻塞引火孔，这是火枪常出现的毛病。

3、将引药倒入引药锅，并合上引药锅盖。

4、拧开装发射药的小瓶，将发射药从枪口倒入（近距离观察他的一身行头）；

5、将预先含在嘴中的弹丸（当时火枪兵普遍习惯）从枪口装入；

6、从枪管下抽出通条，捣实弹丸和发射药；

7、点燃火绳：火绳燃烧速度较快，加上点燃后容易暴露，所以，不到射击前一般不点燃火绳；

8、把火绳固定在火绳夹（也就是后来枪的击锤）上。由于此时引药锅盖是关上的，所以不用担心火绳的火星引燃引药造成走火。

9、扣动扳机，火绳落下的同时，引药锅盖打开。引药点燃发射药，弹丸发射～为了避免火药灼伤眼睛以及火光耀眼，在射击最后关头，枪手是闭眼的。

火绳枪的历史

火药武器的西传

众所周知，火药的发明是中国人为世界所作出的一项杰出贡献。自火药从唐朝的炼丹炉中诞生时起就和战神结下了不解之缘。

公元 10 世纪末期，我国北宋的军事技术家和统兵将领根据以往炼丹家们在炼制丹药的过程中曾经使用过的火药配方，经过调整和修正后，配制成最初的火药并制成初级的火药武器用于作战，开创了人类战争史上使用火器的新时代。

到 1259 年（南宋开庆元年），寿春府（今安徽寿县）火器研制者发明突火枪，这是人类历史上第一支单兵手持式竹制火枪。突火枪的创

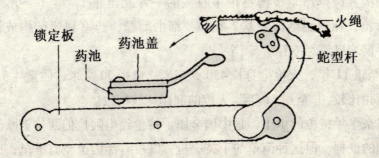

制，受到后世各国火器研制者的重视，被公认为是世界上最早的管形火器，堪称世界枪炮的鼻祖。

公元1206年，蒙古乞颜部首领铁木真在斡难河被拥立为蒙古大汗，尊称为成吉思汗。蒙古人崛起后不但在短时间内灭西夏、破西辽、亡金，还南下覆宋。在这一过程中，他们得到了火药武器的制造和使用方法。而且成吉思汗及其子孙极力扩大对外用兵，东征西讨，南下南洋西攻欧陆，把初级管形火器辐射到欧亚两洲诸多国家和地区。

尤其是1252年旭列兀所率之蒙古军攻入伊拉克和叙利亚境内，使当时初级火器的制造和使用方法传入了阿拉伯人的手中。直到100多年后，中国的火器制造技术才经由阿拉伯人传入欧洲并在欧洲得到长足的发展。

火绳枪的诞生

14世纪30年代，欧洲出现了第一种管形金属制火器，称之为火门枪。

欧洲最早的关于手持枪炮的记载是1364年，意大利佩鲁贾军火库的一份清单上记有"500门炮，一扎长，可持于手中；非常漂亮，能射穿任何甲胄"。而坦奈堡手持枪的出土，说明德国大约在14世纪70～80年代也已经制成了具有相当水平的金属管形火器。

坦奈堡位于德国矿藏比较丰富的黑森州境内，规模不大，1399年被毁。1849年，有人在废墟中发掘出一支铜制手持枪。枪身长330毫米，口径17毫米，质量1.24千克，现存于纽伦堡的日耳曼博物馆中。它同中国人民革命军事博物馆中收藏的一件元至正11年（公元1351年）火枪，在形制结构上基本相似：都由前膛、药室和屋函构成，但木制手柄均已腐烂不存。

"至正11年"火枪枪身长430.5毫米，口径30毫米，质量4.75千克。两相比较，"至正11年"火枪的制作比较精致。

坦奈堡手持枪的出土，是中国金属手持枪经由阿拉伯西传至欧洲的最有利的证据。但这种简单的手持火枪，既没有照门也没有准星，而且没有可以抵肩的枪托，仅能进行概略射击，它在战争中的作用恐怕仅仅是造成敌军的混乱而让己方步兵和骑兵有机可乘。

中国的火枪、阿拉伯的马达法、欧洲的火门枪都是用手持点火物引火发射，在战场上使用非常不便。大约在1450年左右，欧洲火器研究者便将其改进为半机械式的点火装置：在枪托的外侧或上部开一个凹槽，槽内装一根蛇形杆，杆的一端固定，另一端构成扳机，可以旋转，并有一个夹子夹住用硝酸钾浸泡过的能缓慢燃烧的火绳。

枪管的后端装有一个火药盘，发射时，扣动扳机，机头下压，燃着的火绳进入火药盘点燃火药，将弹丸或箭镞射出。而且还改进了枪托并加装了护木，使火枪可以抵肩射击。

到15世纪后半期，欧洲的火绳枪又有了相当的进步，下面试举2例说明。

1499年，在意大利那不勒斯市的一份清单上，记载了一种被称为"滑膛枪"的火绳枪。此名称来自意大利语"Moschetto"（一种雀鹰），意思是此枪与"隼"和"鹰"一样威猛。其枪身较重，附有脚架。此枪在1521年的意大利恰拉比战役中首次使用。

德国一名叫布莱尔的收藏家收藏了一支制作于1493～1519年的火绳枪，枪身长550毫米，口径30毫米、柄长880毫米，全长1430毫米，枪管为八棱形，护木前端装有一个固定用的卡笋，可以与三脚架连接，由2名射手进行发射。

16世纪西班牙的穆什克特火绳枪代表了当时欧洲火绳枪的先进水平。该枪口径23毫米、质量10～11千克，全弹质量50克，最大射程250米，有效射程100

米，采用机械式瞄准具，每分钟可发射 2 发。虽然枪很笨重，大多时候只能用叉形座来支撑发射，但射出的铅制弹丸威力极大，能在 100 米内击穿骑士所穿的重型胸甲（当时大多数武器在 80 米以外几乎不能造成任何伤害）。西班牙人就是用这种武器征服了庞大而落后的印加帝国。

1543～1600 年日本战国时代（相当于明嘉靖万历年间）生产的火绳枪，是普通士兵使用的实战用枪。

1600～1868 年日本德川幕府时期（相当于中国清朝时期）生产的火绳枪，供贵族武士阶层佩带，枪身豪华美观。

火绳枪的东传

16 世纪的日本正处于军阀混战时期，各地军阀对航海商业的发展采取支持态度，加之当时的欧洲探险家和商人想要在东方谋得最大利益，所以当时的日本就成了航海商业的发达国家，这也为外国火器传入日本提供了机会。

日本火绳枪是由葡萄牙人传入的，发生于日本天文 12 年（明嘉靖 22 年，1543 年）8 月 25 日，当时一只载有 100 多人的船，在九州南部的种子岛靠岸。船上有 3 名葡萄牙人，以及化名为明朝五峰的王直（后称静海王王直的大倭寇头目）。

葡萄牙人带有一种火绳枪，其旁有一穴（即火门），系通火之路，装上火药与小铅丸，用火绳点火，可将铅丸射出，击中目标，发射时发出火光与轰雷般的爆响。日本人时尧（地方军阀）见后视之为稀世之珍，将其称之为铁炮。

之后，又用重金将其购买，并派小臣条川小四郎向葡萄牙人学习火绳枪的使用及其火药制作法，仿制了十几支。不久，日本的一些铁冶场便先后仿制出日本式的火绳枪。当时的倭寇还把这种火器用于对中国的掠夺活动中。

当时的中国明朝，在一些有识之士的推动下，军队大规模使用火器，学习西方较为先进的技术。而且引入了"红夷大炮"，将中国的火器发展推到了顶峰。到了清朝，由于清政府游牧民族"弓马打天下"

的概念，导致火器技术渐渐落后于西方。

火绳枪的弊端

火绳枪在世界各国的军队中盛行了 200 多年（在亚洲国家还要长），它的缺点较多，尤其是在战场那种极端的环境里。

第一，由于引发火绳枪需要一段火绳（通常是由几股细亚麻绳搓成的导火索，用醋煮过或用硝酸钾泡过），所以当时的每个火枪手都要在自己身上携带长达几米的火绳。在临战之前，他们必须先点燃火绳，因为在天气潮湿的时候，火绳极难点燃，而且有经验的战士会将火绳的两端都点燃以便随时开第 2 枪，这样，一根火绳是烧不了多长时间的。在英国资产阶级革命战争中，一位叫拉尔夫的爵士就陷入了这种困境。

当时他被沃勒围困在德维柴斯，由于火绳全部用完，他不得不命令手下的军官"在全城逐家搜寻所有的绳子，全部带回，并尽快锤、煮好"，作为火绳用以救急。火绳点燃时也很危险，稍不小心，火星就会点燃身上背着的弹带，引起爆炸伤及火枪手自己，而且点燃的火绳在夜间很容易暴露自己，这样欲在夜间偷袭敌军简直不可能。

火绳枪操作步骤：

手持叉架前进！

火绳枪靠在左肩，左手持枪，左手指间握住火绳，右手持叉架。

叉架靠枪前进！

叉架交左手，空出右手来。

放下叉架，枪下肩！

左手将叉架放下，右手将火绳枪从左肩取下。

右手持枪，左手下垂！

右手持枪，枪身保持垂直，左手垂下，叉架尾端接触地面。

枪交左手，提高叉架！

枪换到左手，同时提起叉架，两者呈一小角度，由左手握持。

火绳交到右手!

吹火绳!

对火绳轻轻吹气以造成火头。

装火绳!

将火绳一头装在蛇杆夹子上。

试火绳!

调整火绳长度,以确定火绳可以正好点入药锅(此时药锅盖是关闭的)。

吹火绳,开药锅盖!

举枪瞄准!

叉架稍向前倒,将火绳枪平衡在叉架上,左脚向前一步。

射击!

双脚呈弓步,左弯右直,枪托抵住胸部,扣下扳机射击。

放下火枪,靠住叉架!

左手拇指与食指握住枪身与叉架。枪口向前,避免迟发意外。

取下火绳!

右手将火绳从蛇杆上的夹子取下,避免装填火药时发生意外。

火绳交左手!

用左手中指、无名指、及小指握住火绳两端(火绳是两头都点燃,以便一头熄灭时可用另一头再引燃)。清药锅!

将药锅中剩馀的灰渣吹掉或用右手拇指抹净,避免火星引燃引药。

装引药!

取出引药罐,将适量引药倒入药锅中。

关上药锅盖!

摇动药锅!

用手指轻敲药锅,抖落药锅盖外的引药,并让药锅中的引药落入引火孔。

吹药锅!

将药锅盖外的引药粉吹掉。

转枪！

火枪转成和叉架并列，枪口向上。

放叉架！

火枪滑下至身体左侧，左手握枪，不握叉架，叉架用挂在手腕上的一小段绳子挂住。

打开火药袋！

右手取一个火药袋，拇指同时打开盖子。

装填！

将火药从枪口倒入，放掉药袋，右手从弹丸袋（或口中）取一个弹丸放入枪口，再取一小团布片或纸片塞入枪口。

取出通条！

右手反手（虎口向下）从枪管下方取出通条，通常右手需抽两到三次才能取出；此时通条前端（较大的一端）在上，右手虎口向下握住通条尾端在下。

反转通条！

将通条调转 180 度（虎口向上），将通条前端抵住大腿或臀部，右手顺势下滑，握在距通条前端不远处。此时通条尾端在上，右手虎口向上握住前端在下。

将弹药舂实！

右手（虎口向上）将通条前端塞入枪口，适度地将弹药舂入枪膛。

抽出通条！

一样用右手反手（虎口向下）将通条从枪口抽出，通条尾端在上，右手虎口向下握住前端在下。

反转通条！

将通条调转 180 度（虎口向上），将通条尾端抵住大腿或腰部，右手顺势下滑，握在距通条尾端不远处。此时通条前端在上，右手虎口向上握住尾端在下。

放回通条！

将通条放回枪管下的空间。

举枪！

左手将枪取起举高直立，叉架仍挂在左手手腕。

取叉架！

左手将枪交右手，仍保持垂直，左手握住叉架。

肩枪！

右手将枪置于左肩，左手持叉架与火绳。

叉架靠枪前进！

枪下肩！

将枪放在叉架上！

将枪稳住在叉架上！

将枪平衡在叉架上！

只靠左手平衡，右手空出。

火绳交到右手！

吹火绳！

装火绳！

试火绳！

关上药锅盖，预备！

可见，火绳枪的射击过程非常复杂而缓慢。戚继光在《戚继光兵法》中记录了使用火绳枪的 10 道工序。而在欧洲，1607 年阿姆斯特丹的雅各布·德·盖耶出版的一卷图示《武器练习》，对火绳枪的开火步骤进行了描述，共分为 25 个步骤。

火枪手出战，要带上枪及火绳、火药（分枪内用和火门中用）、弹丸、叉形支架。敌我双方一旦交火，射手就忙着开火——装弹——再开火，手脚要非常敏捷，最好的射手每分钟也只能打二三发弹。因此火枪手通常总是排成五六排，有时是十排，前排开火后退到后面重新装弹，后排的枪手继续开火。

但后来人们发现如果所有的枪手一起开火会更有效，于是枪手们开始排成三排，第一排跪着，第二排半站立，第三排直立，用齐射的方式代替了旧式的循环射击方式。而中国则将枪手排成九排，每三排一组，第一组射击完毕后退到后面装弹，第二组继续射击。虽然有这些补救方法，但还是避免不了敌人冲到火枪手面前的情况发生，这时火枪手将无法抵挡，所以火枪手必须和使用冷兵器的士兵混合编成连或营。

但火绳枪使用的比例在不断增加 1571 年，驻荷兰的西班牙军团的火枪手和长矛手的比例是 2∶5，但到 30 年以后的 1601 年就变成了 3∶1。

第三，雨天不能使用。因雨天会进水而不能发火。其实不光是雨天不能使用，就连风大时也不能使用，因为风会把火门上的传火药吹走。而且由于当时使用的是有烟火药，所以射击时简直像烟雾弹一样会严重迷盲己方军队的视线。

第四，精度差，有效射程近，只能射击 100 米内的目标。

虽然火绳枪有这样或那样的缺点，但火绳枪还是在军队中装备了相当长的时间。其经历过的战争和冲突无从记数，杀死的人更是不计其数。

在中国，火绳枪一直用到 19 世纪末期，使用时间如此长久，就是因为中国闭关锁国导致的落后。当西方资本主义在工业革命的推动下向古老的东方发动掠夺战争时，这些古老的火器已无力抵挡，直至成为资本主义国家的半殖民地，这正证明一条亘古不变的真理——落后就要挨打。

滑膛枪

滑膛枪的种类

古代的火枪大都是从枪口装填弹药，枪膛内无膛线的前装式枪为滑膛枪。

枪管内无膛线的枪械。按其用途分为军用滑膛枪、警用滑膛枪、体育滑膛枪和猎用滑膛枪。按其结构分为非自动滑膛枪和自动滑膛枪。前者主要有用于狩猎的猎用滑膛枪；后者主要有用于近距离战斗的战斗霰弹枪和用于防暴的防暴枪等军用滑膛枪和警用滑膛枪。

中国 13 世纪中叶发明的发射子窠的突火枪，是滑膛枪的鼻祖。19世纪中叶以前使用的火门枪、火绳枪、燧发枪和击发枪多系前装滑膛枪，现代滑膛枪多系后装滑膛枪。军用滑膛枪今后将朝提高射程，减小后坐力，减轻重量，快速装弹，改善外观，增加发射弹种等方向发展。

滑膛枪曾在中世纪后风行一时，但由于当时科技条件有限，射程比

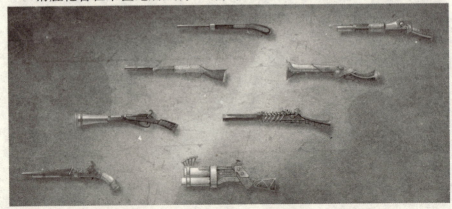

较有限，约为 100 米左右。而且暴露出了精度不足，不如原始的线膛枪的问题。自 1838 年法国军官德尔文发明第一支现代步枪后，前装滑膛枪便逐渐退出了军队。而且滑膛枪射出的子弹需要额外的稳定措施增加子弹复杂度，增加装备成本。

拿破仑时步兵使用的滑膛枪

拿破仑时代的步兵大多数装备的都是大口径滑膛枪，各国滑膛枪的原理构造都没有太大差别。1740 年英国推出的标准步枪，身管长 46117cm，口径 0.7519 毫米。

七年战争之后，身管缩短到 42107cm，口径不变。与法国的战争爆发后，英国由于缺少稳定的原料供应来源，转而责承东印度公司制造了大量的"印度款"步枪。

到 1797 年，这种 3999cm 身管的滑膛枪已经成为英军的制式装备。巨大的产量不仅满足了英军的需要，更装备到反法同盟各国。

1802 年，英国军火部门又推出了新款步枪，但是只有少量装备部队。尽管准确性不佳，英国滑膛枪系仍然大受部队的欢迎，被士兵们称作"褐贝丝"。

法军主要装备的"1777 款"滑膛枪身管长 112cm，口径 17.5 毫米。全枪长 151cm，比英国枪略轻。强化了扳机，采用黄铜材质的击发槽，枪管用扣环固定以便于更换。

法国革命期间，对 1777 款滑膛枪只进行了轻微的改动。

除了步兵型，此款滑膛枪还有多种变型，用来装备骑兵。这些变型在长度和装饰上区别于步兵型，但是口径和击发部分均保持不变。其他参战国的滑膛枪包括：普鲁士 1782 款，滑膛枪（1805），普鲁士新款（1809），但是实际上 1806 年普鲁士战败后，基本上依靠英国援助和缴获过日子。

奥军使用的 1770 款在 1798 年对击发装置作了些许改进。俄国滑膛枪装备较为混乱，先后装备了不下 12 种滑膛枪。其中当数图拉兵工厂的 1810 款性能最好。命中率低是当时滑膛枪的主要缺点。由于击发时间过长，在扣动扳机到点燃装药这段时间里，枪口的晃动无法避免。

这种晃动加上只有前面一颗准星严重影响了射击的准确性。黑火药燃烧后会在枪管内留下残留物，在激烈的战斗中这种残留是没时间清除的。为了不妨碍射击，唯一的解决办法就是使用较小的弹丸。

各国滑膛枪弹丸和枪管之间的缝隙大概处于 1.78 ~ 2.54 毫米的范围内。游隙保证了射击的顺畅，同时也大大降低了命中率。

普军曾经对普法两国的滑膛枪做了一项试验。对一个 3.05 × 1.83m 的目标，普军 1782 型射击 100 发，在 76m 的距离上可以命中 60 发；152m 时 40 发；304m 时只有 25 发，法国的 1777 型滑膛枪的成绩也没好到哪去。考虑到战场环境，烟雾，恐惧，噪音等因素对士兵心里的影响，命中率要比这种理想试验还要低得多。500 人在 91.4m 的距离上对一个进攻中的步兵纵队进行两次齐射，理论上可以命中 500 到 600 发。

可是根据各国军队的经验，战场上能命中 150 发就已经是最佳成绩了。当时滑膛枪理论上的有效射程为 228m，实际上在这个距离射击完全是在浪费弹药。

可靠性差是另一大问题。激烈的战斗中，整个装填开火的过程会出现许多问题。例如，击发槽内的火药没有引然主装药；火石用旧却忘记更换；枪口残留物淤积过多，等等。据统计，长时间的交战中，不能击发的几率竟高达 20%。

经常有网友对拿破仑时期的战斗形式感到疑惑，觉得列队进攻目标太大。其实，看了上面的介绍我想大家的疑问应该得到部分解答了。

当时的步兵射速大概为每分钟 2 到 3 发，加上低命中率、高故障率使得单独一支滑膛枪的火力微不足道，只有排列成横队或者纵队，集中火力，才能有较好的杀伤效果。另一方面，良好的队形可以及时应付骑兵的冲击。

拿破仑时代，各国士兵通常在弹药袋里携带 50 到 60 次射击所需的弹药。一次战斗平均消耗 20 发左右。英军在西班牙战斗中消耗较大，平均每人打了 60 发，全军共消耗弹药 350 万发。

可是命中率却出奇的低，每 450 发才造成一名敌军伤亡。幸运的是，当时惠灵顿的补给状况很好，消耗的弹药很快得到了补充。在马伦哥，法军上尉的营用光了所有的弹药，千钧一发之际，及时赶到的弹药充足的近卫军救了他们。

缺乏训练是命中率低的又一重要原因。大多数军队里，滑膛枪射击训练简直就是敷衍了事。散兵线由于兵力相对分散，提高射击精度就相当重要。尽管如此，革命期间较为强调散兵线战术的法军仍然很少进行针对训练，轻步兵们只能到实战中去提高自己。

据法军士兵的回忆，拿破仑成为第一执政以后才有射击训练。1800年，贝尔第埃签发命令：法军新兵必须接受装填、操枪、瞄准、射击等训练，要保证上战场前实弹射击过几次。但是，事实上并没有足够的弹药和时间来保证充足的训练。英军在这方面作得较好，但也只有 30 发实弹、50 次无弹丸射击。

燧发枪

燧发枪的发明

燧发枪在十七世纪由是法国人发明。它的基本结构如同打火枪，即利用击锤上的燧石撞击产生火花，引燃火药。燧发枪的平均口径大约为13.7毫米，由于还没有发明后装弹式火枪，所以这对当时的弹药装填技术做了很高的要求，按以前的装填方法，装填弹丸时，需将弹丸放到膛口，用木榔头打送弹棍，推枪弹进膛，这是非常费时间的，在战场上，就意味着浪费生命。

后来，美国宾夕法尼亚周的枪械师创造了一种加快装填法，使用浸蘸油脂的亚麻布或鹿皮片包着弹丸，装入膛口，减少了摩擦。这种方法不仅加快了装填速度，而且起到了闭气作用，精度随之提高，射程也提高了。

转轮打火枪是用燧石打火引燃的前装枪，这种转轮打火枪的零件主要有：带锯齿的钢轮、链条、弹簧和击锤等，击锤头上有一隧石（即打火石），靠钢轮表面的细齿与隧石摩擦而发火点燃火药。射手射击前，需用小板手卷链条，在卷链条的过程中将弹簧压缩，弹簧张开带动钢轮旋转，整个过程就像闹钟的发条。

燧发枪的发展历程分为转轮打火枪到燧发枪。

转轮打火枪是人们在克服火绳枪种种不便的基础上产生的，但是，关于其诞生，却没有一个准确的说法。有人认为是德国钟表师约翰·基弗斯发明了这种枪，也有人说是意大利科学家发明了转轮式发火装置，更有人活灵活现地说这种枪的发明者是一个偷鸡者，并编出了这样一个似乎可信的故事：这个偷鸡贼经常在夜间去作梁上君子，他偷鸡时使用的主要工具就是火绳枪，但是，火绳枪又容易暴露目标，于是，他开动脑筋，发明了这种较为隐蔽的转轮打火枪。

有人认为是德国的钟表师约翰·基弗斯发明了转轮打火枪。基弗斯出身于16世纪初，在钟表界颇有名气，他不仅能造出各种造型别致的精美手表，对各种枪械也有浓厚的兴趣，并亲手制作过不少精美的火绳枪。

一天，基弗斯家中来了个客人，客人在抽烟点火时，用的不是当时流行的火柴，而是用古老的燧石摩擦点火方式，燧石闪亮的火花瞬间引起了基弗斯的灵感，他把钟表上那带锯齿的旋转钢轮与能够产生火花的燧石相结合，凭着他的经验和智慧，于1515年研制成功了世界上第一支转轮打火枪。

基弗斯发明成功的转轮打火枪引起德国军方的关注，很快，这种枪便开始装备德军骑兵和步兵，1544年，德国与法国交战，当时德军骑兵装备了转轮打火枪，法国军队仍装备火绳枪。

战斗进行中，突然风雨大作，装备火绳枪的法军几乎没能打出一枪一弹，而以转轮打火枪为主要武器的德军骑兵则越战越勇，将法军士兵打得落花流水。不久，屡遭失败的法国国王也雇用了相当数量的同类骑兵，这些骑兵也配备了转轮打火枪。这样，转轮打火枪慢慢成为骑兵的主要武器。

然而，转轮打火枪并不是完美无缺的，它不仅结构复杂，造价昂贵，使用麻烦，而且在钢轮上有污染时还不能可靠地发火，于是，人们又开始研制新的"点火"方式。

不久，居住在伊比利亚半岛上的西班牙人发明了燧发枪，他们取掉了那个源于钟表的带发条钢轮，而是在击锤的钳口上夹一块燧石，在传火孔边有一击砧，如果需要射击时，就扣引扳机，在弹簧的作用下，将燧石重重地打在火门边上，冒出火星，引燃点火药，这种击发机构称之为撞击式燧发机，装有撞击式燧发机构的枪械称为撞击式燧发枪。

撞击式燧发枪大大简化了射击过程，提高了发火率和射击精度，使用方便，而且成本较低，便于大量生产。到 16 世纪 80 年代，许多国家的军队都装备了这种撞击式燧发枪。

门世纪初期，法国人马汉又对燧发枪进行了重大改进，他研制成功可靠、完善的击发发射机构和保险机构，从而成为当时性能最好的枪，为法国赢得了荣誉。法王亨利四世为此召他进宫，充任贴身侍从，专门为宫廷制造枪械，到 17 世纪中期，这种燧发枪已广泛装备法国军队，后来，这种燧发枪被世界各国仿制和采用，直到 19 世纪中期。

燧发枪有步兵燧发枪和骑兵燧发枪两种，前者口径 19.8 毫米，枪长 1560 毫米，枪重 5.69 千克，弹丸重 32.1 克；后者口径 17.3 毫米，枪长 1210 毫米，枪重 4.6 千克，弹丸重 21.3 克。

17 世纪中叶，正值中国清朝初年，中国发明家戴梓发明了一种形似瑟琶的连珠铳，这种连珠铳的火药和弹丸均贮于铳背，共 28 发，以二机轮开闭，扳第一机时，火药及铅弹丸自动落入筒中，第二机随机转动，摩擦燧石，点燃火药发射铅弹丸。

这种连珠铳实际上与近代的机械式机枪的原理已非常相似，比美国人加特林后来发明的机械式机枪整整早一个世纪。但由于清朝政府极端保守，对汉人不太信任，从而致使这一重大发明没有被推广和采用，使之只得"藏器"于家。

隧发枪对美国历史的影响

在燧发枪纵横战场的 200 年间，许多政治、军事事件与燧发枪紧密相连，特别是美国独立战争的历史，差点因燧发枪而改写。美国独立战争期间，美国人民志愿组织成的一支民兵组织向英国殖民主义者打响了独立战争第一枪。

英美双方均使用燧发枪较量，从 1775 年 4 月 19 日一直打到 1783 年 9 月，英国政府被迫同意美国独立。在这次独立战争的第 3 年，即 1777 年 10 月的一天，英美双方军队在相距 100～300 码的阵地上对峙，英国殖民军神枪手福开森少校接到命令，让他干掉一个美国重要人物——北美十三州人民推举的总司令华盛顿。

有一天，美方阵地上出现了一个衣着随便的军官，连一个卫兵都没有带，身旁仅站着一个副官模样的人，当福开森端着燧发枪骂阵时，这个漫不经心的美国人一直盯着英国阵地，丝毫没有要逃离的样子，福开森认为他不可能是多大的官，不值得他这个神枪手去取他的性命，故没有开枪。

后来，福开森得知，此人不仅是大官，而且竟是大名鼎鼎的华盛顿。试想当时福开森开了枪，华盛顿也许会失去性命，那样，美国的历史真的可能会是另一个模样。

前装枪

　　前装枪虽然早已撤装，但一个多世纪以来，人们对它的兴趣不仅不减，反而是一路上涨。现代社会，各种装填式枪械的射击运动成为非常有发展潜力的娱乐项目，与此同时，那些古老的武器也有复兴的趋势。为了满足玩家对古老武器的需求，国外一些公司开始生产各种前装枪。

　　这些新制造的前装枪大多是早期型式的复制品，但也有一小部分产品完全采用现代设计，主要用于射击运动，而不是像古老武器那样用于收藏。

　　原型武器在现在的市场上是奇缺货，非常珍贵，因此价格不菲，若有人拿来用于射击则是非常奢侈的举动了。由于时代的进步，现代生产的这些前装枪比早期的原型枪结构更坚固、耐用，并采用了现代材料。

前装枪的历史

前装枪和纸壳弹代表了火器发展的最早阶段。其后所有武器的发展都基于前装枪和纸壳弹，它们的许多基本特征被保留并融入到了现代武器的设计中。

前装枪——第一支真正的枪，大约出现在 1300 年，而被社会认可的纸弹壳或亚麻布弹壳枪弹发明时间约在 1600 年，但有关资料表明，早在 1550～1560 年就开始有人使用纸弹壳或亚麻布弹壳了。不过，当时的火药是放在专用的装药盒、罐中或由纸包着单独携带，装药时，先把火药倒进枪管里，然后将纸包作为软填塞连同弹丸一起捣入枪管，压在装药上面。

1800 年代初期，出现了可燃弹壳枪弹，其弹壳的材料是用硝化纸、亚麻布、皮革等制作的，弹壳和弹头被制成一个整体装进枪管，弹壳与装药一起燃烧掉。

这种可燃弹壳枪弹广泛用于当时的前装枪上，如 1846～1848 年美国—墨西哥战争期间，一种使用击发火帽发射铅弹丸的柯尔特前装转轮手枪使用的就是可燃弹壳枪弹。

不仅如此，在早期的后装枪中，也有一些采用了硝化亚麻布弹壳的可燃弹壳枪弹，如 1841～1872 年间，纸弹壳枪弹曾被使用在霍尔后装式步枪和普鲁士军队装备的著名的德赖赛针发枪上。

德赖赛针发抢发射的可燃弹壳枪弹的底火装在弹头底部，为整装式。在美国南北战争（1861～1865 年）中使用的著名的后装枪夏普斯步枪。马枪和乔斯林卡宾枪都使用过可燃弹壳枪弹，当时北部联邦政府为战争和其他需要采购了数百万发纸弹壳和亚麻布弹壳的可燃和不可燃弹壳枪弹。

在 1860～1880 年代间的很多销售商的广告目录上，都能看到用于步枪、卡宾枪、猎枪以及手枪的可燃弹壳枪弹，其中，在 1880 年代初

期的广告目录上出现的最多。

前装枪发火装置最初，前装枪的发火装置是在枪管上有一个通往药室的开门，称为火门或点火孔，任何火星或火源都可以用于点火。而后，发展到使用有助于点火的、山粉状药制成的点火绳或火绒。

火绳或火绒夹在"c"形或"S"形夹头里燃烧，夹头装在枪管尾端或枪托侧面的枢轴上，通过转动夹头点燃枪管内的发射药。这种发火方式使枪的观察、瞄准和火力控制得到了初步发展。

大约在1500～1520年间，转轮打火机诞生。转轮打火机的钢轮边缘上带有粗滚花或滚槽，扣扳机使钢轮回转，击打燧石产生火星，点燃点火药，然后再经过火门使发射药燃烧。转轮打火机的种类很多，有些很精巧、漂亮，但工艺复杂，价格昂贵。

大约在1525年，简易的燧发机开始出现，它通过燧石打击活动的钢盘或火镰产生火星。这是燧发枪的早期型式。其结实耐用、性能可靠、价格适中。

1630年前后，这种点火装置在制式枪械上得到了广泛应用。然而在1807～1840年这段时期，这种点火装置逐步被撞击式底火所代替，不过新的撞击式底火很快又被取代，大约只使用了35年。

燧发枪成为制式枪械的历史持续了200多年，至今也从未停止过生产，但现在生产的前装枪以火帽击发抢为主流。这些燧发枪作为商用枪被卖到非洲、南亚、南美洲那些禁止本地生产枪弹的国家。

对于狩猎来说，12号前装枪和12号后装枪可以猎杀同样的猎物，只是在使用前装枪以前，要调整射程，而且装填速度慢得多，然而正是由于这些麻烦，才令越来越多的枪械爱好者着迷。

前装枪的弹道

老式前装枪的弹道通常会令现代射手感到惊讶，这是因为，老式的大圆形弹丸作为抛射弹头来说，尽管其初速很高，但速度损失得也很快，这使得它的平均弹道形成一个大射角弹道，在射程达到140m时，就很难命中目标。射击精度虽然比现代武器差得多，但在当时还是可以接受的。

早期的一些前装枪的初速比我们想象的要高得多。一般人认为，前装枪使用黑火药，初速大约在360~390m/s。然而，试验结果却和现代武器差不多。

迪克西0.40英寸口径火帽击发步枪枪管长1016毫米，枪弹装5.83gFFFg火药，平均速度675m/s，枪弹装6.48g火药，速度达到708m/s，霍普金斯和艾仑的下置击锤式0.45英寸口径火帽击发步枪的复制品，枪弹装4.40gFFFg火药，速度达到548m/s。即使是前装式手枪也有相当高的速度，如柯尔特沃克手枪的复制品，枪弹装3.89gFFFg

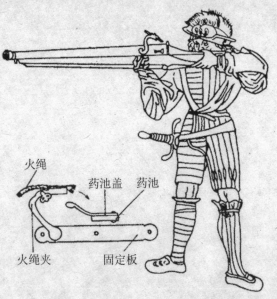

火绳
药池盖　药池
火绳夹　　固定板

火药时，速度达到 350m/s。

火帽—铅弹系统的射击：火帽—铅弹系统是一种使用击发火帽发射铅弹头的前装枪系统。射击时，要带上撞击式火帽、火药、铸造的弹头、火药量具以及被甲布条。

使用前，首先要保证弹膛清洁、干燥，不能有油或润滑脂，其次要保证底火窝或火门处的清洁。装填时，先用火药量具向弹膛里灌注火药，再在枪口处罩一块浸有润滑油的布条，然后，将一枚弹头塞进枪口，并修剪掉多余的布条，用推弹杆用力将弹头推进弹膛，使弹头均匀地压在装药的上面，直到火药不晃动时，弹头就算装好了。

装弹头时不能用力捣，否则会使弹头变形而影响射击精度。对于火帽击发枪，在底火窝上放一个火帽，就可以击发了。如果是燧发枪，射击前还要先用钢盘打火。这些要领适用于所有前装式步枪、霰弹枪和手枪。

线膛枪

最早的枪膛内带有膛线的火枪诞生于 15 世纪初的德国。但当时还只是直线形的沟槽，这是为了更方便是从枪口装填弹丸。

据文献记载，意大利至迟在 1476 年就已有螺旋形线膛的枪支。螺旋形膛线可使弹丸在空气中稳定地放转飞行，提高射击准确性和射程。

"膛线"英文为 refile，音译为"来复"，线膛枪也因此称为"来复枪"。17 世纪初，丹麦军队最先装备使用了来复枪。但由于来复线制作成本高和从枪口装填弹药不便，所以许多国家的军队不愿装备使用有螺旋形的枪。

早期的枪械都是前装膛枪。1520 年，德国纽伦堡的一个铁匠戈特，简化前装手续，气体泄出，使弹丸在枪膛内起紧塞作用并提高装填速度，发明了直线式线膛枪，采用圆形铅球弹丸。

由于"膛线"一词的英文译音是"来复"，所以线膛枪也被称作来复枪。至今，印戈特姓名和 1616 年生产日期的步枪还保存在博物馆内。这种带有膛线的来复枪射击精度大大超过了滑膛枪。

16 世纪以后，将直线形膛线改成螺旋形，发射时能使长形铅丸作旋转运动，出膛后飞行稳定，提高了射击精度，增大了射程。

较有名的是法国的米宁前装式来复枪，此枪重约 4.8 千克，螺形膛线 4 条，最大射程 914 米，弹丸长形，头部蛋形，底部中空，略小口径，比较容易

从枪口填装，发射时火药气体使弹底部膨胀而嵌入膛线以发生旋转。由于这种线膛枪前装很费时间，因而直到后装枪真正得到发展以后，螺旋形膛线才被广泛采用。

最有名的便是英国帕特里克·弗格森于 1776 年发明的一种新式来复步枪。这种枪射程达 180 米，平均每分钟可射 4－6 次。这比起当时每分钟只能发射一次、射程仅 90 米的一般步枪来说的确是一种巨大的进步。

弗格森在枪膛内刻上螺旋形的纹路即来复线，使发射的弹头高速旋转前进，增加了子弹飞行的稳定性、射程和穿透力；又在枪上安装了调整距离和瞄准的标尺，提高了射击命中率。19 世纪，人们对枪的性能提出了更高的要求。

1825 年，法国军官德尔文设计了一种枪管尾部带药室的步枪，采用球形弹丸，弹丸装入枪管后，利用探条冲打，使弹丸变形而嵌入膛线。这种枪的射程和精度都有明显提高。

德尔文步枪被称"现代步枪之父"。1848 年出现了米涅式步枪，构造比德尔文步枪更加简化，省去了专门的药室，弹丸也改成中空式。

膛线可说是枪管的灵魂，膛线的作法在于付予弹头旋转的能力，使弹头在出膛之后，仍能保持既定的方向。虽然在 15 世纪就有使用膛线的纪录，但是由于制造工艺的困难，要到 18 世纪才得以普及。

枪管中下凹的部份称为阴线，凸起的部份称为阳线。一般而言，枪械的口径应是从来复线的阳线到阳线的距离，但是例外太多，已成不了一个原则。比如说 38 和 357 是一样的口径，只是一个量的是阳线到阳线的距离，一个量的是阴线到阴线的距离。当然，两者的弹头长度有所不同，但光以口径而言是一样的。

膛线的数目，没有一个标准，从春田兵工厂的 1903A3 的 2 条到 Marlin 所谓的 MicroGroove 的 22 条。

阴线的深度在现代的枪管中，大部份是在 0.004 到 0.006 寸之间。但是阴线和阳线的形状，又是一个公说公有理，婆说婆有理的情况。

这种圆形的阴线据说可以减少枪管的残留物，日本的 99 式步枪就是使用这种阴线，在奥地利的兵工厂，这种阴线上宽下窄，据说弹头比较容易旋转，因此出枪口的初速会比较高而可以及远。

　　来复线旋转的程度，称为缠距。如果须要愈长的距离来完成 360 度的旋转，称为慢。较短者称为快。例如说在 12 寸之内完成一圈的要比 9 寸内完成一圈的慢。缠距的差别主要在于是否能使弹头稳定，不稳定的弹头除了沿着目标线旋转，还会翻跟斗，靶纸上产生小坑的现象。

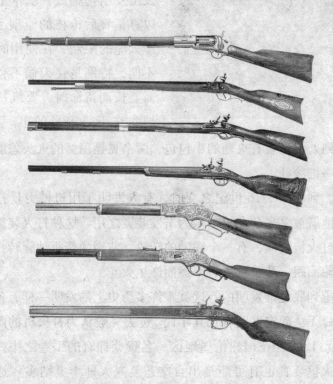

簧轮枪

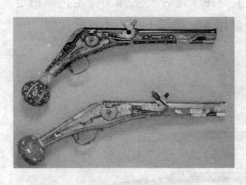

火绳枪有枪管、枪身、扳机、以及击发结构构成，基本上已经可以算是日后枪枝的原型了。但由于火绳的限制，在使用时有诸多不便，特别是在天候不佳，或者需要长期待命时，要维持火头不熄实在不是容易的事。更何况，枪手身上到处都是装有火药的小包包，两个晃晃荡荡的火头怎麼样都让人时时捏一把冷汗。

所以，到了 15、16 世纪之交时，有人发明了用机械力量打火的装置，很快地就被拿来装在枪上做为击发装置之用。这种打火装置的原理跟今日的打火机类似，有一个铁制的转轮，使用弹簧驱动旋转，让有粗糙纹路的轮面跟一片黄铁矿石摩擦而产生火花。

簧轮枪到底是谁发明的？这就跟许多历史上的发明一样，各家说法莫衷一是，无法确定发明者及其年代。过去一般认为打火机的图绘最早出现在公元 1505 年德国纽伦堡地区一名贵族拥有的手卷之中，另外有人认为打火机装置也有可能是出自文艺复兴大师李奥纳多·达文西之手，在他的手卷中也有类似机械的图绘。

不过由於该页的时间无法确定，所以两者虽然类似，却无法能够肯定地将之归功於达文西，因为达文西的图绘也可能是在看到别人的发明後记录下来的。

不过比这稍早一些，在德雷斯登地区也曾出现过一种称为"僧侣之枪"的手炮，击发机构是一片边缘呈齿状可滑动的铁片，用手拉动摩擦一块固定的燧石以产生火花。这应该算是手炮的改良而已，因为它连火绳枪机的弹簧都付之阙如，更没有扳机的装置。

近年来学者对最新发现的达文西手卷更进一步的研究，发现达文西在公元1490年左右或更早就已经对簧轮枪中使用的一些零件有所发明。簧轮枪的零件中许多结构非常类似他在该时期发明的一种门锁；簧轮枪连接主弹簧与转轮轴的鍊条和他设计的脚踏车传动鍊条也非常相似；早期簧轮枪使用有切痕的转轮更跟他当时创发的一种切削机如出一辙。

把这些都合并起来看，簧轮枪真的很有可能是达文西的创意，他把自己研究发明过的东西整合起来，变成一个全新的发明。所以，簧轮枪可能早在1490年代初期就已经被他所发明了。

另外一项新的证据是近来有学者发现在北义大利一个城邦，在公元1511年或更早几年就曾经使用过簧轮枪，这比德国公元1517年的说法还早；而更巧合的是，达文西在公元1500年前後曾经测绘过城堡的结构。

如果从枪机演变的历史来看，簧轮枪机结构复杂与进步的程度甚至要远超过後来的燧石枪机，各个机件之间的巧妙互动，是很难从之前相对简单粗糙的火绳枪机演化出来的。

甚至可以说，它的机械原理的成熟度甚至要远超过一、两世纪後的设计。如此看来，要把簧轮枪机的发明归功於有无数划时代发明的达文西似乎也相当合理。

现存最早的簧轮枪实物是一把在公元1521年至1526年间替菲迪南大公制造的十字弓与簧轮枪复合的武器，现存于慕尼黑国家博物馆。另一把替西班牙国王查理五世制造的簧轮枪，枪上有公元1530年的标记，现存马德里东宫武器库。

从16世纪中期之後，各种不同类型的簧轮枪开始在欧洲各国出现，基本机械原理还是一样。不过簧轮枪的机件结构较复杂，相较於一般火绳枪枪机约7个零件，簧轮枪枪机零件多在20个以上，而且这些零件所需的精密程度要求较高。

就原理来说，簧轮枪的弹簧原理其实跟钟表的发条非常类似，所以许多簧轮枪的枪匠都是由钟表匠兼差。也由於需要高超的技术，相对地价格也就比较贵，所以簧轮枪并不能普及於一般大众，多半流行於贵族及上层社会之间，或者为特殊军种如骑兵之属所用。

簧轮枪与火绳枪就此并存直到 17 世纪燧石枪开始流行为止，然後逐渐没落。记载中最晚的簧轮枪是公元 1829 年由法国枪匠制造的一对簧轮手枪。

由於簧轮枪不是普罗大众的武器，枪匠自然极其花巧之能事，利用各种贵重的材质雕出精美华丽的纹彩，以配合使用者的身份。镶嵌金银象牙之外，更造出各种具体而微的超小型枪枝，或是特殊用途的枪枝，除了提供收藏之用，同时也用来宣传枪匠自己的精巧手艺。

簧轮枪最重要的地方在於枪机方面，枪管和枪托部分跟火绳枪没有什么差别，不过也朝向轻量化、便於携带发展。

簧轮枪机的运作原理如下：

将转柄套上磨轮主轴，向反时钟方向转动，直到磨轮钩杆前端扣住转轮制动孔。传动錬在这同时绞缠在磨轮主轴上，将主弹簧的长臂往上拉紧。这时磨轮钩杆另一端被辅助钩杆扣住，由钩杆簧片保持两者在定位。

当扳机扣下时，拉动辅助钩杆向後，影响到钩杆簧片，松开磨轮钩杆，磨轮钩杆前端从磨轮制动孔移开，压缩的主弹簧回复的拉力拉动传动錬，带动磨轮旋转。

这时如果燧石夹位於扳下的位置，燧石应该会在磨轮露出的缺口处跟磨轮接触，磨轮上的粗纹会跟燧石摩擦产生火花，火花落入药锅内引燃引药，进而点燃枪膛内的火药，将子弹射出。

簧轮枪转柄功能基本上跟老式壁钟用来上发条的转柄没有什麼不同。

簧轮装置的发明大大改善了火绳枪携带及使用不便的问题，让枪械可以随身携带并即时使用；相应地也出现了各种保险装置，增加簧轮枪携带时的安全性，由此产生了最早的簧轮枪，也让枪械成为真正的随身自卫武器。

不过也由於簧轮枪便於携带与隐藏，相对地也被使用在许多暗杀跟谋杀案之中。更有甚者，簧轮装置被用在诡雷设计之中，例如像一张外表华丽的椅子，人坐上去後，重量引动一个簧轮发火装置，椅下的大量火药会把这个不幸家伙的屁股炸成千万个碎片。

由於这个原因，许多地方将簧轮手枪列入黑名单，禁止在公众场合携带与使用。

全金属枪身的簧轮随身小手枪，制於 16 世纪末叶。持著簧轮手枪的日耳曼骑兵，见公元 1601 年出版的一本书中。

在军事上，这是一个可以随时使用的装置，比起火头乱晃的火绳枪有绝大的优势。但是簧轮枪的机件复杂，只有技巧精良的枪匠有能力制造，成本也昂贵，所以没有军队可以普遍配备；通常只能装备到当时所谓的精锐兵种——骑兵。

在 16 世纪时，骑兵其实是个逐渐没落的兵种，虽然当时的军队并不承认，但重装骑兵以长枪冲锋的战术早已被牢不可撼的步兵方阵所解消，骑兵对如林的长矛实在是无计可施。这时，簧轮枪械的出现让骑兵重新找到了一个反制步兵方阵的机会，得以苟延残喘。

16 世纪流行的西班牙大方阵，中间为长矛手，四角为火枪兵，阵容庞大。

当时的骑兵依装备主要分为：

长枪骑兵：全副盔甲，骑重马，持长枪，用结阵冲锋的冲击力进行攻击，这是中古世纪骑士的残馀传统。

重骑兵：全副盔甲，骑重马，主要武器是马刀。

骑枪兵：通常只带头盔和胸甲保护前胸後背，骑的马也是较轻较快的健马，主要武器是骑枪（carbine），是比一般火绳枪较轻短的簧轮枪，较适合在马上使用。

这三种骑兵除了主要武器外，通常还配发两支簧轮手枪，在作战前都会先上好膛，转紧簧轮备用。

另外还有一种兵种称为龙骑兵，他们通常不在马背上作战，马匹只是他们机动的工具，到了战场他们会下马结阵，当作步兵使用，所以不妨称为"骑马步兵"。他们的武器也比较接近步兵武器，使用的枪也以火绳枪为主，虽然有的也使用簧轮枪，不为常例。

日耳曼制骑兵用簧轮胸枪，握把後方扁平，用於抵住胸部发射。制於公元1560年。

这些骑兵不再采用重甲冲锋的战术，而改用车轮战方式。骑兵部队分成多波，用快步而非冲刺骑到敌方步兵方阵前30－40公尺处，用骑枪或手枪发射一阵，接著从一侧快速驰离敌阵，到己方阵势后方重新装填，然后再重复相同的攻击过程。

由於方阵运动不便，很难快速变阵攻击这些保持距离的骑兵；而如果方阵里的步兵不维持阵势，兴奋过头冲出来追赶他们，下一波的骑兵就很可能有机可乘，改快步为冲刺，舍火枪不用而用长枪与马刀，冲乱大方阵后就可以对这些步兵任意宰割了。

如果步兵不上当，仍然维持方阵，那麼就要比火力、比勇气，看看哪一方撑不下去。虽然骑兵使用的簧轮骑枪或簧轮手枪威力不如步兵的火绳枪，但是它们使用方便，容易瞄准，更何况骑兵是打一个庞大不动的目标，随便打也随便中；而步兵方阵中唯一能跟骑兵交战的火绳枪手不但不易操作，而且他们要射击的是一个稀疏而不停活动中的目标。所以基本上两边谁都占不了便宜，要看谁能撑得久——谁胆气壮谁就赢！

来复枪

　　来复枪可以认为是具有膛线的枪。霰弹枪其实是一种枪管无膛线的滑膛枪，是从猎枪发展而来的。从枪械历史发展来讲，滑膛枪的历史要比来复枪（线膛枪）悠久的多。由于枪管有膛线，来复枪的射程和威力都要比滑膛枪大得多，因此来复枪从19世纪以来成为枪械发展主流，主要的枪械种类都是刻有膛线的。

　　但是滑膛枪并未退出历史舞台，由于加工精度要求不高，工艺简单，子弹来源广泛，在有效射程内杀伤力大，滑膛枪在狩猎领域仍有广泛用途，至于霰弹枪则是一战时期美军的一种战壕枪发展而来的，现在已经成为警用的重要枪械。

　　来复枪本是一种比较重而且用起来不很灵便的手持式枪械。本来是作为一种运动枪械的。它的枪管内的膛线能给子弹一股旋转的力量，因此与滑膛枪相比，它的精确度较高，射程较远。

　　来复枪从它的原产地西德莱茵兰越洋过海传到了北美。位于宾夕法尼亚的德籍工匠又把它们改制为殖民地的樵夫使用的重量较轻、枪管较长的来复枪。

　　1510年，奥地利人卡斯珀·科尔纳发现，带羽毛的箭比不带羽毛的箭要射得远，命中率也高。因而卡斯珀·科尔纳得到启发，发现枪管内膛线对子弹有稳定作用，从而发明了来复枪。当时最好的枪是滑膛枪，有些军官因而不服气，不信枪管有几条膛线就能打得比滑膛枪远，提出要当场比试。科尔纳应战。

结果科尔纳在100m距离上5发5中，而军官手中的滑膛枪却只有5发2中。距离拉到200m，滑膛枪无法打着，科尔纳却以5发4中的绝对优势胜出比赛，使军官服气，围观的人群也轰动起来。这场比赛一传十，十传百，来复枪成了神乎其神的在当时最先进的武器。

来复枪的发射速率比滑膛枪慢，这是因为每颗子弹（用浸过润滑油的布包裹着）都必须用木槌敲到枪管里去，装弹十分费时。来复枪上也不装刺刀，因为装上刺刀后就可能降低射击的精确性，有碍射手掌握更高的射击技术。来复枪是一种单兵武器，在美国东部最初的13个殖民地的技术熟练士兵的中得到了广泛应用。

欧洲吸取了美国独立战争的经验，到18世纪末时，来复枪和来复枪手已经成了欧洲战争的兵器和士兵的一部分。但是，来复枪的造价较高，加之发射速度又比较慢，因此，直到19世纪过了很长时间后，在欧洲正规连级部队中还只是有选择地配备到少部部队和个人。

19世纪初，英国轻步兵最先对来复枪作了改进，使之适合正规作战需要。在队形密集的滑枪士兵队伍中，插进了少量来复枪士兵。

他们的枪采用了次口径子弹，很明显，这样的来复枪手必须是遇事冷静、训练有素而且有高度纪律性的士兵。由于他既能单兵作战，又能在密集的队列中进行射击，因此实质上相当于后来所谓的全能步兵中的士兵。

来福枪的出现

十九世纪影响陆战很有意义的最早的技术改革是发明和应用火帽，情形已如前述。几世纪以来，在战场上使用手中火器时的射击动作本身，是所有动作中最不可靠的。火帽出现后，就消灭了这种现象。燧发枪大约每射击七发子弹，要瞎火一发。火帽的应用，就使瞎火子弹降为低于每两百发出现一发。

　　然而，更为革命性的改进是圆柱锥形子弹，这使高度精确的远射程来福枪最终替代了精度差、射程近的滑膛枪，成为基本的步兵武器。在发明新子弹之前，来福枪的射击速度比滑膛枪慢，因为装弹很困难。由于火药气体对铅弹弹底凹部发生作用，使弹丸具有膨胀的特性。子弹形体小，便于装填，但射击后体积膨胀，紧嵌入枪管来福线中，获得最大转速以保持精度。弹丸形体改进后，减少了空气阻力，又进一步提高了精度和增大了射程。

　　如要使滑膛枪与来福枪射击效果相当，在 200 步距离处射击，前者需费相当于后者二倍的子弹，300 步处五倍，400 步处至少十倍。超过400 步射击距离，滑膛枪已完全失效，而来福枪在 800 码处还可射击军队队形等大目标。在 1000 码处，弹丸还具有足够的末端能量，可穿透四英寸厚的软质松木板。

　　在 1850 至 1860 年之间发明的来福枪和圆锥形子弹与任何先后的新武器技术发展相比都具有最深刻的直接革命性影响。当然，如果现在战场上出现战术核武器，估计会有更大的影响，但在 20 世纪出现的高爆弹、飞机、坦克对当代产生的影响肯定比不上当时的来福枪。

　　主要理由是：因为轻武器与火炮和冷兵器相比，它的杀伤力突然提高了，除了山头或者山脊挡住视线是个限制外，等于每个握有来福枪的步兵有了一门具有同样有效射程和最大威力的火炮。况且，炮兵人员更易受步兵火力杀伤。当然，若在防御工事坚固的炮台中是例外。因而炮兵再也不能持续发扬火力，象在拿破仑的战场上那样支配一切了。

　　早期火器的另一特点是后膛装填，此法当时久已废弃，19 世纪的科学技术让它在古时无所作为的困境中解脱了出来。传统上，后膛武器的困难在于金属部分装填接合不严密，燃烧火药产生的气体和火焰从后膛的缝隙中喷射出来。为了与 19 世纪后膛武器的发展相适应，终于发明了金属弹药筒，它连结弹丸、火药和火帽于一体。这种子弹用特制铜和其他软金属制成，爆炸受热后就会膨胀，能有效封闭向后逃逸的气体。后膛装填法使步枪手能够快速装弹，免得在敌火下站立或暴露。

后来轻火器最重要的基本进步是发现了连发射击和自动射击的原理。此原理在19世纪后期和20世纪，应用极为广泛。自动武器并非发源于新冶金学的进步，而是由于机械学方面的发明。当然，早期的冶金学和弹道学上的进步，的确提高了自动化武器的效能。

火 枪

简 述

火枪在宋代时即是一种著名的用於近身战的火器，但最早可能五代时就出现，最初是绑上火药喷火器的长枪，此武器与名称一直沿用到明代。

清以後火枪也被用来指名一种前装填的滑膛枪（亦有后填装式火枪，但无法保持气密，威力较小，不常被使用），用肩部、肩部上方、胸前为稳定点发射的火器，但自 17 世纪末叶以来，几乎欧洲各国都统一了火枪的稳定点为肩部。与其后继者步枪同为单兵肩射的长管枪械。

火枪最早发源、改进于中国，传承于阿拉伯世界，发扬光大于欧洲。世界上已知最早的火枪是 10 世纪宋朝的竹制枪管的突火枪，在 14 世纪明朝焦玉所著的《火龙经》中就有记载。

13 世纪元朝出现了铁制枪管与最早的手枪（手铳、手炮）。阿拉伯人获得西征蒙古军的火枪技术后，发展出马达法，一种可以附有手斧的步兵手炮。[1] 欧洲最早出现的火枪记载为 1364 年意大利佩鲁贾城兵器库的清单。最早的实物，是 1849 年在德国坦能堡发掘出来的、毁于 1399 年的铜制手炮坦能堡火铳。

分　类

手枪（通常为射程短的武器，如：手炮、蛇杆、长度少于 50 厘米的其他火枪，射程少于 50 米。）

骑枪（卡宾枪），长度介于 50 至 70 厘米。

长枪

混用枪（最不寻常，通常是手枪与战斧或是西洋剑的合体，亦有与骑枪的合体）。

演　进

火枪、梨花枪：在枪矛前绑一铁管，内装火药，使用时点燃之使之燃烧喷出火燄。

突火枪：使用竹筒作为枪管发射弹丸，由於是竹制筒只能使用一次。

火铳、手铳、手炮、火门枪：在欧洲地区出现于十四世纪中叶的意大利，是欧洲最早的火枪。基本类似以后的"火绳枪"，但体积和重量都远胜后者，而杀伤力与火绳枪相差无几。主要是用于城堡要塞的防御，骑兵也有装备。

蛇杆手铳：欧洲地区首先出现，在手铳上加上夹著火绳的金属弯钩。

阿快巴斯（Harquebus, Hackbut）：蛇杆手铳的演进版，最初是指装有钩子（用于钩住城墙减低后座力）的手铳，後来装上火绳点火装置。

沐斯凯（Musket）：一开始是大型版的阿快巴斯，後来小型化。能缓慢阴燃的火绳、前膛单发填装、铁质或铅制弹丸与点火药、推进药分装，且除火绳击发装置外也装了各种击发装置。

旧式：火折点火绳，手指推压金属弯钩入火门，使火绳引燃点火药，继续点燃发射药。

新式：扳机带动蓖麻油小火炬点火绳，火绳点火药。扳机击发式火绳枪。

线膛：1500 年前后诞生于德国纽伦堡地区，采用螺旋式线膛的扳机击发火绳枪，最早的"来复枪"。

火种式火绳枪：燧发枪的先驱。出现于 16 世纪后期欧洲，用火种或短火绳取代长火绳，开枪时才点燃，以免持续燃烧的长火绳在夜间暴露目标。

簧轮击发装置（齿轮式火枪）：原本设计者以为该枪能取代火绳枪，但因价格昂贵，并不普及，王室贵族在当时却非常赞成这种枪的使用，有纪录的使用者包括德国、法国和意大利的骑兵。

燧发击发装置：十七世纪法国人发明。摈弃火绳，采用击锤上的燧石撞击产生火花，引燃火药。标志着纯机械式点火时代的结束。

燧起击发装置：

打火石式击发装置：又称为燧石击发装置

撞击式击发装置：（雷管式火枪、击锤击发枪）

中央点火式击发装置：又称为撞针枪、德莱赛针刺击发枪。弹药从枪管后端装入，针击发火。

佛格森式来福枪：线膛，后膛装弹，英军上尉佛格森在 1776 年美国独立战争中，在美国的前膛装药的肯塔基式线膛来福火绳枪的基础之上研制成功。

逸　闻

2008 年在韩国发现了断面为八角形的明朝万历 19 年（1591 年）青铜制火枪。这种火枪在火药舱设瞄准器，枪身有固定台可装置木制手柄。博物馆方面表示，枪筒总长约 74 厘米，但根据铭文，其制作长度应是约 120 厘米。八角形断面的设计，估计是为了在枪身加长的情况下保护枪身不受损于冲击力。

最早的中国炮是发石机，炮字的火字旁原为石字旁，取"抛"的谐音。

和骑兵用原始的火绳点燃不同，步兵往往用一根烧红的金属去点燃火药，所以古代火枪阵地最明显的特征就是几个大火盆。

宫崎骏《幽灵公主》里的那种简易的"石火矢"，就是一种元朝的金属手炮。

阿拉伯地区使用"燃水"（石油）浸泡麻绳制作火绳。

历　史

火枪是用一个或两个竹筒装上火药，绑缚在长枪枪头下面，与敌人交战时，可先发射火焰烧灼敌兵，再用枪头刺杀。这种火器在南宋时非常盛行。有一种叫"梨花枪"，金人称"飞火枪"，枪头下装有2尺长的药筒。内含柳炭、铁滓、磁末、硫磺、砒霜等混合药剂，具有燃烧、毒烟、喷射等作用。

明代火枪改进一步，枪柄6尺长，末端有铁钻，枪头1尺长，枪头下夹装两支喷射药筒，用引信相连。使用时两个药筒相继点燃喷射火焰；枪头两侧有钩镰状的铁叉，两长刃向上可作锐用，两短刃向下可作镰，具有烧、刺、叉、钩等作用。

明代梨花枪，只有一个铁筒，状如尖笋，小头口径3分，可安引信，大头口径1寸8分，内装毒药，用泥封口。兵士们可随身携带数个药筒，以备更换发射。喷射出的毒焰可达几丈远。

清代梨花枪，长7尺3寸，枪头由两个5寸的直刃和6寸长的横刃制成，刃下装竹药筒，长2尺6寸，束三道铁箍，内装毒性烟雾火药，杀伤力亦很强。梨花枪经过几代更迭而不衰，是因为它制作简单，使用方便，且又有多种杀伤性能。因喷药筒内装有形似梨花的铁蒺藜、碎铁屑而得名"梨花枪"。

这时期火枪是战斗中主要的轻型武器之一。南宋有位武将，名叫"李全"，据说他曾凭借一杆梨花枪称雄山东，被公认为"二十年梨花枪，天下无敌手"。明朝又有胡宗宪大将，在领兵抗击倭寇的战斗中，使用梨花枪击杀敌兵，取得巨大胜利。

16世纪，纽伦堡出现了第一枝燧发枪———转轮枪。这对骑兵来说应该是一个具有历史意义的一刻，从此骑兵的作战方法便开始发生重大变化。随着燧发枪的诞生，骑兵终于拥有了能够在飞驰的马背上射击的火器。

最先大量列装转轮枪的骑兵是德国的雇佣军———黑衫骑士。他们以战争为业。职业敏感性使他们很快认识到转轮枪的价值。他们几乎都配备有多把转轮枪，少则四五把，多则七八把，俨然身背一座火药库。

在装备火枪的骑兵中必须一提的是龙骑兵。这个兵种最早出现要追溯到1552～1559年的意大利战争。法国人占领了皮特蒙德。为了对付随时可能在背后出现的西班牙人，当时的法军元帅命令他的火枪手跨上马背，于是就组建了世界上最早的龙骑兵。

至于龙骑兵这个词的来历，则有两种说法：较流行的一种认为，当时该兵种使用的队旗上画了一头火龙，这是从加洛林时代开始的传统，龙骑兵由此得名；另一种认为，当时他们使用的短身管燧发枪被称为火龙，龙骑兵来自这个典故。17世纪上半期时，龙骑兵的装束与步行火枪手相差无几，只是把鞋袜换成了靴子马刺而已。

1640年英国资产阶级革命时期曾有一支威震天下的克伦威尔"铁骑军"。它是英国资产阶级革命的生力军。骑兵们身着轻便的盔甲，使用单面开刃的长剑，有时用传统的战斧，装备手枪，偶尔有军官扛着一杆长长的马枪。在单打独斗中，这些人也许不是正规骑士的对手，但作为一个整体却行动得更有效率。

欧洲外还有一支至今仍名声显赫的队伍是美国的王牌骑兵第一师。它是美国陆军部队中历史最为悠久的部队之一。凶猛剽悍、作战能力很强的骑兵第一师历史上曾参加过二战、朝鲜战争、越南战争以及海湾战争的重大行动。

虽然其装备不再是火枪和马刀，但"骑兵师"的名称却一直被保留了下来。这也算是对这个古老而伟大兵种的一种纪念吧。

梨花枪

梨花枪是长矛和火器的结合型兵器。采用无缨的普通长枪，在原枪缨部位缚一喷火筒，同时点燃，用火药烧灼而杀伤敌人。药尽有可用枪头刺杀。药筒中喷出之药，如梨花飘落而得名。宋代李全之妻杨妙贞所创此枪套路，世称她"二十年梨花枪，天下无敌手"。

火枪是用一个或两个竹筒装上火药，绑缚在长枪枪头下面，与敌人交战时，可先发射火焰烧灼敌兵，再用枪头刺杀。这种火器在南宋时非常盛行。

有一种叫"梨花枪"，金人称"飞火枪"，枪头下装有2尺长的药筒。内含柳炭、铁滓、磁末、硫磺、砒霜等混合药剂，具有燃烧、毒烟、喷射等作用。

明代火枪改进一步，枪柄6尺长，末端有铁钻，枪头一尺长，枪头下夹装两支喷射药筒，用引信相连。使用时两个药筒相继点燃喷射火焰；枪头两侧有钩镰状的铁叉，两长刃向上可作锐用，两短刃向下可作镰用，具有烧、刺、叉、钩等作用。

明代梨花枪，只有一个铁筒，状如尖笋，小头口径3分，可安引信，大头口径1寸8分，内装毒药，用泥封口。兵士们可随身携带数个药筒，以备更换发射。喷射出的毒焰可达几丈远。

清代梨花枪，长7尺3寸，枪头由两个5寸的直刃和6寸长的横刃制成；刃下装竹药筒，长2尺6寸，束三道铁箍，内装毒性烟雾火药，杀伤力亦很强。梨花枪经过几代更迭而不衰，是因为它制作简单，使用方便，且又有多种杀伤性能。因喷药筒内装有形似梨花的铁蒺藜、碎铁屑而得名"梨花枪"。这时期火枪是战斗中主要的轻型武器之一。

南宋有位武将，名叫"李全"，据说他曾凭借一杆梨花枪称雄山东，被公认为"二十年梨花枪，天下无敌手"。明朝又有胡宗宪大将，在领兵抗击倭寇的战斗中，使用梨花枪击杀敌兵，取得巨大胜利。

击 发 枪

1807 年英国牧师 A. J. 福塞斯发明了使用雷汞击发药的击发点火装置，以后又有人发明了火貌。把火帽套在带火门的集砧上，打击火帽即可引燃膛内的火药，这就是击发机。具有这种击发机的枪叫做击发枪。

1808 年，法国机械工包利应用纸火帽，并使用了针尖发火，1821 年，伯明翰的理查斯发明了一种使用纸火帽的"引爆弹"。

后来，有人在长纸条或亚麻布上压装"爆弹"自动供弹，由击锤击发。这样一来，击发枪就更完善了，到了 19 世纪，针刺击发枪也诞生了。其最早出现在 1840 年，是德国人德莱赛发明的，故又称为德莱赛针刺击发枪。

技术特征是：弹药从枪管后端装入，并用针击发火。这种武器首先由普鲁士军队装备，在普鲁士的三次王国统一战争中，其大放异彩，令丹奥法三国骑兵闻枪色变。与击发技术的发展同步的是装弹技术的发展。

击发枪后来还发展成多管击发枪，一些美国西部牛仔常常身穿牛仔裤、头戴大沿帽、手握多管击发枪，骑着骏马到处行侠。这种多管击发枪比单发击发枪打得快。

击发枪显著提高了枪械的射击可靠性，并有较好的防水性能，"瞎火"故障大幅度减少。而使用燧发枪，平均每 7 发子弹就会出现一次"瞎火"，采用击发枪大约发射 200 发子弹才会出现一次"瞎火"现象。

击发枪的出现标志着枪的发展进入了一个新的阶段。

信 号 枪

信号枪作为军事上的辅助装备，主要用于夜间战场小范围的信号、照明与观察，指示军事行动或显示战场情况以帮助指战员做出正确判断，因而是一种必不可少的装备。此外，信号枪还可用于和平目的，如海上或沙漠中搜索、营救以及夜间管理等。

在现代战争中，随着夜战比重的增大，信号枪的作用与地位也将得到进一步的重视和加强。

发展简史

第一次世界大战中，信号手枪开始获得应用。第二次世界大战后，随着使用要求的提高和信号、照明技术的发展，又逐步出现了结构更简单、轻小和携带使用更方便的钢笔式微型信号枪及各种简易的发射器。

70年代后，随着榴弹发射器、防暴枪在军警中的应用，又出现了用这类武器发射的信号弹和照明弹。由于它们的发射还可借助于军警人员的制式武器装备，所以在军警中获得了广泛应用。

手持发射的信号照明弹或照明火箭，也是在70年代中期开始应用的。这种一次性使用的信号系统，以现代工程塑料的发展为基础，质量较小，结构简单，生产成本低，因此使用十分广泛。

性能特点

信号枪与照明器材通常有两大类：一类是由信号枪和信号弹或照明弹共同组成的系统；另一类是发射装置与弹合二为一的系统。前者信号枪能重复使用，后者只能一次使用。

在能重复使用的信号枪或发射装置中，有信号手枪、钢笔式信号枪、防暴枪、榴弹发射器以及其他各种信号弹或照明弹专用发射器。发射装置与弹合一的一次性使用的信号或照明系统中，通常都是采用手持发射的信号火箭或照明火箭。

小范围信号枪与照明器材的主要特点是：

结构简单、使用方便。信号手枪、钢笔式微型信号枪及其他各种信号弹或照明弹发射器，均属发射一定口径弹药的专用信号枪或发射装置。它们不仅结构简单，操作使用方便，而且可以重复使用，具有较长的使用寿命，一直是世界各国广泛使用的产品。

特别是钢笔式微型信号枪及专用信号弹或照明弹发射器，结构更简单、质量和尺寸更小，但射高稍低、信号持续时间稍短、发光强度较弱，多作为个人遇险时发射紧急求救信号使用。

口径多在20~40毫米之间。信号手枪口径通常大于20毫米，标准口径有26.5毫米、37/38毫米和40毫米三种。钢笔式微型信号枪及专用信号弹或照明弹发射器口径稍小，多在20毫米以下。

用防暴枪及榴弹发射器发射的专用信号弹或照明弹，则口径较大，为38毫米或40毫米，所以发光强度大、射高比信号手枪远、发光持续时间长、但弹药成本要稍高。

可发射不同颜色的弹药。信号手枪、钢笔式微型信号枪及其他各种

信号弹或照明弹发射器，发射的弹药既有单星与多星、带降落伞与不带降落伞之区别，颜色也有红、黄、绿、白等多种，而且具有一定的射高、持续发光时间及发光强度。

手持发射的信号火箭与照明火箭通常是把带发火装置的发射

管与信号或照明火箭组合成一体。其信号或照明火箭亦有不同颜色、带降落伞与不带降落伞的区别，信号或照明持续时间长、射高远、发光强度大，但体积与质量也稍大，成本比一般信号弹或照明弹高。

装备现状

目前世界各国军警用的小范围信号枪或照明器材，主要是信号手枪和手持发射的信号或照明弹。防暴枪及榴弹发射器发射的信号弹和照明弹在特种部队及警察中也普遍使用。微型钢笔式信号枪及其他简易发射器仅作为个人遇险时发射求救信号使用。

美军现装备的简易信号枪或照明器材，品种较多，有信号手枪、40毫米枪、挂式 M203 榴弹发射器发射的信号弹和照明弹、手持发射的信号或照明火箭以及赛卢姆系列发光棒。其中尤以非发射式赛卢姆发光棒使用最普遍。

英军现装备的信号枪与照明器材有 25 毫米信号手枪及弹、15 毫米信号发射器、16 毫米微型信号发射器，38mm 信号枪和防暴枪及其信号、照明弹，各种手持发射的信号或照明火箭。

俄罗斯等国军队仍然采用原苏军装备，主要有 26.5 毫米信号手枪及各种信号弹、431 式手持发射照明火箭等。

法军目前装备的信号枪与照明器材有 1958 式 27 毫米手持发射信号弹、鲁日利 252 式昼夜两用信号弹、拉克鲁瓦短程照明火箭以及信号手枪。

德国军队及警察使用的信号枪与照明器材有 P2A1 式 26.5 毫米信号手枪及各种信号弹、应急式信号发射器、尼科信号发射器以及尼科系列 40 毫米烟火信号榴弹。此外还大量生产和装备各种信号手枪及信号弹、手持发射的带降落伞或不带降落伞的不同颜色的信号弹和照明弹。

意大利军警现装备的信号枪与照明器材主要是伯莱塔 25 毫米信号手枪及信号与照明弹，该信号手枪还可附装线绳掷射器以扩大使用功能。此外还装备有 37 毫米信号手枪以及手持发射的带降落伞和不带降落伞的信号与照明火箭。

另外，巴西、南非等一些国家也开发和装备了许多信号手枪及手持发射的信号照明火箭。

发展趋势

大力发展手持发射的信号与照明弹

由于结构简单，操持使用方便，发光持续时间长，发光强度高，射高远，又不需要专用发射工具，而且随着工程塑料的大量应用和结构与工艺的改进而带来的成本继续下降，手持发射的信号与照明弹将会得到进一步的发展与大量装备。

努力开发新品种

目前，信号与照明器材发展中的一个重要趋势是努力开发新品种，不断扩大使用功能。正在开发的新品种有：昼、夜两用式，信号与抛掷器结合式，强闪光弹以及赛卢姆化学反应非发射式长效发光棒，发射信号与实弹两用式以及不可见光红外型等等。这些新产品的发展目标都是扩展功能，扩大使用范围。

继续发展大口径信号与照明火箭

大口径信号与照明火箭由于照明范围大、发光强度高、持续发光时间长及射高远，仍将继续受到重视，得到进一步的发展。

毛瑟枪

毛瑟枪是德国 P. P. 冯·毛瑟设计的步枪和手枪。毛瑟第一个成功的设计是 1871 型有枪机的单发步枪，口径 11 毫米。

1880 年他在步枪上使用圆筒形弹仓后，被普鲁士政府用作基本的步兵武器（1884），弹仓内装 8 发枪弹。圆筒形弹仓仍不十分完善，毛瑟不断改进其设计，最后发明一种装在枪内的 5 发匣式弹仓。

1898 年这种枪成为德国陆军的制式步兵武器，并被世界各国所仿造。它有多种口径，但德制毛瑟枪的口径均为 7.92 毫米。

"毛瑟枪"的主要特点是：有螺旋形膛线，采用金属壳定装式枪弹，使用无烟火药，弹头为被甲式，提高了弹头强度，由射手操纵枪机机柄，就可实现开锁、退壳、装弹和闭锁的过程。

改进后的毛瑟枪安装了可容 8 发子弹的弹头仓，实现了一次装弹、多次射击。毛瑟枪还缩小了枪械的口径，并提高了弹头的初速、射击精度、射程和杀伤威力。毛瑟枪完成了从古代火枪到现代步枪的发展演变过程，具备了现代步枪的基本结构。

毛瑟军用手枪

军用历史

毛瑟厂在 1895 年 12 月 11 日取得专利，隔年正式生产。由于其枪套是一个木盒，因此在中国也有称为匣枪的，也有盒子炮，也称驳壳枪。

有全自动功能的，又称快慢机，毛瑟厂则称之为速射型（Schnellfeuer），在 1931 年 5 月量产。另一个较少人知道的名称是自来得手枪许多人以为只有速射型称为自来得，这是不正确的，事实上，自来得一直是这一类手枪在中国比较正式的通称。

盒子炮在传说中，是毛瑟厂中的菲德勒三兄弟（Fidel, Friedrich, and Josef Feederle），利用工作闲暇聊设计出来的。为什麽会有争议呢？一是该枪申请专利者是毛瑟，因此有人以此为毛瑟积极参与的明证。但是德国的专利法，允许公司作为代表申请人及专利拥有者，不像美国，必须由发明人具名，再将专利权转移。不过，盒子炮在美国申请专利者也是毛瑟本人。

第二个原因是在第二次世界大战结束後，驻扎

毛瑟厂的美军指挥官，不知吃错了什麼药，下令一把火把毛瑟厂的记录给烧了。从此，全世界的毛瑟步枪、毛瑟手枪，都没了出生证明，大家只有用猜的。

烧毁的记录中也包括了研发日志等文件，因此盒子炮到底是谁发明的，至今仍有争议。

盒子炮在毛瑟厂又称菲德勒手枪，是该三兄弟与其有极大关系的另一明证。当时，半自动手枪刚刚起步，全世界还没有任何一个军队使用半自动手枪作为制式武器。

毛瑟深知，若要成功，必须要得到一个主要强权的军队合约，因此他将盒子炮命名为毛瑟军用手枪，1896 年式，希望能取得一个军方合约。不过事与愿违，一直到 1939 年毛瑟厂停产盒子炮为止，全世界没有一个国家采用盒子炮作为军队的制式武器。

而盒子炮的生产也不生不死的拖了四十年，毛瑟厂估计大约生产了一百万把的各式各样盒子炮。

枪械来源

一、中国各兵工厂以机械辅助生产的：这一类的盒子炮材质及加工品质较好虽然仍脱不了手工装配，零件不能互换等毛病，但整体而言，

几乎可以与舶来品相较。已知的生产厂至少有：汉阳兵工厂、巩县兵工厂、大沽造船所、山西军人工艺实习厂、重庆武器修理所、衡阳军械局等。

二、修械所、厂、队生产：这一类盒子炮为随军修械队，在修枪之馀，也制造一些军械。如宋哲元的西北修械所、湘西茶陵修械所、八路军梁沟四所等。这一类的材质及品质差距极大，有的修械所设备好，材料供应好，则产品较佳。中共在敌後的修械所，因为钢材来源断绝，多半是用铁道钢加工而成。

三、私人游动修枪、造枪商贩：这是一个特殊的行业，有如走方郎

中。史料中说到河北、河南、四川都很多。由一人到数人不等,为地方豪强大户、小股军队土匪修造枪枝,按客户的意思,在一个地方住上十天半月,以手工打造。其品质依人而异,一般都烙印有原厂的一切印记,惟妙惟肖。当然,也有的印得不知所云,可能是没有原枪作样子,只是师傅教下来,以讹传讹。这类枪很多中看不中用,打几发是可以,打多了就会出问题。有许多的表面处理非常粗糙,一看就晓得是手工打造。许多此类枪贩在抗战时为中共吸收,成为中共兵工人员。

四、舶来品:主要来源是德国和西班牙,经由上海、天津等地的洋行进口。有一份文件是1924年9月10日,陆军部与天津德商世昌洋行签约,购买:"德国新式口径七六三密理米突、枪筒九六密理米突、表尺一千米突之毛瑟手枪一千七百杆,连同空木柄及每杆子弹五百颗、甲(注:假)子弹一个、弹簧一个、弓簧一个、罗丝板一个,每杆净收价洋七十整,共计价洋一十一万九千元整。"本件中的盒子炮,枪管核算起来只有3.77吋,相当特殊。

结构特点

有的人以为盒子炮就是10发,这是不正确的,事实上6发、10发、20发都有,前两者用的是固定弹匣,后者多为插入式。

20发固定弹匣也有,但是极为罕见。由以上的文件看来,抗战前到抗战初,中国买的都指定是要20发,买来当然是配到了中央军去了。所以,说中央军主要配发10响毛瑟手枪,也不是完全正确的。

毛瑟在生产盒子炮的四十年历史中,内部几乎没有什麼改变,因此可以说是原始设计几尽完美,没什麼可改进了。一般常有1912型、1920型之类的称呼,事实上毛瑟厂从来没有用过这些型号,大多是收藏家后来才赋予的名称。因为原始记录丧失,目前收藏家用来除了用序号大小来决定生产年代外,另外也根据盒子炮的零组件的特徵来区分,其项目有:

（1）击锤形状和击锤上圆孔大小。最早的击锤有圆锥状的突起，後来改成大圆孔最後改为小圆孔，速射型又与其他小圆孔不同，一共有六种。

（2）枪身表面的纹路。最早有车出的凹痕後来生产了平滑表面的型号，最後又回到车纹的表面，至少有十二种不同的表面。

（3）握把。红九（Red9）自成一系，有两种，其他至少还有十五种不同的握把。

（4）1930 年後，包括速射型，换装通用保险片。在上保险时，扣下扳机，击锤可以安全的落下而不触及撞针在此之前，有三种不同的保险片设计。

（5）撞针。早期用锁片固定，後来用单榫，最後改成双榫，有三种不同的类型。

（6）退壳钩，有大小两种。

另外还有不同的枪管、照门、刻字等。以这两种方式，大致可以决定一把毛瑟手枪是何时生产的。但有时又会产生冲突，因为毛瑟厂有时会采用旧零件生产一批手枪，因此这种辨别法只能大概指出制造的年份。

毛瑟军用手枪－速射型的作业原理在提到速射型的自动作业原理前，首先比较一下速射型与普通盒子炮零组件不同的地方。

（1）击铁的後下方，速射型有几个刻角。

（2）闭锁机组的後侧，速射型多了一道凹槽，供给捕获钩（Catching Hook）运动用。

（3）枪管兼滑套後方左侧，凹槽明显的长些。

（4）固定弹匣相对於插入式。

可以全自动发射的速射型，在枪的左侧有一个选择钮，当该钮在半自动状态时，一切作业与普通盒子炮相同。在该被旋到全自动时，情况就大不相同了。首先是机簧（Sear）被该钮抵住，因此只要扣住扳机，机簧不会滑开，而是始终保持在受压的状况。换言之，失去了捕捉击铁的能力。

同时，捕获钩杆（Catching Hook Bar，以红色线条示意），被选择钮推到後方，推入作业位置。

（1）捕获钩已经推入自动，击铁在击发的位置，第一次拉枪机时，仍是由机簧控制击铁。

（2）当扳机扣下击发，枪机後退，击铁下压时，捕获钩扣住击铁，枪机因复进簧的作用，正在回位。

（3）枪机回到定位後，将滑套推回，推动捕获钩，击铁松开，再度击发。这样的设计是为了保证枪膛闭锁，方才击发。如此周而复始，只要扣住扳机，会不断击发，直到弹匣子弹用罄。

这是毛瑟速射型的作业机构，量产後的第一千把就是卖到中国，序号是 100001a 至 101000a。在此之前，西班牙已经制出了自动作业的盒子炮。但是有些西班牙生产的自动手枪，没有上述的捕获钩的设计，只是击铁随枪机复位击发，因此有枪膛不完全闭锁即击发的可能。

骑枪型毛瑟

盒子炮的正式装填方式，和毛瑟步枪相同，用 10 发装的桥夹，由上方压装，无论是 7.63 毫米或是 9 毫米，都可使用相同的桥夹，如果没有，5.56x45 毫米的桥夹也可以凑合著用。固定弹匣型如果没有桥夹，几乎无法使用，需要一手拉住枪机，一手装弹，再同时用两腿把枪夹住。毛瑟另一个有趣的地方，是它的照门，刻度高达 800 或 1，000公尺！这当然是没有意义的事，即使有人能对一千公尺的目标，用手枪瞄准射击，纵然 7.63 毫米是一种高初速的子弹，在一千公尺飞行後，也没剩什么力量了。

汉造毛瑟 7.63 驳壳枪参数资料：

全长：288 毫米

全重：1.16 公斤

枪管长（连弹膛）：132 毫米

口径：7.63 毫米

表尺射程：1000 米

来复线：6 条，右旋

来复线缠度：200 毫米

瞄准基线长：230 毫米

装弹具式样：弹夹

这种初速，在 357 Magnum 问世之前，是世界冠军，因此弹道平直，但是弹头太小，杀伤力不大。实际运用上，50 公尺是合理的距离，加上枪托，可以对 100 公尺左右的目标遂行射击，再远就有点难了。盒子炮枪机榫，装在滑套右侧后方。收藏一把盒子炮，可能是许多人的愿望。但是如果要拿来射击，就千万要小心，这些枪起码都有六七十岁了。盒子炮最常出问题的地方是枪机榫（Bolt Stop），这是唯一挡住枪机使其不至砸在射手脸上的机件，在多年使用后，难免磨损，甚或制造者使用的金属材质太软，在枪机后退时，齐根切断，枪机即无阻碍而自由飞行矣，射手眼脸则惨矣。这是一个十几二十元的零件，最好要射击前将它换掉，但是原件不要丢掉，因为其上多有序号，遗失了一个有序号的原始零件，将会大大减少该枪的价值。

历史资料

在北洋政府陆军部档案中，有一份文件是 1912 年 9 月，陆军部与德商礼和洋行（Carlowitz & Co.）签约，购买："七密里六三自来得毛瑟手枪二百杆，连有木匣手把，每杆连子弹五百粒，价计京公砝足银五十八两。共计京公砝足银一万一千六百两。在天津码头交货。关税在外。"这是自来得手枪一词，在民国元年即已使用的明证，可能是最早见诸于公牍之一例，而速射型要在将近廿年之后才会出现。

1934 年 3 月 12 日，中信局副经理李耀煌向蒋介石报告：（九）手枪："奉委员长电，渝，订买廿响驳壳手枪五千枝，经遵查得德制老牌毛瑟一种，西班牙仿装两种（注：Astra、Super Azul，另外还有 Royal），价格以西班牙之恩斯达牌（注：Astra）低过德枪一元七角国币。德枪结构虽属较为坚固，惟枪杆稍短，以致射程亦少二百米突。如订货时要德枪加长枪杆如西班牙式，则射程当为一致。又，委员长曾电喻查捷克手枪，经遵查得捷克各厂无此种驳壳出售，合并陈明。"

1936 年国民政府财政部，开支列表中，有"购廿响驳壳手枪二万枝附子弹二千万发"一项，共 280 万法币。

又如蒋介石致中国驻德商务参赞谭伯羽电报："武昌，1938 年 3 月 1 日：柏林。中国大使馆谭伯羽先生：密。请即商订德国八生一迫击炮 300 门，每门配炮弹 3,000 发，如有现货更好。又购 20 响卜壳手枪 2 万枝，每枝配弹 2,000 发，如无现货，则购买其他式手枪亦可。总愈快愈好，其价请速详报。中正。"许多经商业管道进口的德国盒子炮，在弹仓的左侧，印有中文的"德国制"三字。

以民初为背景的小说，常有描写盒子炮的段落，"掏出盒子炮来甩手就是一梭火"，这形容了盒子炮的威力。当时无论是个人、军阀、山大王，只要提到手枪，就是盒子炮。电视剧《长白山上》到《一剪梅》，剧中好汉莫不是人手一把。由配值星带的军官列队，以盒子炮行肩枪礼的女兵。后排在军便帽上又戴了草笠。

由民初军阀混战，国民革命军北伐，抗日战争，国共内战，一直到韩战，盒子炮几乎无役不与，和中国现代史紧密的缠绕在一起。翻开旧照片，由上海街头，到深圳边境，到东北老山密林，都有它的踪迹。它伴随我们渡过了艰难的岁月。盒子炮之情，绵绵无尽。

M1910 毛瑟袖珍手枪

20 世纪初，M1910 毛瑟袖珍手枪价格比当时美国市场上的其他自动手枪便宜得多。由于这一原因，该手枪被美国大量进口，其中很多作为军用，流行甚广，甚至成为第一次世界大战时期美军的制式武器。

M1910 毛瑟袖珍手枪参数：这种手枪有两种口径：一种是 6.35 毫米（0.25 英寸 AGP）口径，另一种是 7.65 毫米（0.32 英寸 ACP）口径的。

0.25 英寸 ACP 口径的 M1910 袖珍手枪的枪管长和全枪长都比同时代其他袖珍手枪略长，这主要是因为这样可获得更高的可靠性及射击精度。该枪制造技艺精湛，具有较大的弹匣容弹量。早期手枪采用硬橡胶握把，存在抽壳钩强度不足的问题。后来抽壳钩进行了重新设计，并以胡桃木握把代替了硬橡胶握把。

该枪套筒座的左侧有一个侧板，向上推就可取下侧板，此时不用卸下套筒就可以拆卸扳机/阻铁组件、扳机连杆和扳机簧等零部件。

M1910 袖珍手枪在欧洲、北美及其他地区一经推出就大获成功。毛瑟公司公布的销售数字为：1911 年销售 11012 支，1912 年销售 30291 支，1913 年销售 18856 支，这样的业绩在 20 世纪初是很难得的。

1914 年，毛瑟公司对该枪枪管定位方式进行了改进设计，因此，1914 年以后的产品和早期产品的枪管不能互换。另外，还有许多改进设计，如对击针、阻铁、复进簧、握把螺钉和弹匣等均作了改进，所以前后期的枪零件很少能互换。

1914 年 7 月，毛瑟公司宣布第二型袖珍手枪投入生产，即将 M1910 的 0.25 英寸 ACP 口径以按比例扩大的型式改为 7.65mm 口径，这种型号又称作新式 M1910。新式 M1910 不再采用侧板以及枪管拆卸（定位）杆结构，而是采用套筒座前下方的一个弹簧卡笋来固定枪管。1934 年，毛瑟公司又对新式 M1910 作了一些修改，将内部的机加件改为冲压件；握把带棱角的部位改为圆弧形，给人一种握持舒适的感觉。

虽然 M1910 毛瑟袖珍手枪是隐蔽携带使用的武器，但其射击精度却异乎寻常地高，而且射击容易控制。这其中的一个主要原因就是该枪枪管轴线与握持位置的距离较近，一般人均能很好地控制握把。射完最后一发枪弹后，空仓挂机机构将套筒阻于后方，这时如果插入新弹匣，套筒会自动复进，并将弹匣里的第一发枪弹送入弹膛；如果在空弹匣时释放套筒，首先要把弹匣退出 12 毫米左右，然后再把弹匣推上去，套筒会脱离空仓挂机的约束，自动复进到位。

该枪还有一些其他特性，例如，当击针处于待击状态时，击针尾端突出于套筒后端，白天可以看到，夜晚可以触摸到。另一个就是解脱子，它起到无弹匣保险的作用，当枪未装弹匣时，则不能击发。保险解脱钮的工作方式也很特别，它可锁住套筒，以避免从口袋里掏出手枪时，套筒意外移动而发生"走火"危险。保险解脱钮的操作很方便，只需向下推就可使套筒处于保险状态。如果需要解脱保险，按一下保险解脱钮，就会恢复到待击状态。

毛瑟手枪在结构设计上也存在一些缺点，如扳机连杆簧和扳机簧都采用片簧，拆装时，很容易折断。另外，粗壮的弹匣卡笋太硬，插弹匣时容易在弹匣上造成划痕，容易损坏弹匣底板。

毛瑟 98 式步枪前传

毛瑟 71/84 式步枪采用管状弹仓是由于保罗·毛瑟设计盒式弹仓时出现麻烦不得已而为之。当德国军事委员会设计出 1888 式"委员会步枪"后，保罗·毛瑟很不满意德国军队擅自设计和采用 88 式步枪，加快对毛瑟步枪的改进，采用单排排列的盒式弹仓和发射无烟火药步枪弹，此外还参照了英国李-恩菲尔德步枪的设计，把原本固定在枪机前部的拉机柄改为固定在枪机后部，新设计的枪机比原设计的枪机更容易操作。就这样保罗·毛瑟很快就推出了毛瑟 1889 式（卖给比利时）和毛瑟 1891 式（卖给阿根廷），但仍不算成功。

后来保罗·毛瑟在 1892 年设计了一个新的拉壳钩，这种被称为"受约束供弹"（controlled round feeding）的技术是毛瑟式枪机最重要的功能之一，由于这个拉壳钩不随枪机一起旋转，从而避免了从盒形弹仓中上双弹的故障。新步枪被命名为 92 式，其中较短的卡宾枪型有 400 支卖给西班牙海军。这几种型号的毛瑟步枪都是按照订单的要求，分别采用不同的口径，例如有些是 7.65×53 毫米口径，有些是 6.5×55 毫米口径，还有一些是 8×60 毫米口径，均为当时各国研制的无烟火药步枪弹。

在 92 式步枪成功推出后，保罗·毛瑟的下一个改进是 1893 式步枪，该型号把单排弹仓改为双排弹仓，使弹仓的高度得以缩短同样可装 5 发枪弹，而且打开枪机后可用桥弹一次装满 5 发弹，比原来一发一发地装填要快捷得多。另外又采用了新的 7×57 毫米（.275 Rigby）步枪弹，该弹与 93 式步枪一起被西班牙军队和一些拉美国家军队采用，因此这种口径经常被称为"7 毫米毛瑟"（7mm Mauser）。

在古巴的圣胡安山（San Juan Hill，1898 年美西战争）战斗期间，700 名西班牙士兵承受了 15，000 名美军士兵持续 12 小时的进攻行动，当时美军使用 .30－40 克拉格步枪（Krag－Jorgensen），西班牙士兵正是使用 93 式步枪 7 毫米毛瑟步枪。这次战斗的结果导致美国开始研制他们的毛瑟式步枪，由此诞生了春田 M1903 式步枪。

　　同时，由于 7 毫米毛瑟步枪在圣胡安山战斗中的表现举世瞩目，在德国政府的支持下，毛瑟步枪很快就在全世界流行起来，也促使保罗不断地改进和完善他的设计，先后推出了 1894 式、1895 式和 1896 式步枪。土耳其购买了 93 式，巴西和瑞典则购买了 6.5 毫米口径的 94 式。而 95 式和 96 式与 93 式非常相似，被卖到墨西哥、智利、乌拉圭、南非共和国（布尔人德兰士瓦和奥伦治自由邦）、中国和伊朗王国。南非购买的 96 式在布尔战争期间与英国的李－恩菲尔德步枪对抗。

毛瑟式步枪的核心系统

毛瑟兄弟设计的毛瑟式枪机安全、简单、坚固和可靠，甚至于直到今天，大多数的旋转后拉式枪机都是根据毛瑟兄弟所设计的原理来设计的。在枪机上有三个凸笋，两个在枪机头部，另一个在枪机尾部。前面的两个凸笋就是闭锁凸笋，进入枪管尾有些人把尾部的凸笋误认为是第三个闭锁凸笋，但实际上它只是一个保险凸笋，并不接触机匣上的闭锁台肩。枪机组很空易从机匣中取出，在机匣左侧有一个枪机卡榫，打开后就能旋转并拉出枪机。

毛瑟式枪机的另一个著名特征是它的拉壳钩，有一个结实、厚重的爪式拉壳钩在枪弹一离开弹仓时就立即抓住弹壳底缘，并牢固地控制住枪弹直到抛壳为止。这项技术被称为"受约束供弹"（controlled round feeding），是保罗·毛瑟在1892年时的重要发明，由于拉壳钩并不随枪机一起旋转，因而避免了出现上双弹的故障。

拉机柄牢固地安装在枪机体上，在89式步枪之前的拉机柄在固定在枪机中部，从89式开始参考了李－恩菲尔德的设计而改为固定在枪机后部，直到98式步枪为止，这个拉机柄在枪机闭锁时都是呈水平状态向右直伸而出，只有少数特殊型号（卡宾枪、狙击型和自行车步枪）才是下向弯曲。在1924年研制的标准型步枪上，有部分标准型仍然是使用直拉机柄，直到98k短卡宾枪开始，才统一让拉机柄向下弯曲。下弯式拉机柄不但使步枪在携带时更方便，不容易绊上杂物，而且也使枪机操作时更舒适。

枪机上有一个泄气孔，当发生炸膛时可以泄出高压气体从而减小受损程度，保护射手。这个泄气孔还有另一个功能，就是在开锁前先释放

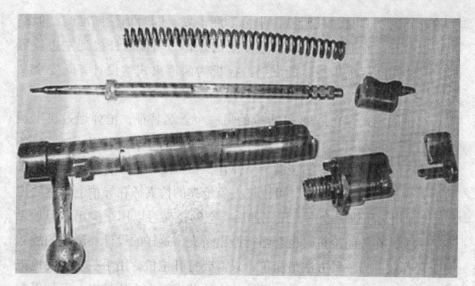

掉一部分火药气体，当打开枪机抛壳时就不会有灼热的气体扑向射手的面部。

由于枪弹击发后，弹壳膨胀而紧贴弹膛，会使射手抽壳困难或容易抽断壳，因此在枪机内有一个小小的枪机回缩器，在枪机旋转打开的旋转到最后一个阶段时，在机匣后桥上的凸轮作用下造成预抽壳。

毛瑟式枪机是击针击发式，当枪机旋转打开时，击针后移处于待发状态，使枪机能够平滑地拉动。击针尾部从枪机后部突出，因此其待击状态可通过视觉直接观察到。如果击针尾突出了约 12 毫米，就表示其处于待击状态；如果只是突出约 6 毫米，则表示不在待击状态。在夜晚看不到待击状态时，可通过手触摸而感觉出来。

毛瑟式枪机是标准的四个动作枪机，这种系统与英国的李－恩菲尔德枪机比较，操作时间稍长，射手必须移动整只手臂来装弹，而李－恩菲尔德的射手只需要活动手腕就能完成装弹动作。因此毛瑟步枪的实际射速为一分钟 10 发，而李－恩菲尔德步枪却能达到一分钟 15 发。

保险杆位于枪机后上方，用右手拇指可以很容易地操作，保险杆有三个操作位置：当保险杆拨到右边时，同时会锁住击发阻铁和枪机体，此时步枪既不能射击，也不能打开枪机；当保险杆拨到中央位置（向上抬起）时，只是锁住阻铁，步枪不能击发，同时挡住瞄准线，但枪机可以打开，能进行装填或清空弹仓的操作；当保险杆拨到左边位置时，只要扣动板机步枪就能发射。扳机为两道火式的设计，既安全又可靠。

双排固定式弹仓是98式步枪的另一个著名特征，枪弹通过机匣顶部的抛壳口装入。装填枪弹有两种方法，最快的方法就是用桥夹。每条桥夹装5发枪弹，刚好够装满一个弹仓，在机匣环上方有机器切削出来的桥夹导槽，打开枪机后，可以把夹满枪夹的桥夹插在导槽上，然后把5发枪弹用力压进弹仓内。压完弹后，空的桥夹可以用手拨出，但如果不用手拨，在关闭枪机时也会强行抛出桥夹，这样的设计在激烈的战斗中非常有效。另一种方法最简单，只需要打开枪机，用手一发一发地把枪弹压入弹仓内，一次一发。用这种方法装满弹仓会比较慢，但如果在战斗的间隙想把半满的弹仓重新装满，则可以用这种方法。

如果要清空弹仓，只要打开枪机取出枪弹就可以了，但此时保险一定要处于中央位置。另外也可以通过拆卸弹仓底板来清空弹仓，但不推荐这种方法。拆卸弹仓底板后，也可以维护弹仓内部或更换损坏的托弹簧和托弹板。一战后改进的毛瑟步枪为托弹板增加了有空仓挂机能力，当弹仓打空后，托弹板会卡住枪机，使枪机无法关闭，提示射手装填枪弹。

骑枪

　　骑枪的规格是确定的。在两米左右的长杆头上安装尖锐的金属锥体，硬木制的枪身在手的位置有护手，后部有配重的木锥，同时，在马鞍上制出"枪托孔"以在冲锋时吸收刺杀的冲击力。

　　骑枪基本上是作为一次性的武器使用。因为很少能有在一次冲击下保持完整的骑枪，那样的只会对骑士的手造成不必要的负担。

　　骑枪也称为马枪、卡宾枪，顾名思义就是在骑马时所用的枪械；一般而言，此类枪械都小而、轻结构简单，但问题是射程大都不远、威力不大；现在的卡宾枪的精度也不高。

　　53 式 7.62 毫米步骑枪是仿制前苏联 1944 年式骑枪，是我军装备的第一种制式骑枪。

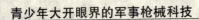

该枪是枪机直动、回转闭锁的手动单发射击步枪。

口　径：7.62 毫米；

全　长：1020 毫米；

枪管长：520 毫米；

全　重：3.92 千克；

初　速：820 米/秒；

射　速：10～15 发/分；

有效射程：400 米；

弹匣容量：5 发。

53 式步骑枪

53 式 7.62 毫米步骑枪是仿制前苏联 1944 年式骑枪，是解放军装备的第一种制式步枪。该枪是枪机直动、回转闭锁的手动单发射击步枪。

中国人一般称呼莫辛－纳甘步枪为水连珠，这种步枪中国的时间很早，最早可以延伸到 1900 年的义和团时期，后来的日俄战争和十月革命都使中国得到不少水连珠步枪，苏联政府也曾先后向孙中山、冯玉祥、蒋介石等援助过水连珠步枪。这些步枪在国民革命、北伐和抗日战争中都出过力。例如在 1939 年中国就订购了 5 万支步枪，连同其他定购的苏联装备，武装了 20 个国民党军苏械师，其中就有第 74 军。大概在 1947 年，由于美械、日械和国械的大量使用，国民党兵工厂才停产了俄式 7.62 毫米弹。

1949 年新中国成立后，解放军仅仅枪械装备的种类就几十种，制式化非常迫切。但由于当时兵工政策失误没有做到这一点。到朝鲜战争爆发时，才发现参战部队的武器五花八门，每个军光步枪就将近十种，于是在部队入朝前后，紧急跟苏联签订了购买 36 个步兵师轻武器的协定（8000 万卢布），其中就包括大量的 M1891/30 步枪。除了进口苏联轻武器，这时国内兵工厂也开始仿制苏联枪械，此时苏联正在把撤装莫辛－纳甘步枪，于是就把莫辛－纳甘 M1944 卡宾枪的生产工具和技术资料卖给中国，在中国定型为 1953 式步骑枪，在 1954 年开始装备部队，其价格约为进口苏联枪支的一半。

53 式的生产在 1960 年被停止，部队也开始撤换成更新式的武器，但有许多 53 式在 60 年代期间支援给越南。53 式骑枪 M1944 有所不同，53 式的准星座比 M1944 的要宽，刺刀座也与 M1944 有所不同。

中正式骑步枪

中正式步骑枪是中国近现代史上第一支全国性的制式步枪。它源自德国毛瑟步枪的优秀设计，因而品质优异，性能出色。该枪取自蒋介石（原名瑞元，后改名中正）之名。由于它诞生于中国波澜起伏的特殊年代，这支枪也经历了无数次战火：从抗日战争到解放战争，直至抗美援朝战争。本文将细数这支著名步枪的风雨历程。

烽火中诞生

在中国兵工事业发展过程中，从清末到民国的历届政府曾多次试图统一步枪口径。1903 年，清政府政务处曾同意张之洞、袁世凯的提议，

即参照日本将全国步枪口径统一为 6.5 毫米。后来陆军部又提议，以仿德国 M1907 6.8 毫米毛瑟步枪为制式，当时称光绪 33 年式步枪，民国后改称元年式步枪。1913 年，北洋政府陆军部重新规定步、马枪口径为 7.92 毫米。但仅仅两年后，即 1915 年，陆军部军械司又将 6.8 毫米元年式步枪定为制式，理由是该口径的步枪和枪弹对于"中国人民体格，尤为相宜"。

1928 年北伐成功，国民政府定

都南京。同年 11 月军政部兵工署成立，统筹全国兵工事宜，兵器制式化问题再次提上议事日程。1934 年 12 月，国民政府军事委员会召开兵器制式化会议，决定将德国 M1924 7.92 毫米毛瑟步骑枪定为制式步枪。该枪在德国也只有少量生产，是当时世界上最新型的步枪之一。

德国 M1924 步骑枪的"出炉"颇有一番背景。第一次世界大战后，德国作为战败国，在军工生产方面受到了凡尔赛和约的严格限制。在这样的情形下，1924 年，毛瑟兵工厂以外贸民用步枪的名义研制出了 M98 步枪的改进型号，称 M1924 毛瑟步骑枪。该枪使用 7.92 × 57 毫米尖头弹，枪管长 600 毫米。该枪虽在 1924 年定型，但到 30 年代才开始批量生产。在德国，M1924 步骑枪并未受到重视，1935 年德国陆军最终选择了毛瑟 M98k 作为制式步枪。但 M1924 步骑枪却大量出口中国，并在西班牙内战中有所使用。

1934 年，国民政府财政部部长孔祥熙向毛瑟兵工厂订购 10000 支 M1924 步骑枪用于装备税警总团，兵工署技术司借机请孔向毛瑟厂索取该枪的全套图纸，以及料表、检验样板一套。资料得到后交给巩县兵工厂，由该厂筹备仿制 M1924 步骑枪。但是由于毛瑟厂提供的图纸及检验样板有误，于是兵工署技术司委派毕业于德国柏林工业大学的巩县兵工厂厂长毛毅可，向德国有关部门正式商洽购买 M1924 步骑枪及检验样板、图纸。经过一番周折，新图纸终于在 1935 年收到，仍由巩厂负责开发研制。1935 年 7 月开始试生产，由于当时是民国 24 年，因此新枪定名为二四式步枪，又称二四年式短管毛瑟步马枪。当时生产的步枪机匣上均刻有"二四式"的字样，其上方为巩县兵工厂的双菱形厂徽。

在筹备、试生产过程中，时任国民党军事委员会委员长的蒋介石携夫人宋美龄，曾数次到巩县兵工厂视察，并提出将枪托略微缩短、刺刀加长等建议。为表示对其尊重，后经兵工署署长俞大维呈请并获批准，1935 年 8 月，将新枪定名为中正式步骑枪，相应地，机匣上的印记，也改为"中正式"三字，另外加上巩县兵工厂厂徽及生产年月。1935 年 10 月 10 日，中正式步骑枪正式批量生产，从而开始了其长达 14 年的生产历程。

第一 "制式"

从 1930 年开始，特别是"九·一八"事变后，为配合国防需要，国民政府的兵工政策开始调整，兵工署制定了《建设新兵工厂计划书》，并逐渐形成了一些主要针对日本帝国主义的侵略而发展国防兵器工业的基本思路，其中包括步兵装备的发展。将中正式步骑枪定为制式步枪并开始大量生产，这既是兵工署成立之后的一项重要成就，也是当时国民政府整个国防战备工作的重要一环。中正式的生产，在中国兵器工业史上具有里程碑作用，主要体现在：

首先，中正式步骑枪是中国第一支真正意义上的制式步枪。中国军队必须采用统一的制式武器，这是自清末以来有识之士就努力实现的一个理想。可惜事与愿违。民国初年，军阀割据、战事频仍，为了武装自己的军队，各派军阀竞相向外国购买武器。特别是一战结束后，各国淘汰和多余的各式枪械大多被贩卖到了中国，加上国内各派系控制下的军工厂自产的武器，使得当时国内使用的枪械庞乱混杂，口径互不相容。就拿在中国制造的毛瑟步枪来说，仿 M1888 7.92 毫米步枪，先后有上海、汉阳等兵工厂生产，各厂在生产过程中都根据自身条件进行了改进；仿 M1907 6.8 毫米步枪的元年式步枪，尽管是由北洋政府陆军部颁定的制式步枪，但在由巩县、广东、四川等兵工厂生产时，枪管、弹膛和瞄准基线长度都各有差别，甚至连使用的枪弹也不完全相同，更不要说工艺、材料和验收程序的统一了。

中正式的出现使上述情况得到了很大改观。1937 年，兵工署参照德国有关工业准则，制定了《中正式步枪应用材料之规范》，统一规定了零部件名称、材料名称、机械性能等。到 1943 年后，第 21 厂、第 41 厂等生产中正式步骑枪的工厂，都采用同样的图纸、同样的检测标准，生产完全相同的步枪。仅此一点，在中国兵工史上便属首创。

第二，中正式步骑枪采用了符合步枪发展潮流的短枪管。以那一时期的步枪为例，巩县兵工厂的元年式步枪全枪长1255毫米，枪管长738毫米，全枪质量4.08公斤；汉阳兵工厂生产的汉阳造步枪全枪长为1250毫米，枪管长740毫米，全枪质量4.06公斤；清末广东兵工厂仿造的M1898毛瑟步枪全枪长1250毫米，枪管长730毫米，全枪质量4.08公斤。中正式则将枪管缩短到600毫米，全枪长缩短至1110毫米，全枪质量减至4公斤，这是一个明显的进步，迎合了步兵武器紧凑化、轻型化的发展趋势。此前只有广东第一兵工厂在1932年以FN 1930年式为蓝本仿制的21式步骑枪较为轻便，但产量不大。而日本直到二战结束，仍在生产全枪长为1275毫米的三八式友坂步枪。

第三，中正式步骑枪采用7.92×57毫米尖头弹为制式弹药，杀伤力极大。汉阳造步枪及巩县兵工厂仿造的元年式步枪使用M1888 7.92×57毫米圆头弹，弹头质量14.7g。7.92×57毫米尖头弹是德国在M1888圆头弹基础上发展而来的，弹头分为两种：S型轻尖弹，弹头质量9.98克，最早在1903年开始采用，是世界上第一种被正式采用的尖头弹，特点是弹头底部呈裙边状，发射后变形紧贴枪管壁，可有效密闭火药燃气；sS型重尖弹，弹头质量12.83克，弹头底部呈舟尾形，可有效减小阻力，从而改进了弹道的平直性及增加了有效射程。中正式步骑枪可同时使用这两种尖头弹，并与当时广泛使用的机枪如捷克ZB26、二四式马克沁的弹药通用，方便了后勤供给。尖头弹与圆头弹相比，弹头质量较轻，初速较高，加之弹头形状呈流线形，空气阻力小，弹道特性更好，不易受横风影响，从而使得中正式的射程和精度都远在汉阳造和元年式之上。7.92×57毫米尖头弹的有效射程超过600米，比日本三八式步枪使用的6.5×50毫米友坂步

枪弹威力明显大，尽管后来日本九九式步枪改用了 7.7×54 毫米枪弹，但在弹道性能和杀伤力上仍与 7.92×57 毫米尖头弹有相当差距。

源自毛瑟别于毛瑟

从清末到民国，毛瑟系列步枪一直在中国享有良好的声誉，甚至一度成为步枪的代名词。国内仿制的且不说，仅抗战前就进口过很多，其中既有德国原产 M98、M1924 毛瑟步枪，也有比利时 FN M1924/1930、捷克 VZ24 等毛瑟步枪的国外仿制品，特别是捷克 VZ24，曾一次购进过 10 万支。这些步枪长度相仿，外观相似，故许多资料中经常将这些枪张冠李戴。中正式步骑枪源自 M1924 毛瑟步骑枪，故和其他毛瑟系列步枪有许多相同之处，但也有一些不同。

中正式与 M98k、M1924 的差异主要体现在外观：M98k 的背带环在左侧，中正式和 M1924 在下方；M1924 的头箍下有阅兵钩（与弹仓下的小孔相配合，可将枪背带固定在枪身下方，阅兵时以肩扛枪较为平整美观，故得此名），M98k 无此部件，早期的中正式也有阅兵钩，后期则将其略去；中正式和 M1924 枪托上有方便握持的凹槽，而 M98k 没有；M98k 有准星护罩，中正式则没有，而采用刀形片状准星；M98k 及后期 M1924 的拉机柄均为向下弯折的形状，而中正式的拉机柄为水平伸出；德国原产毛瑟步枪的枪托上嵌有金属圆孔（早期 M1924 无此设计），供分解枪机和击针用，中正式则将其省略。除以上几点外，其余内部机件、构造均大体相同，包括枪机在内的大部分零件只需稍加修锉即可互换，少数可直接通用。

中正式步骑枪枪机继承了著名的毛瑟式枪机，操作简单、结实耐用。枪机为一整体，前端有 2 个闭锁凸笋，右后方也有一凸笋，其作用是当枪机断裂时，防止枪机冲出枪体伤人。枪托中部设置横销，将机匣与枪管牢牢固定在枪托中，有利于提高射击精度。与之相比，汉阳造枪机分为两部分，零件多、加工费时，且枪机只有前端 2 个凸笋，如果枪机断裂即会伤人。

保险装置位于枪机后部，扳至 90°时，武器即呈保险状态，但此时仍可拉动枪机，称为"活保"状态；扳至 180°时，枪机处于锁定状态，此时枪机不能被拉动，称为"死保"状态

中正式的装填系统使用毛瑟步枪特有的 5 发桥夹。装填时，右手将上满弹的桥夹由上方插入弹仓槽中，拇指向下用力便可将枪弹一次全部压入弹仓，然后将桥夹拔出，桥夹可重复使用。如果没有桥夹，也可以逐发装填枪弹。中正式的弹仓底盖与枪托平齐，不像汉阳造步枪那样突出在外，而造成用肩扛枪不便。将弹装入弹仓，此时枪机停于后方位置。将枪机向前推，送一发枪弹入膛，再将拉机柄向右水平扳倒，完成闭锁，此时扣动扳机，便可发射。将拉机柄向左上方扳动 90°并向后方拉动，此时，枪机头部的抽壳钩便会将膛内空弹壳抱住。机匣左侧的抛壳挺撞击弹壳底部左侧，将弹壳向右后上方弹出。然后再将枪机向前推，枪机将下一发枪弹推入弹膛。保险装置位于枪机后部，向上扳动 90°，即呈保险状态，此时保险片挡住了瞄准线，在黑暗中也可以用手触摸到，此状态下仍可拉动枪机，故称为"活保"；如果将保险险装置扳动 180°，则枪机处于锁定状态，不能被拉动，此状态称为"死保"。

发射后，将拉机柄向左上方扳动 90°，并向后方拉动，武器即可完成抛壳

毛瑟式枪机的设计几近完美，但它的缺点是拉动枪机较费力，加之，在持续射击时，机匣与枪机因受热膨胀而紧贴在一起，枪机更难拉动。特别是在战斗环境中，如果枪支得不到及时保养，开膛困难的现象更容易发生。中正式同样存在这种弊病。我军战士在使用缴获的中正式时，在战斗紧急情形下碰到这种故障，往往直接用脚将拉机柄踹开，就这样中正式仍能继续使用，由此可见毛瑟式枪机的"皮实"。

中正式的表尺由 M1898 的弧形表尺改进而来，表尺射程为 2000米。表尺板中间开有纵槽，照门缺口不大，为了不影响瞄准视线，表尺板贴近照门处有一半圆形凹槽。表尺底部是用螺钉固定在基座上，如因

改用其他弹药而使弹道性能有所改变，可以很容易更换表尺。

中正式采用毛瑟式的 H 形刺刀座，由枪管和头箍固定，刺刀刀柄底部有一个长槽，上刺刀时，使通条插入刺刀刀柄中。中正式刺刀座还可使用捷克 VZ24、比利时 FN M1930 步枪的刺刀。与德国造刺刀普遍无套环的情形不同，中正式所用刺刀设有套环，这样与枪管的联接更为牢固。因中正式枪身较短，为在白刃格斗时与三八式步枪相抗衡，其刺刀全长达到了 575 毫米，仅刀身部分就长达 428 毫米，比 M1898 及 M1924 步枪刺刀的全长还要长（两者全长分别为 380 毫米和 425 毫米）。不过，中正式上刺刀后的全枪总长仍短于三八式步枪加装刺刀的长度。中正式的刺刀为单刃偏锋、直形护手，刀尖形状有两种，一种是对称剑形刀尖，一种则是类似于英国 M1907 步枪刺刀的非对称形刀尖。早期中正式的刺刀刀鞘为薄钢板冲压成型，配有皮制挂件，后期因钢板缺乏，多采用皮制刀鞘。

中正式在后期生产过程中，曾因制造枪托的核桃木来源困难，第 21 厂设计了采用柏木、钢皮、钢条等三种枪托的样品，1949 年九月经国民政府国防部审定，确定使用钢条弯折而成的枪托，抵肩部位仍为木质。同年，该厂又将原表尺改为简易翻转式 300 米/600 米表尺。但是这些改进产品，大多只停留在样枪的阶段，并没有正式投产。

中正式步骑枪的生产绝大部分是在抗日烽火中进行的。它最早的诞生地，巩县兵工厂在抗战期间几经迁移、调整、合并，故而中正式在巩县兵工厂的生产颇为曲折、复杂。

莫辛－纳甘 M1891 龙骑兵步枪

M1891 步兵步枪是配发给普通步兵使用的标准型步枪，而龙骑兵步枪（dragunskaya vintovka，或 Dragoon Rifle）则是配发给重装骑兵部队使用的卡宾枪型。

龙骑兵步枪的长度比步兵步枪稍短，采用实心的护箍，前箍在枪托前方约 3.5 英寸。其他方面如六角形机匣、配用的刺刀等与步兵步枪完全相同，但采用与步兵步枪不同的背带环。

与 M1891 步兵步枪一样，龙骑兵步枪也先后使用过适合圆头弹的第 1 型表尺及适合尖头弹的第 2 型表尺。

龙骑兵步枪在 1930 年停产，被 M1891/30 步枪全面替代。但在 1950 年代中期时仍能在苏联的卫星国军队中偶然发现龙骑兵步枪。

生产年份 1893－1932，全枪长 1232 毫米，空枪重 3.9 公斤，枪管长 730 毫米，枪口初速 615 米/秒。

日本四四式骑兵步枪

历史背景

四四是卡宾枪的量产时间较三八式步枪晚很多，正式量产始于1911 年，不过很快地在隔年就进入部队服役，直到二次大战结束，甚至刚刚成立的陆上自卫队初期也以四四是卡宾枪为主力。不过生产时间却在 1942 年就停产，在这卅一年间大约 91，900 把四四式卡宾枪问世。

转　变

第一次世界大战证明了机枪是最有效率的屠杀机器，而飞机更加速了战争的速度，甚至坦克的出现与应用从此改变地面战争的面貌，因此那种人马合一的浪漫最后只剩下重大庆典仪式才会出现。原来的骑兵头衔被让给新型的装甲部队，但是并没有影响到四四卡宾枪的生产，既然三八式步枪被定位为主力步枪，那么比较短而不被认为是"主力"的四四卡宾枪就自然沦为给"非主力"的部队使用，例如工兵、炮兵、辎重运输部队、通信、航空队的基地警备部队等等。

概　述

日本明治时代为了骑兵使用的便利而研制，和三八式步枪一起使用到一直到第二次世界大战结束。1911 年也就是明治 44 年式正采用，定型号为44式骑枪，二战结束后日本自卫队初期也使用过该步枪。日本原使用三八式骑枪，它实际上只是将三八式步枪的枪管缩短了，而44式骑枪是按照骑兵马上使用的需求而研制的。为日本基于三八式步枪所研发之手动枪机卡宾枪。

既然四四式卡宾枪是基于三八式步枪所研发之手动枪机卡宾枪，因此在基本构造上与三八式步枪大同小异。然而小异之处也有大大不同，首先枪管递减到482毫米长度，因此全长只有96.6厘米。四四式卡宾枪一样适用6.5毫米有坂子弹，然而弹头初速却下降到只有每秒708米，但是诡异的是有效射程却比三八式步枪多出40米（三八式步枪有效射程460米）；很可能四四式卡宾枪膛线的绕距相当高但是仍然有火药推进量不足的问题。其最大特征是折叠式的刺刀，三八式骑枪还使用它原配备的刺刀，骑兵有时在紧急状况不易上刺刀，解决这个问题的方法就是折叠刺刀，并加强了金属结构以不影响枪管。如果没有意外的话，四四式卡宾枪也会跟着使用长达40厘米的三十式刺刀。

然而四四式卡宾枪一开始就明确地设定给骑兵使用，尽管骑兵的式

徽还要到第一次世界大战之后才会知道，不过设计师有坂细心地观察到，如果骑兵一开始就没有上刺刀，那么在冲锋的时候在颠簸的马背上将腰际的刺刀抽出装上枪口，就等于现代在略为拥挤的高速公路上一边开车一边用火柴点烟斗是一样的道理。为了不让骑兵感到失望，全日本最革命性的刺刀就此诞生，有坂将它设计成前后折叠式，要捅人的时候按下卡榫就会解除刺刀固定，向前一扳一把针管状的刺刀就出现了。四四式卡宾枪的枪托底部还有个精巧的旋转盖，拜其缩短的枪管所赐，通枪条（cleaning rod）缩短为两节，因此可以收藏在枪托中。

四四式卡宾枪一共有三代衍生款，不过没有什么太大的差别，不过就是在刺刀座的部分上进行修改，增强耐用度，增加刺刀的长度等等。至于小改款部份就是四四式卡宾枪原来有两个收纳通枪条的收纳孔，后来改为一个直径加大的收纳孔以减少生产工时。

当时四四骑枪开发之时，骑兵是陆军的精锐部队，因为骑兵的特殊要求才提出研制该卡宾枪，实际上英文卡宾枪的原意就是骑兵用枪。装甲部队出现后，作为近代武器的卡宾枪原意就改变了。四四式骑枪不仅装备骑兵部队，也装备过日本伞兵部队，这些部队都是日本精锐部队。实际上相对日本其它步枪的产量，四四式骑枪的产量并不大，只有九万多枝，后期生产的四四式骑枪粗制滥造，质量就差了许多了。中国曾经缴获不少，用于朝鲜战争。

衍生型

四四式卡宾枪一共有三代衍生款，不过没有什么太大的差别，不过就是在刺刀座的部分上进行修改，增强耐用度，增加刺刀的长度等等。至于小改款部份就是四四式卡宾枪原来有两个收纳通枪条的收纳孔，后来改为一个直径加大的收纳孔以减少生产工时。

参　数

使用时间 1912 – 1945 年

装备：日本军队，用于侵华战争和二战

设计：1911 年

生产：1911 – 1942

四四年式骑枪（有坂 38 式步枪）

运作方式：手动枪机，4 条右旋膛线

尺寸：长 868 毫米，枪管长 487 毫米

口径：6.5 毫米

重量：3.3 公斤

枪长：966 毫米

枪管长度：482 毫米

初速 685 米/秒

弹夹：5 发

小口径枪

20 世纪 60 年代中期，步枪小口径化的热潮随之兴起。

那么，什么是小口径呢？

目前，世界上公认的小口径是小于 6 毫米的口径。而小于 5 毫米的为微口径。

步枪向小口径化发展，一个重要原因是与美国于 20 世纪 60 年代在越南战争中使用的 M14 式自动步枪有关。

那时，美国士兵扛的是又重又笨的 M14 式自动步枪，而越南南方解放军使用的是苏联制造的 AK47 突击步枪。越南是个多山的热带国家，在丛林中 M14 步枪的缺点暴露无遗。

例如，士兵刚刚发现一个目标，端着步枪还来不及瞄准，目标就消失了。而背枪行进时，连刺刀长达 1280 毫米的枪又常常被树叶挂住。因此，士兵们无不怨声载道。与 M14 式步枪相比，AK47 步枪的枪长仅是前者的 2/3。

为了改进 M14 式步枪，美国陆军想到了美国枪械设计师斯通纳设

计的 AR15 步枪。

AR15 步枪是斯通纳于 1957 年设计成的能发射 5.56 毫米枪弹的小口径步枪。这种枪在机匣等主要零件上大胆采用较轻的铝合金，以减轻重量；而枪的外形与总体布局，将历来步枪的弯形全木托变成了直形半枪托，并在机匣下部安装

了一个小握把，便于士兵用手握持，而且还将握把和枪托由木质改为工程塑料，全枪给人耳目一新的感觉。

美国陆军将 AR15 步枪送到越南战场进行使用试验。试验表明，这种步枪适合在丛林和山区作战中使用。于是，美国陆军在 1967 年将 AR15 步枪命名为 M16A1 步枪，并用它换装 M14 步枪。

M16A1 步枪是世界上第一种高速军用步枪。它的装备使用，标志着步枪已进入一个新的发展时期。这种枪由于性能优异，使用方便，不仅美国，而且世界上有 50 多个国家在使用它。

这种小口径步枪为何受到人们的青睐呢？

这首先是因为 5.56 毫米小口径步枪的重量大大减轻。它比 7.62 毫米步枪平均减轻 0.6 千克；而枪弹减轻的尤为明显，100 发 7.62 毫米枪弹重 2.4 千克，100 发 5.56 毫米枪弹仅重 1.17 千克，两者相差一倍多。这样，士兵携带枪弹的数量可增加 1 倍以上。

小口径步枪的第 2 个优点是后坐力小，有利于连发时打得准。

小口径步枪的第 3 个优势是初速高，飞行轨迹平直，从而增大了命中目标的机会。

小口径步枪的第 4 个优点是枪弹小，节约贵重的原材料。

小口径步枪的第 5 个优点是，在有效射程范围内，小口径弹的杀伤力和穿甲力不仅不比 7.62 毫米枪弹小，而且优于后者。

继美国陆军装备 M16A1 式 5.56 毫米自动步枪后，世界上掀起了一股小口径热。

据统计，目前世界上已出现二三十种小口径步枪，而装备小口径步枪的国家至少有 80 个以上。在 1991 年的海湾战争中，小口径步枪大显威风，我国在 1987 年完成了 5.8 毫米枪弹和第 1 代 5.8 毫米枪族的设计定型；而我国设计制造的第 2 代小口径枪族在世界上居领先地位，并已装备驻香港部队。

小口径步枪

简 介

小口径步枪（Small Caliber Rifle）是指使用口径小于 6 毫米子弹的步枪。具有重量轻、易操控的特点。

由于早期的自动步枪使用当时的标准步枪弹药，威力过大连续射击时难于控制而且比较笨重。最早在第一次世界大战期间俄国人费德洛夫就研制了口径较当时标准步枪小一些的自动步枪，以控制连发精度，未引起广泛的重视。

发 展

美国军队 1964 年正式命名的发射 5.56 毫米口径枪弹的 M16 自动步枪是被称为开创小口径化先河的步枪，并在世界各国军队中掀起的一股步枪小口径化热潮。

小口径步枪弹

小口径步枪弹一般指弹药口径小于 6 毫米，弹丸大长径比，高速射中人体后会失稳翻滚造成人体组织大面积创伤，主要射击 400 - 600 米内的有生目标的步枪子弹。小口径步枪弹一般指弹药口径小于 6 毫米，弹丸大长径比，高速射中人体后会失稳翻滚造成人体组织大面积创伤。使用小口径枪弹的步枪具有重量轻、易操控的特点。

军用小口径步枪弹的概念来源于美陆军1952年委托约瀚．霍普金斯大学运筹学研究室进行的"齐射"专题研究，该项研究的结果为军方提出了一系列具有信服了的论点和建议。其中一点就建议军用步枪小口径化。同时由于美军使用的NATO标准口径步枪在越南战争和在机械化战斗中的种种缺点。军方接受了"齐射"研究的建议，1964年2月18日，世界上第一种小口径枪弹——5.56毫米M193步枪弹被美军定型使用。

现代世界上的军用小口径步枪子弹主要有三个系列：

北大西洋公约组织的NATO第二标准口径5.56毫米

前苏联/俄罗斯军队的5.45毫米口径

中国军队的5.8毫米口径

典型型号枪弹

NATO制式口径枪弹：5.56×45毫米SS109式枪弹

前苏联/俄罗斯：5.45×39毫米M74式/7N6式枪弹

中国：5.8×42毫米DBP87式枪弹

小口径现代步枪

21 世纪的新一代小口径武器

美国陆军使用两种截然不同的 5.56 毫米口径枪族：一种是 M16 步枪以及其派生出来的 M4 卡宾枪，另一种是 M249 班用机枪。M249 是取得高度成功的比利时 FN Herstal Minimi 轻机枪的多项改进与授权生产版本，它采购于上世纪八十年代，因为磨损现在需要进行替换。出于更加复杂的原因，美国陆军同时决定用一种不同的设计更换 M16/M4 枪族。

源于上世纪八十年代的对更加有效的步兵武器的不断研究得出了小口径高爆破片手榴弹的外壳设计用于杀伤目标头部的概念，从而形成了对隐藏于工事及掩体的部队进行攻击的手段。此项研究显示了对小口径武器火力效果进行重大改进的途径。确保让弹壳正好在适当的点爆炸涉及一些已经成熟的技术。

这包括一个与视线关联确保用户将武器正确瞄准目标并跟弹道计算机配对的激光测距仪。弹道计算机同样在弹药发射时以电子方式提供数据设置弹药的引信时间以保证它在飞行正确的距离之后引爆。

使用新型高爆空炸技术的两个不同的武器项目已经展开。一个是车组武器项目，现在被称为未来车组武器项目，项目编号为 XM307；这是一种 25 毫米口径的机枪。另一个是单兵战斗武器项目，也被称之为可选突击步枪项目，项目编号 XM29。XM29 确定为一种抵肩射击，20 毫米口径单发自动榴弹发射器并结合一个紧凑型、重量轻的 5.56 毫米步枪做为后备武器。由 Alliant Techsystems 公司领导的项目开发小组还包括了赢得 20 毫米与 5.56 毫米枪械部件供应投标的德国 HK 公司。

当事实证明 XM29 的重量无法从 18 磅（8.2 公斤）再往下降时项目陷入了困境。因此做出了一个继续独立发展步枪和榴弹发射器部件的决定，同时将榴弹的口径增加到 25 毫米以改进其对军用防弹衣的杀伤效力。榴弹发射器继续研发的项目编号是 XM25，步枪部分继续研发的项目编号改为 XM8。

XM8 的设计基于 H&K 公司的成功产品 G36 步枪，根据美国陆军的需要做了一些改进。事实表明与榴弹发射器相比它是一个低风险的项目并已接近成熟；进行大规模部队试用的计划已经制定。XM8 属于模块化结构，其枪管有多种不同的长度和重量可供替换以适应战术要求，生产出卡宾枪，紧凑型卡宾枪，狙击枪，以及加装长枪管，两脚架和大容量弹匣的自动步枪。

但是，项目进行过程中做出了引入一种用于取代 M249 的使用弹带的轻机枪从而替换掉自动步枪的决定。在看到这个变化后另一个关于新枪族而不仅仅是 XM8 的竞争开始了。一份需求意见在 2005 年五月发布了，每个竞标商必须为枪族各型枪械提供四把样枪进行为期 180 天的试验。到七月份新的通知紧接而来决定推迟投标从而更全面地考虑所有军队而不单单是陆军的需要。

更为麻烦的是，美国特种行动司令部（US Special Operations Command，SOCOM）关于特种部队战斗突击步枪（Special Operations Forces Combat Assault Rifle，简称 SCAR 或是 SCR）的一个完全不同的新型步枪竞争已经平行展开。

它的重点是完全不同的，SOCOM 需要使用不同口径的能力，因此新枪设计为两个版本：SCAR – L（轻型）和 SCAR – H（重型）以分别使用 5.56x45 毫米，7.62x39 毫米，7.62x51 毫米以及其它可能的弹药。

与 XM8 一样，该枪也是模块化可以快速适应不同的用途。这个竞争已于 2004 年末由 FN Herstal 公司将其现有的 FNC 步枪进行多项改进后赢得了胜利。看起来一旦步枪/机枪枪族计划重新启动该枪与它的派生型号将成为 XM8 的主要竞争者。

要不要改变弹药筒

　　美国以上改进计划都没有提及任何改换现有的北约制式弹药筒的建议（SCAR 可以适用 7. 62x39 毫米弹药的能力是在考虑到在特种部队行动的地区这种弹药通常都大量存在）。来自伊拉克的官方报告对 5. 56 毫米弹药筒表示还算满意。尽管这样，也还要注意自从 1993 年索马里行动起美国军队局部反映其不足的现象。

　　一名美国海军陆战队的士官在伊拉克被要求提供武器性能报告时对 5. 56 毫米弹药说道："子弹太快，太小，也太稳。它不能与华约国武器的 7. 62 毫米武器相媲美。"

　　另一个美军老兵的评语是"5. 56 毫米只有在你多次击中一个人的时候才起作用"。这些战士的陈述对选择新的有效弹药筒应该有高度的优先权。

　　对 5. 56 毫米弹药筒的关注由于美国陆军相对于 M16 步枪越来越钟情于短枪管的 M4 而显得更加重要了：因为事实表明卡宾枪在狭小的车辆空间和城市巷战中有更好的便携性。

　　问题在于 5. 56 毫米弹药的杀伤性主要来自两个方面：一个是命中后的翻滚（如同所有的尖头枪弹），增加创腔的尺寸；另一个是它在翻滚的同时通常会破碎，碎片进入体内增加了伤势的严重程度。

　　然而，标准的北约 4 克

SS109 子弹（美国产编号 M855），后一种杀伤效果只出现在高速命中的情况下。M16 步枪 508 毫米的枪管发射后，碎片效果只在 150 米到 200 米的距离内出现，而 M4 卡宾枪 368 毫米的枪管使用了低初速枪口，将碎片有效距离减少到了 50 米到 100 米。

因此 XM8 投标标准中卡宾枪的枪管只有 318 毫米长十分令人惊讶，这个长度下碎片效果根本上只有在近距离射击时才出现。

紧凑型武器用 bullpup 结构进行设计，如同越来越多的其它军队所做的那样。

中国的 QBZ－95，以色列 Tavor 公司的 TAR－21，新加坡的 SAR－21 以及比利时 FN F2000 都加入了原有的法国 FAMAS，英国 SA80 和高度成功的奥地利 Steyr 公司 AUG 的行列。然而，美国陆军的条令似乎反对考虑 bullpup 结构的步枪，但只有这样才能改进枪械的杀伤力。

杀伤力的最大化

美军内部开始注意到对 5.56 毫米弹药筒的抱怨从个案变得越来越多。特种行动司令部的一个研究小组建议发展一种新尺寸的弹药筒以取代 5.56 毫米弹药筒：6.8x43 毫米的雷明顿特殊用途弹药筒（Remington Special Purpose Cartridge，SPC）。它可以发射更大更重（7.45 克）的子弹，在试验中这种弹药筒被证明即使是用卡宾枪枪管发射也具有更大的杀伤效果。

特殊的设计使其在常规步枪 300 米射程内的杀伤效果达到了最大化，而事实上与之相比的 7.62x51 毫米的 M80 的弹道及末端杀伤效果要超过 500 米。

少数新的 5.56 毫米 Mk 262 弹药筒已经进行了一场对比试验，它的弹头稍重一点（5 克），最初是设计用于射击远距离目标。它与 SS109/M855 相比不仅仅是射程要远一点，而且也能在更远的距离上形成碎片。

但是，在 600 米距离上 6.8 毫米子弹的剩余能量要超出 Mk 262 百分之四十。6.8 毫米的后座力要比 7.62x51 毫米的小的多，弹药筒紧凑程度也基本上接近于 5.56 毫米武器。

　　有报道说改进的 M16 步枪在伊拉克进行实战检验的结果令人印象深刻，尽管这一说法难以证实。

新的挑战者

　　就在最近，来自亚力山大武器公司的格伦德尔 6.5 毫米弹药筒成了 6.8 毫米弹药筒的新挑战者。

　　这是对在提供足以取代 7.62x51 毫米弹药筒的更大射程性能的同时综合 6.8 毫米弹药筒的优点的一个尝试。

　　6.8 毫米的雷明顿 SPC 缺少相配套的短弹头使之合适于 5.56 毫米武器的最大弹药筒尺寸，因此格伦德尔的弹壳更短（39 毫米）更胖一点，为远距离低阻弹头留出空间。

　　重量提高到 9.3 克的弹头也已经接受了试验：此弹头在 1000 米处的剩余速度与能量与北约 7.62 毫米 M118LR 长程弹差不多并且明显超出标准的 M807.62 毫米弹。但是，从通用角度考虑最适宜的选择应该是 8 克左右的弹头，使之接近于 M80 的弹道。

　　6.5 毫米格伦德尔弹药筒的研发与 6.8 毫米的雷明顿 SPC 相比还处于早期阶段，因此，还没有接受过全面的试验。

　　换用杀伤力更大的子弹所带来的一个负面影响也已经被注意到：它的后座力也更强了。但是，6.8 毫米或 6.5 毫米弹所产生的后座力已经与在自动步枪中差不多成功使用了超过半个世纪的 AK－47 的 7.62x39 毫米弹基本相似，因此还是可以接受的。

　　另一个负面影响就是弹壳变得稍微丰满了一点。6.8 毫米弹壳源自老式 .30 英寸雷明顿直径 10.6 毫米而不是 9.5 毫米的猎枪弹，这样一来减少了弹匣容量；一个与标准 30 发 5.56 毫米弹尺寸相似的弹匣可以装入 28 发 6.8 毫米弹。

第三个负面影响是弹药筒变得更重了，因此相同重量下可以携带的弹药会更少一点，军队对此争论的结果是如果需要打中更多发的 5.56 毫米弹才能达到相同的杀伤效果那么少带一些也是可以接受的。6.5 毫米格伦德尔弹还是太胖了一点（它的底座直径跟 7.62x39 毫米弹同为 11.2 毫米），因此标准尺寸的弹匣只能容纳 25 发。如果使用更重，射程更远的弹头它比 6.8 毫米弹还要稍重一点。

但是，从射程角度来说它跟取代 5.56x45 毫米枪族一样更加具有取代 7.62x51 毫米弹及其武器的优势。

扫视欧洲非北约盟国的国家的小口径武器发展史，可以很有意思地注意到尽管俄国从 5.56x45 毫米弹中得到了启示在 30 年前就为其 AN－74 使用了 5.45x39 毫米弹药筒，但并没有获得广泛的赞誉。

一些用户还是喜欢老式的 7.62x39 毫米弹，仍将其用于新的武器中。最新的俄国步枪，5.45x39 毫米的 AN－94，使用了一套复杂的机构来减短两发子弹的发射间隔，显然是为了保证在常规射程内两发子弹而不是一发子弹击中目标。中国近来用使用 5.8x42 毫米弹的 QBZ－95 式步枪装备精锐部队，声称其远距离性能超过 5.45x39 毫米弹和 5.56x45 毫米弹，尽管区别很小，5.8 毫米弹药筒除了可以有更大的弹壳容量外，它携带起来的压力也更小。

如果美国（以及此后某个时间的北约）决定换装诸如 6.8 毫米的雷明顿 SPC 或是 6.5 毫米格伦德尔弹药筒等更强劲的弹药时会有什么负面效果呢？

总的说来，这样的换装相对于现有的武器和弹药来说将是非常昂贵的。

但是，美国陆军，也有可能有其它单位参与，正在计划替换其所有 5.56 毫米小口径武器并不再增大 5.56 毫米弹药的库存，实际上，由于在伊拉克的大量消耗现在出现了短缺。

因此现在在新型步枪竞标重新开始之前决定替换 5.56x45 毫米弹药

筒的机会之窗出现了，在得出关于未来步枪口径的结论之前趁这段时间将6.8毫米与6.5毫米和5.56毫米 Mk 262 进行彻底的对比试验将是非常明智的。

有一件事是肯定的：如果美国最终决定定购一种新的枪族，无论选择哪一种弹药筒，它都将在未来的数十年里一直被使用。

青少年大开眼界的军事枪械科技 ②

手枪科技

知识

SHOUQIANGKEJI

冯文远◎编

辽海出版社

责任编辑：陈晓玉　于文海　孙德军

图书在版编目（CIP）数据

青少年大开眼界的军事枪械科技/冯文远编. —沈阳：
辽海出版社，2011（2015.5 重印）

ISBN 978-7-5451-1259-7

Ⅰ.①青…　Ⅱ.①冯…　Ⅲ.①枪械—青年读物②枪械
—少年读物　Ⅳ.①E922.1-49

中国版本图书馆 CIP 数据核字（2011）第 058689 号

青少年大开眼界的军事枪械科技

手 枪 科 技 知 识

冯文远/编

出　版：辽海出版社		地　址：沈阳市和平区十一纬路 25 号	
印　刷：北京一鑫印务有限责任公司		字　数：700 千字	
开　本：700mm×1000mm　1/16		印　张：40	
版　次：2011 年 5 月第 1 版		印　次：2015 年 5 月第 2 次印刷	
书　号：ISBN 978-7-5451-1259-7		定　价：149.00 元（全 5 册）	

如发现印装质量问题，影响阅读，请与印刷厂联系调换。

前　言

枪械是现代战争中最重要的单兵作战武器。随着信息化作战的发展，枪械的种类和技术也在不断地发展变化着，从第一支左轮手枪的诞生，到为了适应沟壕战斗而产生的冲锋枪，从第一款自动手枪的出现，到迷你机枪喷射出的强大火舌，等等，枪械正以越来越完美的结构设计，越来越强大的功能展示着现代科技的强大力量。揭开现代枪械的神秘面纱，让你简直大开眼界！

不论什么武器，都是用于攻击的工具，具有威慑和防御的作用，自古具有巨大的神秘性，是广大军事爱好者的最爱。特别是武器的科学技术十分具有超前性，往往引领着科学技术不断向前飞速发展。

因此，要普及广大读者的科学知识，首先应从武器科技知识着手，这不仅能够培养他们的最新科技知识和深入的军事爱好，还能够增强他们的国防观念与和平意识，能储备一大批具有较高科学文化素质的国防后备力量，因此具有非常重要的作用。

随着科学技术的飞速发展和大批高新技术用于军事领域，虽然在一定程度上看，传统的战争方式已经过时了，但是，人民战争的观念不能丢。在新的形势下，人民战争仍然具有存在的意义，如信息战、网络战等一些没有硝烟的战争，人民群众中的技术群体会大有作为的，可以充分发挥聪明才智并投入到维护国家安全的行列中来。

枪械是基础的武器种类，我们学习枪械的科学知识，就可以学得武器的有关基础知识。这样不仅可以增强我们的基础军事素质，也可以增强我们基本的军事科学知识。

军事科学是一门范围广博、内容丰富的综合性科学，它涉及自然科学、社会科学和技术科学等众多学科，而军事科学则围绕高科技战争进

行，学习现代军事高技术知识，使我们能够了解现代科技前沿，了解武器发展的形势，开阔视野，增长知识，并培养我们的忧患意识与爱国意识，使我们不断学习科学文化知识，用以建设我们强大的国家，用以作为我们强大的精神力量。

为此，我们特地编写了这套"青少年大开眼界的军事枪械科技"丛书，包括《枪械科技知识》、《手枪科技知识》、《步枪科技知识》、《卡宾枪科技知识》、《冲锋枪科技知识》、共5册，每册全面介绍了相应枪械种类的研制、发展、型号、性能、用途等情况，因此具有很强的系统性、知识性、科普性和前沿性，不仅是广大读者学习现代枪械科学知识的最佳读物，也是各级图书馆珍藏的最佳版本。

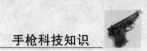

目 录

手 枪

　　手枪是一种单手握持瞄准射击或本能射击的短枪管武器，通常为指挥员和特种兵随身携带，用在50米近程内自卫和突然袭击敌人。

　　现代手枪的基本特点是：变换保险、枪弹上膛、更换弹匣方便，结构紧凑，自动方式简单。现代军用手枪主要有自卫手枪和冲锋手枪。

　　自卫手枪射程一般为50米，弹匣容量8～15发，发射方式为单发，重量在一公斤左右。冲锋手枪亦叫战斗手枪，全自动，一般配有分离式枪托，弹匣容量10～20发，平时可当冲锋枪使用，有效射程可达100～150米。现代手枪主要有左轮手枪、自动手枪（实际是半自动手枪）、全自动手枪三种类型。

　　世界上威力最大的手枪是美国史密斯·韦森公司的M500转轮手枪，此枪为0.50英寸口径，即12.7毫米，马格努姆大威力手枪弹，枪口动能3525焦，但它并不是军用手枪，而是用于狩猎大型猎物。

　　早期的手枪——手枪的最早雏形在14世纪初或更早几乎同时诞生于中国和普鲁士。在中国，当时出现了一种小型的铜制火铳——手铳。它口径一般为25毫米左右，长约30厘米。使用时，先从铳口填入火药、引线，然后塞装一些细铁丸，射手单手持铳，另一手点燃引线，从铳口射铁丸和火焰杀伤敌人。这可以看作是手枪的最早

起源。

1331 年，普鲁士的黑色骑兵就使用了一种短小的点火枪，骑兵把点火枪吊在脖子上，一手握枪靠在胸前，另一手拿点火绳引燃火药进行射击。这是欧洲最早出现的手枪雏形。

14 世纪中叶（不迟于 1364 年），意大利的几个城市都出现了成批制造的一种名为"希奥皮"的短枪，"希奥皮"一词源于拉丁文，词意即是手枪。这种枪长仅给 17 厘米，因此许多人认为它是世界上第一种手枪。

15 世纪，欧洲的手枪由点火枪改进为火绳枪。火绳式手枪克服了点火枪射击时需一手持枪，另一手拿点火绳点火的不便，实现了真正的单手射击。

到 17 世纪，火绳手枪为燧发式手枪所取代，它已具备现代手枪的某些特点，如击发机构具有击锤、扳机、保险等装置，并且枪膛也由滑膛和直线开线膛发展为螺旋形线膛。

1812 年，苏格兰牧师 A·福赛斯设计制造出击发火式手枪。这种手枪还属于由枪口装弹丸的前装式手枪，操作不便，发射速度也较慢，难以适应作战需要。

1825 年，美国人德林格发明的德林格手枪，采用了雷汞击发火帽装置，提高了手枪的射击性能。1864 年，美国第 16 任总统林肯遭刺身亡，凶手使用的就是这种手枪。

手枪经过了约 541 年的漫长发展、改进、演变的过程，逐渐具备了现代手枪的结构和原理，现代手枪诞生的标志是左轮手枪和自动手枪的发明。

冲锋手枪可使用肩托（木盒式或金属托折叠式）射击，半自动射击时，有效射程可达 100 米。

用简单一句话给冲锋手枪下一个明确完整的定义是不容易的，因为冲锋手枪兼备自动手枪和冲锋枪的特征。冲锋手枪和冲锋枪的分界线特别模糊。更有甚者，近年来新研制的某些十分有效的武器已经突破了常规分类法。

例如，有人研制了发射 5.56 毫米步枪弹的独特单手射击的武器，美国人别出心裁研制出小魔鬼四合一枪（Imp），即集短突击步枪、冲锋枪、救生枪和手枪的战斗性能于一枪，还有一种可单连发的单手用武器，取名为分钟 i – sub – machinegun（微型冲锋枪）。

冲锋手枪的基本特征，可归纳为以下几点：

1、必要时，可单手发射；

2、可全自动射击，亦能半自动射击，有些可定长点射；

3、大多数发射手枪弹，也有发射小口径弹种的；

4、重量比典型的冲锋枪轻；

5、经常配有附加肩托，有时带消音装置。

冲锋手枪这个名称非常不稳定，人们根据具体枪的特点和个人的爱好与经验，给它起了很多名称。"1895 年毛瑟研制成功一支真正军用 7.63 毫米冲锋手枪，这支枪出现已经 80 余年，可是迄今仍有人使用它。

第二次世界大战中的风云人物温斯顿·丘吉尔在青年时代任过英国骑兵中尉，他回忆在非洲苏丹乌姆杜尔曼地区的战斗中遭到围困，据他说，他确实是用了毛瑟冲锋手枪在喊杀声四起的重围中杀出一条生路来的。

丘吉尔高度评价毛瑟冲锋手枪的威力、可靠性和大弹匣容量。他当时向上峰建议装备此枪，但英军当局一直到许多年后，才认识到这支冲锋手枪的威力。"

7.63 毫米毛瑟手枪是一支典型冲锋手枪。据称

3

在本世纪20年代和30年代毛瑟手枪运到中国出售的超过400,000支。"中国人特别喜爱毛瑟手枪,在亚洲,弄到一支毛瑟或仿制品,则身价倍增。"中同人给毛瑟起的名字很多,计有:驳壳枪、盒子枪、盒子炮、自来得手枪等。

冲锋手枪由于重量轻、外廓尺寸小,在数十米内能发挥相当大的火力威力,"可部分地执行冲锋枪的传统任务。"因此该类武器可考虑配发给空降部队、小分队指挥员、侦察兵、汽车兵、炮手、导弹手、后勤人员以及公安防暴人员。游击队员如果配上这种武器,在某些情况下,其作用不减当年。

著名的枪械设计师约翰·摩西·勃朗宁出生于美国一个颇有声望的军械世家,1897年后移居到比利时。勃朗宁曾根据博查德的发明设计了多种性能优良的手枪,其中某些类型的勃朗宁手枪共产至今仍在许多国家的军队中装备使用。

54 式手枪

简 述

中国54式7.62毫米手枪是我国仿制前苏联TT1930/1933式手枪的产品，于1954年定型，至今仍装备部队。是我国生产和装备量最大的手枪。

54式手枪的自动方式采用枪管短后座式；闭锁方式采用枪管摆动式，保险装置为击锤保险，该枪还设有空仓挂机机构。

54式手枪所使用的枪弹是中国51式7.62X25毫米手枪弹。

54式手枪无手动保险，仅设有机锤半待击保险。

54式手枪的退弹过程比较简单，弹匣扣位于握把左侧、扳机后方。卸去弹匣，后拉套筒，退出枪弹，通过抛壳窗检查弹膛，释放套筒，扣动扳机。

技术数据

口　径：7.62毫米；

全枪长：196毫米；

枪　宽：30毫米；

枪　高：128.5毫米；

枪管长：116毫米；

全枪重：840克；

瞄准基线长：156 毫米；

初　速：420－440 米/秒；

膛　线：4 条，右旋；

弹匣容弹量：8 发；

平均最大膛压：1850～2100 公斤/平方厘米；

初　速：420 米/秒；

射　速：30 发/分；

规定寿命：3000 发；

射　程：50 米；

弹匣容量：8 发；

通条一根。用以擦拭枪膛。平时固定在枪套侧面；

枪　套：装枪及备用弹匣；

枪弹盒：分两格，每格装枪弹 20 发，共 40 发；

背　带：便于携带枪套及枪弹盒；

保险带：将手枪系在射手的腰带上，以防手枪丢失；

弹　匣：一个。

发展历史

中国的军用手枪的历史也很长，在抗战时期和国共内战除了十几万支毛瑟军用手枪（盒子炮以外），还有一部分美国和苏联援助的手枪，当然也有少量缴获的日本垃圾南部手枪（俗称王八盒子）。

在抗战时，由于初期和中期国军火力太弱，毛瑟手枪还是起到了很好的作用，一定程度上弥补了近距离连射武器的不足。

内战结束后，中国当时的装备可以称得上是万国造。其中步枪口径多达 11 种，枪弹和枪械种类更是多达数十种。作为一个新建的大国，实现军队武器的制式化和自产化当然是首当其冲的事情。

朝鲜战争中，勇敢志愿军士兵拿着五花八门的武器和严重不足的弹药，和武装到牙齿的美韩联军血战数年。虽然一度打的美军狼狈溃败，但是因为火力的差异和空军的几乎全无，志愿军遭受的相当大的伤亡。其中就弹药一项，就有日式，苏式，美式，国式等四五个国家的各种弹药，造成后勤方面严重的困难。

在整个朝鲜战争中，志愿军有百分之四十的弹药缺口只能通过战前缴获获得，白白牺牲了很多的生命。这些更推动中国武器自产化的发展。

从 1950 年到 1955 年，由于底子薄，中国同时采取进口和仿制 2 种方式。5 年内从苏联共进口和接受枪械 90 万支和大量的弹药。

在此同时，中国大陆方面开始逐步仿制苏联的军用武器。其中就包括苏联二战期间的制式手枪。

1951 年，随着前一年中苏条约的签订。中国军工系统就开始在苏联专家的帮助下，仿造苏制托卡列夫军用手枪。主要是苏联方面提供全部图纸和提供流水线的全部机床，同时培养一批技术骨干。

该枪基本就是托卡列夫手枪的简单仿制，没有任何中国自己创新，所以并不能称得上是中国自产的武器，只能算是中国组装。中国方面取名为 51 式手枪。

苏联托卡列夫式手枪是一款很有特色的武器，该枪发射 7.62 毫米托卡列夫手枪弹，全长 196 毫米，空枪重 0.85 千克，枪管长 116 毫米，初速 420 米/秒，使用 8 发弹匣供弹，有效射程 50 米。它的威力很大，穿透力很强，而且生产成本很低，是一款很实用的武器。

它是由苏联枪械设计师托卡列夫在 1930 年设计的，是苏军装备的第一支自动装填手枪。托卡列夫参战了残酷的苏德战争，部队对其威力和可靠性的总体评价还是不错的。

不过客观来说，苏联军队装备大量的冲锋枪（超过 500 万支），手枪在实战中使用的情况很少，主要是少数坦克手，飞行员和军官在极端情况下自卫使用。所以托卡列夫实战中的成绩自然很一般。

托卡列夫采用枪管短后坐式工作原理，类似勃朗宁手枪结构。它的枪管下方有一个铰链环，挂机柄销插在环中。射击后，枪管和套筒首先一起后坐一段自由行程，然后枪管下的铰链环绕挂机柄销向后转动，迫使枪管下移，使枪管上的闭锁突笋脱离套筒上的凹槽。

此时枪管和套筒分离，完成开锁。当套筒推枪管复进簧时，枪管下的铰链环又绕挂机柄稍向前转动，使枪管上抬，闭锁突笋进入套筒座凹槽，实现闭锁。

它的结构紧凑，该枪在吸收勃朗宁手枪优点基础上，创新了一套近似模块化的内部设计，包括击锤、阻铁、击锤簧、阻铁费等，使枪的整体结构更加紧凑。托卡列夫的威力在当时来说，是世界一流的。它的7.62毫米手枪弹是世界上同口径枪弹中威力最大的枪弹，射弹威力大是该枪所以被众多国家仿制的主要原因之一。

51式手枪很快装备部队，并且参加了朝鲜战争。但是中国方面对其反应比较一般，部分士兵和军官认为它就作战性能还不如盒子炮。但是作为自卫武器也足够了，况且它还有体积小，重量轻，威力大的优点。

1953年7月朝鲜战争结束，战争的停止让中国方面可以重新完整的实现自己的计划。由于朝鲜战争中国的参战，苏联已经确定中国是他的盟友，随即开始和中国的全面军事合作。

1953年，苏联专家根据中苏两国的协议大量进入中国，其中就包括大量的军事方面专家。

中国专家和苏联专家详细研究了朝鲜战争中51式手枪的暴露出来的缺点进行了改进，同时还考虑了中国士兵的自身特点。比如改进了枪托的大小，适应中国士兵较小的手型。

1954年，手枪正式定型并且大量生产装备部队，取名为54式手枪。该枪是中国建国以后正式装备部队的第一款制式武器。

54式手枪装备部队以后，参加了中印边界战争和中越边界战争。总体来说，54式手枪还是能够满足这些恶劣环境下的作战需要。它的射程不错，穿透力强，威力大（54手枪发射的51式7.62毫米钢芯弹头。

最大飞行距离 1630 米，初速高达 420 米/秒在 25 米。

距离上能射穿 3 毫米厚的钢板、10 厘米厚的木板、6 厘米厚的砖墙、35 厘米厚的土层），在 50 米内的距离上能够适应战斗中自卫武器的需要，属于大威力军用手枪，敌人士兵中 54 式一二枪就足以丧命。

能够满足军事实战需要，是 54 式能够在军方使用长达 50 年的最大原因，当然价格低廉和结构简单容易制造也是重要的原因。1987 年 54 式手枪出厂时的号码已高达 35000000，足可见其在中国的盛行。

54 式手枪的结构简单又结实，能适应各种恶劣环境，不容易因为一二次磕碰而损坏！

虽然不容易损坏，但是实战中 54 式仍然存在相当数量的卡壳现象，这也是它的一直问题很难更改了。

在现代战争中，手枪使用的机会少之又少。最基层的中国军官一般不使用手枪，而是普遍背一支 AK47。因为实战中，冲锋枪虽然比较重，但是基层军官身体素质一般不比普通战士差，能够负担的了。

而且冲锋枪的作战能力比手枪强十倍也不止，危险的战场上基层军官宁可自己多一些安全的保障。至于手枪，基层军官一般不怎么在乎，他们认为反正战争中又会士兵的减员，到时候拿冲锋枪就行了。

一般营长以上的军官，还是用手枪的。但是这些人能够开枪的机会就很少了。

64 式手枪

64 式手枪（64 式7.62 毫米手枪），是我国自行研制的第一种手枪，1964 年设计定型，1980 年生产定型。配备于部队中高级指挥员及公安干警，是较理想的单兵自卫武器。

64 式手枪由枪管、套筒、复进簧、套筒座、击发机和弹匣六大部分组成。64 式手枪的自动方式采用自由枪机式，设有联动击发、空仓挂机、弹匣回闩和弹膛有弹指示等机构；保险机构有安全保险、到位保险、自动保险和射击保险等多种功能。该枪用以杀伤50 米内的目标，在25 米距离上，能射穿2 毫米厚的钢板、7 厘米厚的木板、4 厘米厚的砖墙、25 厘米厚的土层。

64 式手枪口径：7.62 毫米；全长：155 毫米；重量：560 克；弹容：7 发。

77 式手枪

简 述

1976 年济南军区修械厂研制成功一种小型手枪，定名为 1977 年式 7.62 毫米手枪，简称 77 式手枪。该枪发射 64 式 7.62 毫米手枪弹，是我国自行设计、自行研制的第二种手枪，主要配备高级军官、武警、公安干警及其他特业人员。

由于体积小，质量轻，更适合隐蔽携带，执行特殊战斗任务。该枪采用自由枪机式自动方式，惯性闭锁，击针平移式击发机构，保险机构有手动保险和到位保险。

其单手装填机构是仿制二战前德国西奥多。贝尔格曼机器与武器制造厂生产的利格诺斯 3 - A 型 6.35 口径手枪，但是并不为我们所熟知，该机构可实现单手装填枪弹或单手排除瞎火弹，提高了手枪射击的及时性和可靠性。

由于该枪设计独特、外形美观大方、结构简单、使用方便，能单手装填射击，因此深受部队的青睐，同时也引起国外同行的注目。

后来的改进型有 77B、77B2、NP20 型等，口径均为 9 毫米，使用国际流行的 9×19 巴拉贝鲁姆枪弹，弹匣容量9发，增设了弹匣保险和击针保险机构。

　　研制者做过这样的试验：在打开手枪保险的状态下，手枪在1.3米高度上，从6个方向进行跌落，仍然不会走火，其独特之处是设计了一种单手装填机构，便于单手装填或排除瞎火枪弹，提高了射击的及时性和可靠性。

性能数据

　　口　　径：7.62毫米；

　　全　　长：149毫米；

　　重　　量：500克；

　　弹　　容：7发。

QSZ92 式手枪

QSZ92 式手枪

QSZ92 式半自动手枪系统（一般简称为 92 式手枪）共有两种不同口径的型号，研制这两种口径的手枪系统是由军方使用部门提出的，从 1987 年开始论证，1994 年正式立项，交给工业部门研制。1998 年完成了 9 毫米手枪及其枪弹的设计定型，2000 年 5.8 毫米手枪及其枪弹完成设计定型。

中国的 92 式手枪包括 9 毫米手枪和 5.8 毫米手枪两种，两支枪外形相似，内部结构有很多相同之处，因此被称为中国手枪的"姊妹花"。

研制新型手枪系统是为了替代现装备的仿苏产品 54 式 7.62 毫米手枪而研制的。要求具有中国特色，总体性能要达到或超过世界同类武器的先进水平，广泛采用新材料、新工艺、新结构并加以创新。为此，军方论证部门科技人员深入一线作战部队、特种作战部队、各级司令部机关和军事院校，以及深入到工业部门有关手枪及枪弹生产厂，召开座谈会，征求对研制新手枪的意见。

通过调研，明确了研制新手枪的指导思想：提高武器威力，增大弹头杀伤效果和穿甲性能，减轻武器系统质量，提高武器可维修性；外形美观大方，主要零部件可以互换，便于大量生产。

在手枪口径的选定论证时，对于应采用何种口径一直有不同的意见。一种意见坚持与国外手枪口径统一，主张采用 9×19 毫米 Para 口径，这种意见占被征求意见人数的 17%，其理由是：国外军用手枪大多数采用 9 毫米口径，9×19 毫米弹采用铅芯弹头，对人员具有足够的杀伤威力，停止作用好，但穿甲性能差。

为了满足我军对手枪弹穿甲性能的要求，可以采用钢芯弹头，外形尺寸和内弹道与 Para 手枪弹相同，新手枪既可以使用新研制的钢心弹，又可以使用 Para 铅芯手枪弹，有利于作战使用和外贸出口。

另一种意见坚持采用小口径手枪，占被征求意见人数的 63%。其理由是：采用小口径、小质量、高初速弹头提高杀伤威力是现代单兵武器的一种发展趋势，在近距离内小口径、小质量、高初速、大长径比的钢心弹进入人体后易失去稳定性，产生偏航和翻滚，产生较大空腔，对人体具有较大的杀伤作用，并且淬火钢心还具有良好的穿甲性能。另外，由于小口径枪弹质量小，体积小，因而可增加携弹量，减轻士兵负荷，提高作战效能。

经过论证研究，两种口径方案各有其充分理由，难以取舍。因此，论证部门提出 9 毫米手枪装备营以下军官，5.8 毫米手枪装备团以上军官。作为新手枪系列，同时进行研制。

事实上，这两种口径手枪的战术技术指标基本相近，都是根据军用自卫战斗手枪使用要求提出的。在研制 5.8 毫米手枪时，起初研制人员按照战术技术指标要求设计方案，全枪长 190 毫米。在设计方案评审时，专家和军队使用者感到作为装备团以上军官的自卫手枪，体积太大，建议缩短全枪长度。

1995 年 3 月在枪弹厂做试验，将弹道枪枪管由 110 毫米减小到 90 毫米，弹的精度和威力与 110 毫米长的枪管基本相当。于是开始进行短枪管方案设计，全枪长为 170 毫米。

至 1996 年 2 月，短枪管方案做厂 2 轮设计、试制和试验，均未达到理想结果，射击时震手，枪口火焰和噪声大。1996 年 3 月又回到原定战术技术指标进行长枪管方案设计，直到完成设计定型。

92 式手枪系列的论证、研制工作同时进行。由于 9 毫米手枪要求既可使用新弹，又可使用9毫米Para弹，在新弹未研制出之前直接用Para弹进行试验，因此9毫米手枪研制进度较快。研制组从十几种方案中初选5种方案提供专家评审。

两种口径的手枪系统刚开始研制时，研究人员曾提出设想：为了简化工艺、简化结构、降低成本和便于大量生产及加快研制进度，两种口径手枪采用同一种结构方案。但当时这种设计思想未被普遍接受，于是在科研人员中征集设计方案，进行比较，进行优化设计。5.8毫米手枪也有5种设计方案：枪管回转闭锁、枪管随动闭锁、两种枪管起落式闭锁、中间块闭锁。

通过对5种设计方案的加工试制、试验，经专家评审，决定采用枪管固定的自由枪机惯性闭锁方式。击锤回转式击发机构，双排双进弹匣，铝合金底把和U形塑料护板，复进簧置于枪管下方。

1995年3月至1996年2月，5.8毫米手枪进行了两轮短枪管设计方案试制、试验，但未取得理想结果。1996年3月，设计组根据"保持原指标"不变的要求，重新设计方案样枪，解决了抽壳、供弹等技术难题，但射击时震手现象比较严重。由于9毫米手枪通过大量试验，结构比较成熟，尤其是采用弹性发射机支架和发射机构，射击时吸收套筒后坐能量，不震手，握持舒适，手感好。

最终决定：5.8毫米手枪采用9毫米手枪技术成果，两种口径手枪主要零部件通用，5.8毫米手枪新方案采用枪管回转半自由枪机原理。通过试验，射击震手问题从根本上得到解决。

92式手枪系列的两种手枪从外形上看非常相似，区别之处只是9毫米手枪握把上有五角星，而5.8毫米手枪没有；9毫米手枪扳机护圈前有防滑凹陷，5.8毫米手枪扳机护圈外形圆滑过渡。内部结构也基本相同，均由套筒、底把、发射机构、弹匣和枪管、枪管套、连接座、复进簧、复进簧导杆与挂机柄构成；零件数都相同，均为41种43件，其中发射机构通用零件16种18件，形状尺寸完全一样。

不通用的零件包括枪管、底把、连接座和弹匣。此外自动方式也不相同，9毫米手枪为枪管短后坐式，与大多数9毫米Para口径的自动手枪一样；5.8毫米手枪为半自由枪机式。因此5.8毫米手枪的一些部件看起来比9毫米手枪简单，例如而9毫米手枪的枪管上有闭锁凸笋和导引凸笋，而5.8毫米手枪的枪管上则只有导引凸笋。

过尽管自动方式不同，零部件不完全通用，但两种手枪的基本结构都是相同的。92式手枪采用部件、组件化设计，将零散的零件组合成部件或组件，不仅方便了平时的维护保养，而且又可避免较小零件的丢失。例如，将击锤、击锤簧、击锤簧顶销、击锤簧座、击发杠杆和套管结合成了击锤部件；发射机组件是由击锤部件、拉杆部件、阻铁部件、保险、单发杠杆和销轴结合而成，等等。

采用了一件多用、一件多能的设计方法。例如，复进簧兼作挂机扳把的复位簧，击锤簧座又是保险的定位销等等，这样简化了结构，减少了零件，方便了使用。

发射机座由优质薄钢板冲压而成，具有较好的弹性，在一定程度上可减缓套筒后坐到位时的撞击。它不仅结合了发射机构的全部零部件，而且在上部还设有抛壳挺和导轨。

前导轨较长，装有连接座，后导轨较短，前后导轨共同导引套筒运动。为了提高在恶劣环境下的可靠性，技术人员在发射机座上设置了容沙槽、排沙槽。击发方式为单/双动，因此在解脱待击状态下，只要膛内有弹也可立即射击。

保险机构包括击针保险和不到位保险。击针保险轴锁定击针，只要不扣动扳机，不论哪种意外事件发生，都不能使击针向前运动。不到位保险可保证每发枪弹的发射都必须在套筒复进到位闭锁后进行，否则即使扣动扳机也不能发射。手动保险机柄装在发射机座上，左右两侧各有一个，可单手操作。

保险机柄置于保险位置时，可同时锁住击锤和套筒，这时击锤压不动，扳机也扣不动。保险机柄还兼有待击解脱功能，可使全枪从待击状态直接转换到保险状态，转换中击锤在其簧力作用下复位，但绝对打不到击针，保证使用安全。

92 式手枪的生产中采用了新材料新工艺，例如采用热塑性好、强度高的工程塑料整体握把结构代替传统的金属枪底把，加工工艺简单，注塑一次成型，一致性、经济性好；发射机座采用冲压工艺，效率高；采用化学复合成膜技术进行表面处理，提高防腐蚀能力。

整体式底把是全枪的基座，安装了发射机组件、弹匣组件、弹匣扣和弹匣扣簧。设置在底把尾部的定位面和在护圈上方安装的挂机柄能将发射机组件稳固地定置在枪底把内。

握持舒适、手感好，符合中国人的人体工程，解决了严冬季节使用时冻手的问题。弹匣扣可根据需要调换安装方向，为左手操作者提供了方便。

92 式手枪采用片状准星和缺口式照门，在照门和准星上均涂有荧光点，便于夜间瞄准射击。从公布的图片中可以发现，准星位置曾发生过变化，在设计定型时的准星位置在枪口帽上，而现在生产的型号则改在套筒前端。此外在底把前端两侧设有沟槽，可安装激光指示器，提高快速射击的能力。

这两种口径手枪设计定型装备部队试用后，过去的问题再次被提出：军队装备 9 毫米手枪还是装备 5.8 毫米手枪？不过 9 毫米手枪已经被一些大城市的公安系统试用或采用。

QSZ92 式 9 毫米手枪

QSZ92 式 9 毫米手枪系统，包含 QSZ92 式 9 毫米自动手枪和 DAP92 式 9 毫米普通弹。该手枪由枪机组件、发射机组件、弹匣组件、握把组件、枪管、枪管套、复进簧、复进簧导杆和联接座等零部件组成，发射方式为半自动。采用枪管短后坐自动方式，枪管回转式闭锁机构，回转式击锤击发。

枪弹击发后，枪管在弹底压力的作用下带动枪机一起后坐，联接座

螺旋面迫使枪管回转实现开锁；枪机在惯性力的作用下继续后坐到位。

枪机后坐到位后，由于复进簧力的作用，枪机复进推弹人膛。同时，枪管在联接座螺旋面的作用下回转，完成闭锁。不仅重量轻、结构简单，还具有以下特点：

功能设置齐全，设有手动保险、击针保险和不到位保险，具有膛内有弹显示、弹匣余弹显示和空仓挂机功能；

采用枪管短后坐式自动原理，能量匹配合理；

采用枪管回转式闭锁机构，有利于提高射击精度；

采用双排双进弹匣供弹方式，提高了弹匣在恶劣环境下的供弹可靠性；

采用半自动发射方式，具有单动和联动功能；

采用多种设计技巧，简化结构，减少全枪零件数量，在不需要任何工具的情况下就可快速进行不完全分解、结合，勤务性好；

采用新型工程塑料的枪底把（套筒座），握持舒适、手感好，射击时还有减震作用；

照门和准星上都装有荧光点，便于夜间瞄准，同时还设有激光瞄具接口，便于安装激光瞄具；

双向手动保险扳把和可换向安装的弹匣扣，能方便左撇子射手使用；

必要时该枪还可发射"帕拉贝鲁姆"手枪弹。由于军方对新手枪系统要求有较好的侵彻能力，因此为92式手枪研制的DAP92式9毫米手枪弹同北约制式9毫米Para手枪弹的外形尺寸及某些参数基本相同，但弹头结构却采用铅钢复合式弹芯。

DAP92 式 9 毫米手枪弹可与 9 毫米 Para 弹通用，但对轻型防护目标的穿透能力则大得多，这样既符合了军方的要求，又使 92 式手枪易于外贸。具有侵彻威力大、精度好等特点，在 50 米处穿透头盔钢板后，还能穿透 50 毫米厚松木板，杀伤效果明显优于"帕拉贝鲁姆"手枪弹。

92 式 9 毫米手枪系统从 1992 年开始论证，1994 年正式批准立项开始研制，1998 年设计定型，1999 年 12 月 20 日，92 式 9 毫米手枪及其弹药作为驻澳门部队装备正式公诸如众。

QSZ92 式手枪基本参数

口　径：9 毫米；

全　长：190 毫米；

枪　宽：35 毫米；

枪　高：135 毫米；

全　重：0.76 千克；

枪管长：111 毫米；

瞄准基线长：152 毫米；

初　速：350 米/秒；

射　程：50 米；

枪　弹：DAP92 式手枪弹；

9×19 毫米；

弹匣容量：15 发；

全枪寿命：大于 3000 发。

QSZ92 式 5.8 毫米手枪

在装备 QSZ92 式 9 毫米口径手枪的基础上，又定型生产 QSZ92 式 5.8 毫米手枪，该手枪采用了惯性闭锁，枪管回转半自由枪机式自动方式。击发后，弹头飞出枪口之前枪管不回转，保证弹头飞行的稳定性；

此后，枪管在 45°范围内绕其轴线作原地回转，从而减轻了后坐力。

与传统的枪管回转式机构不同，传统的枪管回转目的在于闭锁，使枪管与套筒形成一个刚性连接，特点是枪管在后坐运动中回转。

5.8 毫米手枪是惯性闭锁，套筒不与枪管发生刚性连接，枪管只有一个绕其轴线回转的自由度，不作纵向运动，枪管回转的目的是通过附加给套筒一个转换质量来使套筒减速。利用手枪的固有零件——枪管来实现减速，而放弃了通过增加机件来实现延迟开锁的传统做法，从而有效地减少了全枪零件数。

经测试，在 25 米距离上，射击 20 发弹，散布小圆半径 R50≤2.2 厘米，散布大圆半径 R100≤5.5 厘米。采用计算机辅助设计，进行内外弹道设计，尖头、弧形弹头及钢心铅柱组合结构，该弹在 50 米的距离上穿透 1.3 毫米厚的 232 头盔钢板后，仍能穿透 5 毫米厚的松木板。手枪弹侵入人体形成的空腔效应是巴拉贝姆手枪弹的 2.5 倍。该枪采用了大容弹量的 20 发双排双进弹匣供弹。

研制小口径军用战斗手枪是从 1994 年开始，经过 7 年的技术方案论证和工程研制，现已通过国家靶场设计定型试验和部队寒区、热区、盐雾区试验，各项指标全面达到战术技术指标要求。

92 式 5.8 毫米手枪的研制目的是为军队指挥员及特种部队等战斗人员提供的自卫或军用战斗手枪，主要用于杀伤 50 米距离内的有生目标。

研制过程

92 式手枪的研制从论证、研制、定型到生产，可谓是一波三折。

进入 1980 年代后，54 式 7.62 毫米手枪越来越显得与时代不相称，因此急需一种新型手枪来替代 54 式手枪。对新手枪的研制而言，首要工作是论证提出新手枪的发展思路和指标要求。但是在当时，中国工业基础还很落后，也没有多少技术积累，因此论证工作进行的很艰难。但是，军队论证部门却大胆提出：新手枪要具有中国特色，总体性能要达到或超过世界同类武器的先进水平。

通过进一步调研和征求意见后又明确了新手枪研制的指导思想，即：提高武器威力，增大弹丸杀伤效果和穿甲性能，减轻武器系统质量，提高武器可维修性；外型美观大方，主要零部件可以互换，便于大量生产。

此后，论证部门的科研人员开始对各国装备的手枪进行研究，在当时国外军用手枪大多数采用9毫米口径，如美军装备的米9手枪，奥地利的格洛克17手枪，前苏联马卡洛夫手枪等。

9毫米口径是当时军用手枪的主流口径，除马卡洛夫手枪用9×18毫米马卡洛夫手枪弹外，其他手枪都是使用9×19毫米帕拉贝鲁姆手枪弹。因此如果选择9毫米口径的话，那新手枪的研制工作就会少走好多弯路，国外大量数据资料都可以作为借鉴，且对将来外贸也很有益处。

当时，中国的5.8枪族正处于研制阶段，经过近20年的摸索，对小口径杀伤理论已经非常了解，采用小口径、小质量、高初速弹丸来提高杀伤威力已经被大量的试验所证实，也开始被人们所接受。因此，很多人主张研制5.8毫米小口径手枪，统一口径序列。

一时间，两种意见方各执一辞，争论地难分难解。为此，论证部门进行了大量的试验，打肥皂，打钢板，打活猪，光试验消耗的肥皂就达5吨多重。试验过程中积累了大量数据，最终验证了5.8毫米口径手枪是可行的，而在发展5.8毫米口径还是9毫米口径方面却未能得出肯定的结论。

因此论证部门最终提出9毫米口径手枪装备营以下军官，5.8毫米口径手枪装备团以上军官，作为新手枪系列，同时进行研制。这个结论得到了领导机关认可，也因此有了现在的两种口径的姊妹手枪。

现在回过头来看，研制的结果并非是当初所设想的，但是以9毫米手枪作为警用，通过扩充弹种来达到特殊的作用效果，而5.8毫米手枪作为军用，也可以说是一种不错的搭配。

在新手枪的研制过程中同样也走了不少的弯路。开始研制时，总师曾经提出过设想，为了简化工艺、简化结构、降低成本和便于大量生产及加快研制进度，采用两种口径同一种结构方案。但是这样的指导思想在实际中却遇到了各种各样的困难。

由于9毫米手枪要求既可使用新弹，又可使用帕拉贝鲁姆9毫米手枪弹，在新弹未研制出之前，可用帕拉贝鲁姆9毫米手枪弹进行试验，相比而言9毫米手枪研制进度较快，这也是9毫米手枪先定型的原因。在研制初期，为了充分发挥科研人员的积极性和创造性，提出了可以进行多种方案设计，不断比较、优化的设计思想。

经过方案的初选，最后有5种方案参加了设计评审，分别为采用半自由枪管短后坐回转闭锁机构的9A型方案和9A1型方案；采用枪管回转闭锁机构的9B型方案；枪管上下偏移闭锁机构的9C型方案和9－Ⅱ型方案。

最后专家建议在9A型方案和9－Ⅱ型方案的基础进一步试制和试验，然后优化成一个方案。通过近5年的多次优化改进设计、试制和试验，最终9毫米手枪及弹达到了设计定型要求，先于5.8毫米手枪设计定型。

在5.8毫米手枪的方案阶段，有专家提出了5.8毫米手枪作为装备团以军官的自卫手枪，体积太大，建议缩短全枪长度。

于是研制人员开始进行短枪管方案设计。但是短枪管方案在设计和试制过程中遇到了很大困难，先后经过两轮设计、试制和试验，均未达到理想结果，出现了射击震手，枪口火焰和噪声大等问题。直至1996年3月，在短方案无法进行的情况下才又不得不重新回到长枪管方案。

5.8毫米手枪在设计过程中也提出了枪管回转闭锁、枪管随动、两种枪管起落、中间块闭锁等五种设计方案。经过评审和优化，最终采用了枪管回转半自由枪机方案。自动方式和9毫米手枪不同，这也和小口径弹的特点有关，因为5.8毫米手枪在采用自由枪机时后坐能量大，不好控制，而采用非自由枪机方式时又因为能量不够容易导致后坐不到位。

在两种口径手枪先后设计定型并装备部队试用后，又出现了一个十分棘手的问题，军队到底是装备9毫米手枪还是装备5.8毫米手枪呢？由于二者均是综合性能较好的手枪，为此又不得不重新组织军事院校和野战部队进行两种手枪对比试验。

经过综合各种因素并充分听取部队意见后，认为5.8毫米手枪的综合性能优于9毫米手枪。最终部队决定采用5.8毫米手枪，而9毫米手枪配发给公安、武警使用。

内部结构

92式9毫米手枪和5.8毫米手枪在结构上有很多相同之处，主要体现在：采用击锤回转式击发方式，发射机构为拉杆分离式，可单动或联动；供弹采用了双排双进结构；握把采用新型工程塑料；设有手动保险、击针保险和不到位保险；具有膛内有弹指示、弹匣余弹显示及空仓挂机功能；弹匣卡笋能左右互换，结构简单可靠；套筒座上留有辅助瞄具接口。两枪大部分零件通用，不通用的零件包括枪管、底把、连接座和弹匣。

92式手枪在设计过程中将零散的零件组合成部件或组件，方便使用，方便维护保养，体现最明显的是发射机组件，将击锤部件、拉杆部件、阻铁部件、保险、单发杠杆和销轴等完全组合在一起，形成了一个整体。为了简化结构，有些零件还可一专多能。

套筒座为注塑成型工程塑料件，是手枪的基础部件。其主要作用是联接装配其它零部件成一整体，射击时是握持的主体。其内部容纳了发射机组件、弹匣组件、弹匣卡笋和弹匣卡笋簧。

设置在套筒座尾部的定位面和在护圈上方安装的挂机柄能将发射机组件稳固地定置在套筒座内。弹匣卡笋可根据需要左右调换，便于左撇子射手使用。

发射机座为冲压件，弹性好，可起到减缓套筒后坐到位时撞击的作用。其上还设有导轨和抛壳挺，为套筒前后运动提供支撑，并实现抛壳。在发射机座上还设置了容沙槽、排沙槽，提高了在恶劣环境下使用的可靠性。

92 式手枪采用片状准星和缺口式照门，在照门和准星上均涂有荧光点，便于夜间瞄准射击。缺口照门可沿水平方向调整移动。在套筒座的两侧设有沟槽，可安装激光指示器和强光灯等附件，提高快速射击的能力。

92 式手枪设有联动机构，当膛内有弹、手枪又处于保险状态需要射击时，打开保险后即可扣动扳机，扳机拉杆直接带动击发杠杆、击锤向后旋转，转到一定位置时击发杠杆解脱击针保险，单发杠杆强迫扳机拉杆自动解脱击锤，击锤即向前回转打击击针，完成击发。

92 式手枪设三重保险机构，分别为手动保险、击针保险和不到位保险。手动保险与其它制式手枪基本相同。用手将保险手柄推到保险位置时，处于待发状态的击锤便返回到保险位置，此时套筒和扳机处于锁闭状态。击针保险由保险轴及簧等组成，装在套筒座后端并与击针轴线呈垂直状态。

在任何状态下击针保险轴都将击针限制在套筒的后方位置。只有当套筒处于完全闭锁状态时，扣动扳机，才能使击发杠杆顶开击针保险轴，从而解脱击针。在结构设计上有三处起到复进不到位保险的作用。

首先当手枪没完全闭锁时，击发杠杆不能解脱击针保险轴，击针处于保险状态，从而保证手枪不能击发；其次，套筒复进到位后有 1 毫米的自由行程以防止反跳开锁，起到不到位保险的作用；第三，套筒复进不到位时，单发杠杆不能抬起，扳机拉杆不能钩住击发杠杆，顶不到阻铁，从而使击锤不能解脱。

92 式手枪设置了空仓挂机机构。套筒在弹匣内最后一发弹射出后复进时，便会被空仓挂机扳把卡住，形成空仓挂机状态。如果需要继续射击，按下弹匣卡笋，取出空弹匣，将装有枪弹的弹匣插入并锁住，压空仓挂机扳把或向后轻拉套筒并松手，套筒便推弹复进到位，武器又呈待发状态。再扣扳机，又可继续射击。

由于发射枪弹不同等原因，两种手枪在结构设计上也有一些不同之处，主要体现在自动方式上。9毫米手枪采用枪管短后坐和枪管回转闭锁的自动方式。枪弹击发后，9毫米手枪枪管在弹底压力的作用下带动枪机一起后坐，联接座螺旋面迫使枪管回转实现开锁；枪机在惯性力的作用下继续后坐。

枪机后坐到位后，由于复进簧力的作用，枪机复进推弹进膛。同时，枪管在联接座螺旋面的作用下回转，完成闭锁。因此9毫米手枪枪管上有两排螺旋闭锁齿，另外还有一螺旋凸台。而5.8毫米手枪采用半自由枪机式，即自由枪机和延迟惯性闭锁相结合的自动方式。

在击发后先是套筒后坐，在套筒后坐一段距离后，套筒内表面的螺旋槽与枪管上的螺旋凸台作用，迫使枪管回转，达到消耗套筒后坐能量、减缓其后坐运动速度的目的。5.8毫米手枪枪管上只是一个螺旋凸台。

此外其他方面的不同还包括：9毫米手枪弹匣厚度较5.8毫米手枪弹匣大；9毫米手枪发射机座上的弹匣槽宽度较5.8毫米手枪宽；9毫米手枪扳机护圈前端面设有直面防滑装置，而5.8毫米手枪采用圆弧过渡；9毫米手枪在外形尺寸上较5.8毫米手枪长2毫米、高4毫米。

92式手枪系列研制成功，标志着中国军用手枪的发展进入到了新的阶段，也从此在世界先进手枪行列中占据了一席之地。目前中国的手枪正以92式5.8毫米手枪为基础进行扩展，微声手枪等也已先后定型并装备部队，而9毫米外贸型手枪也开始打入国际市场。

基本数据

	9 × 19 毫米型	5.8 × 21 毫米型
全枪长	190 毫米	188 毫米

全枪宽	35 毫米	35 毫米
全枪高	135 毫米	131 毫米
全枪重（含空弹匣）	0.76k 克	0.76k 克
枪管长	111 毫米	115 毫米
有效射程	50 米	50 米
初　速	360±10 米/s	480±10 米/s
弹匣容量	15 发	20 发

NP 系列手枪

简 述

中国 NP229 毫米手枪、NP349 毫米手枪是外贸型手枪，前者的原型是 SI 克 P2269 毫米手枪，后者的原型是 SI 克 P2289 毫米手枪。

武器装备的发展日新月异，各国对手枪的战技指标提出了更高的要求，尤其是手枪寿命的要求。欧美手枪的寿命指标要求大部分为 5000 发，而国内手枪的寿命指标要求基本上还停留在 3000 发以内。

为了提高 NP22、NP349 毫米手枪在国际市场的竞争力，中国要求在寿命指标上达到 10000 发，故障率降到最低。经过攻关组近一年的努力，改进设计后的 NP22、NP34 手枪于 2005 年 6 月进行了全面性能试验，其寿命试验在国内手枪领域达到了 3 个第一：一是全枪寿命达到了 15000 发；二是枪管寿命达到了 20000 发；三是 20000 发后，25 米靶 10 发射击密集度分别为 5.3c 米（NP22 手枪）、4.1c 米（NP34 手枪）。

结构可靠

NP22、NP34 手枪的自动方式均为枪管短后坐式，闭锁方式为枪管偏移式，可实现单动或双动发射。这两种手枪可不完全分解为套筒组件、枪管组件、复进簧及其导杆组件、套筒座组件及弹匣组件等 5 大部分。

其击针保险机构能自动锁住击针，击锤无论处于击发位置还是待击位置都不会产生"偶发火"现象，只有扣动扳机，击针才能被解脱，打击枪弹底火；双动击发方式的设计为紧急情况下的快速射击及出现哑弹情况下的迅速补火提供了可能；压下击锤待击解脱杆，可将处于待击位置的击锤释放到击发位置，以保证有弹情况下的安全携行。

NP22 手枪全枪长 196ra 米，采用 15 发或 9 发容弹量的弹匣供弹。从外形上看，NP34 与 NP22 手枪的不同之处在于握把上的防滑纹有差异。此外，NP34 全枪外形尺寸较小，为紧凑型，全枪长缩短到 180 毫米，采用 13 发或 8 发容弹量的弹匣供弹。

这两种枪结构紧凑、质心位置合理、握持手感好，使用维护方便，互换性好。日常勤务分解与结合（不完全分解与结合）不需要拆除任何联接销和解除簧力，只需转动分解手柄，前推套筒即可将其从套筒座上取下，结合过程也非常简单，因此可快捷地完成分解与结合动作。

在中国轻武器外贸定型试验定点靶场进行的性能鉴定试验中，测定这两种手枪完成不完全分解与结合的平均时间仅为 19 秒！在进行安全性试验时，这两种枪分别从 1.83 米高度自由跌落到硬质水泥地面上、从 1.2 米高度自由跌落到厚度为 12 毫米的无弹性钢板上，弹膛内装有带底火的弹壳均没有出现被击发的现象（该项试验中，为防止出现"走火"现象的发生，弹膛中不能装实弹），零部件也无破损变位现象，然后装弹进行射击，全过程无故障。

突破性改进

NP22、NP349 毫米手枪均采用铝质套筒座结构，选用高强度铝合金材质。但铝质套筒座的极限寿命一般为 6000～7000 发，其主要问题是导轨槽易出现裂纹。导轨槽出现裂纹的原因是：发射后套筒开锁并向后运动，当套筒后坐到位时给套筒座上的导轨有一个上抬的撞击力，该力与套筒后坐到位的速度有关。

NP22、NP34手枪的后坐到位速度为4～5米/s，因此，要想靠减小套筒后坐到位的速度去解决问题很困难。那么，通过提高套筒座上的导轨强度去解决是否可行？导轨槽厚度的理论值为1.25毫米，如果要增加壁厚，牵涉到整个套筒的结构设计问题，难度相当大。

如何找到一个妥善解决的办法？经过反复推敲、计算及模拟设计，最后确定将导轨上抬的撞击力进行转移，将原套筒座导轨后段的承受力改为由钢件制造的支承板来承担。这样，套筒后坐到位时对支承板向下的回转力与套筒后坐到位时对导轨向上的作用力互为制约，可改善支承板的受力状态，由此，从根本上解决了导轨强度欠佳的问题。

经改进后的手枪在工厂做15000发的寿命试验，结果，套筒座及支承板完好无损，达到了满意的效果。而后，在中国轻武器外贸定型试验定点靶场进行的全面性能鉴定试验中，NP22、NP34各2支枪进行15000发的综合寿命试验及NP22、NP34各1支枪进行枪管20000发的超寿命试验中，均未发生套筒座导轨出现裂纹的情况。

P228 手枪

基本数据：

　　枪全长 180 毫米；

　　枪　高 136 毫米；

　　枪　宽 37 毫米；

　　枪　管长 98 毫米；

　　口　径 9 毫米；

　　膛线 6 条，

　　右旋，缠距 250 毫米；

　　瞄准基线长 145 毫米；

　　初　速 340 米/s；

　　空枪重 830 克；

　　扳机力双动 45N，单动 18N；

　　弹匣容量 13 发。

　　SI 克 – SAUERP228 在 1988 年投放市场，就像 P225 是 P220 的紧凑型一样，P228 实际上是采用双排弹匣的 P226 的紧凑型，其尺寸较小。为了能进一步缩小全枪外形，P228 还采用了容量较少的弹匣，除此以外，P228 与 P226 基本相同。

　　经常大量对比测试后，美军在 1992 年 4 月正式采用 P228，并命名为米 11 紧凑型手枪，配发给宪兵、飞行机组人员、装甲车组人员、情报人员、将官以及其他认为米 9 手枪握把尺寸过大的军事人员使用，另外军队的军事犯罪调查机构陆军刑事特别调查处、空军特别调查办公室和海军调查局的工作人员都把米 11 作为随身武器。

P228 的人体工程学非常好。握把形状的设计无论对手掌大小的射手来说都很舒服，而且指向性极好。双动板机也很舒适，即使是手掌较小的射手也很能舒适地操作，而单动射击时感觉更佳。

另外又把原 P226 握把侧片上的方格防滑纹改为不规则的凸粒防滑纹，使 P228 的握把手感非常舒适。所以后来生产的 P226 也改用了类似 P228 的握把设计。

四连发手枪

基本概况

四连发手枪是一种单手握持瞄准射击或本能射击的短枪管武器，通常为指挥员和特种兵随身携带，用在50米近程内自卫和突然袭击敌人。

现代四连发手枪的基本特点是：变换保险、枪弹上膛、更换弹匣方便，结构紧凑，自动方式简单。现代军用四连发手枪主要有自卫四连发手枪和冲锋四连发手枪。

自卫四连发手枪射程一般为50米，弹匣容量8～15发，发射方式为单发，重量在1公斤左右。冲锋四连发手枪亦叫战斗四连发四连发手枪，全自动，一般配有分离式枪托，弹匣容量10～20发，平时可当冲锋枪使用，有效射程可达100～150米。

历史发展

早期的手枪——手枪的最早雏形在14世纪初或更早几乎同时诞生于中国和普鲁士（今德国境内）。在中国，当时出现了一种小型的铜制火铳——手铳。这可以看作是手枪的最早起源。

1331年，普鲁士的黑色骑兵就使用了一种短小的点火枪，骑兵把点火枪吊在脖子上，一手握枪靠在胸前，另一手拿点火绳引燃火药进行射击。这是欧洲最早出现的手枪雏形。

14世纪中叶，意大利的几个城市都出现了成批制造的一种名为

"希奥皮"的短枪，"希奥皮"一词源于拉丁文，词意即是手枪。这种枪长仅给17厘米，因此许多人认为它是世界上第一种手枪。

15世纪，欧洲的手枪由点火枪改进为火绳枪。火绳式手枪克服了点火枪射击时需一手持枪，另一手拿点火绳点火的不便，实现了真正的单手射击。

到17世纪，火绳手枪为燧发式手枪所取代，它已具备现代手枪的某些特点，如击发机构具有击锤、扳机、保险等装置，并且枪膛也由滑膛和直线开线膛发展为螺旋形线膛。

1812年，苏格兰牧师A·福赛斯设计制造出击发火式手枪。这种手枪还属于由枪口装弹丸的前装式手枪，操作不便，发射速度也较慢，难以适应作战需要。

1825年，美国人德林格发明的德林格手枪，采用了雷汞击发火帽装置，提高了手枪的射击性能。1864年，美国第16任总统林肯遭刺身亡，凶手使用的就是这种手枪。

手枪经过了约541年的漫长发展、改进、演变的过程，逐渐具备了现代手枪的结构和原理，现代手枪诞生的标志是左轮手枪和自动手枪的发明。

四连发手枪 – 左轮手枪

左轮手枪是转轮手枪的俗称，它是一种个人使用的多发装填非自动枪械。其主要特征是枪上装有一个转鼓式弹仓，内有5—7个弹巢（大多为6个），枪弹装在巢中，转动转轮，枪弹可逐发对准枪管。由于常见的转轮手枪在装弹时转轮抽左摆出，因而又称左轮手枪。

世界上第一支具有实用价值的左轮手枪是由美国人塞缪尔·柯尔特

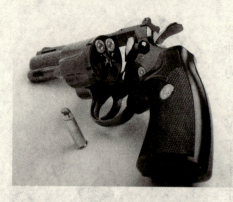

在 1835 年发明的。在此之前，早在 16 世纪，在欧洲就曾出现过火绳式左轮扳手枪，后来又出现了燧发式转轮手枪。

但是柯尔特以前的左轮手枪一是需用手拨动转轮，或是用手扳动击锤带动转轮到位，然后才能扣压扳机完成单动击发；二是枪弹的击发火得解决，所以它们应用不广。而柯尔特发明的左轮手枪具有底火撞击式枪机和螺旋线膛枪管，使用锥形弹头的壳弹，并且扣动一锱扳机即可联动完成转轮待击发两步动作。

这使左轮手枪头一次真正具有了良好的实用价值，得到了世界各国的广泛使用。虽然们又对左轮手枪进行了一些改进，但它的基本结构和原理依然保持着柯尔特发明时的原样。所以柯尔特被称之为"左轮手枪之父"是当之无愧的。

由左轮手枪射速之低、装弹较慢、容弹量较少，所以第二次世界大战之后，它在军队中的地位被自动手枪所取代。但由于左轮手枪对瞎火弹的处理十分简便，性能可靠，因此许多国家的警察和个人仍很喜爱使用它。1981 年美国总统里根遇刺时，刺客欣克利使用的就是左轮手枪。

四连发手枪—自动手枪

自动手枪——通常所说的自动手枪，实际上仅指能自动装填弹药的单发手枪（即射手扣动一次扳机，只能发射一发枪弹）。所以严格地说应叫作自动装填手枪或半自动手枪。

目前各国军队装备的手枪大多是这类枪，而真正的自动手枪是既能自动装填，又能连发射击的手枪。由于它射击精度差，命中率低，所以仅在本世纪的 20—40 年代在少数国家得到使用。

世界上第一支自动手枪（即自动装填手枪）是由美籍德国人雨果·博查德于 1890 年发明的。后来德国洛韦公司的格奥尔格·吕格对博查德的设计进行了改进，定名为"帕拉贝吕姆"手枪。

这种手枪 1900 年后装备了瑞士，德国等国军队。德国的著名枪械设计师，毛瑟步枪的发明人 P·P·毛瑟在 1896 年也设计了毛瑟自动手枪，后来还发明了可连发射击的全自动手枪。中国抗日战争中曾广泛使用的"驳壳枪"和"20 响"就是毛瑟式半自动，全自动手枪。

著名的枪械设计师约翰·摩西·勃朗宁出生于美国一个颇有声望的军械世家，1897 年后移居到比利时。勃朗宁曾根据博查德的发明设计了多种性能优良的手枪，其中某些类型的勃朗宁手枪共产至今仍在许多国家的军队中装备使用

四连发手枪—5.8 毫米手枪

5.8 毫米手枪是供我军指挥员及有关人员（如特种部队）装备的军用战斗手枪，主要用于杀伤 50 米距离内的有生目标；手枪弹在 50 米内法向击穿 232 头盔钢板后，还能击穿 50 毫米厚松木板。杀伤效果优于国外 9 毫米巴拉贝鲁姆手枪弹，弹头侵入人体形成的空腔效应是巴拉贝鲁姆手枪弹的 2.5 倍，手枪弹杀伤威力之大，堪称世界第一。

由于 5.8 毫米手枪弹的膛压和初速都比较高，要使枪机质量轻而且后坐速度不能太大，保证射击时平稳、舒适，必须采用合理的开闭锁机构。5.8 毫米手枪采用了惯性闭锁，枪管回转半自由枪机式自动方式。枪机后坐 2 毫米自由行程后，枪机迫使枪管回转，消耗枪机后坐能量，降低后坐速度，减轻后坐撞击，因而射击时握持舒适，不震手，并可提高射击精度。

此枪外形美观大方，握持舒适。采用强度高、韧性好的工程塑料注塑成型的整体枪底把，手感好，解决了严冬季节使用时冻手的问题。保险扳把和弹匣扣的设计便于左右手使用。保险扳把左右设置，外露于底把两侧，左右手均可操作。弹匣扣可根据需要调换安装方向，以适应左手使用。准星和照门上设有荧光点，便于夜间射击。

手枪两侧设有沟槽，可安装激光照准器，提高射击精度。本枪采用了一件多用、一件多能的设计原则。如复进簧既提供枪机复进的动力，

又可使挂机扳把复位；击锤簧兼作保险定位簧；击锤簧座兼作保险定位销等。采用组件、部件组合式结构，尽可能减少零散小件，分解结合方便，防止零件丢失。

使用 DAP5.8 毫米普通弹、口径 5.8 毫米、全枪质量 0.76k 克（含一个空弹匣）、全枪长 188 毫米、弹匣容弹量 20 发、射击方式半自动、自动方式枪管回转半自由枪机式、闭锁方式惯性闭锁、初速（V5）460±15 米/s、射击精度 R50≤55 毫米，R100≤140 毫米、25 米立姿无依托、故障率 <2‰、全枪寿命≥3000 发。

使用 DAP5.8 毫米普通手枪弹、口径 5.8 毫米、全弹长 33.5 毫米、全弹质量 5.96 克、弹头质量 2.99 克、初速（V5）480±10 米/s、平均最大膛压≤220 米 Pa、精度（固定架、25 米）R50：15 毫米，R100：42 毫米。

发展趋势

恐怖主义是人类社会的公害，其突出表现在：突发性、高诡秘性、高破坏性、非正规性、不确定性及国际性等六个方面。面对恐怖主义的挑战，传统的轻武器装备已难以适应时代发展的要求。轻武器的发展出现了许多新的变化。

手枪趋于进攻化

手枪传统上是用于人员自卫的武器，直到今天仍是这样。但从当前反恐作战的任务和特点来看，恐怖活动无论是在破坏手段、还是在装备性能、以至人员素质上，都较以往有了明显的提高，因此，单纯的自卫功能已经很难适应现实的需求。

HK 公司为特种部队专门设计的的米 k23 式手枪，就更加强调了其对进攻性而不是防卫性手枪的军事需要。该枪采用聚合物套筒座、双动/单动击发，无需改进即可安装各种附加装置和消音器。

格洛克和 H&K 公司的手枪目前被世界各国的军队和警察部队广为

使用，其口径从传统的 9 毫米和 11.43 毫米柯尔特自动手枪到 10 毫米和 10.16 毫米 SW。这些口径的武器将会主宰未来的手枪市场，也可能成为反恐作战的首选武器。

在未来的反恐作战中，手枪的发展将会突显其进攻的性能。10 毫米以上口径将成为首选；射速的要求则趋向高速化；枪弹突出一定的穿透能力，特别是能够对车辆造成一定的损坏，以满足进攻的作战需求。

冲锋枪趋于紧凑化

冲锋枪作为一种比手枪杀伤力更大、但却不是步枪的武器，历来为特种部队和执法部门所青睐。在未来的反恐作战中，它也会由于其特有的性能而发挥重要的作用。

当前大多数西方军队和执法部门主要使用的是 H&K 公司各种口径的米 P5 系列冲锋枪，该枪具有极高的可靠性、精度和杀伤力。国际市场上较新型的冲锋枪主要有斯太尔公司发射 9×19 毫米子弹的战术冲锋枪、HK 公司的 U 米 P 及 FN 赫斯塔尔公司的 P90 式冲锋枪。

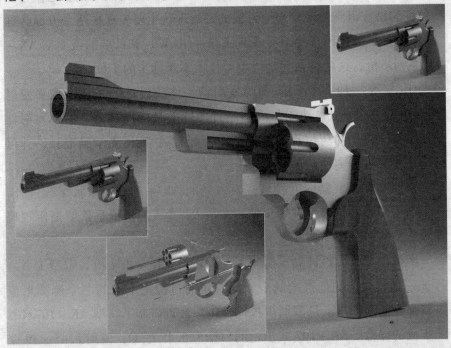

斯太尔公司生产的 T 米 P 型冲锋枪结构非常紧凑，还可以采用半自动方式作为"特种用途手枪"使用。U 米 P 的设计则突出了简洁和先进的特点，这种最新的产品可以互换发射 11.43 毫米超级弹和 11.43 毫米 ACP 弹，从而简化了后勤。FN 赫斯塔尔公司的 P90 式冲锋枪应该是当今市场上最先进的冲锋枪，该枪在紧凑性和杀伤力上都有极为出色的表现。

从当前恐怖对象可能采用的各种手段上看，在反恐作战中，要求作战对象携带足够的防护器材、进攻器材以及数字化装备，这必然会极大增加负重，从而影响作战的机动性。因此，冲锋枪的设计将会在不影响其杀伤力的情况下，强调其紧凑性，既要求枪械本身要尽量紧凑，便于携带；也要求在弹药的选择上要紧凑，即在一定的携弹量下，尽量达到通用，以减少专用弹药的携带量。

步枪趋于模块化

步枪是步兵的传统武器，这一点可以通过大部分国家把步枪作为步兵象征的事实得到验证。步枪目前的发展现状主要表现在两个方面，即"高技术"端的美国理想单兵战斗武器（OICW）和低端的俄罗斯 AK - 100 系列步枪，这两种系列是代表着技术不断进步的步枪。

OICW 是一种采用步枪/榴弹发射器一体化设计的高技术榴弹发射器。OICW 的步枪/"动能"武器组件实际上是辅助部分。榴弹发射器采用带有全自动弹药编程的激光测距，配有昼/夜用光学瞄准具，并可以与步枪部件分离使用。

俄罗斯在轻武器研究领域除对古老的 AK 系列武器进行了改进外，还生产出了一些技术先进的步枪。AN - 94 式突击步枪是俄罗斯伊孜玛什工厂最著名的产品。

图拉仪器仪表设计局也研制了一种新型无托突击步枪，定型为 A - 91 米。值得注意的是该枪的全封闭机匣通过握把下方的一个椭圆形窗口将弹壳向前抛出。俄罗斯伊孜玛什工厂最近研制了新型 AK - 107/108 式步枪的样枪。AK - 107 式步枪的口径为 5.45 毫米，发射 5.45 × 39 毫米枪弹；AK－108 式步枪为 5.56 毫米口径，发射 5.56×45 毫米枪弹。这两种枪采用新型反后坐装置，可以真正消除可感觉到的后坐和枪口上跳。

FN 赫斯塔尔公司研制的 F2000 式新型武器，它是采用现代技术研制而成的一种非常先进的军用步枪。F2000 是作为一种模块化步枪设计的，可以安装电子火控、昼/夜用瞄准镜、一具 3 发/单发 40 毫米榴弹发射器、霰弹枪模块、非杀伤性武器模块或发射 OICW 榴弹的 20 毫米榴弹发射器。

F2000 的所有子系统都完全集成到一个精心设计的组件中，该组件两只手都能灵活使用，抛壳方式采用并不常见的前抛式。但 F2000 还处在最后的研制阶段，尚未投产，但是却已被寄予了厚望。

步枪发展的另一个趋势就是小型无托化。俄罗斯的的 OTS－14 式"克 roza"、美国米 16 的几种改进型突击步枪都体现了这一点。

从美军在阿富汗的反恐作战中可以看出，恐怖分子存在的区域十分隐蔽、难以寻找且多处于暗处，这必然对作战的机动性灵活性提出了更高的要求。因此，步枪的发展将在不损失性能的基础上，倾向于模块化。

一方面实现各种功能的模块化，以适应各种复杂环境下的作战，FN 赫斯塔尔公司的 F2000 就集中了这一点，可以轻松实现各种用途；

另一方面，还要在此基础上，强调枪体本身的模块化，既在结构上尽量追求弹药和武器零部件的通用性，还可以在保持小型化的同时，通过安装长枪管，实施远距离的攻击。

狙击步枪趋于大口径化

狙击步枪在过去、现在及至将来都是反恐作战中最为有效的轻武器。当前狙击步枪的发展主要趋向大口径化，越来越强调其远距离的毁伤效果，在未来的反恐作战中则会更加强调这一点，以求不仅对恐怖分子，也可以对车辆及建筑物造成足够的杀伤。

巴雷特公司的米 82A1 一直是大口径精确步枪/反器材步枪市场的

主导，该枪在不少于 35 个国家的警察部队和军队服役。尽管还有其他的半自动反器材步枪，但是都没有巴雷特公司如此的成功，而且至今也没有竞争者能够战胜巴雷特公司的产品。

南非的 NTW20 式步枪发射自动炮口径的 20 × 82 毫米枪弹。巴雷特公司最近宣布准备生产发射 25 × 39 毫米弹药的"榴弹步枪"。该枪发射美国陆军理想班组支援武器（OCSW）的弹药，但是使用由米 82A1 式狙击步枪发展而来的肩射式步枪发射。

大口径精确战术步枪市场最近增加了一种发射 338inLapua 马格努姆枪弹的步枪。包括英国国际精密仪器公司、达科它公司和萨科公司在内的数家制造商都生产这种口径的旋转后拉式枪机步枪。

世界上许多特种作战狙击班组都使用发射这种较新型枪弹的步枪。338inLapua 马格努姆枪弹的有效射程超过 1500 米，其远射能力超过传统的 7.62 × 51 毫米枪弹，并且没有 12.7 毫米口径步枪那么大的体积。

霰弹枪趋于高效化

霰弹枪获得的优势主要是由于弹药技术赋予了它其它武器无法比拟的灵活性，它不但可以发射传统的霰弹和铅芯子弹，而且还有多种已经服役或在研的特种用途霰弹可供使用，这些弹药将霰弹枪的有效射程从近距离作战（CQB）距离延伸到 100 米，这一高效的性能必将会提高反恐作战的实际效能。

战术霰弹枪除继续发射作为反人员的传统子弹外，现在可以有许多种非杀伤性弹药可供使用，包括从橡胶子弹和棍棒弹到近/远距离"豆包弹"。霰弹枪也可以发射催泪弹、"闪光弹"、燃烧弹等类似弹药。

杀伤性弹药有穿甲铅心弹和反装甲弹，前者可以击穿 NIJ ⅢA 级防弹服和车体，后者不但可以击穿车体，还可以切断电线和摧毁发动机部件。其它霰弹可以从门与建筑物结合的活页处破门和摧毁轻型装甲。

机枪和榴弹发射器趋于一体化

机枪与榴弹发射器走向融合是适应反恐作战的又一变革。目前最先进的机枪技术是美国的 OCSW，但它已经不是真正的机枪，而是一种自动榴弹发射器。

美国的米 Kl9 和俄罗斯的 A 克 S－17 等武器多年来一直是主要的自动榴弹发射器。最近，新技术已经把自动榴弹发射器的重量减轻了近一半。俄罗斯的 A 克 S—30 和美国/加拿大/瑞典联合研制的"打击者"式自动榴弹发射器可以发射所有老式自动榴弹发射器使用的弹药，但是重量只有老式系统的一半。

反恐武器装备的发展趋势

冲锋枪作为一类武器将会被尺寸相当、发射制式步枪弹的紧凑型突击步枪/卡宾枪所取代；弹药的发展将使战术霰弹枪在反恐作战中发挥更加重要的作用，这只是时间问题，直到用于霰弹枪的"灵巧"弹药研制出来；

由于后勤和中口径步枪弹的优势，弹道性能介于中口径步枪弹和手枪弹之间的特种弹药不会被广泛使用；"打击者"榴弹发射器所采用的火控和可编程弹药技术将会最终用于其他武器的改进；

技术和材料的改进将会提高现有轻武器的效能、可靠性和易维修性；由于战术和可靠性问题，电子控制的"智能手枪"不会被广泛使用。

随着信息化时代的到来，未来的恐怖活动也必将呈现出许多新的特点，正所谓"魔高一尺，道高一丈"，这种变化也必将带动轻武器的发展，甚至会出现革命性的变化，诸如定向能、电磁推进和"灵巧子弹"技术的发展和应用，势必成为下一代反恐轻武器装备的又一亮点。

米 K23 手枪

米 k23 手枪全长较 USP 长 51 毫米，重量则比 USP 重 380 克，它具有外挂装备沟槽可装置雷射标定器或强光手电筒，它的枪管较长，并在枪口外缘刻有螺纹，可接上消音管，这些附属配备使米 k23 手枪能执行特战任务

米 k23 的弹匣能容 12 发 45ACP 弹，相对于民间市场上销售的大多数同类手枪来说的确让人感到很具有"进攻性"。

在进行强度试验时，使用其中一把米 k23 发射了 30000 发 P 弹（膛压 1611 巴），同时又发射了 600 发膛压为 2144 巴的强装药弹。

在第一阶段和第二阶段之间，作了一些修改。为增加耐用性，套筒宽度从 35 毫米增至 39 毫米；第一阶段中套筒座在扳机护圈的前方有一段 45 毫米长的不锈钢内衬，第 2 阶段中取消了此装置；枪管的左旋膛线改为右旋；按照合同改用了 KAC 的消声器。

1996 年 5 月 1 月，米 k23 米 od0 开始正式交付到特种部队手上，成为继政府型米 1911 后第一支 45 口径的军用手枪。

基本数据

手枪口径 45ACP；

动作类型勃朗宁式闭锁枪管短后座；

重空枪 1100 克；

载弹 1460 克；

全枪长没消声器 244 毫米；

带消声器 423 毫米；

全枪宽 38.8 毫米；

枪管长 149 毫米；

膛线右旋多边形膛线；

板机扣力单动约 4.5 克；

双动约 11 克；

枪口螺纹缠距 16×1 毫米，右旋；

弹匣容量 10/12 发；

枪口初速米 1911 弹，230 格令 270 米/秒；

+PJHP 弹，185 格令 348 米/秒；

枪口动能米 1911 弹，230 格令 545 焦；

+PJHP 弹，185 格令 725 焦；

零件数 68 件；

有效射程 50 米；

最大射程（米 1911 弹）1341 米；

开发年份 1991/92 年；

生产年份 1996 年；

消声器长 190.5 毫米；

直径 35.5 毫米；

重 425 克；

ITILA 米长 114 毫米；

宽 41 毫米；

高 51 毫米；

含电池重 156 克；

供电 2 块 DL123A3 伏锂电池。

95 式 9mm 手枪

95 式手枪是最新研制的国产 9 毫米手枪，是在 QSZ92 式 9 毫米手枪成熟结构的基础上进行小型化设计而成，重量轻，体积小，精度好。

该枪外形美观大方，令记者爱不释手。枪把为整体塑料握把，手感好，握持舒适，中间有生产厂家的汉语拼音标识。与记者使用过的 QSZ92 式手枪相比，该枪明显较轻，小了一轮。技术资料显示，该枪全枪重（含一个空弹匣）0.62 公斤；全枪长 160 毫米，宽 32 毫米，高 125 毫米。

该枪采用单元化组件形式，分解结合方便、迅速，勤务性好。可发射 DAP92 式 9 毫米弹和 9×19 巴拉贝鲁姆弹。供弹具为 7 发单排弹匣，并设有弹膛内有弹显示和弹匣余弹显示两种装置。双侧全功能手动保险、击针保险、不到位保险等保险机构一应具全。

该枪可杀伤 50 米以内有单兵防护的有生目标，广泛用于公安武警、民航、银行、重要仓库保卫人员等，是反恐和缉毒缉私等特殊战场的重要武器。

64 式 7.62mm 手枪

简 述

64 式 7.62mm 手枪（简称 64 式手枪）是我军及公安、武警、司法和安全保卫部门广为装备使用的自卫武器，该枪以其小巧轻便、外形美观、便于隐蔽携带、易于维护保养、射击可靠性好和精度高等优点而广受各方青睐。因该枪曾是配备我军高级指挥员和外交使节的自卫武器，并可作为礼品赠送国外要人，故爱称其为"将军手枪"。

64 式手枪是 1960 年初，我国自行设计的第一支手枪，于 1964 年设计定型，1980 年生产定型。该枪在设计时，既强调要满足武器内在的性能要求，又特别强调要满足外在的形式要求。为使二者得到完美统一，各方面费尽了心思。

战术要求

因 64 式手枪为个人随身自卫武器，所以要求在近距离上，能短时间内有效杀伤突然出现的单个或数个生动目标，即首发命中就能保证目标立即失去抵抗能力，停止对射手的危害，达到自卫目的。根据这一使用要求，研究人员参照国外

有关武器的性能，量化武器的战技指标。

根据一般杀伤人体需要 80J（焦耳），杀伤马匹需要 180J 的动能标准，故手枪枪口动能定为 180～220J。由于手枪在实际使用时一般只靠本能瞄准射击，射程太远意义不大，故有效射程定为 50m。为了准确命中和有效杀伤有生目标，故对 50m 处 5 号人头靶的命中概率需大于80%，弹道高不超过 30cm，对松木板的侵彻深度在 110～130cm 之间。

外观要求

64 式手枪是我国自行研制的第一支手枪，而且装备的对象非同一般，所以对手枪外观的要求非常严格，甚至到了苛刻的地步。通过了解，外观形象要反映这样一些要求：手枪要小巧精致，配置匀称，美观大方；应体现民族风格，适合中国人的体形特点及使用习惯。

在手枪这么小的一个舞台上，要满足严格的使用性能要求，又要满足各种外观要求，难度可见一般。

技术攻关

面对内在性能和外在形式要求的诸多矛盾，经充分论证协调，确定了解决这些矛盾的设计原则：在结构和外观设计时，先注重威力性能要求，同时解决外观形式要求。

在当时技术基础和各种条件都比较差的情况下，反复修改方案，攻克了数道难关，进行了无数次试验，终于成功研制出了既能满足使用要求，又能体现我国民族特色的自卫手枪。

解决存在问题

射击精度问题

64 式手枪的枪、弹、药均为新研制产品，三者互相制约，紧密联系，各种因素对系统的影响相互交织在一起。研制中，射击精度一度成为突出的问题。

通过研究试验，得出射击精度与枪管的结构及加工质量、枪弹、枪管固定方式等因素有关，还与枪弹的结构、枪管和枪弹的配合尺寸、射手的熟练程度、固定枪架等因素有关，而枪管震动是影响精度的最重要因素。

通过采用单锥坡膛弹膛结构改进枪弹的起始条件，控制线膛尺寸和枪管壁厚差，严格控制并提高枪管平直度，用机械擦铅、阳线抛光、内膛镀铬等技术措施，较好地解决了射击精度问题，满足了设计使用要求。

机构动作可靠性问题

研制中，曾出现过因自动机运动速度过高而引起的空膛、跟机及空仓不挂机等故障。通过增加套筒质量和增加自动机行程，改进击锤待击面、阻铁支撑面结构，增大阻铁簧扭矩，选取适当的扳机簧力，增加自动机工作行程等技术措施，较好地解决了机构动作可靠性问题。

使用时震手问题

与手枪配套的 1964 年式 7.62mm 手枪弹，是和 64 式手枪同时研制的，也是我国第一种自行研制的手枪弹，与国外 7.65mm 手枪弹性能相近，而初速略高于国外同类产品。

由于手枪自动机质量较小，因此当使用者连续发射多发枪弹时，感到虎口疼痛，即射击时震手问题。自动机在后坐过程中，其剩余能量造成的到位剧烈撞击，形成强大的冲击振动，是产生震手问题的主要原因。采用弹膛开螺旋槽的技术措施以后，起到了良好的效果，增大了抽壳阻力，降低了自动机的后坐速度，减小了自动机后坐到位撞击时的动能，因而很好地解决了射击时的震手问题。由于自动机的后坐速度降低，同时解决了空仓不挂机故障。

外形设计

由十对 64 式手枪的外观有较高的要求，广大科研人员在设计时便极力"雕琢"，如设计手枪握把时请解放军画报社设计外形，在十几种方案中，最终选择了带八一五星军徽及民族特色花纹的方案，装备枪为黑色握把，礼品枪为暗红色握把。这一设计，赢得了使用方的赞同。

64 式手枪的研制成功，在我国手枪发展史上具有划时代的历史意义，标志着我国装备的手枪，从战争时期主要靠缴获敌人的武器，建国初期主要靠仿制国外的产品，发展到自行设计研制的新时期，我军的手枪由杂式装备逐步走向系列化、正规化装备。

59 式手枪

59 式手枪是我国仿制前苏联马卡洛夫手枪的产品，是供指挥员和公安保卫人员在近距离上使用的自卫武器。1959 年初仿制，1960 年停产，迄今尚未正式定型，在部队装备时间最短。59 式手枪采用自由枪机式自动方式，有联动击发机构。基本数据如下：

口　　径：9 毫米；

全　　长：163 毫米；

枪管长：93.5 毫米；

全　　重：0.81 千克；

瞄准基线长：130 毫米；

初　　速：314 米/秒；

射　　速：30 发/分；

射　　程：50 米；

枪　　弹：59 式手枪弹；

9×18 毫米；

弹匣容量：8 发。

QSG92 式手枪

1998 年定型的国产 QSG92 式手枪发射国产 DAP9 毫米手枪弹，也可发射巴拉贝鲁姆弹，全枪长 199 毫米，全枪质量 0.76 千克，枪管长 111 毫米，采用 15 发双排双进弹匣供弹，有效射程 50 米。

特点：一是枪弹侵彻力好。通过与世界名弹 9 毫米巴拉贝鲁姆弹进行对比试验表明：50 米距离发射国产 DAP9 毫米手枪弹，在穿透 1.3 毫米厚的 232 钢板后仍能击穿 50 毫米厚的松木板，而使用巴拉贝鲁姆弹在同样条件下则不能有效穿透 1.3 毫米厚的 232 钢板。二是结构设计优化。采用全塑料握把和组件化结构，具有弹性的发射机支架，可吸收后坐能量，降低了后坐力，有利于提高射击精度。

各项指数：精确指数 9；耐用性 9；威力指数 9.5；人机工效指数 9.5。

综合指数：9.5。

P99 系列手枪

整体设计

P99 手枪的尺寸 P99 采用枪管短后坐原理，其设计是仿照 P220 手枪的闭锁机构，通过底把内一块闭锁卡铁与枪管尾部下方的一个斜槽作用，使枪管上下摆动而实现开锁和闭锁。瓦尔特公司最早是在 P88 手枪上使用这种结构，现在又移植到 P99 手枪上。

瓦尔特 P99 采用没有击锤的击针平移式击发系统，瓦尔特 P99 标准型的击发机构为单/双动式，第一发为双动，扳机扣力为 4kg，后续的都为单动，扳机扣力为 2kg。

而 GLOCK 手枪的击发机构则是一种独特的半双动式，但如果射击前击针不在待击状态时，并不能像普通双动手枪那样直接扣扳机就能击发，而必须拉动套筒 2 厘米使击针重新待击才能再射击。而 P99 的击针不在待击状态时随时扣下扳机都能射击。

然而 P99 的这种击发机构由于双动时扳机行程过大，是 P99 遭受诟病的缺点之一。因此瓦尔特公司后来又为 P99 研制了被称为"快速动作式"的击发机构，即类似于 GLOCK 手枪那样的半双动击发，平常击针处于半待击状态。

P99 在待击状态时击针尾部会在套筒后面的凹陷处凸出并显示红色标记，提醒射手手枪已处于待击状态，在夜间射手可以通过触摸套筒尾部而感觉到。

P99 设计有手动的待击解脱按钮，聚合物制成的待击解脱按钮位于套筒后部的左上方，右撇子射手用右手拇指按压操作，而左撇子射手的左手食指也很容易够得着。在待击解脱后，如果需要重新待击而又不想使用双动的方式击发，则只要把套筒向后拉动大约 9.5mm 的距离即可使击针重新待击。

与 GLOCK 手枪相似，P99 手枪也没有外露的手动保险，但内有 4 个自动保险装置：击针保险、扳机保险、非待击保险和跌落保险。

击针保险会卡住击针使其不能击发底火，只有扳机扣到一定距离后才会向上顶起，让路给击针通过；板机保险和 GLOCK 手枪的扳机保险一样，都是避免击发连杆意外活动，但 GLOCK 手枪的扳机保险是内藏式的小扳机，而在 P99 上则是铰接式的扳机，即扳机本身就是保险柄，扣下到一定距离才开始拉动击发连杆；而非待击保险则是在解脱待击时阻挡击针，不让其打击到膛内枪弹的底火；至于跌落保险则是防止武器意外跌落时产生走火。

此外待击解脱功能也能起到辅助的保险作用，例如执法人员在枪战过后可以解脱击针的待击状态，即使膛内仍然有弹也能安全可靠地携行。万一遇上突发危机，双动击发功能也让执法人员可以随时开枪。

P99 手枪基本机构是从 P88 手枪发展而来另外，当膛内有弹时，当膛内有弹时，拉壳钩的后部进入套筒内，在套筒后部露出一个红色亮点而提醒射手，该膛内有弹指示器在夜间可以通过手指触摸而明显感觉到。

P99 的底把采用 15% 的玻璃纤维增强的 12 号聚合物模压成型，与金属底把相比，优点是容量生产和成本低，而且重量轻，耐腐蚀。有 4 个导轨分别嵌入底把内两侧作为套筒与底把之间的滑动导向，每侧 2

个，每个导轨长约 12.5mm，高 1.25mm。整个底把重仅 83g。不同口径型号的底把都是相同的，但底把内的闭锁卡则不能通用。

握把形状由著名的意大利比赛手枪握把设计师设计，其最大的特点就是有三个大小不同的握把背板，通过更换这个嵌件来调整握把尺寸以适合不同的手形。

握把背板采用有弹性的聚氨酯制成，中空，能吸收后坐力，更换时只需要把靠近握把根部的插销往外拨出约 3.2mm 就行了，所有 P99 出售时都附带有大、中、小 3 种尺寸的握把背板。这种个性化的设计使不同体形的射手都能握持舒服，而且适合大多数射手举枪后的自然指向性。

附件安装

P99 专用战术灯在底把前方有类似 USP 手枪的附件安装导轨，可方便安装各种战术灯或激光指示器。在右侧附件导轨下面通常有由两个字母所组成的日期代码，表示该底把生产年份的最后两位数字，字母从 A 至 K 分别代表 0 至 9，例如一把写着"AE"代码的 P99，则表示该枪在 2004 年生产。扳机护圈旁边有弹匣卡笋和分解卡笋，分解卡笋在扳机上方，杆式弹匣卡笋在扳机护圈根部。

瓦尔特公司还向 P99 的用户提供延长尺寸的弹匣卡笋，让有需要的射手自己更换到枪上。扳机护圈尺寸较大，戴厚手套也能射击。除挂机柄只方便右手射手外，其他操作部件都适合左、右手射手使用。后来在 2004 年推出了一种重新设计的 P99，改进的板机护圈取消了"圆拱"形线条。

重新设计也套筒让射手可以更容易抓紧它，附件导轨也改变

了类型，使之与市场上的手枪附件更通用。普通的 P99 底把都是黑色的，但最近瓦尔特公司推出了一些绿色或沙漠黄的 P99 底把，采用这些底把的 P99 被命名为"军用型 P99"，当然这个名称只是个商业噱头而矣。

P99 手枪采用双排单进的大容量弹匣供弹，弹匣由厚 0.8mm 的钢板制成，底座为塑料板，弹匣上有观察孔，以便射手能看到余弹数量。其中 9×19mm 口径型的标准容量为 16 发，而 0.40SW 口径型的弹匣容量为 12 发。

套筒截面呈梯形，外形与 P5 手枪相似。外表有华尔特公司特有的"特尼氟"涂层，防腐性能比镀铬好，而且耐磨、耐脏。0.40SW 型的套筒比 9×19mm 型套筒要大，由于两种手枪都使用相同的力量的复进簧（约 50 牛顿），因此 0.40 型 P99 的套筒后坐速度稍慢。

另外 .40 型套筒的前部没有防滑纹，因此在外观上很容易识别一把 P99 手枪是 9×19mm 型还是 0.40SW 型。抛壳挺的长度是不同的，其中 9×19mm 型的比较长。另外同型号但不同口径的 P99 的击针组是相同的，可以互换使用。然而，P99、P990 和 P99QA 的击针组各不同，即使同口径也不能互换。

P99 的枪管为冷锻生产，内有 6 条右旋膛线，有"特尼氟"涂层。此外，其他所有的金属部件也都涂有一层"特尼氟"。

9×19mm 和 0.40SW 的枪管尺寸也不相同，0.40SW 枪管的直径为 15mm，而 9×19mm 枪管则为 14mm，因此这两种型号在套筒前面的圆孔尺寸也不相同，另外 9×19mm 枪管也太短，不能放进 0.40SW 的套筒内。

普通的 P99 不能安装消声器，但瓦尔特公司为 9×19mmP99 生产了在枪口有螺纹的枪管，这些枪管上没有打上序号，但打上一个两位数的日期代码和"SD"标记，"SD"是德国语"消声"的缩写，换上这些枪管的 P99 就能安装螺接式的消声器。瓦尔特公司没有为 0.40SWP99 生产 SD 枪管，但在美国有一些小作坊生产有 0.40SW 口径的 SD 枪管。

P99 的瞄具可调风偏和高低，不需要工具就能拆卸或更换，因此用户可根据自己的需要或爱好来选用较大或较小的瞄具。瞄具既有钢制也有聚合物制品的。

型号区分

P99AS——单/双动型，这是基本型。

P99DAO——纯双动型，是为德国警察试用而提供的型号，在 2002 年推出，不幸的是并没有它进一步生产的消息。

P99QA——QA 型，在 2000 年推出，采用行程较短、扣力较轻的半双动扳机，并有手动待击击针。

P99C——紧凑型，在 2004 年推出，尺寸较小、重量较轻，容弹量也减少了。目前紧凑型只有 9 × 19mm 口径，但都生产了 AS、DAO 和 QA 三种型号。

P990——其实就是原来的 P99DAO，改了名字后重新推出市场。

P99TA——TA 是战术型的缩写，在 2004 年推出，明显的特征是底把前方的导轨座形状有所改变，能安装更多市面上的通用战术附件。

P22——名称不同，但其实是 P99 的 0.22LR 口径型。P99 不像其他手枪那样提供 0.22LR 口径的改装配件，如果想要 0.22 口径的练习枪，只能买一支新枪，这也是 P99 受到用户诟病的一个缺点，诸如伯莱塔等著名手枪都提供有 0.22 口径的改装配件，让用户可以成箱成箱地消耗便宜的 0.22 弹作基础练习。

另外，瓦尔特公司还设计了一系列的限量生产型，如 MI－6 型，也称为"詹姆斯·邦德"

型，（狩猎用途）和 2000 年型（"千禧年"）。

还有一种专门针对美国相关法规的美国版 P99，该枪的底把在德国生产，套筒在美国 SW 公司生产，并由 SW 公司组装和销售，这种美国型 P99 被重新命名为 SW99，在外观上可以通过板机护圈和套筒设计进行识别。

性能数据

P999mm；P990.40SW；P99C9mm；P99C0.40SW；P22

弹匣容量：16/10 发 12/10 发 10 发 8 发 10 发

枪管长：102 毫米 106 毫米 89 毫米 89 毫米 87 毫米

全枪长：180 毫米 184 毫米 136 毫米 136 毫米 159 毫米

全枪高：135 毫米 135 毫米 109 毫米 109 毫米 114 毫米

套筒宽：29 毫米 29 毫米 29 毫米 29 毫米 29 毫米

空枪重：710 克 735 克 530 克 530 克 430 克

意大利伯莱塔 92F 手枪

选型冠军

伯莱塔 92F 式手枪是美国 1985 年第一次手枪换代选型试验时选中的。定名为 M9，1989 年二次选型又选中该枪，更名为 M10 目前美军已全部装备，替换了装备近半个世纪之久的 11.43 毫米的柯尔特 M1911A1 手枪。在海湾战争中，美军尉官以上军官包括总司令，腰间别的都是这种枪。

该枪的握把全由铝合金制成，减轻了重量：双排弹匣容量达 15 发：扳机护圈大，便于戴手套射击。枪长 217 毫米，空枪重量 0.96 千克，初速 375 米/秒，有效射程 50 米。

特　点

射击精度高。枪的维修性好、故障率低，据试验：枪在风沙、尘土、泥浆及水中等恶劣战斗条件下适应性强，其枪管的使用寿命高达 10000 发。枪自 1.2 米高处落在坚硬的地面上不会出现偶发，一旦在战斗损坏时，较大故障的平均修理时间不超过半小时，小故障不超过 10 分钟。

评价指数

各项指数（满分为 10 分）：精确指数 10；耐用性 10；威力指数 9.5；人机工效指数 10。

综合指教：10（综合指数并不是单纯对上述四项指数的平均，而是对枪整体的评价）。

优良传统

意大利舶来公司于 1934 年，在技术上采用与德国瓦尔特 P38 手枪同样的设计，推出了伯莱塔 1934 型手枪，该枪已具有伯莱塔手枪的雏形风格。

1945 年，意大利军队采用伯莱塔手枪作为制式配枪，从此，伯莱塔公司的业务突飞猛进。第二次世界大战快结束时，轴心国之一的日本被盟军轰炸成一片废墟；前苏联占领德国后，瓦尔特厂整个被搬到前苏联，原厂只留下一片断垣残壁；而伯莱塔工厂由于位处深山，不但躲过了盟军的轰炸，也因意大利最早投降而保持了工厂的完整性，使其能继续研发手枪，并推出了深获好评的运动枪支。

1976 年，伯莱塔推出 M84 型手枪，此时，伯莱塔的风格早已完全呈现出来——符合人体结构学的握把、击针保险、节套卡笋与节套固定销采用分离式设计、单片式扳机及战斗表尺、双排弹匣、左右手皆可用的保险等。

伯莱塔手枪装备美军

1978 年，美国空军提出需要采用一种新的 9×19 毫米口径半自动手枪，用以取代老旧的 45 毫米口径柯尔特 M1911A1 半自动手枪。美国三军轻武器规划委员会代表空军向几家著名的枪械公司发出邀请。

对比试验是 1979 年进行的，由 JSSAP 主持。意大利伯莱塔公司最初提交的是 92S 型，但美国空军需要像 M1911A1 那样的拇指操作式弹匣卡笋，因此伯莱塔公司重新设计了可以用拇指卸下弹匣的 92S 型，改称为 92S－1，弹匣卡笋左右边都可以操作，左撇子也能使用。

除此之外，还在握把上增加了凹槽防滑纹，并增大了瞄准具以方便快速瞄准。伯莱塔 92S－1 在 1979 年提交给美国空军进行测试，而其他的竞争对手包括：柯尔特公司的 SSP，史密斯－韦森公司的 M459A，FN 公司的 DA、FA，西班牙的 StarM28，HK 公司的 P9S 和 VP70，此外 FNM1935Hi－Power 和柯尔特 M1911A1 也一起参加了对比试验，目的是作为性能参照。

在 1980 年底，美国空军官方正式宣布了试验的结果，伯莱塔 92S－1 被评定为比其他型号稍好。

此时，其他军种也正好需要寻找新的辅助武器，以代替军队已经使用多年 25 种以上不同型号的半自动手枪和转轮手枪，并改用一种口径的弹药。最主要是代替服役了 70 年之久的老 1911 手枪，根据 1982 年的报告，美国军队里共有 417，448 把在册登记的 45 毫米口径手枪。

然而，当 1981 年美国空军宣布的手枪试验结果被美国三军委员会正式接受时，美国陆军却质疑这个试验计划的有效性。

最大的争议在于，当时美军当中有许多人认为减小口径是一个错误的方向，所以当一开始宣布新的辅助武器采用 9 毫米标准口径时就已经陷入一片反对声音当中；另一种占多数的质疑是有没有必要全部更换成新手枪，美国审计总署建议购买更多 38 口径转轮手枪或把现有的 M1911 手枪转换成发射 9 毫米口径弹，他们认为在这两种方法中任选其一，都会比采用一种新武器的省钱得多。

在反对声音下，美国国防部受美国陆军要求，开始进行一系列新的更极端的试验，这次试验计划非常严酷，以致于在对比试验结束后，所有参加对比试验的手枪都不合格。但即使在这样的结果下，伯莱塔手枪仍然是表现最好的一组。

1982 年 5 月，美国军方又设立了一个新的试验计划，这个新计划修订了可靠性的标准，使之降低到接近现实环境中的程度，但是仍然没有任何手枪能通过试验。1983 年，由于美国国会施压的作用，由陆军进行一次新的手枪试验计划，命名为"XM9 制式手枪试验"。

陆军在 1983 年 11 月正式向美国国内外的轻武器厂商提出 XM9 - SPT 的招标请求，要求每个制造商在 1984 年 1 月底的截标日期前提供 30 把样枪、备用零件和使用手册以及培训测试人员的厂方代表、10 把用于培训测试人员的手枪。共有 8 家制造商投标，分别为：SW459A、伯莱塔 92SB - F，SIG - SauerP226，HKP7M13，沃尔特 P88，斯太尔 GB 型和 F 型，勃朗宁 FN - DA，柯尔特 SSP。

伯莱塔 92SB - F 是 92SB 的改进型，主要特点是扳机护圈前端形状改为内凹的设计，以便能够双手握持射击，在生产工艺上采用了枪膛内镀铬和"Bruniton"处理。后来伯莱塔公司觉得 92SB - F 这个名字太长，重新更名为 92F。

XM9 - SPT 在 1984 年初正式开始，测试项目包括了恶劣环境下的可靠性、弹道性能、耐用性、射击精度等等。这次试验在 1984 年 8 月完成，8 家厂商所提交的测试样品中，有四家由于技术达不到要求，另外两家刚开始就被取消资格，结果引起 SW 和 HK 这两个厂家对于他们的参选型号在刚开始试验时就被取消资格感到不满。剩下的两家分别是防务公司和伯莱塔公司。在经过价格对比后，陆军在 1984 年 9 月选择了伯莱塔 92SB - F。

1985 年 1 月 14 日美国陆军正式宣布伯莱塔 92SB - F 是这次比试的优秀者，伯莱塔 92SB - F 被美军正式命名为 M9。作为合同条款之一，M9 手枪的生产在美国进行。先由意大利伯莱塔公司负责生产 M9。

1987 年，一些新交付的伯莱塔手枪出现了问题，使反对者有了可乘之机。1988 年 M9 发生了套筒断裂的事故。伯莱塔公司按照陆军的要求，改变了 M9 手枪的设计，按这种标准生产的 92F 被改称为 92FS。

伯莱塔公司在美国的生产线已经全部建好，1988 年 4 月后，所有的 M9/92F 套筒都在美国生产，以后再也没有发生过套筒断裂的事故。随后军队再次招标和测试也就不了了之了。

伯莱塔公司成功地获得一系列美国国防部的其他合同，为美国的五大军事部门：陆军、海军、空军、海军陆战队和海岸警守队生产了共约 500，000 把手枪。

1978 年，美国空军提出需要采用一种新的 9×19 毫米口径半自动手枪，用以取代老旧的 45 毫米口径柯尔特 M1911A1 半自动手枪。美国三军轻武器规划委员会代表空军向几家著名的枪械公司发出邀请。

对比试验是 1979 年进行的，由美国三军轻武器规划委员主持。意大利伯莱塔公司最初提交的是 92S 型，但美国空军需要像 M1911A1 那样的拇指操作式弹匣卡笋，因此伯莱塔公司重新设计了可以用拇指卸下弹匣的 92S 型，改称为 92S－1，弹匣卡笋左右边都可以操作，左撇子也能使用。

除此之外，还在握把上增加了凹槽防滑纹，并增大了瞄准具以方便快速瞄准。伯莱塔 92S－1 在 1979 年提交给美国空军进行测试，在 1980 年底，美国空军官方正式宣布了试验的结果，伯莱塔 92S－1 被评定为比其他型号稍好。

此时，其他军种也正好需要寻找新的辅助武器，以代替军队已经使用多年 25 种以上不同型号的半自动手枪和转轮手枪，并改用一种口径的弹药。

最主要是代替服役了 70 年之久的老 1911 手枪，根据 1982 年的报告，美国军队里共有 417，448 把在册登记的 45 手枪。然而，当 1981 年美国空军宣布的手枪试验结果被 JSSAP 正式接受时，美国陆军却质疑这个试验计划的有效性。

最大的争议在于，当时美军当中有许多人认为减小口径是一个错误的方向，所以当一开始宣布新的辅助武器采用 9 毫米标准口径时就已经陷入一片反对声音当中；另一种占多数的质疑是有没有必要全部更换成新手枪，美国审计总署建议购买更多 38 口径转轮手枪或把现有的 M1911 手枪转换成发射 9 毫米口径弹，他们认为在这两种方法中任选其一，都会比采用一种新武器的省钱得多。

在反对声音下，美国国防部受美国陆军要求，开始进行一系列新的更极端的试验，这次试验计划非常严酷，以致于在对比试验结束后，所有参加对比试验的手枪都不合格。但即使在这样的结果下，伯莱塔手枪仍然是表现最好的一组。

在生产工艺上采用了枪膛内镀铬和 "Bruniton" 处理。后来伯莱塔公司觉得 92SB－F 这个名字太长，重新更名为 92F。

瑞士 SI 克 Pro 手枪

20 世纪 90 年代末，瑞士工业公司向市场推出了 SI 克 Pro 手枪系列，试图在手枪市场上占领一席之地。SI 克 Pro 手枪系列最早的型号是在 1998 年中期推出的 0.40 英寸口径的 SP2340 手枪，更换枪管后可发射 0.357 英寸 SI 克口径手枪弹。

一年后推出了 19 毫米口径的 SP2009 手枪，后来又推出了长度和高度都略有缩减的紧凑型 SPC2009 手枪。

2003 年，德国绍尔父子有限公司为法国的执法机构设计出在 SP2009 手枪基础上改进的新型号 SP2022 手枪。所以 SI 克 Pro 手枪系列共有 3 种口径、4 种型号。

该手枪系列由瑞士西格公司推出、德国绍尔公司生产。刚生产出来时，被命名为"SI 克 Pro"。但是在 2000 年中期，西格公司把他们的轻武器分部"SI 克 Ar 米 s"卖给了一家名为"瑞士轻武器"的私营公司，这家私营公司允许这个轻武器分部的各个部门继续独立运作。尽管这个分部已经不再属于西格公司了，但其海外分公司仍被称为"SI 克 Ar 米 s"。

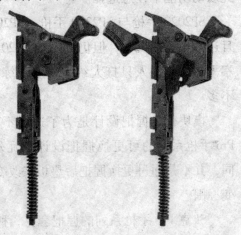

虽然现在西格公司再也分不到绍尔公司销售的 SI 克 Sauer 手枪系列的利润，但在这些手枪的套筒上仍然刻着"SI 克"的字样，而最新型的 SP2022 手枪套筒上则刻有"SI 克 Sauer"的字

样，这大概是在利用消费者的名牌心理吧。由于 SI 克 Pro 手枪在绍尔公司生产，因此在枪管、套筒和握把上都有德国生产的检验标记。

SI 克 Pro 手枪系列被一些执法机构采用，美国药物管理局是其中一个最大的客户。另外由于美国警察可以自行选择执勤用的枪支，而 SI 克 Pro 手枪的质量比较小，尺寸也适中，便于随身携带，所以有些警察会自己购买这种手枪使用，大多数警察选择的是 0.40 英寸口径的 SP2340 手枪。

至于 SP2022 手枪则是专门为法国政府生产的，采购量为 27 万支，将会全面取代目前法国执法机构中使用的多种不同型号的手枪，包括 11 万支法国生产的伯莱塔 92F 手枪。当时在法国政府的招标中，只有 HKP2000 手枪和 SP2022 手枪获胜，但绍尔公司的标价较低。

SI 克 Pro 手枪系列的闭锁方式及基本结构仍遵循 SI 克 Sauer 手枪从 20 世纪 60 年代以来的设计特点，继承了西格－绍尔 P220 手枪的优点，只是以往的 P220 手枪都是采用金属制成的套筒座，而 SI 克 Pro 手枪系列则采用工程塑料制成的套筒座，其好处是减小了质量。

此外 SI 克 Pro 手枪系列是一种模块化手枪，所谓模块化是指两点：一是握把模块可以随意地更换成不同的尺寸；二是发射机构控制模块也可以随意更换，这样不但维修方便，而且可以让使用者在双动/单动和纯双动功能中任意选择。

SP2022 手枪与 SP2340 手枪、SP2009 手枪相比缩短了扳机行程，而且还减小了扳机力，但仍然不如 P220 手枪的扳机力平滑。不过法国警察平均每年每人只打大约 100 发弹练习射击，平时使用手枪的机会并不多。

模块化的握把设计是为了适合不同手掌大小的射手的需要。SI 克 Pro 手枪系列的可更换握把设计与瓦尔特 P99 手枪和 HKP2000 手枪不同，并不是通过更换握把后垫板来改变握围，而是更换整个握把套来改变握围。

SI 克 Pro 手枪系列的握把套有 3 种不同的尺寸，更换时只要把原来的握把套拉下来，再推上另一种握把套就可以了，这个过程只需要几秒钟。

SI 克 Pro 手枪系列的发射机构控制模块通过两根销钉固定在握把边上，一根接近顶部，另一根接近底部，只要把销钉退出来，就可以把整个发射机构控制模块从枪上取出。

这种模块化结构不仅能迅速转换手枪的发射方式，也便于生产和组装成不同的型号。但 SI 克 Pro 手枪的保险机构仍然采用了 P220 手枪原有的系统，即没有手动保险，只有待击解脱杆。

对于较新类型的手枪，如格洛克和西格手枪等，其安全性并不需要通过手动保险来实现。有手动保险的手枪，在枪弹上膛携行时必须关上保险，而在使用前必须记住要打开保险。对于使用格洛克手枪的射手来说，只要在不射击时手指与扳机不接触即可；而对于使用西格手枪的射手来说，也只需要将手枪放回枪套前解脱击锤就可以了。

配用这两种手枪的射手在遇到紧急状况时，都可以拔枪就射，不会因为忘记打开手动保险而失去战机，所以许多警察都喜欢这类手枪。

不过也有例外，洛杉矶市警察局规定不准使用没有手动保险的手枪执勤，所以该市警察不能使用格洛克手枪或西格手枪。其实，这一限制并没有实际意义，像纽约市警察局以格洛克手枪作为制式手枪，并没有在手枪保险系统方面发生过意外。

SI 克 Pro 手枪系列的双动击发扣力比较小，这其实也是 P220 手枪系列一贯受人喜爱之处。但缺点是 SI 克 Pro 手枪系列的扳机比以往 P220 手枪系列要差，这是因为重新设计了扳机簧，虽然改善了可靠性，但扳机扣动起来没有 P220 手枪系列那样

平滑，再加上新设计的待击解脱杆外形限制了右手拇指的位置，影响了握枪的姿势，因此枪打起来没以前那么舒服了。

SI 克 Pro 手枪系列的空仓挂机柄比 P220 手枪系列长得多，这是因为在 SI 克 Pro 手枪系列上采用了捷克 CZ75 手枪的分解方式，把空仓挂机柄与分解旋柄的功能合二为一，但分解动作变得比较麻烦。

待击解脱杆的位置与 P220 手枪系列的相同，位于空仓挂机柄下面。弹匣扣由过去的圆形改为三角形，但这个改变只是为了与全枪外形线条相配合，纯粹是外形设计上的需要。

SI 克 Pro 手枪系列的弹匣设计取自 P229 手枪，所以 P229 手枪的弹匣也完全可以插到 SI 克 Pro 手枪系列上使用。两者的唯一区别就是弹匣底座不同，SI 克 Pro 手枪系列有两种不同的弹匣底座，一种较长，另一种较短，后者与 P229 手枪弹匣底座类似，适合隐蔽携枪。用户购买弹匣时可以自行选择，这两种弹匣底座也可以互换。

法国两种弹匣都订购了，当穿着单薄衣服时，使用较短底座的弹匣。第一代 SP2340 手枪的弹匣底座很容易脱落，公司迅速解决了这个问题，第二代弹匣就非常可靠了。

SI 克 Pro 手枪系列的弹匣在意大利生产，9 毫米口径手枪的弹匣容弹量为 15 发，0.40 英寸和 0.357 英寸口径手枪的弹匣容弹量为 12 发，并且在弹匣上有识别标志，防止误用。

SP2340 手枪与 SP2009 手枪弹匣上的余弹数观察孔在侧面，左右各有 3 个标上数字的小圆孔，而 SP2022 手枪弹匣上的观察孔排列类似于格洛克手枪弹匣的设计。

SI 克 Pro 手枪系列的弹匣有一个特点，当弹匣中的枪弹打完后，按下弹匣扣后弹匣不会完全退出。如果弹匣内仍然有弹并且已经推弹上膛，按下弹匣扣后弹匣不会完全退出，因为弹匣顶部的枪弹会被向前推出一小段距离，使弹匣挂在枪上，但只要用手轻轻一拉就能把弹匣拉出来。

SI 克 Pro 手枪系列的套筒由不锈钢制成，表面作黑色亚光处理，机械瞄具嵌在套筒顶部。瞄具照门较宽，准星和照门嵌有便于夜间瞄准的荧光剂。在套筒座的前方，设有安装附件用的导轨，可安装专用的激光指示器或战术灯两种附件。

战术灯使用两节锂电池供电，光通量为 95 流明，电池可持续工作 45 分钟，左、右手均能操作的开关设在靠近扳机护圈的位置，操作起来比较容易。激光指示器也采用两节锂电池供电，可持续工作 2.5 个小时，且可调风偏和高低。

这两种专用附件的外形都采用了保形设计，安装后外形与套筒座外形吻合。就外形设计来说，SI 克 Pro 手枪系列及其附件设计的很漂亮，但从商业角度来说却是该系列的失败之处，因为 SI 克 Pro 手枪系列无法使用市面上流行的各种通用手枪附件，而且其配套附件也很贵，所以后来为法国生产的 SP2022 手枪就应用户要求改用皮卡汀尼导轨，这样就能使用通用附件。

每支 SP2009 手枪或 SP2340 手枪通常配一本说明书、两个弹匣和一张测试靶纸，并用一个厚纸板盒包装起来。而每支 SP2022 手枪则配两个弹匣、一个弹匣快速装填器、一套擦拭工具（通条、枪刷和枪油）、一个后膛式枪锁，还有一个供训练用的塑料枪管，都放在一个漂亮的塑料盒内，这些是应法国政府的要求而制作的。

SP2022 手枪一个有趣的地方就是，在套筒座上植入了一块感应芯片，把手枪的序号和使用者的姓名、单位、性别和习惯用手（左手或右手）等资料都记录在其中。

法国人还为每一支 SP2022 手枪各配两个枪套，一个是隐蔽式的，另一个是外露式防抢夺的。SP2022 手枪还在握把底部增加了一个保险带环，用于系枪纲，这是法国政府的合同所要求的。还有一个小细节就是，SP2022 手枪把待击解脱杆上的突起改在了上方位置。

毛瑟 1896 式 7.63 毫米手枪

简 述

96 式毛瑟手枪，冠以毛瑟的名称，其实并不是毛瑟本人研制的，是毛瑟兵工厂的试制车间总管费德勒兄弟三人共同研制的。1895 年 12 月 11 日，德国专利局批准了这项专利。

1896 年生产的样枪有五种不同类型，7.63 毫米口径的有 10 发、6 发和 20 发弹匣三种，6 毫米口径的有实验型手枪和 10 发弹匣卡宾枪两种，但后两种枪在后来未形成批量生产，1916 年增加了 9 毫米口径的手枪。

在以后的数十年间，正式装备 96 式毛瑟半自动手枪的国家有德国、意大利、西班牙、中国等十几个国家。还有

一些国家的警察也装备了这支手枪。中国还大量仿制了这种俗称驳壳枪、盒子炮（枪）、大肚匣子的手枪。

枪型参数

全 重 1.16 千克；　　　　全 长 288 毫米；

初 速 425 米/秒；　　　　理论射速 90 发/分；

有效射程 50 米。

捷克 CZ75 型手枪

CZ75 手枪精巧的布局，合理的人机工效及能够实施转换套件的设计思想，令其一发而不可收，此后又出现了 CZ85、CZ97B、CZ85B、CZ83、CZ100 等各种型号，而其中的 CZ83 是最具有代表性产品。

CZ83 手枪采用的是转换套件，它可使 CZ83 既可使用 7.65 毫米勃朗宁枪弹，又可使用 9 毫米勃朗宁短弹，还可使用前苏联马卡洛夫枪弹。CZ83 手枪的全长 172 毫米，枪管长 97 毫米，发射 7.65 毫米枪弹时空枪重 0.75 千克，发射 9 毫米枪弹时空枪重 0.8 千克。采用 10 双排弹匣供弹机构，有效射程 50 米。

捷克 CZ75 型手枪具有的优点：一是人机工效好。该枪的握把设计以人体工程学为基础，发射机构采用的是双动原理，使用简便快捷。二是弹药通用性好。转换套件的设计思想，使该枪能够发射多种型号的枪弹，简化了后勤保障及武器对枪弹口径的依赖性。

口　径：9mm；　　　　全　长：205mm；

重　量：985g；　　　　弹　容：15 发。

韩国 DP51 手枪

概　述

韩国 DP51 手枪是大容量手枪市场上最新的挑战者。射击时，射手打开保险，手指象用双动手枪射击那样扣动扳机。在此阶段，如果 DP51 手枪处于预备待击，击锤前移状态，纵向扣压扳机的力量应是最小的，只需约 1.36 公斤的压力即可使击锤处于待击。

DP51 手枪扳机连杆位于右侧套筒座后部。右侧握把护板有一个枪纲连接环，右侧护板覆盖并保护着枪内装置。弹匣解脱钮象通常那样位于套筒座和扳机护圈的接合处。表尺缺口两侧各有一个白点，准星上也有一个白点。

按照美国的标准，DP51 手枪是为较矮身材的人设计的。因此，该枪易于握持，平衡性好，操纵方便。扳机力较大。DP51 手枪发射 black-hills 枪弹，空尖被甲弹头（JHP）重115 谷，初速 339.85 米/秒，10 发弹之间初速平均变化为 4.872 米/秒。

无论是手枪还是枪弹在初速方面都是令人满意的。然而，精度却大打折扣。在 22.9 米处双手据枪，射弹散布在 89 - 102 毫米之间，对

于一种军用武器来说，这也可以说得过去，但实际上弹着散布应再小
2.5毫米。

性能数据

口　径：9毫米派拉贝鲁姆弹；

自动方式：枪管短后坐式，具有单动。双动和三动功能；

重　量：0.812公斤；

长　度：190.5毫米；

枪管长：101.6毫米；

初　速：339，85米/秒；

弹匣容量：13发；

射击方式：半自动；

保险方式：击针保险、手动保险。

德国 P1A1 手枪

命 名

德军的制式手枪，一直延用德国帝政时代的命名方法，德文把手枪叫 Pistole，因此以字母 P 开头命名。但二战前是在 P 后加上采用年份的后两位数字命名的，二战后改为在 P 后加上制式编号命名。例如，1904 年帝政。

德国海军最早采用卢格手枪，命名为 P04。后来的著名德军制式手枪 P08（卢格陆军型）和 P38（瓦尔特陆军手枪），分别于 1908 年和 1938 年采用。二战后德国分裂，西德军队对瓦尔特 P38 加以改进，重新选作军用制式手枪，并命名为 P1。

德国统一后仍沿用这种命名方法。如：P1，瓦尔特 P38 手枪；P2，西格 P210 手枪；P3，阿斯特拉 600/43 手枪；P4，瓦尔特 P38K 手枪；P5，瓦尔特 P5 手枪；P6，西格·绍尔 P225 手枪；P7，H－KPSP 手枪；P8，H－KUSP 手枪；P9M，格洛克 17 不锈钢型手枪；P10，H·KUSP 小型手枪；P11，H·KP69 水下手枪；P12，H·KMK23 手枪；P21，瓦尔特 PPK 手枪；P22，瓦尔特 PP 手枪；P31，享梅里 200 手枪；P32，瓦尔特 OSP 手枪；P51，柯尔特

M1911 政府型手枪；P52，柯尔特 M1911Al 政府型手枪。此外，还采用过马卡洛夫 9 毫米手枪（德国统一后生产的俄式手枪）。

从名称上看，PlA1 手枪应该是 P1 手枪的改进型军用手枪。然而实际上，尽管该枪在 20 世纪 70 至 80 年代被西德各州警察用作制式，但西德军队由于当时尚无装备新一代手枪的经费，因此并没有装备此枪，其军用制式名称是瓦尔特公司自封的，使该枪成为德国徒有虚名的军用手枪。

如果仅从命名上看，肯定很多人以为 P1A1 手枪是德军制式 P1 手枪的改进型。其实不然，P1A1 手枪是直接在 P5 手枪基础上衍变而来的。

尽管 P5 手枪是 P1 的改进型，但 P1A1 与 P1 这种"改进之改进"的关系，毕竟使二者相去较远了。P1A1 无甚特别之处，加之它在历史上出现的时间很短，所以并未引起人们过多的注意。

研究背景

P1A1 手枪（左）与 P5 手枪比较二战中战败的德国被美、英、法和前苏联分割占领，瓦尔特公司的所在地采拉梅利斯最初被美军与法军占领，但战后划归苏军占领区。

苏军占领后，战前与纳粹党关系密切、有战犯嫌疑的瓦尔特公司首脑们，携带许多轻武器设计与生产图纸，秘密逃出采拉梅利斯，向南部的美军占领区投降，并以瓦尔特公司研制的，当时较先进的轻武器技术资料作为交易，从而得到美军极大的优待。

1950 年瓦尔特公司在德国乌尔姆重新建立，1961 年建厂。受美苏对立的影响，德国分裂为东德与西德。欧洲国家分成以美国为轴心的北约国家和以前苏联为轴心的华约国家。欧洲战后继续处于紧张状态。

处于欧洲政治对立最前锋的西德，在二战刚结束 9 年后的 1954 年，决定重新武装。但由于战败国武器被禁止，二战后重新组织的西德各州的警察及国境警备队均以进口的轻武器作装备。

西德以国境警备队为基础组建军队，初期的武器装备主要依赖进口。如上述选作制式的 P2 手枪中，本来是瑞士西格公司的 P210 手枪，P51 与 P52 是美国的 M1911 与 M1911A1（均为柯尔特政府手枪）。

为了大量装备西德军队，需要在国内重新开始生产军用手枪。此时，瓦尔特公司充当先锋，将战前德军制式 P38 手枪与校官标准手枪（PP、PPK），分别改进后重新生产。

后来，这 3 支枪均被选作军用制式，分别命名为 Pl（P38）、P21（PPK）和 P22（PP）。Pl 手枪的加工优良，自 1956 年采用以来，长期作为西德军队主要军用手枪，PP 手枪和 PPK 手枪还被西德的许多州警察选作制式，所以让人感到瓦尔特公司在这一时期垄断了西德的军、警用手枪。

过于自信 P1A1 事与愿违 20 世纪 70 年代，西德军队装备的 P1 手枪已明显老化，零件磨损，故障频出，必须重新供应新生产的 P1 或研制下一代手枪。

P1 虽然加工优良，但结构复杂，双动机构调整困难，枪管从套筒突出的整体配置方式陈旧，还有制造上相当麻烦和成本高等缺点。于是，西德军方决定进行新一代制式手枪的选型试验。

瓦尔特公司在生产 P1 的同时，开始研制继承 Pl 操作性能的新枪。最后以组装击针偏移式保险和切短枪管的 P38K 参加军方选型试验。结果，P38K 被军方选作制式，命名为 P4 手枪。

该枪的外观及全枪质量与 P1 几乎相同，但全枪长稍短，不大于 200 毫米。P38K 不仅被西德军方选作制式，还由于小型便携性能好，也被警方选用。后来又将 P38K 进一步切短，制成 P38K（Ⅱ）。

然而这些又称缩短型 P38 的 P4 及 P38K，决非平衡性良好的手枪。于是，瓦尔特公司在保留 P38 的卡铁摆动式闭锁机构与双动板机系统等基本结构的基础上，设计了全新的小型手枪。结果，于 1977 年推出瓦尔特 P5 手枪。

该枪被西德军方选用，制式名称同样称 P5。P5 采用套筒将枪管整体覆盖的结构形式，虽然装有击锤解脱机柄，可是无手动保险，安全性仅由装在枪管尾端内部的自动保险确保。

西德军队对 P5 反复试验后，要求手枪应与德军传统手枪一样配装手动保险。瓦尔特公司根据此要求，以 P5 为原型，研制成功 PlA1 手枪。

PlA1 手枪的名称是由瓦尔特公司命名的，在军用制式手枪 P1 后面加上表示改进型的 A1，瓦尔特公司自认为这支枪一定会被军方采用，所以直接使用了德军制式手枪的命名。这是由于瓦尔特曾在某一时期垄断西德军用警用手枪，所以才如此自信。

然而很遗憾，P1A1 并没有成为继承 P1 的新制式手枪。在接二连三发生的恐怖事件背景下，P1A1 手枪于 70 年代至 80 年代相继被西德各州用作警用制式手枪。

但与此相反，军方的新制式手枪选型试验进展缓慢，再加上当时有许多大型兵器急于更新换代，经费预算不足，也就顾不上军事上重要程度较低的手枪。

因此，徒有军用制式名称的 PlA1，只是作军用手枪试验样枪，最终在西德军事研究所的手枪柜内长眠。PlAl 手枪的特色，后来被瓦尔特公司将 P5 小型化改进后的 P5 小型手枪继承了，例如该枪的套筒显然是继承了 P1A1 的设计。后来，瓦尔特公司虽然向西德军方提出新设计的 P88 手枪，但还是没有被采用。

纵使曾有垄断西德军警手枪之势的瓦尔特公司，在制成 P88 之后，也由于市场竞争的失败，被从玩具手枪销售公司发展起来的乌马雷克斯公司收购了。

研究历程

1956 年，刚刚成立的联邦德国国防军装备了 P38 手枪的改进型 Pl 手枪。应该说，P1 手枪是一款比较优秀的手枪，但是由于当时设计思想和工艺水平的局限，P1 手枪的结构较为复杂，加工制造费时费力。在整体布局上，枪管从套筒中突

扳机常规的双动发射机构出，设计思想陈旧。在指标方面，军方提

出的要求也很低，如对 P1 手枪的寿命要求只有 500 发。P1 手枪在当时尽管能完全满足军方的要求，但进入 1970 年代后，P1 手枪的老化问题开始凸显出来，磨损后的安全问题、制造成本问题和使用寿命问题一时间成为突出问题。

为了确保其战斗性能并延长其使用寿命，德国军方开始不断对它进行改进，并考虑用改进后的新手枪完全替代 P1 手枪。

1977 年，瓦尔特公司根据德军的要求，在 P1 手枪的基础上设计出了 P5 手枪。P5 手枪相比 P1 手枪而言有很多改进，性能也有很大提高。但是由于 P5 手枪取消了 P1 手枪的手动保险装置，令德军很不满意。为了实现与 P1 手枪在操作上的连贯性，在完成试验后，德军还是提出了要有手动保险设置。

随后，瓦尔特公司又进行了很长一段时间的设计。终于在 1989 年 6 月，推出了带手动保险的新的改进型手枪，并将其命名为 P1A1 手枪，希望能达到替换 P1 手枪的目的。但是此时德国军队的思想已经改变，加之东西德即将统一，因此德军希望能采用一种全新的手枪来替换 P1 手枪，而不再局限于改进和升级了。

在了解这个意图后，瓦尔特公司开始将精力更多地投入到 P88 手枪的设计和推广工作中，对这支 P1A1 手枪则不愿意再投入太多，因此 P1A1 手枪自然而然被束之高阁，永久地放在了储藏柜中。但是 P1A1 手枪的设计优点后来被应用到了 P5 微型手枪中。

结构特点

P1A1 手枪与 P1 和 P5 手枪一样，采用的是枪管短后坐式自动方式，卡铁摆动式闭锁方式，击锤外露的双动发射机构。射击后，枪管和套筒在闭锁卡铁的联接下

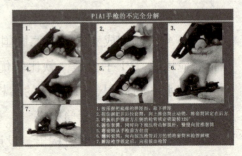

共同后坐一小段距离，此后，闭锁卡铁在开锁杆的作用下下移，并迫使枪管下移，使其与套筒分离，随后，枪管停止后坐，而套筒继续后坐，并完成抽壳、抛壳等动作。

P1A1手枪手动保险为一横穿套筒的保险销。将保险销推向左侧时，会露出"S"标志，此时手枪处于保险状态，保险销会使击针下移，锁定在套筒内的凸笋上，击锤即使回转也碰不到击针。

将保险销推向右侧时，会露出"F"标志，此时手枪处于待击状态，击针复位，可以实现击发。该枪设有击针保险，即如果击锤不是扣扳机释放的，即使击锤偶然解脱打向击针，因击针未从保险销中解脱出来，击针不会前移打击枪弹底火，这样可以避免手枪跌落时"走火"。该枪亦设有不到位保险，在套筒完全复进到位和枪管被闭锁之前，扳机不能被扣动。

P1A1手枪扳机左后部有一待击解脱杆，当膛内有弹、击锤待击时，压下待击解脱杆可以使击锤向前回转，此时击锤上的缺口与击针对应，枪处于保险状态。待击解脱杆还可兼作套筒止动销。抛壳窗位于套筒左上方。P1A1手枪比P1手枪小得多，其枪管长只有90mm，而P1手枪的枪管长则为129mm。

P1A1手枪的准星和照门均很宽阔，便于瞄准，准星和照门上有白色荧光点，方便夜间使用。P1A1手枪与P1手枪一样内部结构繁复，加之，尺寸又小得多，因此该枪在可操作性方面存在很多弊病，分解结合不便。P1A1的弹匣扣位于握把底部，尽管这种设计使弹匣固定牢靠，不至于脱落，但同时也使更换弹匣十分不便，必须要靠双手才能完成操作。

其他特点

以 P5 为原型

P1A1是以瓦尔特P5手枪为原型，为西德军队研制的手枪。因此，P1A1的基本结构与P5几乎相同。该枪采用枪管短后坐工作原理，卡铁摆动式闭锁机构，闭锁卡铁装在枪管后方的下面。

从整体上看，该枪与瓦尔特公司此前的作品大型 P38 手枪，均有非常优良的设计，后来的新产品设计免不了受到其影响。下面介绍各部件的具体特点。

套筒部件

该枪的外形设计比 P5 手枪完善，这是 P1A1 与 P5 最大的不同之处。套筒完全覆盖整个枪管，与现代手枪的整体配置方式一样。套筒左上方开有矩形抛壳孔，顶面的前后端安装准星与表尺，两侧的后部有便于拉动的防滑斜纹，后方的上部有手动保险。

击发与发射机构

P1A1 手枪的击发与发射机构均同于 P5 手枪。P1A1 采用击锤外露式双动击发机构，双动的形式为传统双动式。击锤解脱柄装在握把左侧的上方前端部位，兼作套筒止动器释放柄，可使后坐的套筒停止。该解脱柄容易用握枪之手的拇指操作。

枪　管

该枪管长 90 毫米，比 P1 手枪的 129 毫米短得多，膛线 6 条、右旋，口部无倒角，也就是枪口端面与膛壁成直角型。

弹匣及其卡笋

该弹匣酷似 P1 手枪的弹匣，为 8 发单排式弹匣。弹匣卡笋与 P1 手枪一样为欧式，直接将握把下面露出的弹匣底板固定。

卡铁摆动式闭锁方式保险装置

该枪装有手动保险，这是根据西德军队的要求而配装的。而瓦尔特 P5 手枪的设计规范是由西德警方提出的，警方重视快速反应性能，所以 P5 不设手动保险。

P1A1 手枪的手动保险是在套筒两侧左右推动的横向式保险，设在套筒后方的上部。从套筒右侧向左侧推出时，保险上的涂白色的字母"S"外露，击针锁定，呈保险状态。

相反地从左侧向右侧推出时，保险上的涂红的字母"F"外露，击针释放，呈射击状态，此时可射击。枪尾的击针机构与瓦尔特 PP 超级手枪一样，装有断开击针后端与击锤前面接触的击针偏移式保险机构。手动保险呈保险状态时，击针后端被锁定在降下的位置不上升，呈不击发状态。

瞄准具

该枪的准星为矩形，宽度较大，容易瞄准，表尺为方形缺口照门，准星的背面有一个白点，照门的缺口左右侧各有一个白点，供夜间瞄准用。瞄准基线长 134 毫米。

标　志

套筒左下侧中部有厂家、型号和口径的标志。套筒左下侧前部有表示试制的"V"和生产序号，零件上的"2a"表示试验枪编号。

使用枪弹

该枪使用德国 9×19 毫米派拉贝鲁姆手枪弹和丹麦 9×23 毫米巴雅德自动手枪长弹。

性能数据

口　径：9mm；

全　枪：长 179mm；

枪　管：长 90mm；

全　枪：质量 0.8kg；

初　速：350m/s；

弹匣容弹量：8 发；

发射方式：单发。

德国瓦尔特 P5 式 9mm 手枪

概　述

瓦尔特 P5 式 9mm 手枪是为军队、警察研制的安全型手枪，还有一种微型手枪，与 P5 基本型相同，只是较短、质量较小，便于随身携带。1989 年 6 月，瓦尔特 P1A1 式手枪出现，它是 P5 式手枪的改进型。

结构特点

枪

瓦尔特 P5 式手枪采用枪管短后坐式工作原理，射击后，枪管和套筒在闭锁卡铁的联接下共同后坐一小段距离，此后，闭锁卡铁在开锁杆的作用下下移，并迫使枪管下移，使其与套筒分离，此时，枪管停止后坐，套筒继续后坐完成抽壳、抛壳等动作。

P5 式手枪虽然没有手动保险机柄，但内部机构已经形成多种保险：在扳机释放击锤之前，击针与击锤不对正；如果击锤不是由扣扳机释放的，即使击锤打向击针，击针也不会移动；在套筒完全复进到位和枪管被闭锁之前，扳机不能崛扣动。

总之，该枪只有当套筒复进到位，枪管闭锁，扳机完全扣到位才能击发。这样可以避免手枪跌落或手扳击锤向后偶然失手时走火。

P5 式手枪在左侧扳机钩后部有一待击解脱杆，当膛内有弹，击锤待击时，压下待击解脱杆可以使击锤向前回转，当击锤上的凹部与击针对应时，击锤停止运动，枪处于保险状态。射击时，手扣扳机，就可使击锤待击并击发。

P5式微型手枪外形尺寸和形状非常适于手小人员使用。全枪质量780g，长度168.5mm，枪管长79mm，侧面有拇指容易摸到的弹匣卡笋。套筒座用合金制成，外部抛光处理。击锤外形改成圆形，防止使用时挂扯衣服。

P1A1式手枪与P5式手枪的主要区别是套筒上采用了横栓式保险机：当保险栓推向左边时，处于保险状态，此时保险栓使击针下移，锁定在套筒内凸笋上，击锤即使向前回转也碰不到击针；推保险栓向右，击针回到原来位置，呈待发状态。

瞄准装置

该枪配有普通机械瞄准具。

弹　药

该枪发射9mm帕拉贝鲁姆手枪弹。

性能数据

口　径：9mm；

初　速：350m/s；

枪口动能：500J；

自动方式：枪管短后坐式；

闭锁方式：闭锁卡铁式；

发射方式：单发；

供弹方式：弹匣；

容弹量：8发；

全枪长：180mm；

枪管长：90mm；

膛　线：6条，右旋；

全枪质量（不含弹匣）：790g；

准　星：固定式；

照　门：缺口式；

瞄准基线长：134mm；

配用弹种：9×19，mm 帕拉贝鲁姆手枪弹。

卢格 P08 式手枪

概　述

卢格 P08 式手枪是乔治·卢格 1900 年研制的博尔夏特手枪的改进型。德国军队于 1908 年选用了 P08 式手枪。1942 年该枪停止生产。

结构特点

1. 枪

卢格 P08 式手枪采用枪管短后坐式工作原理，是一种性能可靠、质地优良的武器。

2. 瞄准装置

该枪配有 V 形缺口式照门表尺，片状准星。

3. 弹药

该枪发射 9mm 帕拉贝鲁姆手枪弹。

性能数据

口　径：9mm；

初　速：351m/s；

自动方式：枪管短后坐式；

发射方式：单发；

供弹方式：弹匣、弹鼓；

容弹量：弹匣：8 发；

弹　鼓：32 发；

全枪长：222mm；

枪管长：102mm；

全枪质量（不含弹匣）：850g；

空弹匣：56g；

实弹匣：260g；

准　星：片状；

照　门：缺口式。

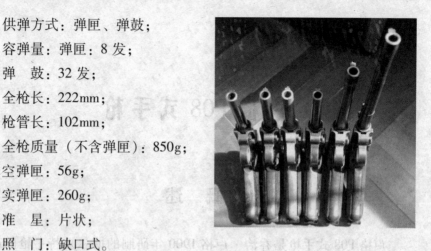

奥坡瑞特手枪

历　史

M1911 手枪源自勃朗宁设计的 M1905 手枪，后来勃朗宁将 M1905 的双铰链闭锁系统改为单铰链系统

奥坡瑞特手枪于 1910 年底完成了改进设计。后又经过稍许改进后，该枪于 1911 年被美国陆军采用，命名为 M1911 11.43mm 半自动手枪。

1922 年，在总结实战经验教训的基础上，该枪又进行了一些改进，命名为 M1911A1 手枪，1926 年装备美军。此后，该枪在结构方面几乎没有再进行大的改动。

时至今日，该枪的历史已有 80 多年，与 M1911 同时代的产品，如卢格 P08 手枪、毛瑟 M1896 手枪、托卡列夫 TT － 33 手枪及瓦尔特 P38 手枪等，有的早已停产，有的退出了装备序列，只能在一些枪械陈列馆中看到，而 M1911 系列手枪，至今仍出现在一些国家的军队或执法机构中，由此可看出勃朗宁手枪的生命力。

提起 M1911 手枪，就不得不提及斯普林菲尔德兵工厂与斯普林菲尔德武器公司，从字面上很容易将其看成是同一商家或二者有从属关系，其实这是两个不同的厂家。前者曾生产过 M1911A1 手枪，1922 年对 M1911 的改进就是由该厂完成的。

它其实是一家政府兵工厂，主要为美军，尤其是特种部队生产整枪及零部件，于 1964 年关闭。斯普林菲尔德兵工厂关闭后，将自己原有的公司改名为斯普林菲尔德武器公司。

不久，斯普林菲尔德武器公司被卖给另一个人，继续生产 M1A 侦察步枪及 M1911A1 手枪。如今，这个公司的产品除上述两种外，还包括光学瞄准镜等产品。

　　由于美国允许私人合法拥有枪支，为打入军、警、民用武器市场，斯普林菲尔德武器公司的 M1911A1 手枪已出现了许多种型号，如标准型、超级紧凑型、长套筒型等。

　　与早期 M1911A1 手枪相比，这些新型号在基本结构及工作原理上均没有变化，如均采用枪管短后坐式自动原理及枪管偏移式闭锁机构，所变化的只是外形及局部结构，如超级紧凑型的全枪尺寸较小，长套筒型则加长了枪管和套筒。奥坡瑞特手枪只是它众多型号中的一种。

工艺要求

　　防尘盖部位设计有皮卡汀尼导轨。随着科技的进步及加工工艺的改进，现代的 M1911A1 系列手枪均采用了新的加工工艺。

　　其一，枪管采用精锻工艺加工而成，与传统的挤压及拉削工艺相比，这种工艺有诸多优点。首先，它延长了枪管的寿命。挤压及拉削工艺在膛线加工过程中，

　　都是将枪管内膛的金属纤维切断，从而产生阴线与阳线。这种加工工艺的缺陷是纤维切断处容易产生细微的裂纹，同时在后期的镀铬过程中，此处的铬层也附着不牢，长时间射击后，铬层很容易脱落，加上长期使用后细微裂纹的扩大，枪管将很快寿终。

　　精锻工艺则不是将金属纤维切断，而是通过锻打，使金属纤维延展，这样就避免了前述工艺所产生的细微裂纹，而且膛线表面的光洁度也比较高，所镀的铬层附着也比较牢固，即使长时间射击，铬层也不易脱落，从而提高了枪管的耐磨性。

　　其次，通过锻打，也使金属晶粒细化，提高了其机械性能。所有这些因素结合起来，提高了枪管的使用寿命。再者，由于精锻工艺产生的

碎屑少，材料利用率高，从而降低了生产成本。

其二，击针由钛合金制成，与传统的钢制击针相比，具有一些优势，如其质量小，在手枪意外跌落时，不易走火；由于钛的耐腐蚀性较强，即使枪支的存储环境有些潮湿也不影响击针的使用性能。

其三，套筒及套筒座由锻造毛坯加工而成，使这些零件的整体性能有较大提高。M1911A1 的制造商不只斯普林菲尔德武器公司一家，有些厂家的这些零件采用熔模铸造工艺加工而成，有的生产工艺则不够规范，相比之下，还是斯普林菲尔德武器公司的套筒及套筒座质量较好一些。

另外，这些新型的 M1911A1 手枪在设计上也有一些创新。如枪上设计了弹膛有弹指示器，它其实是枪管套筒后端侧上方的一个小缺口，射手只要向这个小缺口看一眼，便可知道弹膛内是否有弹。

如今，激光指示器已成为现代手枪的基本配置，但激光指示器的安装方式有所不同。有的激光指示器通过导轨安装于防尘盖处，但这种安装方式占用了手枪上惟一的导轨，使战术灯等其他附件无法同时安装在手枪上。

后来，也曾出现了一种"握把式激光指示器"，是将发射激光束的发光二极管置于握把一侧，而将开关置于握把另一侧，这种安装方式比上一种方式有所进步，但也有不方便之处，如由于发光二极管只能安装于握把的一侧，因此会对手枪左右手操作的人机工程性能产生一定的影响。

对于奥坡瑞特手枪，斯普林菲尔德武器公司则采用了第三种激光指示器的安装方法——"替代复进簧导杆"法。严格来说，这种方法并不是斯普林菲尔德武器公司的原创，它实际上是直接采用了雷塞玛克斯公司所生产的激光指示器系统。

雷塞玛克斯公司的激光指示器有多种型号，可分别安装于 M1911A1 手枪及格洛克、伯莱塔、陶鲁斯等公司的手枪上。该系统将电池与发光二极管置于复进簧导杆内，实际上是将激光指示器外壳当复进簧导杆用。安装时，将该指示器系统替换掉原枪的复进簧导杆即可。

与装于握把或套筒座上的激光指示器不同，雷塞玛克斯激光指示器发出的激光束与枪管的平行度较好。在出厂之前，公司人员已对每个激光指示器进行了校正，因此，装于枪上时，几乎不需使用者进行任何调整，只要使用者按照规范进行操作，一般均能达到较好的射击精度。雷塞玛克斯公司的激光指示器可以很精确地瞄准15m处的目标，这要归功于其巧妙的安装方式。

该激光指示器的开关装于原枪的空仓挂机位置，左右手均可使用。左侧开关固定在空仓挂机柄上，而右侧的开关通过一个螺钉安装在空仓挂机轴上。但有利必有弊，这种激光指示器的缺点是拆卸较复杂，必须用工具拧出右侧的螺钉，然后再拆下空仓挂机，才能取出激光指示器。

评 价

奥坡瑞特手枪只是现代 M1911A1 众多型号中的一种。为了满足现代军、警及民用市场对手枪的需求，斯普林菲尔德武器公司对奥坡瑞特手枪进行了一些"时尚"设计。与 M1911A1 系列中其他手枪最明显的区别是，其防尘盖部位设计了皮卡汀尼导轨。对于现代手枪而言，加装导轨已成为其重要的卖点。

如今美国特种部队及执法机构在采购枪支时，对手枪性能要求很重要的一条就是要有皮卡汀尼导轨，以便安装激光指示器及战术灯。为了将自己的产品更好地推销至美国军、警部门，斯普林菲尔德武器公司当然不能忽略这个导轨的设置。

针对枪上的机械瞄具，斯普林菲尔德武器公司采用了现代固定瞄具的首选——由诺瓦科公司生产的带氚光管的诺瓦科机械瞄具。该瞄具的准星与照门安装在套筒上的燕尾槽中，位置较低，手枪在装入及抽出枪套时，不会产生阻滞，而且由于氚光管的设置，即使在夜间也能快速瞄准。

目前，诺瓦科机械瞄具已被许多公司，诸如伯莱塔公司、西格公司、HK公司、格洛克公司、史密斯－韦森公司、柯尔特公司及斯普林菲尔德武器公司的现代手枪所采用。

除了采用M1911A1系列的标准弹匣外，奥坡瑞特也可采用瑞普工业公司新研制的柯布拉弹匣，自从勃朗宁设计M1911手枪以来，柯布拉弹匣是对这一系列手枪所用弹匣的最大革新。柯布拉弹匣由不锈钢制成，与标准弹

匣相比，其内部空间更大，所以当弹匣内进入污物时，很容易排出。托弹板侧面有槽，也是为了更好地排出污物。更重要的是，该弹匣的抱弹口进行了改进，使得其最顶部枪弹的位置比标准弹匣的高出约2mm，这样，枪弹几乎是水平地被送进弹膛，从而将供弹不畅的可能性降至最低。

托弹板由聚合物制成，不过与空仓挂机相扣合的部位用钢件进行了加固。其他弹匣的聚合物托弹板使用久了，这个部位会磨损，但对于柯布拉弹匣来说，这已不再是个问题。M1911A1系列所配用的标准弹匣容弹量为7发，而柯布拉弹匣容弹量为8发。

对于不同的市场需求，奥坡瑞特的复进簧导杆也有所不同，商用型的采用了全长度的复进簧导杆，而军用型的采用了标准长度的复进簧导杆及复进簧帽。

联邦调查局购买M1911A1手枪时，特别指定导杆要标准长度的。全长度导杆的好处在于，它增加了手枪前部的质量，射击时能在一定程度上抑制枪口上跳，这在比赛中特别有益。然而，全长度导杆也使得手枪在野外擦拭及维护时难以分解。

任何手枪没有枪套是不完整的，对于斯普林菲尔德武器公司的军用型奥坡瑞特手枪而言，黑鹰公司的欧米加腿部枪套是比较合适的，它在携带手枪的同时，还可以带一个备用弹匣，并且枪上加装战术灯后，也能装在枪套中携带。

因为目前执法机构及部队特战队员的手枪均需要安装战术灯等附

件，而他们不希望在遇到任务时才匆忙将手枪从枪套中抽出再装上这些附件，黑鹰公司的欧米加枪套恰好满足了他们的这些需求。

奥坡瑞特手枪表面采用斯普林菲尔德武器公司的材料（一种坚韧且有弹性的聚合物）进行了处理，套筒表面是黑色的，而套筒座表面是绿色的。

西格－绍尔 SP2022 手枪

简　述

2005 年 1 月，美国陆军坦克/自动武器司令部以"M11"的名称采用 SP2022 手枪，该枪是仅次于 P228 手枪、第二个成为美军制式手枪的 SIG 产品。尽管本次只采用 5000 支，但意义深远。

SP2022 手枪是 1991 年以"SIGPro"的名称销售的 SP2340/SP2009 的改进型。SP2340 手枪是 SIG 公司第一种采用塑料套筒座的半自动手枪。

几年前，法国执法部门曾进行过用手枪选定试验，在参与夺标的产品中，最后取胜的就是 SP2022 手枪。参与竞争的企业除 SIG 公司外还有伯莱塔、HK、FN、格洛克、CZ、鲁格、瓦尔特/史密斯·韦森等，除前三家企业外，其他公司很快被淘汰。

最后，SIG 绍尔公司与法国政府与签订了多达 27 万支 SP2022 手枪的供应合同，预定在 2007 年下半年至 2008 年初交货，庞大的订单足以令同行刮目相看。

SP2022 手枪采用了 15 发（9 毫米）、12 发（40SW/357SIG）等大容量弹匣。虽然略微缺乏停止作用，但装填量多达 15 发的 9 毫米口径 SP2022 的魅力是难以抗拒的。只要选择重弹头枪弹，在护身方面，该枪将成为最令人信服的手枪。SP 系列手枪的标准型是小型手枪，因此 SP2022 的携带性能非常出色，具有十足的便携式手枪的魅力。

在 SIG 公司的产品中，原本并不起眼的塑料套筒座 SP 系列也随着 SP2022 手枪的登场，开始得到世人的注目。

发展历程

聚合物套筒座正在成为当今手枪的标准配置。尽管德国 HKVP709mm 手枪先行一步于 1970 年代亮相，但真正使聚合物套筒座发展壮大的则是格洛克手枪。该枪于 1985 年开始推向美国市场，名气急速上升，从而占领美国军警手枪市场。如西格－绍尔 SP2022 手枪格洛克 17 占据了美国 40% 的警用自动手枪市场。

聚合物材料具有成本低、质量小、耐腐蚀、适宜不同环境温度使用（比金属的热导性低得多，低温下不粘手）等优点。格洛克的成功，证明了聚合物用作手枪新材料的有效性与高实用性。当然，其成功还与零部件少、结构简单带来的低成本，以及操作简便、可靠的扳机保险装置确保枪的安全性有关。

格洛克的扳机保险装置有很多优点：使用简便，手指离开扳机就自动处于保险状态，无需在枪外部另设手动保险；每次击发的扳机力均一，扳机移动量小，连续射击性能优良。

格洛克的成功使其他公司产生强烈的危机感，深感所生产的自动手枪不配用聚合物套筒座就会落后于时代。于是，1990 年代中期至后期，许多公司推出了聚合物套筒座手枪。

1999 年，原 SIG 公司隆重推出了采用塑料套筒座的 0.40 英寸 SP2340 手枪，这是该公司自行设计的第一款塑料套筒座半自动手枪。不久后，SIG 设计的另一款塑料套筒座手枪——9 毫米 SP2009 手枪问世。

值得一提的是，很少有人知道 SIG 公司推出这两种新型塑料套筒座手枪的顺序。按 SIG 公司的原计划，先推出的应该是 9 毫米 SP2009 手枪。然而，考虑到作为警用或护身用手枪的 0.40 英寸手枪在北美市场上的销量以及北美民间型手枪装填量受限制的现状，SIG 公司决定率先推出便于展开速射的 0.40 英寸 SP2340 手枪。

SIG 公司起"Pro"的名称的另一个目的是，强调作为工具的方便性。SP 系列是第一个作为标准型设计，采用辅助装备安装导轨的半自动手枪。由于采用塑料材料，设计塑料套筒座时，在继承 P220 系列手枪优点的基础上，更合理地安排了内部零部件。结果 SIGPro 系列手枪上增加了一些以往产品上所没有的特点。

首先，在设计过程中，巧妙地利用材料本身具备的特性，使 SP 系列具备了不同尺寸握把更换功能。握把的更换方式非常简单，除标准尺寸握把外，还配带有背面较为突出的更换用大型握把，可在无工具的情况下简单地更换。另一个特点是，采用模块化设计的扳机组件具备可更换性能，可简单地换装双动扳机。

为了更好地说明 SIGPro 系列的优点，这里回顾一下 P220 的开发。20 世纪 70 年代，作为 P210 手枪的后继产品、瑞士开发了 P220 手枪作为军用制式手枪。

当时降低成本的主要手段是，在套筒等部件的制造过程中采用铸造加工方式。还有，铝合金制套筒座的采用既减轻了枪体重量，也易于加工，这一点在降低成本方面起到了一定的作用。

然而，20 年后的 SIGPro 系列时代，造枪技术有了飞速发展，最好的例子就是套筒的加工。P220 手枪的套筒为了降低成本，特意避免切削加工。现在通过计算机控制的 CNC 设备的引进，能以低廉的成本实施切削加工。

目前，在美国市场上销售的 SIG 系列产品中，从 P229 系列手枪开始，套筒都是由美国工厂负责加工的，加工方式是对整块不锈钢进行切削加工，削出套筒。SIGPro 系列也不例外，切削成型的套筒不仅坚固，而且不易生锈。过去推出的 P226 手枪也开始采用切削成型的套筒。

除此之外，SIGPro 系列的各种操作杆放弃冲压件，分解杆（套筒卡笋）的设计也重新借鉴 P210 的方式。分解杆兼起着枪管倾斜轴作用，其延长部分后端还成为套筒释放杆。手指接触的部分明显提高了操作性能。

西格－绍尔 SP2022 手枪为了占领手枪市场，西格公司推出了配用聚合物套筒座的西格普罗（SP）系列手枪。公司于 1999 年首先推出 0.40 英寸（10.16mm）S&W 口径的 SP2340 手枪，接着推出 9×19mm 口径的 SP2009 手枪。

首推 0.40 英寸 S&W 口径，这是由于当时警用及自卫用手枪多配用 0.40 英寸 S&W 枪弹，在弹匣容弹量受到严格限制下，使用该弹可增强停止作用，而且格洛克手枪等也配用该弹。

西格手枪没有采用"在现有系列手枪引用聚合物材料降低成本"的简单做法，而是重新设计以聚合物套筒座为标准配件的 SP 系列手枪，并将销售产品明确分为古典系列和新型 SP 系列。

产品宣传中不是宣称"SP 系列比 P220 系列优良"，而是将 SP 系列作为与过去金属套筒座手枪相比有不同特征的新产品，并且推行两个系列产品并行销售的方针，从而避免由于 SP 系列手枪的销售使消费者产生对金属套筒座手枪感到不安的心态。

那么，SP 系列与 P220 系列相比有什么特征呢·其特征就是由于采用聚合物材料使零售价便宜 100~200 美元。SP2340 可以说是小型系列的西格—绍尔 P229 手枪的变型枪，其零售价与 SP2009 一样为 400 美元，比 P229 的售价（600 美元）低，比格洛克 37（售价 562 美元）、鲁格 P345（售价 548 美元）价格都低。

因而 SP 系列手枪在市场价格战中颇具魅力。除了价格优势外，SP 系列手枪采用模块式结构，便于生产、组装和维修，小型轻便且容易操作也是其横闯市场的有利因素。

SP 系列手枪上市不久的 2000 年，瑞士西格公司将轻武器分部转让给德国绍尔公司，经交涉，绍尔公司获得"

西格－绍尔 SP2022 手枪 SIG"的商标使用权。为了参加 2002 年法国政府执法机构手枪选型试验，绍尔公司原西格轻武器分部以 SP2009 手枪为基础进行改进，并根据法国政府招标要求手枪使用期限至少 20 年命名为 SP2022 手枪。

参加竞选的有绍尔、伯莱塔、HK、FN、格洛克、CZ、鲁格、瓦尔特、史密斯—韦森等公司。最后只剩下西格—绍尔 SP2022 与 HKP2000 两者较量，尽管两枪的性能相当，但 SP2022 的标价 280 欧元较低。法国政府最终订购 SP2022 达 27 万支以上，要求 2007 年下半年至 2008 年初交货。

在美国，西格—绍尔手枪目前的销售形势空前大好，接连不断接到美国政府订货，2005 年接受国家安全部大量订货，总额达 2370 万美元，其中有美国海岸巡防队的订货 420 万美元。从而改变了长期以来格洛克手枪在执法机构市场占绝对优势的局面。

2005 年 1 月，绍尔公司在正式场合发表"美国陆军坦克/机动车辆与军械司令部（设在美国罗克艾兰阿塞纳尔）决定采用 SP2022 手枪作制式"的消息。于是，SP2022 成为继西格 – 绍尔 P228（美陆军制式名称 M11）之后的美军制式手枪。

虽然订货数量只有 5000 支，但对绍尔公司来说，最重要的不是现在的订货数量，而是获得了美国政府订购，这样就可以借机扬名，继续推出 SP2022 的市售型同格洛克手枪对抗，以争夺美国民用手枪市场。

结构特点

SP2022 手枪继承了西格 – 绍尔 P220 系列手枪的工作原理及基本结构，并在设计上有所创新和改进，从而使该枪具有结构紧凑、牢固、安全性良好和操作简便等特点。

工作原理与闭锁方式

该枪继承 P220 系列手枪采用的枪管短后坐式工作原理及枪管摆动

式闭锁方式。枪管弹膛下方的椭圆孔与 P210、CZ75 手枪相同。

套筒后退时，空仓挂机的轴与枪管后端椭圆孔的开锁斜面相互作用，使枪管尾端向下倾斜，枪管与套筒脱离，实现开锁。套筒复进时，空仓挂机的轴与椭圆孔的闭锁斜面相互作用，使枪管尾端上抬，闭锁突笋进入套筒的闭锁槽，实现闭锁。

套筒座与握把

套筒座与握把为一体式，采用聚合物制成。套筒座的前端下方有配装皮卡汀尼导轨的防尘盖，这种标准导轨可更广泛配装战术灯、激光指示器等附件。套筒座的顶面前部埋入一块圆形磁片，磁片记录枪的序号及携枪者有关信息，供丢失时备查。

握把后部装有塑料制或橡胶制的可更换握把套，通过更换握把套改变握围。握把套有塑料制标准的细身握把套和橡胶制背面呈方形的大型握把套两种，其更换简单，无需工具。

套 筒

由不锈钢棒料切削加工制成，表面经黑色亚光处理，其结构比 P220 钢冲压制成的套筒牢固，防锈性能增强。套筒顶部嵌有准星和照门。

sp2022 套筒座与握把击发与发射机构 SP2022 与其他西格—绍尔手枪均采用传统的击锤式击发机构，同样可单动或双动击发。SP2022 的创新之处是握把与套筒座后方装有发射机构控制模块，可以简便地更换模块选择双动/单动和纯双动功能。SP2022 与 P220 系列手枪一样具有扳机力较小的特点，但扳机力不如 P220 系列手枪平滑（SP2022 的扳机力单动 18N，双动 45N）。

保险机构

SP2022 继承了 P220 系列手枪的优良安全性，采用相同的保险机构，同样省略外部操作的手动保险。继承的保险机构有滑动式自动击针保险卡锁、待击解脱杆、击锤上的保险卡槽和扳机连杆、解脱子。滑动式自动击针保险卡锁，只有扣动扳机才能解脱，否则始终锁住击针，即使手枪不慎跌落也不会"走火"。

待击解脱杆确保装弹后即使击锤待击也能安全释放，无"走火"危险。击锤上的保险卡槽由于被阻铁卡入，即使击锤位于前方也不会与击针后端接触，确保枪支安全携带。

弹匣与弹匣扣

该枪配用 15 发容弹量的直弹匣，弹匣侧面标有 3～15 共 13 个数字，每个数字对应一个孔，供观察剩余弹数，其排列与格洛克手枪弹匣类似。弹匣底座有长底座与短底座两种，后者与 P229 手枪的弹匣相似，适宜隐蔽携枪时配用。弹匣扣与 P220 系列手枪一样为双面配置，为了外形美观将原来的圆形改为三角形。

瞄 具

该枪与 P220 系列手枪一样在套筒顶面嵌装片状准星和矩形缺口式照门，但照门较宽，准星背面和照门缺口两侧共嵌有 3 个氚光管，便于夜间瞄准。瞄准基线长 150mm。

其 他

SP2022 的待击解脱杆设置位置与 P220 系列手枪一样，位于空仓挂机下面。SP2022 的空仓挂机比 P220 系列手枪长得多，兼有分解旋柄的功能。法国定做的 SP2022 的套筒顶部有弹膛有弹指示器，而向美国出口的 SP2022 无此装置。

实际性能

SIGSP 系列在 P220 系列出色的安全性能的基础上，进一步完善了原有的设计。过去的 P220 系列手枪的安全性能几乎万无一失，在 SIG-SP 系列上取消外部手动保险的大胆设计充分说明这一点。

由于 SP 系列的零部件进行了一些改进，因此与 P220 系列的零部件没有互换性。但 SP 系列手枪依然继承了 SIG 公司自称"四重保险"的特点。那么，所谓的"四重保险"指的是什么呢？

第一是组合在套筒内的击针自动保险。有了这一部件，无论掉落地上还是意外碰撞，只要不扣动扳机，就不会出现误发事故。

第二是击锤控制杆。这是在弹膛内装填有枪弹、使击锤安全落下时不可缺少的装置。尤其是以双动方式击发第一发枪弹时，如果没有该部件，装填后非常危险。即使是弹膛内没有枪弹，为了以防万一，必须利用这一部件，使击锤落下。

第三是内部保险槽。击锤落下，受到撞击的阻铁脱离单动槽，落下来的击锤被槽卡住。还有，状态维持簧使处于落下状态的击锤位置略微靠后，击锤无法与击针后端接触，使安全性能进一步提高。

第四是扳机连杆上的解脱子。

这四个部件是保证 SIG 手枪安全性能的核心部件，广泛应用于 SIG 公司不同种类的手枪。除多重安全机构外，SIG 产品说明书上还特意强调：分解时先要确认弹膛内是否有枪弹。在安全方面，SIG 公司几乎做得完美无缺。

SP2022 手枪套筒的操作性能极为出色。握把的握感也相当舒适。不过，由于枪体重量较轻，后坐力比 P220 系列略大。SP2022 手枪的操作性与以往的 SIGPro 手枪基本相同，对 SP 系列的使用者来说，比美国市场上任何一种手枪更易于操作。

标准型握把非常适合普通射手，而更换大尺寸握把则比较适合那些手掌大的射手。SP2022 手枪的命中精度相当出色，在 14 米距离上发射 5 发枪弹的最小散布范围直径为 33 毫米，几组枪弹的平均值也只有 53 毫米。

最有趣的是水筒内射击试验。在约 1 米高的透明塑料制管状水筒内灌满水，将手枪完全伸入水中，枪口对准水筒底部的铝合金板扣动扳机。当枪体全部泡在水中时，由于水的阻力减小击锤的击发力度，枪弹未能被击发。于是，射手将击锤部分露出水面再次扣动扳机。

扣动扳机的瞬间，受到强大的发射压力，水筒破裂，与水筒底部铝合金板碰撞的弹头向上方反弹约 30 厘米。由于受到水的阻力，弹头对水筒内底部的铝合金板造成的弹痕相当浅。

射击试验

这次试验的 SP2022 手枪是由西格公司轻武器分部提供的。射击试验在美国拉斯维加斯郊外的 PMC 靶场进行，使用该靶场的铁板靶。射击试验的 $9 \times 19\text{mm}$ 枪弹及其试验数据见表 1。

SP2022 发射时套筒动作轻快而平稳。SP2022 发射 $9 \times 19\text{mm}$ 弹的后坐比 SP2340 发射 0.40 英寸 S&W 弹小，当然容易控制。由于握把设计良好，一口气打完弹匣内 15 发弹的感觉很舒适。

射弹散布试验 以沙袋作依托，用 SP2022 手枪射击 15 码（13.7m）远的靶，使用枪弹有表 1 所示的 4 种 $9 \times 19\text{mm}$ 弹，每种弹各射击 5 发，最小散布 33mm，平均散布 53mm，其散布相当小。

水中射击试验 该试验枪完全浸入水中射击表 1 所示的各种弹均不击发，这是因为西格—绍尔手枪均采用传统的击锤式击发机构，击锤在水中击发动作受水的阻力影响，使击发力减弱，故不能击发。将击锤露出水面一扣扳机就实现击发。

总　结

西格—绍尔 SP2022 手枪是前西格公司 SP 系列手枪的最新型，在军警手枪市场竞争中不仅具有价格低的优势，还具有结构紧凑、使用安全、操作简便的优势。因而该枪深受军警部门的青睐。

由于 $9 \times 19\text{mm}$ 枪弹的停止作用稍差，所以公司增大弹匣容弹量以确保充分火力。当今配用这样大容量弹匣的自动手枪依然实用，而且 SP 系列手枪的小型便携性也有魅力。然而在民用手枪市场（护身、家庭防卫等），这一点却不符合相关规定。

　　在美国，目前规定民用手枪容弹量不大于 10 发，而 SP2022 容弹量 15 发，因而不能进入美国民用手枪市场。不过，公司定不会轻易放弃，也许不久会将有符合相关规定的 SP2022 市售变型枪打入美国民用手枪市场。

马卡洛夫手枪

第二次世界大战结束后，苏联人总结战时的经验发现手枪在实战中使用率极低，再加上托卡列夫手枪的一些固有缺点，因此决定开发新的军官自卫手枪，要求比托卡列夫手枪更紧凑、更安全和停止作用更大的半自动手枪。

可能是受到帝俄时期曾装备过的勃朗宁 FNM1903 的影响，有人建议采用自由枪机，因此需要一种威力尽可能大但又要适合简单的自由后坐式枪机的手枪弹。为此，苏联工程师首先研制了一种名为 PP39 的 9×18mm 手枪弹，并于 1940 年 6 月提交靶场试验。

这种 PP39 手枪弹就是后来的马卡洛夫手枪弹的真正前身，在西方和中国的资料上，一直认为苏联的 9×18mm 手枪弹是抄袭德国的 9mmUltra 弹，但实际上早在二战前苏联人就已经在研制 9×18mm 弹，只是在战后借助德国 9mmUltra 弹使之完善，而且苏联弹与德国 9mmUltra 弹和战后类似的 9×18mm 警用弹都不通用，因为苏联弹的弹头直径更大。

马卡洛夫于 1940 年末开始设计自卫手枪，并命名为马卡洛夫（称为 PM 手枪）。由于 PM 的结构与德国的沃尔特 PP 近似，因此在许多资料上都认为马卡洛夫是模仿德国手枪。但事实上 PM 有很多鲜明特点，比如固定销很少，零件总数少，尽可能一物多用，并非完全基于沃尔特 PP。同时所采用的 9×18mm 手枪弹也被称为马卡洛夫手枪弹（或 PM 手枪弹）。

在 1951 年，苏联红军决定采用马卡洛夫 PM 手枪作为新的自卫武器，并一直服役到 20 世纪末，除前苏联/俄罗斯外，在中国和其他前华约国家也有仿制。

马卡洛夫手枪采用简单的自由后坐式工作原理，结构简单，性能可靠，成本低廉，在当年是同时代最好的紧凑型自卫手枪之一。射击时火药燃气的压力通过弹壳底部作用于套筒的弹底窝，使套筒后坐，并利用套筒的重量和复进簧的力量，使套筒后坐的速度降低，在弹头离开枪口后，才开启弹膛，完成抛壳等一系列动作。

马卡洛夫手枪的击发机构为击锤回转式，双动发射机构。保险装置包括有不到位保险，外部有手动保险机柄。马卡洛夫手枪采用由固定式片状准星和缺口式照门，在 15－20 米内时有最佳的射击精度和杀伤力。其钢制弹匣可装 8 发 PM 手枪弹，弹匣壁镂空，既减轻了重量也便于观察余弹数，并有空仓挂机能力。

在 20 世纪最后十年间有许多改进马卡洛夫手枪缺点的试验，最明显的缺点是较低的停止作用和杀伤力，以及小容量的弹匣。首先，改进的弹药采用更轻的弹头和燃速更快的发射药颗粒，新枪弹的初速为 430 米/秒，比原来的 9×18mm 弹的 315 米/秒要快，使枪口动能提高到 1.7 倍。

增大容弹量的马卡洛夫手枪改进型与新弹药同时研制，弹匣容量增加到 12 发，改进型把原来形状纤细的握把改成可以适应较厚弹匣的形状，握把嵌板也作了改进。改进型马卡洛夫手枪被定型为 PMM（即马卡洛夫手枪改进型），而新的枪弹也同时被定型为 9×18mmPMM 弹。

PMM 手枪既可用标准的 PM 弹也可以用改进的 PMM 弹，其使用对象为军队和执法机构，但显然销售运气并不好。

德国统一后，马卡洛夫手枪停止生产。原东德警察换 USP 时，还有大量库存的马卡洛夫手枪弹。为了使用库存弹药，HK 公司设计了一套用 USP 手枪发射马卡洛夫手枪弹的改装套件，包括枪管和复进簧组件。装到 USP 手枪上后，USP 手枪变为自由枪机式手枪。

毛瑟手枪

毛瑟手枪是世界著名的手枪之一，该枪由德国人费德勒兄弟三人研制，1896 年以 P·P·毛瑟的名义获得专利，首批由德国毛瑟兵工厂生产，型号定为 1896 年式，是世界上最早出现的自动手枪之一。

该枪采用枪管短后坐式自动原理，卡铁起落式闭锁机构，口径 7.63 毫米，枪重 1.16 千克，枪长 288 毫米，12 发弹匣供弹，射击方式采用单、连发射击方式，有效射程在手枪射击时为 50 米，在抵肩射击时为 150 米。

毛瑟手枪威力大，性能可靠，使用方便，许多国家的军队都仿制和装备过毛瑟手枪，因而产生了许多不同型号的变型枪，俄国在 1918 ~ 1920 年的内战期间就广泛使用了 1908 年式 7.63 毫米毛瑟自动手枪。

毛瑟手枪有连在一起的，能装 6 发和 10 发子弹的弹仓，也有能装 20 发子弹的加装式弹仓，常见的口径有 7.63 毫米与 9 毫米两种，1932 年式毛瑟冲锋手枪，采用 20 发弹匣供弹，木制枪盒可兼做枪托，抵肩射击以提高连发火刀密度，增大有效射程。1921 年中国也开始仿造这种手枪，并在抗日战争与解放战争时期广泛使用，中国把这种枪叫做"驳壳枪"、"盒子炮"、"自来得"、"二十响"等。

德国鲁格手枪

鲁格手枪是美籍德国人雨果·博查特研制的一种手枪，1893 年供应欧洲市场，该枪外形笨拙，性能却十分出色，它的口径为 7.63 毫米，可卸弹匣安装于握把这内，博查特后来到了德国，枪就在那里投产，开始生产的手枪带有可卸枪托。

1908年，博查特的一个助手乔治·鲁格改进了博查手枪，并进行大规模生产，这就是世界闻名的1908年式鲁格手枪。

该枪使用9毫米帕拉贝鲁姆手枪弹，全枪重0.87千克，全枪长223毫米，采用半自动射击方式，使用8发可卸弹匣供弹，此枪从1908年到1938年在德国军队中服役达30年之久，口径增加至9毫米，取消了其前身1904年式所带的握把保险。1942年6月，该枪停产，但在军队中一直使用到第二次世界大战结束。

鲁格手枪有一种变型枪称为炮兵08式、1914年式或1917年式，该枪配用长枪管，带有弧形表尺，第一次世界大战后期，德国人曾制造了一种容弹32发的蜗形弹鼓供弹，由于使用不便，又改用8发弹匣。鲁格手枪表尺射程可达800米，这在手枪中是罕见的。

青少年大开眼界的军事枪械科技 ③

步枪科技

BUQIANGKEJI

知识

冯文远◎编

辽海出版社

责任编辑：陈晓玉　于文海　孙德军

图书在版编目（CIP）数据

青少年大开眼界的军事枪械科技/冯文远编. —沈阳：
辽海出版社，2011（2015.5 重印）
ISBN 978-7-5451-1259-7

Ⅰ.①青…　Ⅱ.①冯…　Ⅲ.①枪械—青年读物②枪械
—少年读物　Ⅳ.①E922．1－49

中国版本图书馆 CIP 数据核字（2011）第 058689 号

青少年大开眼界的军事枪械科技

步 枪 科 技 知 识

冯文远/编

出　版：辽海出版社	地　址：沈阳市和平区十一纬路 25 号
印　刷：北京一鑫印务有限责任公司	字　数：700 千字
开　本：700mm×1000mm　1/16	印　张：40
版　次：2011 年 5 月第 1 版	印　次：2015 年 5 月第 2 次印刷
书　号：ISBN 978-7-5451-1259-7	定　价：149.00 元（全 5 册）

如发现印装质量问题，影响阅读，请与印刷厂联系调换。

前　言

　　枪械是现代战争中最重要的单兵作战武器。随着信息化作战的发展，枪械的种类和技术也在不断地发展变化着，从第一支左轮手枪的诞生，到为了适应沟壕战斗而产生的冲锋枪，从第一款自动手枪的出现，到迷你机枪喷射出的强大火舌，等等，枪械正以越来越完美的结构设计，越来越强大的功能展示着现代科技的强大力量。揭开现代枪械的神秘面纱，让你简直大开眼界！

　　不论什么武器，都是用于攻击的工具，具有威慑和防御的作用，自古具有巨大的神秘性，是广大军事爱好者的最爱。特别是武器的科学技术十分具有超前性，往往引领着科学技术不断向前飞速发展。

　　因此，要普及广大读者的科学知识，首先应从武器科技知识着手，这不仅能够培养他们的最新科技知识和深入的军事爱好，还能够增强他们的国防观念与和平意识，能储备一大批具有较高科学文化素质的国防后备力量，因此具有非常重要的作用。

　　随着科学技术的飞速发展和大批高新技术用于军事领域，虽然在一定程度上看，传统的战争方式已经过时了，但是，人民战争的观念不能丢。在新的形势下，人民战争仍然具有存在的意义，如信息战、网络战等一些没有硝烟的战争，人民群众中的技术群体会大有作为的，可以充分发挥聪明才智并投入到维护国家安全的行列中来。

　　枪械是基础的武器种类，我们学习枪械的科学知识，就可以学得武器的有关基础知识。这样不仅可以增强我们的基础军事素质，也可以增强我们基本的军事科学知识。

　　军事科学是一门范围广博、内容丰富的综合性科学，它涉及自然科学、社会科学和技术科学等众多学科，而军事科学则围绕高科技战争进

行，学习现代军事高技术知识，使我们能够了解现代科技前沿，了解武器发展的形势，开阔视野，增长知识，并培养我们的忧患意识与爱国意识，使我们不断学习科学文化知识，用以建设我们强大的国家，用以作为我们强大的精神力量。

为此，我们特地编写了这套"青少年大开眼界的军事枪械科技"丛书，包括《枪械科技知识》、《手枪科技知识》、《步枪科技知识》、《卡宾枪科技知识》、《冲锋枪科技知识》、共 5 册，每册全面介绍了相应枪械种类的研制、发展、型号、性能、用途等情况，因此具有很强的系统性、知识性、科普性和前沿性，不仅是广大读者学习现代枪械科学知识的最佳读物，也是各级图书馆珍藏的最佳版本。

目 录

步　枪

概　述

步枪、来复枪是指有膛线（又称来复线）的长枪。单兵肩射的长管枪械。主要用于发射枪弹，杀伤暴露的有生目标，有效射程一般为400米；也可用刺刀、枪托格斗；有的还可发射枪榴弹，具有点面杀伤和反装甲能力。

步枪按自动化程度分为非自动、半自动和全自动3种，现代步枪多为自动步枪。按用途分为普通步枪、骑枪（卡宾枪）、突击步枪和狙击步枪。

狙击步枪是一种特制的高精度步枪，一般仅能单发，多数配有光学瞄准镜，有的还带有两脚架，装备狙击手，用于杀伤600～800米以内重要的单个有生目标。

名称和起源

在古语中英语的 rifle 和中文"步枪"概念有所不同，前者是泛指"有膛线枪械"，后者是指由"步卒所用的火铳"。

但现在习惯来说两者都是指：

步兵所使用，要以肩托著来发射的，有膛线的中型枪械。

原始有膛线枪械出现于十六世纪意大利，把起源于中国发明的突火枪和火铳等无膛线枪械改良而来，经过火绳枪、燧发枪的演变，才逐步发展成为现代步枪。

而无膛线枪械后来发展成散弹枪。

步枪分类

步枪是一种单兵肩射的长管枪械，主要用于发射枪弹，杀伤暴露的有生目标，有效射程一般为400米。短兵相接时，也可用刺刀和枪托进行白刃格斗，有的还可发射枪榴弹，并具有点、面杀伤和反装甲能力。

步枪是步兵单人使用的基本武器，不同类型的步枪可以执行不同的战术使命。但步枪的主要作用是以其火力、枪刺和枪托杀伤有生目标。因此，在近战中，解决战斗的最后阶段，步枪起着重要的作用。

步枪按照自动化程度可以分单发步枪、手动步枪、半自动步枪和自动步枪。按照用途可以分为民用步枪、军用步枪、警用步枪、突击步枪、骑枪（卡宾枪）和狙击步枪。

非自动步枪是最古老的一种传统兵器，自13世纪出现射击火器后，经过约600年的发展，基本趋于完善。这种步枪一般为单发装填。半自动步枪是能够自动完成退壳和送弹的一种单发步枪，它是19世纪初开

始研制、并在两次大战中广泛应用和发展的一种步枪，其战斗射速一般为 35 ~ 40 发/分，扣动一次扳机只能发射一发子弹。

自动步枪是能够进行连发射击的步枪，它的战斗射速单发时为 40 发/分，连发时为 300 ~ 650 发/分。这种步枪能够自动装填子弹和退壳。

骑枪又称马枪，它的结构与步枪相同，只是枪身稍短，便于骑乘射击。卡宾枪是 15 世纪末开始研制的一种步枪，当时主要用于骑兵和炮兵，实际上它是一种缩短的轻型步枪，现代卡宾枪和自动步枪已无大区别。

狙击步枪是带有光学瞄准具，用于对单个目标进行远距离精确射击的点杀伤武器，一般有效作用距离可达 600 ~ 800 米，夜间射击还装有夜视瞄准具。

枪械的口径一般分三种：6 毫米以下为小口径，12 毫米以上（不超过 20 毫米）为大口径，介于二者之间为普通口径。目前使用较多的是 5 ~ 6 毫米的小口径步枪，其特点是初速大，弹道低伸、后坐力小，连发精度好，体积小，重量轻。近年来英、美、德等国也在发展 5 毫米以下口径的步枪。

随着步枪的不断改进和发展，特别是它已经显示了的优越性：结构简单、质量小、使用和携带方便、适于大量生产、大量装备，使得步枪即使在未来的高技术战争中，仍将成为军队中最普遍使用的近战武器。

发展历史

步枪的发展过程基本上与手枪类似，都经过火绳枪、燧发枪、前装枪、后装枪、线膛枪等几个阶段，以后又由非自动改进发展成半自动和全自动枪等。

实际上，步枪之起源，最早的记载是中国南宋时期出现的竹管突火枪，这是世界上最早的管形射击火器。随后，又发明了金属管形射击武器——火铳，到明代又有了更大的发展。

15 世纪初，欧洲开始出现最原始的步枪，即火绳枪。到 16 世纪，由于点火装置的改进发展，火绳枪又被燧发枪取代。从 16 世纪至 18 世纪的 300 年间，囿于当时的技术条件，步枪都是前装枪，使用起来费时费事，极为麻烦。

1825 年，法国军官德尔文对螺旋形线膛枪作了改进，设计了一种枪管尾部带药室的步枪，并一改过去长期使用的球形弹丸，发明了长圆形弹丸。德尔文的发明对后来步枪和枪弹的发展都具有重大影响，明显提高了射击精度和射程，所以恩格斯称德尔文为"现代步枪之父"。但德尔文步枪仍是从枪口中装弹的前装式枪。

到 19 世纪 40 年代，德国研制成功德莱赛击针后装枪，这是最早的机柄式步枪。这种枪的弹药即开始从枪管的后端装入并用击针发火，因此比以前的枪射速快 4 ~ 5 倍。但步枪的口径仍保持在 15 ~ 18 毫米之间。

到 60 年代，大多数军队使用的步枪口径已经减小到 11 毫米。19 世纪 80 年代，由于无烟火药在枪弹上的应用，以及加工技术的发展，步枪的口径大多减小，一般为 6.5 ~ 8 毫米，弹头的初速和密度也有提高和增加。因此步枪的射程和精度得到了提高。德国的毛瑟步枪是当时的代表之作。

19 世纪末，步枪自动装填的研究即已开始。1908 年，蒙德拉贡设

计的 6.5 毫米半自动步枪首先装备墨西哥军队。第一次世界大战后，许多国家加紧对步枪自动装填的研制，先后出现了苏联的西蒙诺夫、法国的 1918 式、德国的伯格曼等半自动步枪。

至第二次世界大战后期，各国出现的自动装填步枪性能更加优良；而中间型威力枪弹的出现，则导致

了射速较高、枪身较短和质量较小的全自动步枪的研制成功，这种步枪亦称为突击步枪，如德国的 stg44 突击步枪、苏联的 AK－47 突击枪等。

第二次世界大战后，针对枪型不一、弹种复杂所带来的作战、后勤供应和维修上的困难，各国不约而同地把武器系列化和弹药通用化作为轻武器发展的方向，并于 50 年代基本上完成了战后第一代步枪的换装。

以美国为首的北约各国于 1953 年底正式采用美国 T65 式 7.6251 毫米枪弹作为该组织的制式步枪弹，即 NATO 弹，并先后研制成了采用此制式弹的自动步枪。例如，美国的 M14 自动步枪、比利时的 FNFAL 自动步枪、联邦德国的 G3 式自动步枪等。

根据以往战争的经验、步枪的射程以及创伤弹道等问题的考虑，美国于 1958 年开始进行发射 5.56 毫米枪弹的小口径步枪的试验，从而导致了发射 M193 式 5.56 毫米枪弹的 M16 小口径自动步枪的问世。该枪于 1963 年定型，经过越南战争使用后，又作了进一步改进，于 1969 年大量装备美国军队。

鉴于 M16 自动步枪具有口径小、初速高、连发精度好、携弹量增加等优点，北约各国也都竞相发展小口径步枪，并出现了一系列发射比利时 SS109 式 5.56 毫米枪弹的小口径步枪。此后，北约绝大多数国家都完成了战后步枪的第二次换装。

其中有些步枪还可根据作战需要，即可单发射击，又能连发射击，实施 3 发点射，还可发射枪榴弹。部分步枪为了缩短长度采用无托结构。法国的 FAMAS 自动步枪，就是这类步枪的典型代表。

苏联在采用发射 M43 式 7.62 毫米中间型枪弹的 AK47 和 AKM 突击步枪的同时，也加强了小口径步枪的开发与研制，并于 1974 年定型了 AK74 式 5.45 毫米小口径突击步枪。

至此，步枪小口径化、枪族化，弹药通用化已取得了决定性的进展。随着中间型枪弹和小口径枪弹的发展，自动步枪、狙击步枪、突击步枪和短突击步枪等现代步枪也得到更广泛的发展。

中国95式自动步枪于1989年提出研制指标要求，于1995年设计定型，命名为QBZ95式5.8毫米自动步枪（简称95式自动步枪）。该枪于1997年作为中国人民解放军驻港部队的配用武器首次露面。

95式为无托结构步枪，导气式自动方式，机头回转式闭锁，可单、连发射击，机械瞄准具为觇孔式照门。95式自动步枪与QBB95式5.8毫米班用机枪（简称95式班用机枪）形成95式枪族。

后来又增加了短枪管的QBZ95B短突击步枪，这三种武器一般被简称为95式枪族。95式枪族及其他5.8毫米口径班用枪族已装备作战部队。

近20年来，由于科学技术的迅速发展，也出现了一些性能和作用独特的步枪，如无壳弹步枪、液体发射药步枪、箭弹步枪、未来先进战斗步枪等，为步枪的发展开辟了新的途径。

性能特点

步枪的分类，按自动化程度可分为非自动、半自动（自动装填）和全自动三种，现代步枪多为自动步枪。按用途分，可分为普通步枪、突击步枪（又称自动步枪）、卡宾枪和狙击步枪。按使用的枪弹分，又

可分为大威力枪弹步枪、中间型威力枪弹步枪、小口径枪弹步枪。

现代步枪的主要特点：

1、采用多种自动方式，包括枪机后坐式（自由枪机式和半自由枪机式）、管退式（枪管短后坐式和枪管长后坐式）、导气式（活塞长行程、活塞短行程和导气管式），但多数现代步枪的自动方式为导气式。

2、有多种发射方式，包括单发、连发和3发点射方式等。

3、一般配有枪口制退器、消焰器、防跳器，有的可安装榴弹发射器，发射枪榴弹。

4、半自动步枪一般采用不可更换的弹仓，容弹量5～10发；自动步枪则采用可更换的弹匣，容弹量10～30发。

5、全枪长度较短，一般在1000毫米左右，质量小，空枪质量一般为3～4千克，便于携带和操作使用。

6、初速大，一般为700～1000米/秒；战斗射速高，半自动步枪为35～40发/分钟，自动步枪则为80～100发/分钟，能够形成密集的火力。

7、寿命长，半自动步枪一般至少为6000发，自动步枪不低于10000～15000发。

8、结构简单，加工制造容易，造价低。

装备现状

目前世界各国装备的步枪种类、型号很多，口径主要有5.45毫米、5.56毫米和7.62毫米，也有7.5毫米、7.92毫米，甚至还有11.43毫米、12.7毫米和15毫米等。

美国及其他西方国家大量装备的步枪主要是5.56毫米口径，其种类多达几十种，如美国的M16A1和M16A2式5.56毫米步枪、英国的L85A1式5.56毫米突击步枪、法国的FAMAS5.56毫米步枪、奥地利的AUG5.56毫米步枪、比利时的FNC5.56毫米突击步枪、以色列的加利尔5.56毫米突击步枪，德国G365.56毫米步枪。而且这些小口径步枪，全是清一色的自动步枪。

前苏联装备的小口径步枪是 5.45 毫米口径，即 AK74 式 5.45 毫米突击步枪，而且该枪还在阿富汗战场上使用过。中国装备的小口径步枪是 5.8 毫米口径，即 95 式自动步枪。

尽管小口径步枪目前已成为世界各国的主要轻武器装备，但大多数国家仍保留了 7.62 毫米口径的步枪，如前苏联的 AK47 和 AKM7.62 毫米突击步枪、德国的 G3 式 7.62 毫米自动步枪、比利时的 FNFAL7.62 毫米自动步枪、西班牙的赛特迈 7.62 毫米突击步枪、瑞士的 SG510 - 4 式 7.62 毫米步枪、意大利的 BM59 式 7.62 毫米步枪、前捷克斯洛伐克的 Vz58 式 7.62 毫米突击步枪等。

发展趋势

随着步枪的不断变革和改进，其发展趋势主要是：

1、加强步枪的火力。采取的技术途径是提高弹头效能、命中概率

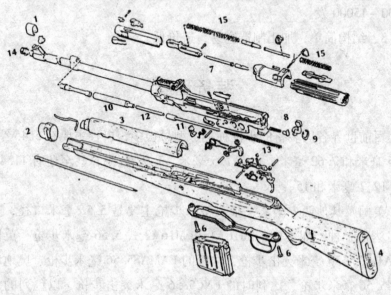

步枪结构图

和战斗射速，而射程则可不大于 400 米。

2、减小步枪的质量，提高便携性。减小质量采取的措施，一是改进枪弹，包括研制新结构的枪弹；二是改进枪的结构，尤其是轻质高强度合成材料的应用。

3、实现步枪的点面杀伤能力和破甲一体化。主要途径是加挂榴弹发射器，发射反坦克榴弹和杀伤榴弹，以加强步兵反装甲、反空降的能力。

4、步枪、班用轻机枪可能合二为一，或枪族化。随着步枪弹匣容弹量的增加以及战斗射速的提高，为寻求战斗功能的优化组合，步枪和轻步枪有可能合二为一，或枪族化。

5、狙击步枪更趋多样化。狙击步枪口径将有 7.62 毫米、5.56 毫米、12.7 毫米或 15 毫米等数种，尤其是 12.7 毫米或 15 毫米大口径狙击步枪的发展引起了人们的关注。

6、新概念步枪有很大发展潜力。无壳弹步枪已研制成功；激光步枪已经问世。

7、进一步改善瞄准装置。光学瞄准镜的使用范围将日益广泛，激光瞄准具、夜视瞄准具也将进一步发展，以提高步枪全天候作战能力。

新一代步枪

20世纪70年代以来，在步枪的发展过程中相继出现了一些性能和作用独特的步枪，如无壳弹步枪、箭弹步枪等。

无壳弹步枪专门用来发射无壳的枪弹。无壳弹，顾名思义是指没有弹壳的枪弹。

人们通常见到的枪弹，都是由弹头和金属弹壳两部分组成，而且弹壳重约占全弹重量的一半。在射击时，随着弹头从枪口飞出，弹壳也被抛出枪膛。

20世纪70年代，联邦德国研制成了世界上第一支无壳弹步枪——GⅡ式4.7毫米无壳弹步枪。随后，毛瑟公司也制成毛瑟无壳弹步枪。这类枪的口径较小，枪弹的重量也大为减轻。而且使枪的容弹量增加（一次可装50～70发枪弹），射速增大。

无壳枪弹由于没有弹壳，所以就将弹头直接镶嵌在呈圆柱状的药柱上。GⅡ枪弹的药柱，是采用一定形状和粒度的硝化棉经表面处理后，在高压下模压成型的；而毛瑟式无壳枪弹的药柱，则是将黏接剂掺入发射药中，放在模型内压铸成型的。

弹壳的一个重要作用，是在发射时密闭火药气体，并防止火药气体向枪后喷出。对于无壳弹来说，为了起到弹壳的同样作用，采用了转膛式枪机的闭气装置。这样，当子弹进入弹膛时，弹膛后部即成密闭状态，因而火药气体不会从后部漏掉。

无壳弹步枪的研制成功，使步枪又向前迈进了一大步，这与当初发明后装枪有着同等重要的意义。

　　箭弹枪是美国于20世纪50年代末期开始研究的一种具有特殊用途的单兵武器，其目的在于寻求一种能以极高的初速发射重量轻尾翼稳定的弹丸的步枪。

　　箭弹是一种长细比很大的尖头弹丸，尾翼稳定，通常用钢或密度大的金属制成。也有用双金属制作的，称为双金属弹（其前半部分为重金属，尾部用轻金属）。每发单金属弹中只有一个小箭。小箭的弹径为1.78毫米，长度约为41.8毫米。

　　箭弹在撞击目标后弯曲成钩状，其弹道性能变坏。

　　因此，当箭弹射入到比空气密度大800倍的人体肌肉后，由于阻力突然增大很多，因而钩状小箭就会东倒西歪地翻跟头，从而扩大了破坏效果。所以说，箭弹是一种杀伤力较大的弹丸。在500米的距离内，它的威力和7.62毫米的北约弹不相上下。

小口径步枪

20世纪60年代中期，步枪小口径化的热潮随之兴起。

那么，什么是小口径呢？

目前，世界上公认的小口径是小于6毫米的口径。而小于5毫米的为微口径。

步枪向小口径化发展，一个重要原因是与美国于20世纪60年代在越南战争中使用的M14式自动步枪有关。

那时，美国士兵扛的是又重又笨的M14式自动步枪，而越南南方解放军使用的是苏联制造的AK47突击步枪。越南是个多山的热带国家，在丛林中M14步枪的缺点暴露无遗。例如，士兵刚刚发现一个目标，端着步枪还来不及瞄准，目标就消失了。

而背枪行进时，连刺刀长达1280毫米的枪又常常被树叶挂住。因此，士兵们无不怨声载道。与M14式步枪相比，AK47步枪的枪长仅是前者的2/3。

为了改进M14式步枪，美国陆军想到了美国枪械设计师斯通纳设计的AR15步枪。

AR15步枪是斯通纳于1957年设计成的能发射5.56毫米枪弹的小口径步枪。这种枪在机匣等主要零件上大胆采用较轻的铝合金，以减轻重量；而枪的外形与总体布局，将历来步枪的弯形全木托变成了直形半枪托，并在机匣下部安装了一个小握把，便于士兵用手握持，而且还将握把和枪托由木质改为工程塑料，全枪给人耳目一新的感觉。

美国陆军将 AR15 步枪送到越南战场进行使用试验。试验表明，这种步枪适合在丛林和山区作战中使用。于是，美国陆军在 1967 年将 AR15 步枪命名为 M16A1 步枪，并用它换装 M14 步枪。

三八式步枪

三八式步枪是一种手动枪机步枪。在中国俗称三八大盖，是因其枪机上有一个拱形防尘盖有如盖子般而得名。防尘盖在开栓抛壳和推弹关栓时，能随枪机一起后退或前进，起到防尘作用。

简 介

三八式步枪的原型是三十式步枪和三五式海军步枪，日俄战争中，在中国东北使用，由于大陆特有的一种细小的沙尘进入操作机关内，导致操作不良。

三八式步枪通过简化操作机关和随枪机动作防尘盖的改良而成。早一些年，三十年式步枪也同三八式步枪一同服役。这两种步枪也因其发明者有坂成章而被命名为有坂步枪。

1905 年，三八式步枪在东京小石川炮兵工厂定型生产，取自日本明治天皇的年号：明治三十八年，被命名为三八式步枪，从那时起三八式步枪就成为日本步兵的制式步枪，一直到第二次世界大战。

三八式步枪结构简单，采用改进的毛瑟步枪的毛瑟式旋转后拉式枪机，枪机回转式闭锁机构，发射 6.5 毫米口径枪弹，射击时后座力小、易于控制，具有高可靠性和高准确度。但是 6.550 毫米枪弹杀伤威力不足，弹头飞行稳定，虽然侵彻效果好，但是高稳定特性，使得杀伤力反而不高。虽然威力稍嫌不足，但它的枪机闭锁时极为牢固，发生膛炸时几乎都是枪管爆裂，少有枪栓突耳断裂的情形。

另外值得一提的是其几乎不会产生枪口炽焰，在太平洋岛屿战斗时使用这步枪的日军狙击手对美军造成很大困扰，非常难以从枪口火光发现狙击手潜伏的位置。三八式步枪配有单刃刺刀，刀长500毫米，可装在枪上用于拼刺，也可握持刀柄进行劈杀。

三八式步枪也曾大量装备中国军队，尤其是抗日战争结束，侵华日军投降后，缴获的三八式步枪在中国国共内战期间广泛使用。新中国开国大典的阅兵仪式上，解放军手持的步枪就是三八式步枪。朝鲜战争初期三八式步枪是中国志愿军重要步兵武器之一。

变形枪

三八式步枪的枪身较长，三八式马枪是三八式步枪中短枪管的型号。在日本，它也被称为三十八年式骑铳（卡宾枪）。它不仅用于骑兵，也同样用于工兵，后勤部队和其他非前线部队。三八式马枪是同时投入军队使用的，它的枪管缩短为487毫米，枪全长966毫米，重量

在三八式步枪的基础上，为了解决杀伤威力不足的缺点，改用7.7毫米口径枪弹，1939年（神武纪元2599年）定型，命名为九九式步枪。

从三八式步枪发展出的其他变种有四四式马枪（三十八年式骑枪的改进型，于1911年（明治44年）定型），九七式狙击步枪（1937年（日本神武纪元2597年）定型），TERA伞兵步枪以及最终发展出五式步枪。

优缺点

继承了其前辈村田式步枪的特点，那就是弹丸初速高、瞄准基线长、枪身长。这样的特点使三八式步枪射程远，打得准，也适合白刃战，不但日军喜欢用，中国军队缴获后也喜欢用，战前还从日本进口过一批。但是它也有缺点，因为弹丸初速高、质量好，因此命中之后往往易于贯通，创口光滑，一打两个眼，对周边组织破坏不大，在杀伤力上不如中国的中正式步枪。

白刃战中，这个缺点更为突出，因为白刃战中双方人员往往互相重叠，使用三八式步枪，贯通后经常杀伤自己人。而且，由于贯通后弹丸速度降低，二次击中后弹丸会形成翻滚、变形，造成的创伤更为严重，而仅受贯通伤的对手未必当场失去战斗力，仍然能够反击。

在二战中国战场，因为装备和训练的优势，日军人员损失与中国军队相比，达到1:4甚至1:6的水平，而且日军处于人员劣势。因此，使用三八式步枪在肉搏战中开枪射击，因为误伤造成己方大量减员，显然是赔本的事情。

中正式步枪

7.92毫米中正式步枪，为德国1924年式毛瑟步枪的中国版本，中正式步枪是中国近代第一种制式步枪。

仿制过程

中国从清末以来就开始不断的引进、仿制毛瑟系列步枪。20世纪30年代国民政府击败各地军阀，实现了中国在分裂近二十年以后的政治统一，军队开始尝试统一制式武器。当时中华国民政府在德国顾问的帮助下，开始军事整编计划。

在1932年，国民政府军事委员会召开全国制式武器会议，决定以德国1924年式毛瑟步枪及其所使用的弹药为原型进行仿制，选用该步枪作为中国军队的制式步枪。

1934年时财政部向德国毛瑟厂订购了一万支1924年式毛瑟步枪装备武装税警总团（著名的新编第三十八师的前身），并得到该厂提供的图纸技术资料，由巩县兵工厂负责筹备制造1924年式步枪。1935年由巩县兵工厂（兵工署第十一厂）最早生产，从1935年初就开始小量试产，因造于民国二十四年原定名称为"二四式"。

1935年8月国民政府将新枪定名为"中正式"步骑枪，得名于当时的国民党政府最高领导人蒋介石。1935年10月，该枪正式开始大量生产。

中正式步枪使用7.9257毫米毛瑟枪弹，比较日本三八式步枪使用的6.550毫米步枪弹威力明显大。中正式采用的刺刀与毛瑟式步枪不同，因中正式枪身较短，为了与枪身较长的三八式步枪在格斗时相抗衡，其刺刀较长，仅刀身部分就比 1924 年式毛瑟步枪的刺刀的全长还长，刺刀与枪管的联接也更为牢固。

现存的某些早期生产的枪采用了二段式的枪托，但没有接榫，只是用胶黏住，然后在枪托底板再用螺丝锁住。这种作法是日本人所发明的，据说原因是节省木料，而且增加枪托底部的强度，但是时日一久，接合处必定裂开。1937 年抗日战争爆发后，巩县兵工厂奉命将全部机器拆卸运往湖北汉阳。

1939 年，改名为第十一厂之巩县兵工厂将枪厂交给已改名为第一兵工厂之汉阳兵工厂，从此第一厂开始生产中正式步枪，其实还是巩县兵工厂的原班人马。1940 年，内迁重庆的第二十一厂（金陵兵工厂）开始筹备生产中正式步枪，对中正式步枪制造工艺进行了改造，于 1943 年开始批量生产。

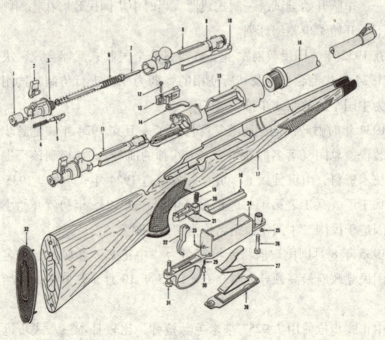

中正式步枪

制造情况

中正式步枪是近代中国军队武器制式化的一次成功的尝试。1937年兵工署参照了德国工业准则，制定了《中正式步枪应用材料之规范》，统一规定了枪件名称、材料名称、各组件的机械性能。到了1943年，第一厂、第二十一厂、第四十一厂三个生产步枪的工厂，都采用同样的图纸，同样的检测标准。

中正式步枪是近代中国不断尝试将步枪制式化第一次得到了一些成就。当然，很重要的一个因素是军队国家化，随着中央军的建立，慢慢的有了些成果。

由于当时中国工业基础过于薄弱，国内的制造工艺差，除了汉阳兵工厂和金陵兵工厂生产的中正式步枪质量相当不错以外，其他生产的中正式步枪质量差别很大，有一些粗制滥造的该枪实战中有效射程只能够打300到400米。

中正式步枪是抗日战争期间民国政府军装备的制式武器。抗日战争期间到到1949年，中国一共生产了大约六十万至七十万支中正式步枪，其中第二十一厂共生产四十余万支。

由于日军进攻，各地兵工厂一再搬迁，也影响了中正式步枪的产量。抗日战争结束以后开始逐渐被美式步枪所取代。直到1950－1960年代，中国的大陆与台湾还装备大量中正式步枪，主要用于民兵训练。

原型枪

关于中正式步枪的原型枪多有混淆之处。毛瑟系列步枪历来在中国有良好的声誉，仅抗日战争之前中国就进口过很多，其中既有德国原产的1924年式毛瑟步枪，也有比利时FNM1924/1930、捷克斯洛伐克Vz24步枪等毛瑟步枪的仿制品，这些毛瑟式步枪长度相仿，外观相似，故有人认为中正式步枪的原型枪是来自比利时 FNM1924/M1930。

此前只有广东省第一兵工厂在 1932 年仿制过比利时 FNM1930 式步枪，但产量不大。其实中正式步骑枪源自德国毛瑟厂 1924 年推出的，标准型的民用步枪，是一种缩短枪管的"短步枪"概念步枪，全枪长度介于传统长步枪与卡宾枪之间的。

用 600 毫米枪管代替 G98 式毛瑟步枪的 740 毫米枪管，作为毛瑟步枪各种改良型的标准型。一般称为"1924 年式毛瑟步枪"。

另有一种说法是，由于当时凡尔赛条约对德国生产武器进行了限制，因此德国绕过条约的约束，把生产合同都交给比利时、捷克、和奥地利来生产，因此中正式步枪的图纸有可能是从捷克、比利时这些地方来的，并非是来自德国的图纸。

毛瑟步枪

最初的毛瑟步枪

1867年德国毛瑟两兄弟——威廉·毛瑟与保罗·毛瑟设计了一种旋转式闭锁枪机的后装单发步枪，这种步枪于1871年被采用成为标准的制式步枪。并命名为1871式步枪，这是历史上第一种毛瑟步枪。

后来对毛瑟步枪的改进，增设弹仓供弹和改用发射无烟火药步枪弹。毛瑟步枪不断地改进和完善设计，改进了枪机以及由单排弹仓改为双排弹仓供弹。毛瑟步枪很快就在全世界流行起来。

Gew. 98

德国在1898年采用新改进的1898式毛瑟步枪作为制式步枪，新步枪被德国军方命名为Gewehr1898，通常缩写为G98。主要特征是固定式双排弹仓和旋转后拉式枪机。

第一次世界大战中是德国军队步兵的制式步枪。毛瑟式枪机以安全、简单、坚固和可靠著名，绝大多数手动式步枪都是根据其设计的旋

转后拉式枪机应用或改进而来。毛瑟步枪及其变型枪几乎成为世界范围内的标准陆军装备。

G98 式步枪在堑壕战中使用显得太长，使用与携行都不方便，于是考虑研制卡宾枪型。首先有 98a，是缩短枪管为 23.6 英寸的骑枪，或称卡宾枪型。长度由 1.25 米缩短为 1.1 米，拉机柄由直型的改为下弯式，背带环改在枪身侧面，方便携行。

融合了第一次世界大战的实战经验加以改进，后来有 98b，仍然是 G98 式步枪 29.1 英寸枪管，拉机柄改为下弯式，增加了空仓挂机设计，提醒士兵弹仓已空。虽然采用卡宾枪的名称命名，称为 Kar98b，但是其长度与 G98 式步枪相同。

标准型

第一次世界大战结束后，战败国德国受到凡尔赛合约的限制，不能制造或出口军用武器，但是德国仍利用西班牙内战及与瑞士等国家兵工厂合作的机会，继续研发。当时在英、美等国采用缩短长度的"短步枪"已成为潮流。

1924 年毛瑟厂注意到这种趋势为赢得出口市场，推出了标准型的民用步枪，事实上是 G98 式步枪的改良型，拉机柄还是直型的。标准型的名称意思是指 23.6 英寸（600 毫米）枪管的短步枪代替 29.1 英寸（740 毫米）枪管的长步枪作为毛瑟步枪的标准型，步兵及骑兵通用。事实上标准型也没有受到很大的重视。

中国在 1930 年代采购了一批该型步枪，毛瑟公司奉送图纸（也可能是从比利时来的），于 1935 年以标准型步枪为基础，制造了中正式步枪。中正式步枪是中国第一种制式步枪，并与汉阳式步枪（1888 式步枪）成为抗日战争时期中国部队主力步枪。

Kar. 98k

结合 98b 以及标准型毛瑟步枪的改进基础上，最终在 1935 年德国正式采用 Kar98k 毛瑟步枪，成为纳粹德国的制式步枪，一直沿用到第二次世界大战结束后。

Kar98k 的特征：除了标准毛瑟步枪的刺刀座、叶片保险、分岔左枪栓闭锁榫和弹壳片外，还有在左侧的枪背带、准星护罩、下弯式拉机柄、枪托在拉机柄头位置有对应凹槽、枪托中间有供分解撞针用的金属洞等。

其间经过多次设计更改，部分零部件制造与安装采用冲压、焊接工艺，大多是为了易于生产，例如枪托底部在 1944 年改为罩杯式冲压组件；前护箍由切削件改为点焊；弹仓底部及护弓也改成冲压钢板。一般而言，1944 年之后制造的 98k，因为战争形势的转变，质量也每况愈下。后期的一些步枪，连刺刀座都省略了。

随着半自动步枪、自动步枪以及新型弹药的出现，98 式毛瑟步枪作为一种经典的武器，逐渐被替代。

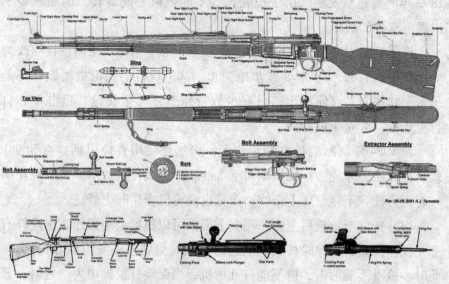

1940 年，毛瑟公司曾参加新型半自动步枪的投标，最后毛瑟公司方案被淘汰。纳粹德国战败后，毛瑟兵工厂遭到破坏。毛瑟公司在轻武器业务方面已经完全没落。

结构特点

毛瑟兄弟设计的毛瑟式枪机安全、简单、坚固和可靠，大多数的旋转后拉式枪机都是根据毛瑟兄弟所设计的原理来设计的。

在枪机上有三个凸笋，两个在枪机头部，另一个在枪机尾部。前面的两个凸笋就是闭锁凸笋，进入枪管尾有些人把尾部的凸笋误认为是第三个闭锁凸笋，但实际上它只是一个保险凸笋，并不接触机匣上的闭锁台肩。枪机组很空易从机匣中取出，在机匣左侧有一个枪机卡榫，打开后就能旋转并拉出枪机。

毛瑟式枪机的另一个著名特征是它的拉壳钩，有一个结实、厚重的爪式拉壳钩在枪弹一离开弹仓时就立即抓住弹壳底缘，并牢固地控制住枪弹直到抛壳为止。这项技术被称为"受约束供弹"，是保罗·毛瑟在 1892 年时的重要发明，由于拉壳钩并不随枪机一起旋转，因而避免了出现上双弹的故障。

拉机柄牢固地安装在枪机体上，参考了恩菲尔德步枪的设计而改为固定在枪机后部，直到 98 式步枪为止，这个拉机柄在枪机闭锁时都是呈水平状态向右直伸而出，只有少数特殊型号（卡宾枪、狙击型和自行车步枪）才是下向弯曲。

在 1924 年研制的标准型步枪上，仍然是使用直拉机柄，直到 98k 式步枪开始，才统一让拉机柄向下弯曲。下弯式拉机柄不但使步枪在携带时更方便，不容易绊上杂物，而且也使枪机操作时更舒适。

保险杆位于枪机后上方，用右手拇指可以很容易地操作，保险杆有三个操作位置：当保险杆拨到右边时，同时会锁住击发阻铁和枪机体，此时步枪既不能射击，也不能打开枪机；当保险杆拨到中央位置时，只是锁住阻铁，步枪不能击发，同时挡住瞄准线，但枪机可以打开，能进行装填或清空弹仓的操作；当保险杆拨到左边位置时，只要扣动板机步枪就能发射。扳机为两道火式的设计，既安全又可靠。

双排固定式弹仓是毛瑟步枪的另一个特征，枪弹通过机匣顶部的抛壳口装入。装填枪弹有两种方法，最快的方法就是用桥夹。每条桥夹装5发枪弹，刚好够装满一个弹仓，在机匣环上方有机器切削出来的桥夹导槽，打开枪机后，可以把夹满枪夹的桥夹插在导槽上，然后把5发枪弹用力压进弹仓内。

压完弹后，空的桥夹可以用手拨出，但如果不用手拨，在关闭枪机时也会强行抛出桥夹，这样的设计在激烈的战斗中非常有效。

另一种方法最简单，只需要打开枪机，用手一发一发地把枪弹压入弹仓内，一次一发。用这种方法装满弹仓会比较慢，但如果在战斗的间隙想把半满的弹仓重新装满，则可以用这种方法。

G43 步枪

研制背景

20 世纪 30 年代末期德国开始研制半自动步枪。由于当时德国步兵理论比较重视机枪，半自动步枪的研制并未引起特别重视，在第二次世界大战爆发前的德国军队广泛列装的 Kar - 98K 步枪被认为可以满足需求。

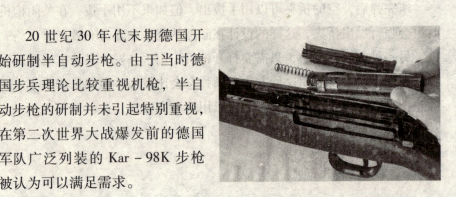

而与此同时的美国，作为制式步枪的 M1 式步枪已经被军队所订购并逐渐开始取代 1903 式步枪，俄国也在研制新的托卡列夫 SVT - 40 半自动步枪。所以半自动步枪的研制比美国、苏联落后，尤其在 1941 年至 1942 年间，在东线战场德国军队的标准步枪 Kar98k 毛瑟步枪在火力上根本无法和苏联的半自动步枪较量。

苏军此时已经装备了 SVT - 40 半自动步枪，可以有效压制德军手动填装的 Kar98k 步枪，而德军装备的 MP - 40 冲锋枪也时常由于射程不足而无法作出有效还击。

由于此时德军制式武器的火力强度已经无法完全满足战场的需要，于是为军队装备一种可以与苏军 SVT - 40 步枪有效抗衡的半自动步枪的议程也随即被提了上来。

研制过程

德国两大兵工企业——毛瑟公司与沃尔特公司几乎同时推出了各自的半自动步枪，但毛瑟公司的产品在竞争中失利，而德国军队也随即决定用这种新式的半自动步枪来取代老旧的 K－98 步枪成为军队的标准装备。

1941 年沃尔特公司设计的样枪经过德国军方测试批准投产，命名为 Gewehr41（简称：Gew41）。枪口装有环形导气装置，利用发射枪弹的火药气体推动枪机解锁、后坐，完成抛壳、子弹上膛。使用 7.92 毫米口径标准毛瑟步枪弹，10 发弹匣供弹，子弹须由机匣顶部填装。

1942 年 8 月，沃尔特公司开始承担了批量生产 G－41（W）半自动步枪的生产任务。到了 12 月底，首批的 6000 只步枪被提供到了苏联战场上试用。到 1944 年停产时仅生产了 12 万支。

由于 Gew41 步枪比较笨重，子弹填装不方便，因为它像 K－98 步枪那样，必须用弹桥从上面将弹匣装满，不太受军队的欢迎。但是它的火力方面的性能比 Kar98k 毛瑟步枪好。德军在东线战场上缴获了大量的苏联军队装备的 SVT－40 半自动步枪，受到德军士兵很好的评价，

沃尔特公司按照部队要求对 Gew41 半自动步枪的加以改进，德国工程师根据军队的要求，借鉴了 SVT－40 步枪的导气式工作原理，直接改进了 Gew41，发射枪弹的火药气体导出枪管后，推动一个活塞向后运动带动枪机后坐，完成抛壳、子弹上膛。

于 1943 年中旬推出了带有 10 发下装弹匣的 Kar43 步枪。直到德国陆军武器局命名为 Gewehr43（一般简称：Gew43 或 G43）。

G43 半自动步枪采用的导气系统是长行程活塞式导气系统，该系统久经实战检验。闭锁系统的可靠性也很高。可拆卸的 10 发弹匣可用 5 发弹夹填装。可以说在设计上 G43 步枪完全不输给美国的 M1 式步枪，只是当时德国战时的生产能力和原料跟不上造成 G43 产量较低。

装备概况

G43 步枪 1943 年开始大量生产并装备部队。到战争结束时 G43 以及其 Kar43 共生产了 40 万支。根据到德军 1945 年 3 月最后的统计数字显示，此时部队还有 221047 支 G－43 半自动步枪，其中 27549 支为带瞄准镜的狙击型号，其余有 1056 支不带瞄准镜和 3177 支带瞄准镜的 G43 存放在器材局。据统计，总共有 349278 支普通的 G43 和 53433 支带瞄准镜的 G43 步枪进入到了德国军队中服役。

在 1944 年初的苏德战场上，苏军发现前线德军半自动武器数量开始增加，德军利用 G43 半自动步枪武器配合上 MG－34/42 机枪已对苏军构成了相当强大阻击火力，在步枪有效射程上的自动/半自动武器密度上已超过了苏军。

在西线战场上，1944 年 6 月盟军登陆诺曼底时就遇到德军的 G43。由于德军的 G43 装备数量少。而美军从军官到士兵普遍装备了 M1 式加兰德半自动步枪。因此在对射中，德军占不到任何的便宜。

由于产量难以满足前线需求，G43 没有大规模配发前线普通士兵替换 Kar98k。尽管它在数量上没有全部装备前线军队，但是它被认为是一种质量不错的半自动步枪。

虽然 G43 比手动装填子弹的步枪射击速度更快，德军士兵对 G43 褒贬不一，一方面它远射程精度比不过 Kar98k，一方面它射速比不过使用了短药筒枪弹的 StG44 突击步枪。

G43 步枪也被赋予了更广泛的用途。G43 以及 Kar43 装备瞄准具还可以作为狙击步枪来使用，并且非常出色。例如当加装 ZF41 或 ZF42 瞄准镜之后，G－43 半自动步枪就可以作为狙击步枪使用并颇受好评。

战争后期的德国由于原料的不足，加之时间紧迫以及技术缺乏，同其他大多数德军装备一样，G43 在制作工艺上越来越简陋，昂贵的木制枪托以及其他木料部分被非常薄的木头代替，枪托底部改为罩杯式冲压组件，前护箍由切削件改为点焊，弹仓底部及护弓也改成了钢制冲压件。战争毕竟也是生产力的较量。

在第二次世界大战中，真正的大量装备半自动步枪的只有美国，苏联军装备的STV－40，德国装备的G43，都没有大规模装备成为步兵主要的步枪。

结构特点

G41/43配备了标准的857毫米弹药。最初的G41步枪所采用的导气系统是由工程师Mauser设计的，这是一个十分独特的导气系统，它并不是像通常步枪那样由气体口岸排出气体，而是用槽孔引导气体进入集气筒。在进行连续射击时，枪机后坐会带动击针运动，并压缩导管内的复进簧，使复进簧平稳运动。

但后来德国人发现该导气系统存在着诸多问题。此外由于设计上的过于精密，它容易积垢这使得士兵们不得不对之作频繁的清洁，因此G41不大受前线士兵的欢迎。

通过实战，德国人发现G41的枪体拆卸工作也相当困难，但它的可靠性却并不比苏军的SVT－40步枪更高，此外G41的枪身全重大且造价昂贵，这些弱点的暴露使得德国人下决心对G41进行改进，而这就是后来的G43半自动步枪。

G43的螺栓机制与G41大同小异，但它采用的导气系统是SVT－40的长行程活塞式导气系统，该系统久经实战检验。它的闭锁系统的可靠性也很高，一名有经验的士兵在使用G－41/43

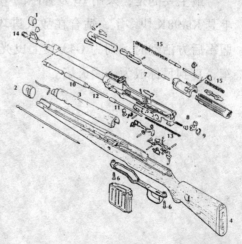

步枪时可达到 50–60 发/分。因此从枪支内部设计上看 G43 在技术上并不输给 M1 式伽兰德步枪。

重新设计的 G43 步枪随即被大批量生产。它采用了大量冲焊熔铸工艺的零部件，非常适于机械加工厂的大批量生产。此外 G43 的零部件也与 G41 有着很大的通用性，但与 G41 不同的是 G43 从一开始就没有设定刺刀座。有意思的是，G43 步枪的枪栓位于枪机左侧，似乎是为照顾左撇子射手而设计的。

G43 狙击步枪

在第二次世界大战期间中，德军狙击手除了使用堪称经典的毛瑟 Kar98K 狙击枪外，还广泛使用了主要配发狙击手使用的 G43 半自动狙击步枪。同普通型 G43 相比，G43 狙击型在复进机匣外增加了瞄准镜固定槽，可装上带固定座的制式瞄准镜。

1944 年上半年有 5 万只 G43 阻击型半自动步枪投入前线。在使用 G43 参加战斗的德军狙击手中，一些人认为这种枪不好，因为它的有效射程只有 400 米，精度也不高，并且太重了。有的狙击手则认为 G43 不错，因为它性能可靠，射击时的感觉和毛瑟 Kar98K 差不多。

最主要的是，采用 10 发弹匣的 G43 半自动步枪射击速度比手动的毛瑟 Kar98K 快多了，适合在敌人进攻时进行狙击。有些德国狙击手在盟军后方活动时，则为 G43 装上曳光弹，从远处连续射击盟军的油料车，直到目标成为一团火焰。

SVT – 40 步枪

SVT 是"托卡列夫自动装填步枪"的缩写,由苏联著名的轻武器设计师费德洛·托卡列夫设计,SVT – 40 半自动步枪是第二次世界大战期间苏联红军步兵的制式装备。使用 1908 式 7.6254 毫米凸缘步枪弹,弹匣容量 10 发。

研制生产情况

第二次世界大战前,当大多数国家仍旧使用手动装填步枪时,只有美国和苏联率先装备了半自动步枪,美军装备的是著名的 M1 式加兰德步枪,而苏联红军装备的则是 SVT7.62 毫米半自动步枪。

最早提交苏联军队服役的是 SVT – 38 半自动步枪。"38"表示该枪在 1938 年定型。1939 年,托卡列夫的设计最终获胜,但军方对全面装备 SVT – 38 仍有疑虑。据说后来是斯大林亲自干预此事。SVT – 381939年 7 月下旬开始试产,在改进了一些缺点后,于 1939 年 10 月正式开始批量生产。

1940 年 4 月便停产了,准备生产该枪的改进型 SVT – 40 半自动步枪。有报道说 SVT – 38 共生产了约 15 万支,但由于量产时间只持续了6 个月。所以比较接近现实的说法是不足 10 万支。后来大多数 SVT – 38在战斗中丢失、损坏或被送回工厂重新改装成 SVT – 40。

SVT – 40 是根据 1940 年冬季对芬兰作战所取得的经验教训总结的成果,在 SVT – 38 的基础上改进而成,目的是改善步枪的操作性能和提高可靠性。

该枪于 1940 年 7 月 1 日开始在图拉兵工厂投产，同时 M1891/30 莫辛－纳甘步枪则开始减产，因为当时苏联打算以后所有的步兵单位都装备新的半自动步枪。由于其结构和工艺比莫辛－纳甘步枪的复杂，所以生产速度比较慢，不过 SVT－40 的生产速度比原来的 SVT－38 要快，这主要是因为一些零部件被简化，而且生产工人也已经积累了相当多的经验。

　　据报道，SVT－40 第一个月的产量就有 3416 支，第二个月达到 8100 支，随着更多的生产线调整完毕以及工人熟练程度的增加，每个月的产量都稳步增长，到 1940 年 12 月月产量估计约有 18000 支，1940 年共生产有 66000 支左右。

　　图拉兵工厂和伊热夫斯克兵工厂作为 SVT－40 的主要生产厂家，从开始就全力生产 SVT－40，但当 1942 年苏军决定重新把 M1891/30 莫辛－纳甘步枪作为标准单兵步枪后，伊热夫斯克兵工厂就停止了 SVT－40 的生产，转而全力生产莫辛－纳甘步枪。而图拉兵工厂由于一直接到小批量的订单，因此直到 1945 年 1 月 3 日才完全停产 SVT－40。

　　SVT－38 最初只是用于增加步兵排的火力，在排内只有少数人装备，其他人仍然使用莫辛－纳甘步枪。但是在一些精锐部队中完全用 SVT－38 代替莫辛－纳甘步枪。

苏联曾一度打算将 SVT‐40 全面替换旧的莫辛‐纳甘步枪，因此生产数量相当大（到 1945 年以前就超过 100 万支）。但二战结束后，大部分 SVT‐40 很快就被撤装，由 SKS 半自动步枪取而代之。少数 SVT 步枪作为军用剩余物资在苏联民间市场上出售。

结构特点

SVT 步枪是一种采用导气式工作原理、弹匣供弹的自动装填步枪。短行程导气活塞位于枪管上方，后坐行程约 36 毫米。导气室连同准星座、刺刀卡笋和枪口制退器，构成一个完整的枪口延长段。

这样的设计简化了枪管，但枪口延长段颇为复杂。导气室前面凸出的是一个五角形的气体调节器，有 5 个不同的位置，分别标记为 1.1、1.2、1.3、1.5 和 1.7，可根据天气条件、弹药状况或污垢的积聚程度选择合适的导气量。有一个专用扳钳用于调整调节器。枪口制退器两侧各有 6 个泄气孔，使部分火药燃气导向侧后方，从而起到降低后坐力和枪口消焰的作用。

SVT 采用枪机偏移式闭锁机构，双闭锁凸耳。枪机框底部的开/闭锁斜面与枪机顶部的开/闭锁斜面贴合，在自动循环过程中相互作用，使枪机后端上抬或下落，完成开、闭锁动作。FN 公司的 FAL 自动步枪的枪机与 SVT 的非常相似，区别在于 SVT 的闭锁支承面在机匣前方，而 FAL 的在机匣后方。

枪机偏移式闭锁机构的优点是刚度好、结构简单、便于生产，勤务性也比较好，但由于枪机单面受力以及开、闭锁时的碰撞，对连发射击精度会有一定的影响。不过，SVT 作为半自动步枪，这方面的影响并不大。

SVT 采用击锤式击发机构，手动保险位于扳机后面，将其向下扳动时能阻止扳机扣动；向左上方扳起后，就能正常射击。

SVT 的机械瞄具由位于枪口延长段后端的准星和安装在枪管尾部上方的缺口式照门组成。准星为柱形，可调高低和风偏，准星护罩顶端有一个透光孔，调整工具可通过该孔调整准星高低。表尺最大射程为1500 米，最小射程为 100 米，每 100 米设一个分划。

弹匣由钢板制成，可装 10 发枪弹。SVT－38 的弹匣比 SVT－40 的弹匣稍长，生产工艺也不同，SVT－40 的弹匣生产起来更简单。这两种弹匣的识别特征是：SVT－38 的弹匣在靠近底部的两侧各有一个圆形小孔，用于固定弹匣底板，弹匣卡笋用锻压件制成，而 SVT－40 的则改用冲压件，因此 SVT－40 的弹匣卡笋显得较"薄"，不使用时可以向上折叠，避免意外扳动。

SVT 机匣上盖的抛壳窗尾端还加工了一个桥夹导槽，可以直接用莫辛－纳甘步枪的 5 发桥夹往枪上的空弹匣内压弹。设有空仓挂机装置，当弹匣打空时，枪机滞留在后方，提示射手再装填，在使用桥夹往枪内压弹时也需要挂起枪机。

SVT－38 和 SVT－40 都采用木制枪托，但 SVT－38 枪托的前护手部位比较长，有一小块冲压钢板在枪口延长段后面，盖着导气活塞和活塞连杆。钢板上盖两侧各排列着 4 个圆孔，用于冷却枪管和导气系统排气，另外有 5 个长形孔沿着木制上护手两侧排列，便于空气对流，防止枪管过热。

而 SVT－40 枪托的前护手部位则较短，缩短的部位由上、下两块冲压成形的钢制护盖组成，完全包住枪管和导气装置，上、下钢护盖上都开有多个圆孔。

由于 SVT－40 的护木缩短，因此原来的护箍也从两个改为一个，并在前托上增加了手指凹槽。这些特征都是 SVT－38 与 SVT－40 的明显区别。

SVT－38 的通条插在枪托右侧的凹槽中，而 SVT－40 的则改为插在枪管下方，所以通条位置也是识别 SVT－38 与 SVT－40 的标志。

两枪的后背带环均位于枪托后下方，但由于通条位置的影响，前背带环位置不同。SVT－38 的前背带环在枪口延长段底部，而 SVT－40 的在枪口延长段的左侧。

SVT－38 和 SVT－40 的标准配件基本相同。维护工具装在一个帆布袋中，方便携带。每套工具包括枪刷和几个多用途工具，例如调整气体调节器的扳钳也可以用于拆卸枪口制退器和导气活塞；而调整准星高度的 T 形钥匙也可用于拆卸枪托螺栓和击针。

SVT－38 的背带最初采用全皮结构，后来改为帆布和皮革的组合；SVT－40 的背带最初采用帆布和皮革制成，后来改为全帆布背带。每支步枪都配一把刺刀，SVT－38 和 SVT－40 的刺刀长度不同，SVT－38 刺刀刃长 355 毫米，SVT－40 刺刀刃长 241 毫米。

无论是 SVT－38 还是 SVT－40，每支步枪出厂时仅配 3 个弹匣。每个弹匣的底部都印有配对步枪的枪号，并在枪号后面分别跟有 1－3 的序号，3 个弹匣与步枪一起配发给士兵。

弹匣袋可放两个弹匣，剩下的弹匣随枪携带。弹匣袋中间有一块厚皮隔开成前后两个间隔，使两个弹匣分开放，避免相互碰撞发出声响。由于每名使用 SVT 的士兵只能得到 3 个弹匣，因此在战斗时，需要同时携带一堆预先装满枪弹的桥夹。

射击远距离目标时，可以用桥夹慢慢装弹，但在近战中紧迫的情况下，只有通过更换另一个弹匣才能加快装填时间。当时苏联人认为这样的可拆卸弹匣不仅增加了生产成本，而且把不必要的重量加入到原本已经很重的装备里，正是基于这种落后的战术观念，后来设计 SKS 步枪时干脆采用固定弹仓。

SVT－38 全枪长 1226 毫米，枪管长 620 毫米，4 条右旋膛线，空枪质量 3.95 千克；SVT－40 全枪长 1226 毫米，枪管长 625 毫米，空枪质量 3.85 千克。

改进型号

一些 SVT－38 被当作狙击步枪使用，但数量不多。狙击型 SVT－38 只是在机匣尾部安装了瞄准镜。SVT－40 也有作为狙击步枪使用的，数量同样不多，大约只有 5 万支。其实所有的 SVT－38 和大部分 1942 年

10 月前生产的 SVT－40 都有瞄准镜架的连接轨座，只是装配有瞄准镜的狙击步枪数量不多而已。

瞄准镜架的轨座是在机匣后上方两侧用机器锻压出的凹槽，瞄准镜架是分叉式的，安装瞄准镜后，不阻碍机械瞄具的瞄准线。配用的光学瞄准镜于 1940 年定型，瞄准镜长 167 毫米，视场为 4°，放大倍率为 3.5，镜体短小，采用三柱式分划。

该瞄准镜不具备焦距调节功能，这是因为当时苏联的光学器材生产水平较低，难以保证调焦环的密封能力。瞄准镜安装在步枪上的位置偏后，为的是不阻碍使用桥夹装填枪弹。

SVT－40 曾有一种全自动型，名称是"1940 型托卡列夫自动枪"，缩写为 AVT－40，能够连发发射。据说该步枪可配用 15 发容弹量的弹匣。

但 AVT－40 连发发射时弹膛容易过热，且会导致抛壳失败，这大概是由于苏联弹药在战时的质量较差的缘故。此外连发发射也会导致部件寿命缩短。枪托的较细部位易破裂。为解决这个问题，也曾尝试采用不同类型的木材，但最终都无法解决。

AVT－40 投产不久，就于 1943 年 8 月撤装了。1940 年 9 月，曾少量生产了托卡列夫式卡宾枪（据说订单仅 3000 支），该枪虽然属于 SVT－38 的卡宾型，但却采用了最新的 SVT－40 上的设计改进。该枪全枪长 1070 毫米，枪管长 470 毫米，空枪质量 3.6 千克。关于该枪的情况资料很少。

另外在战时还有一些前线士兵自己动手"截短"的非标准型卡宾枪。这些卡宾枪是为满足列宁格勒和斯大林格勒的巷战中对较短的自动步枪的急需，而将枪管截短至 400 毫米左右，甚至更短。

装备情况

SVT－38 第一次露面是在入侵芬兰的冬季战争（1939 年－1940 年），许多使用 SVT－38 的苏军士兵认为该枪在战场上需要一丝不苟地维护，故障也很多，尤其是当雪或沙子渗进枪机后。

SVT－40正是针对前线士兵反映的意见而改进的产品，但在二战中苏军方面对 SVT 的评价并不高，大多数人认为其可靠性差，结构复杂，维护困难；只有少数的苏军精锐部队对 SVT－40 评价较高，例如海军步兵（即海军陆战队），认为 SVT－40 的性能要比莫辛－纳甘步枪好得多。

SVT－40 比莫辛－纳甘 M1891/30 长约50毫米，但质量却减轻了近0.5千克。虽然发射的枪弹相同，射击精度也很接近，但 SVT 的后坐力却比莫辛－纳甘的要小。但由于总体评价不佳，再加上生产进度较慢，而战时苏联急需提高步枪产量，因而导致最终减产，并提高莫辛－纳甘步枪的生产速度来满足前线需求，所以 SVT 未能像美国的 M1 伽兰德步枪那样成为战争中的主角。

但在另一方面，SVT 却是苏联的敌人——芬兰和纳粹德国的一种相当受欢迎的战利品，甚至作为军队的正式装备配发给前线士兵使用。

苏联原本在1940年4月决定把 SVT－40 用作红军的狙击步枪，因而停止生产莫辛－纳甘 M1891/30PE 型狙击步枪。然而 SVT－40 的首发命中率较低（与莫辛－纳甘相比），枪口的火焰也很容易暴露狙击手的位置〔主要由于 SVT－40 步枪枪管要比莫辛－纳甘的短〕，此外，该枪在严寒的天气下并不可靠。

最后还是在1942年决定重新采用莫辛－纳甘 M1891/30PE 型狙击步枪作为制式狙击步枪，而原本为 SVT 研制的 1940 型瞄准镜由于结构简单，易于大量生产，被重新命名为 PU 瞄准镜，并作为莫辛－纳甘 M1891/30PU 型狙击步枪的标准配置。只有部分 SVT 狙击步枪作为莫辛－纳甘 M1891/30PE 型狙击步枪的补充一直服役到战争结束。

SVT 半自动狙击步枪同莫辛－纳甘狙击步枪相比，成功之处在于大大提高了射速。苏联英雄 LyudmilaPavlichenko 中尉使用 SVT 狙击步枪在敖德萨和塞瓦斯托波尔成功地进行了三百零九次射杀〔苏方数据〕。

芬兰军队在冬季战争中缴获了数千支 SVT－38 步枪，他们认为

SVT－38 的火力强大，只是"偶然卡壳而已"，而导致卡壳问题的部分原因可能是苏军使用的润滑油在寒冷天气下会冻住枪机。芬兰军队很喜欢使用 SVT－38，即使在二战结束后，仍有许多 SVT－38 用于射击训练。

德国军队也在二战中广泛使用缴获的 SVT 步枪，还有一些被送回德国做进一步研究，为德国研制半自动步枪：Gew43 步枪提供摹本。虽然德国不像芬兰那样也自己生产 7.6254 毫米 R 枪弹，但他们缴获的弹药很充足，而 SVT 的射击精度高，战斗射速比毛瑟步枪高得多。

由于 SVT 在德军中的使用量非常大，以至于德军为这些苏联步枪重新命名德国型号并配发给前线部队，其中 SVT－38 被重新命名为 SIG.258（r），而 SVT－40 则称为 SIG.259（r），SVT－40 的狙击型为 SIG.Zf260（r）。

评　价

总体而言，SVT 并不比美国的 M1 伽兰德步枪差（在某些方面，如供弹方式等，甚至优于 M1 步枪），而且比早期的德国 Gew41 半自动步枪明显要好得多。但由于 SVT－40 结构比较复杂，使用后擦拭非常困难，而偏偏当时苏联生产的枪弹使用的发射药具有腐蚀性，如果不勤加保养会导致枪的可靠性降低。

另一方面，当时苏联步兵教育程度低，而且训练水平不足，在对枪支的保养方面没有精锐部队那般专业，于是就认为这种枪不好用。而训练水平和教育程度都相对较高的精锐部队，如海军步兵，则认为 SVT－40 比莫辛－纳甘步枪好得多，两种素质不同的部队得出两种不同的结论，这就很能说明问题。

SKS 半自动步枪

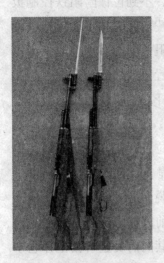

SKS（又称 CKC）半自动步枪是前苏联著名枪械设计师谢尔盖·加夫里罗维奇·西蒙诺夫于第二次世界大战期间设计、1946 年定型，装备苏军的半自动步枪，亦称 SKS，即西蒙诺夫自动装填卡宾枪的缩写。也有称为：SKS 半自动卡宾枪。

SKS 半自动步枪是第一支发射前苏联 7.6239 毫米 M43 中间型威力枪弹的步枪。SKS 半自动步枪是一种自动装填子弹步枪，采用普通结构的导气式武器，配有剑形刺刀。它具有结构简单，刚度好等优点，是一支性能良好的武器。

结构特点

西蒙诺夫步枪是一种采用普通结构的导气式自动原理。导气装置无气体调节器，活塞通过推杆抵在枪机框上，活塞后坐行程小于机框的行程，故该枪的自动方式属于活塞短行程。采用的枪机偏转式闭锁机构刚度好，结构简单，便于生产，勤务性也比较好。

击发机构属于击锤回转式，由击锤和击锤簧、击针和击针销等组成。发射机构属于半自动发射机构，由阻铁和阻铁簧、扳机和扳机簧、扳机轴、扳机连杆、不到位保险、单发杆等组成，并结合在发射机座上。其中单发杆能在枪机后坐压倒击锤的同时将扳机连杆向下压，解脱阻铁，扣住击锤，确保单发射击。

该枪有空仓挂机机构。当弹仓中枪弹射完后，托弹簧使托弹板上升至最高位置。托弹板凸齿顶起空仓挂机板，并使其对机匣底面的突出量不大于2.25毫米，于是支撑面挡住枪机的推弹突笋并阻止枪机复进，以便射手及时从上方装弹。

该枪的不到位保险是在枪机未确实闭锁前，不到位保险阻铁控制扳机连杆在上方位置，使其对准发射机座上的导棱。此时扣不动扳机，不能击发，形成不到位保险。另外，不到位保险阻铁中部有一凸起，当枪机未确实闭锁时，不到位保险阻铁处于上方位置，该凸起与击锤卡槽扣合，使击锤不能向前回转。此时，即使扳机连杆对正阻铁，扣压扳机也不能击发，因此，也形成了不到位保险。

手动保险由保险机组成。保险机位于保险位置时，其限制面挡住扳机。扣压扳机时，仅有不大于2~3毫米的行程。当膛内有弹时，击锤处于后方位置，阻铁不会被推动，击锤不能解脱而形成后方保险。但当膛内没有枪弹、击锤处于前方位置时，却没有前方保险。此时，如果机框由于意外的原因向后运动行程较长，以致当其向前复进时会把弹仓中最上面一发弹推入弹膛，形成待击状态，故要特别注意。

装备情况

SKS半自动步枪曾被许多社会主义国家采用。除前苏军外，该枪还为东欧华约组织国家军队所装备。前苏军撤装后，部分东欧国家仍装备使用。

此外，埃及、也门、印度、印度尼西亚、朝鲜、巴基斯坦和越南等国也引进了此枪。南斯拉夫曾进行仿造配发部队，称M59/66半自动步枪。中国1956年引进了前苏联的全套技术资料引进仿制，略有改进，定型称为56式半自动步枪。

SKS半自动步枪在世界上盛行多年，堪称是历史上成功的一支半自动步枪。

M1 式伽兰德步枪

概　述

M1 式加兰德步枪因其设计师约翰·坎特厄斯·加兰德而得名。是美国军队在第二次世界大战期间装备的制式步枪。

约翰·伽兰德从 1919 年 10 月开始在美国陆军的春田兵工厂从事武器研究和设计工作，其中最著名的产品就是 1935 年 10 月定型的 7.62 毫米口径 m1 半自动步枪，也称为伽兰德步枪。

1936 年 1 月 9 日，美军开始装备 m1 伽兰德，历经二战和朝鲜战争，至 1957 年全世界共生产了 m1 伽兰德近 1000 万支。

研制历史

美国军队历来重视单兵步枪火力。在第一次世界大战时美国就开始研究自动步枪（M1918 式勃朗宁自动步枪）。

当时使用的普通步枪子弹使自动步枪连射时后坐力很大，很难控制精度，而且重量大，携带困难。1925 年美国军方提出要求研究一种重量轻于 4 公斤的半自动步枪。

1920 年加兰德在斯普林菲尔德兵工厂开始设计半自动步枪（子弹自动装填上膛）。1929 年样枪送交阿伯丁试验场参加美国军方新式步枪选型试验，通过对比试验，1932 年加兰德设计的自动装填步枪被选中。其间，美国军械委员会指令更改样枪的口径为 7 毫米（276 口径），中选后又遭到军方否决，仍然被要求采用 7.62 毫米口径（30 口径）。

经过进一步改进，1936 年正式定型命名为"美国 30 口径 M1 式步枪"，简称为 M1 步枪，一般加上设计师的姓氏而称为"M1 式加兰德步枪"。

1937 年投产，成为美国军队制式装备，用以取代美国陆军的 M1903 式斯普林菲尔德步枪（手动后拉式枪机）。M1 式加兰德步枪是枪械历史上第一种大量生产进入现役的半自动（自动装填子弹）步枪。

结构特点

最初的 M1 步枪采用的导气装置在枪管上并无导气孔而是在枪口装一个套筒式的枪口罩，当弹头被推出膛口时，部分火药燃气通过枪管端面与枪口罩之间的空隙进入活塞筒，推动活塞向后运动。这种导气方式

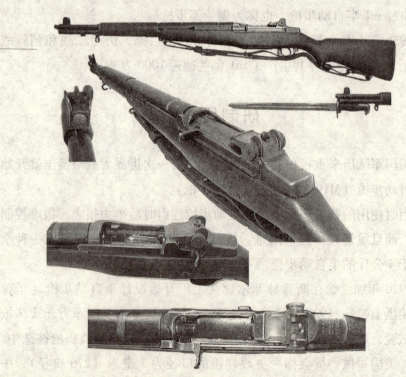

的缺点是活塞筒与枪口罩连接不牢固，刺刀装配不稳，准星移动影响精度。

1939 年伽兰德重新设计了步枪的导气装置，改成为在枪管下方开导气孔的导气装置。从 1940 年秋天开始，所有新生产的 M1 步枪均采用新的导气装置。之前已经生产且已经装备部队的 5 万支 M1 步枪多被改装成新的导气装置。美国士兵不知道，他们所熟悉的 M1 步枪并不是最初定型的 M1 步枪。

M1 式加兰德步枪采用导气式工作原理，枪机回转式闭锁方式。导气管位于枪管下方。击锤打击击针使枪弹击发后，部分火药气体由枪管下方靠近末端处一导气孔进入一个小活塞筒内，推动活塞和机框向后运动。

枪机上的导向凸起沿机框导槽滑动，机框后坐时带动枪机上的两个闭锁突笋从机匣的闭锁槽中解脱出来，回转实现解锁，枪机后坐过程中完成抛弹壳动作同时压倒击锤成待击状态。枪机框尾端撞击机匣后端面，由复进簧驱使开始复进。机框导槽导引枪机上的导向凸起带动枪机转动，直至两个闭锁突笋进入闭锁位置。复进过程中完成子弹上膛，枪机闭锁。机框继续复进到位，枪又成待击状态。

相对于同时代的后拉式枪机步枪（手动装填子弹），M1 加兰德步枪的射击速度有了质的提高。在战场上其火力优势可以有效压制手动装填子弹的步枪。

M1 步枪供弹方式比较有特色，装双排 8 发子弹的钢制漏弹夹由机匣上方压入弹仓，最后一发子弹射击完毕时，枪空仓挂机，弹夹会被退夹器自动弹出弹仓，会发出声响，提醒士兵重新装子弹。弹夹有双园开口和单开口两种，双园开口的不论上下都可以装入弹仓，单开口只能开口向上装入弹仓。

每发子弹的弹底抵在漏弹夹后壁上，弹壳底部的拉壳沟槽卡入漏夹的内筋中，假如有一发子弹的弹头伸出则其他子弹无法装入，由于弹夹子弹外露，有时子弹不一定对齐双园开口，为了使子弹对齐开口士兵装弹的时候往往在钢盔上磕几下使之对齐。当一次压入弹仓的弹夹在子弹打光之前再次弹夹重新装弹很困难。作为半自动步枪，弹仓容量还嫌太少。

服役概况

M1 步枪投产之后最初生产和装备军队的速度都十分缓慢，随着美国于 1941 年参加第二次世界大战，加兰德步枪产量猛增，除了斯普林菲尔德兵工厂外，1940 年，美国政府增加了温彻斯特公司作为 M1 步枪的生产承包商。1945 年 8 月 M1 步枪停产时，两家公司共生产了超过 400 万支 M1 步枪。

1950 年朝鲜战争爆发后，斯普林菲尔德兵工厂重新生产 M1 步枪。到朝鲜战争结束后，新生产了 16 万支 M1 步枪。之后直到 1956 年仍在生产 M1 步枪，但逐步减产。1957 年，M14 式 7.62 毫米步枪被美军正式采用，自此 M1 步枪正式停产。

M1 步枪可靠性高，射击精度高，易于分解和清洁，它被证明是一种可靠、耐用和有效的步枪。

在太平洋岛屿、东南亚丛林、非洲沙漠、欧洲战场，M1 步枪在第二次世界大战的大多数战场上都有过出色表现，被公认为是第二次世界大战中最好的步枪。第二次世界大战和朝鲜战争中是美国军队的主要步兵武器。

美军士兵对 M1 非常喜爱，美军的报告称："制式步枪（M1 步枪）在朝鲜半岛充分的发挥了性能，受到了部队的好评。这一称赞并不是光来自于陆军和美国海军陆战队，而是来自美军全军的。

M1 步枪出色地通过所有极限环境下的考验，几乎所有的士兵都希望装备 M1 步枪，从未提出过要进一步改进之类的建议。"美国著名将军乔治·巴顿评价它是"曾经出现过的最了不起的战斗武器"。

M1 式加兰德步枪根据美国的军事援助计划提供给许多美国在欧洲、

亚洲和南美洲的盟友装备军队。伽兰德曾经在 M1 步枪上增加了快慢机，改用 20 发弹匣供弹。M14 自动步枪列装后，加兰德步枪才退出现役。作为替代的 M14 自动步枪还保留了很多加兰德步枪的特色，很多部件直接来自 M1 步枪。

1944 年，斯普林菲尔德兵工厂在加兰德步枪的基础上，加装 2.5 倍瞄准镜、枪口消焰器、腮垫等专用附件，命名为 M1C/D 狙击步枪。计划取代 M1903A4 狙击步枪，在二战末期只有少量 M1C 狙击步枪发放到前线部队中使用。瞄准镜偏左安装，即不影响从上方装填/抛壳，也不妨碍使用机械瞄具。

狙击型

M1 伽兰德步枪除标准步枪外，最主要的衍生型是狙击型，这是在二战末期针对美军要求而生产的。当时兵工厂试验了两种加装瞄准镜的型号，分别为 M1E7 和 M1E8。

美国陆军在 1944 年 6 月 M1E7 被重新命名为 M1C 并被正式采用为标准的制式狙击步枪，计划取代 M1903A4 狙击步枪，但在二战末期只有少量 M1C 狙击步枪发放到前线部队中使用。

而 M1E8（重新命名为 M1D）虽然是与 M1E7 同时研制，但在 1944 年 9 月才被正式采用，而且直到战争结束后才装备部队。美国海军陆战队是在 1951 年正式采用 M1C 作为他们的制式狙击步枪，并在朝鲜战争期间广泛使用。

区分 M1C 与 M1D 的简单方法是看瞄准镜的安装方式。M1C 使用的镜架用销子和螺丝固定在机匣左侧，而 M1D 则是把瞄准镜座安装在一个枪管衬套的左侧上。

这两种安装方式都使瞄准镜偏左，不影响装填/抛壳，也不妨碍使用原来的机械瞄具。M1D 的方式只是增加一个枪管衬套，不需要改造机匣，因此对步枪本身的改动较小。与传言的相反，M1 步枪的狙击型不是用精挑细选出最准确的步枪来改造的，仅仅是给普通的量产型步枪加上瞄准镜而已。

由于在二战期间没有大量生产和使用，因此 M1C 和 M1D 直到朝鲜战争才成为制式狙击步枪。通过朝鲜战场的实战检验发现，M1C 和 M1D 从 400 至 600 码射程内的命中率很高，但远了就不行。当然只有 2.5 倍的瞄准镜是制约有效射程一个因素，此外美军没有为狙击手配发比赛弹，而只是使用标准的普通弹，这样也影响了这些狙击武器的有效性。

M1C 狙击步枪通常使用 2.5 倍的 M73 "莱曼－阿拉斯加" 或 M81 或 M82 瞄准镜，采用 Griffin&Howe 的瞄准镜架，后来许多翻新的 M1C 改用 2.5 倍的 M84 式瞄准镜。

在 1952 年，美国海军陆战队翻修了部分现役的 M1C 狙击步枪，采用了 Stith－Kollmorgen 公司生产的 4 倍瞄准镜，这种瞄准镜在 1954 年被海军陆战队重新命名为 4XD 型瞄准镜，经此改进的 M1C 狙击步枪被称为 MC－1 或 MC1952 狙击步枪，但很少被发现在战斗中使用。

M1D 狙击步枪最初使用春田兵工厂生产的瞄准镜架及 M82 瞄准镜，后改为 M84 瞄准镜。后来改用的瞄准镜是 WeaverK4，这是在 1960 年代初期生产的 4 倍商业瞄准镜，更换这种瞄准镜的 M1D 是由预备役部队和国民警卫队使用的，并改用 K4 瞄准镜时专用镜架。

有许多 M1 式狙击步枪安装了一种通过刺刀卡笋固定的喇叭形消焰器，或安装一种通过导气箍固定的开叉形消焰器。

M1 式狙击步枪被美国和其他同盟国使用了很长时间。这些步枪在 1980 年代和 1990 年代仍有少量作为剩余物资卖给外国政府。有时候民间射击管理计划也销售这些步枪。有一些 M1D 狙击步枪是在民间用 USGI 或商业部件改装的，而部分真正的原装枪的价格特别高。

莫辛－纳甘步枪

M1891 莫辛－纳甘步枪在俄国被称为"VintovkaMosina"（莫辛步枪），是在俄国政府委托下在 1880 年代后期至 1890 年代早期研制的步枪，并由俄国军队在 1891 年正式采用，定型为 1891 型 3 线口径步枪。

研制历史

M1891 步枪在招标过程中出现了争议，有两个设计能够进入官方评审的最后阶段，一个是俄国陆军上尉谢尔盖·伊凡诺维奇·莫辛的样枪，另一个是比利时的艾米尔·纳甘和李昂·纳甘两兄弟设计的样枪。

莫辛出生于 1849 年 5 月 5 日，12 岁时进入一家军事学院并在那里

参了军，在 1867 年他进入莫斯科 Alexandrovskoye 军事中学，在 1870 年离开军事中学时，他为了能够调去炮兵部门而转入开依洛夫斯科伊炮兵学院。他在 1875 年毕业后被调到图拉兵工厂。

莫辛当上武器设计师后的第一个工作就是对伯丹 II 步枪的改进，莫辛－纳甘步枪算是他的第二个设计，虽然定型的莫辛－纳甘步枪并没有完全采用他的设计。

莫辛是在 1883 年开始设计连发步枪的设计工作，他在 1884 年和 1885 年分别提供了几种内置弹仓供弹的步枪设计给负责招标的委员会，最初的设计是 10.6 毫米口径。但莫辛的努力成果没有受到俄罗斯军队的重视。

在 1886 年法国采用 8 毫米口径 M1886 勒贝尔步枪后（这是第一种采用无烟火药的小口径枪弹的军用武器），此举在世界各国引起了一场使用无烟发射药小口径枪弹（相对之前的弹药）的轻武器军备变革。

在 1887 年至 1889 年间，大多数欧洲国家的军队都采用了类似的武器，俄国政府也决定采用一种类似的新型连发步枪，代替现役的伯丹步枪。为此俄罗斯政府组织了一个委员会，从现有的毛瑟、勒贝尔、李－梅特福、曼利夏、施密特－鲁宾和克拉格－约根森等设计中进行选择。

莫辛也接受委托设计了一种 5 发单排弹仓的 7.62 毫米口径步枪参与招标。根据古老的俄罗斯度量衡称为 3 线口径。而比利时武器设计师李昂·纳甘则向俄罗斯军队提交了一种 3.5 线口径（8.89 毫米）步枪和 500 发枪弹进行测试。

所有参与投标的武器都在 1890 年至 1891 年间由俄罗斯军队进行测试，俄罗斯军队偏爱纳甘的设计。原本对纳甘的设计有利，但出于俄罗斯国家尊严的考虑，政府对莫辛的步枪很感兴趣。

由于政府和军队的意见分歧，互不相让，最后委员会用了折衷的方法：把这两种设计合并在一种步枪上，结果是把纳甘兄弟设计的供弹系统装在莫辛设计的步枪上，因此这种步枪系统被称为莫辛－纳甘步枪。

而参与竞争的双方都获得补偿：纳甘兄弟得到酬金，而莫辛则晋升成上校并被任命为谢斯特罗列茨克兵工厂的主管，继续改进和生产这种步枪，莫辛上校于 1902 年 2 月 8 日去世，安葬在图拉。在 1960 年，苏联设立了一个 S. I. 莫辛特别奖，奖励各个防务企业系统内的专家。

莫辛－纳甘步枪被采用时俄国的轻武器企业还没有做好生产准备，所以第一批 M1891 莫辛－纳甘步枪是法国的夏特罗轻武器厂生产的。莫辛－纳甘步枪是第一次世界大战中俄国军队的主要装备。

在第一次世界大战期间，外国的承包商再一次被用来生产这种步枪，当时俄国非常缺乏步枪，所以与两家美国公司签订生产合同，但这批步枪由于 1917 年的十月革命而没有交给后来的苏维埃政权，在美国用于训练和民间销售。

M1891 步枪最初有三种型号：步兵步枪、龙骑兵步枪和哥萨克步枪，步兵步枪就是标准型长步枪，后两种是配发给骑兵部队使用的骑枪（卡宾枪）。

改进型号

苏联时期莫辛－纳甘步枪进行了一次重大的改进，1924 年，以龙骑兵步枪为基础开始着手改进 M1891 步枪。1930 年莫辛－纳甘步枪进行了最大的一次改进被命名为 M1891/30 式步枪，由图拉和伊热夫斯克生产，M1891/30 步枪与 M1891 龙骑兵步枪的长度相同，因此比 M1891 步枪短。

在 M1891/30 步枪上进行的改进并不多，主要的改进项目是安装了新的瞄准具，最初的 M1891/30 步枪仍然采用 M1891 步枪的剖面呈六角形的机匣，这是因为原有的 M1891 步枪的备件（枪管、机匣、枪托等）非常多，直到 1938 年后生产的步枪全部采用剖面呈圆形的机匣。在其他方面 M1891/30 步枪与 M1891 步枪基本相同。六角形机匣的一般称为第 1 型，圆形机匣一般称为第 2 型。

M1891/30 莫辛－纳甘步枪于 1930 年正式装备苏联红军，1938 年为骑兵部队改进了 38 式步骑枪。M1938 卡宾枪是 M1891/30 步枪的一种缩短型。

1941 和 1943 年又进一步改进为 41/43 式步骑枪。到了 1943 年，苏联步兵的主要武器是 M1891/30 莫辛－纳甘步枪，使用机械瞄准具时的有效战斗距离为 400 米，使用瞄准镜时可达 800 米。

退 役

在第二次世界大战时期随着步兵武器的不断发展，莫辛－纳甘步枪开始显得过时，苏联最终决定用使用中间威力型枪弹的 SKS 半自动步枪代替莫辛－纳甘步枪。大概在 1948 年左右，莫辛－纳甘步枪在前苏联停产，后来机器设备被卖到波兰。

多种型号的莫辛－纳甘步枪作为俄国军队和苏联红军的制式武器，服役期长达 60 年，并被中国、芬兰、匈牙利、波兰、朝鲜和其他一些国家使用。

该枪在 20 世纪几乎每一场战争中都能看得到：第一次世界大战、苏联内战、第二次世界大战、朝鲜战争、越南战争、阿富汗、格林纳达。到第二次世界大战结束，"莫辛－纳甘"步枪生产数量超过 1700 万支。

苏联政府曾先后向中国援助过莫辛－纳甘步枪。例如在抗日战争期间 1939 年中国就订购了 5 万支步枪，装备国民党军队。1949 年新中国成立后，朝鲜战争爆发后，紧急向苏联签订了购买 36 个步兵师轻武器的协定，其中就包括大量的 M1891/30 步枪。

国内兵工厂也开始仿制苏联枪械，此时苏军正撤装莫辛－纳甘步枪，于是将莫辛－纳甘 M1944 卡宾枪的生产设备和技术资料卖给中国，在中国定型为 1953 式步骑枪。

虽然在其他国家，这种过时的步枪也逐步被 AK 步枪所代替，但直到今天，莫辛－纳甘步枪仍然可在民间收藏领域或狩猎用途方面见到踪影。因为这种枪相对便宜，而所配用的枪弹也很便宜很容易搞到，相比之下，其他同时代武器所配用的弹药早已经不是制式弹药（如 30 – 06 或 7.92 毫米毛瑟弹等），因此产量低价格也昂贵。

结构特点

莫辛 – 纳甘是最早的无烟发射药军用步枪之一，莫辛 – 纳甘系列步枪与毛瑟步枪系列、李 – 恩菲尔德步枪系列等其他同时代同类军用步枪相比，其枪机设计显得较为复杂，它的设计粗糙而且过时，整体的操作感觉也比这些步枪笨拙。

但莫辛 – 纳甘步枪的优点是易于生产和使用简单可靠——这相对于工业基础低、士兵教育程度低的苏/俄军队来说是极其重要的，尤其是恶劣的战争时期包需提高武器产量以满足前线需要，而大量补充的战斗人员往往训练时间不足。

莫辛 – 纳甘步枪是一种旋转后拉式枪机、弹仓式供弹的手动步枪，是俄罗斯军队采用的第一种无烟发射药步枪。它采用整体式的弹仓，通过机匣顶部的抛壳口单发或用弹夹装填。弹仓位于枪托下的扳机护圈前方，弹仓容弹量 5 发，有铰链式底盖，可打开底盖以便清空弹仓或清洁维护。由于是单排设计而没有抱弹口，因此弹仓口部有一个隔断面器，上膛时隔开第二发弹，避免出现上双弹的故障。

在早期的枪型中，这个装置也兼具抛壳挺的作用，但自 M1891/30 型开始，以后的枪型都增加了一个独立的抛壳挺。枪膛

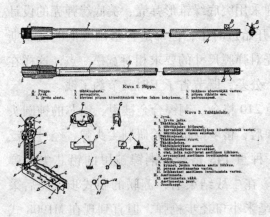

莫辛 – 纳甘步枪

内有 4 条右旋转膛线。当枪机闭锁时，回转式枪机前面的两个闭锁凸笋呈水平状态。步枪是击针式击发，击针在打开枪机的过程中进入待发状态。手动保险装置是在枪机尾部凸出的一个"小帽"，向后拉时会锁住击针，而向前推时会解脱保险状态，操作时不太方便而且费力。

水平伸出的拉机柄力臂较短，因此操作时需要花较大的力气，而且比起下弯式拉机柄在携行方面时较不方便，而下弯式拉机柄只有狙击型才有。从步枪上分解出枪机时不需要专门工具，只要拉开枪机，然后扣下板机就能取出枪机。在没有工具的条件下还可以进一步分解其他几个主要部件。

早期的棱形刺刀的截面为矩形，后改为一字螺丝起子形，并在分解步枪时充当分解工具。早期的刺刀是可拆卸的四棱刺刀通过用管状插座套在枪口上，后期为不可卸的折叠式，而且刺刀座兼作准星座。枪托通常用桦木。

弹 药

与 M1891 步枪一起还有一种新的小口径枪弹被采用（确实是那个年代里的小口径枪弹），直到今天，7.6254 毫米 R 枪弹在俄国军队服役已经超过了一个世纪。该枪弹采用突底缘锥形弹壳，突底缘弹壳的设计在 19 世纪末也已经开始显得开始过时了，但却适合基础较低的俄罗斯轻武器工业，因为突底缘弹壳对弹膛尺寸的要求相对宽松一点，这样在机器加工时允许有较大的生产公差，既节省了工时又节约了钱。

M1891 式枪弹的弹头是重 210 格令、铜镍合金被甲、铅芯的钝圆头形弹头，在德国采用了尖头弹后，俄罗斯也开始研制尖头弹，经过广泛测试后，在 1908 年采用了一种重 148 格令、铜镍被甲的铅芯尖头弹（战争时期采用覆铜钢被甲）。在二战结束后，苏联的制式步枪先后采用了中间威力型枪弹和 5.45 毫米小口径步枪弹，但直到现在 M1908 式枪弹系列仍然被用作机枪和狙击步枪的弹药。

莫辛－纳甘步枪主要型号

M1891 步兵步枪：生产年份 1891－1928，全枪长 1306 毫米，带刺刀全长 1738 毫米，空枪重 4.22 千克，枪管长 800 毫米，枪口初速 615 米/秒。

M1891 哥萨克步枪：生产年份 1893－1917，全枪长 1234 毫米，带刺刀全长 1666 毫米，空枪重 3.9 千克，枪管长 730 毫米，枪口初速 615 米/秒。

M1891 龙骑兵步枪：生产年份 1910－1932，全枪长 1234 毫米，空枪重 3.9 千克，枪管长 730 毫米，枪口初速 615 米/秒。

M1907 卡宾枪：生产年份 1910－1917，全枪长 1015 毫米，空枪重 3.3 千克，枪管长 508 毫米，枪口初速 560 米/秒。

M1891/30 步枪 I 型：生产年份 1927－1932，全枪长 1234 毫米，带刺刀全长 1666 毫米，空枪重 3.8 千克，枪管长 730 毫米，枪口初速 860 米/秒。

M1891/30 步枪 II 型：生产年份 1933－1944，全枪长 1234 毫米，带刺刀全长 1666 毫米，空枪重 3.8 千克，枪管长 730 毫米，枪口初速 860 米/秒。

M1938 卡宾枪：生产年份 1938－1944，全枪长 1020 毫米，空枪重 3.45 千克，枪管长 510 毫米，枪口初速 820 米/秒。

M1944 卡宾枪：生产年份 1943－1948，全枪长 1020 毫米，带刺刀全长 1327 毫米，空枪重 3.9 千克，枪管长 517 毫米，枪口初速 820 米/秒。

M91/59 卡宾枪：生产年份 1959，全枪长 1010 毫米，空枪重 3.8 千克，枪管长 517 毫米，枪口初速 820 米/秒。

"莫辛－纳甘"狙击步枪：以 1930 年投产的 M1891/30 莫辛－纳甘步枪为基型枪，将拉机柄加长并由直形改成向下弯曲的形状，在枪的左侧安装瞄具座。

30 年代中期，将机匣外形改成了圆形，使安装瞄具座更加结实。瞄准镜的放大倍率为 4 倍，物镜直径 30 毫米。配用 PE 型瞄准镜的"莫辛－纳甘"狙击步枪重 4.6 千克，而配用结构较简单、体积较小、重量较轻的 PU 型瞄准镜时，全枪重 4.27 千克。

李－恩菲尔德短步枪

李－恩菲尔德短步枪由恩菲尔德兵工厂在李氏步枪（李－恩菲尔德弹匣式步枪）的基础上改进而来，正式命名为"李－恩菲尔德弹匣式短步枪"，1903 年投产。在第一次世界大战、第二次世界大战以及朝鲜战争中是所有英联邦国家的制式装备。

特　点

李－恩菲尔德短步枪首创了"短步枪"的概念（全枪长度介于传统长步枪与卡宾枪之间），全枪长度由李氏步枪全长 1257 毫米缩短为 1130 毫米。

它的特点在于，采用由詹姆斯·帕里斯·李发明的，后端闭锁的旋转后拉式枪机，与前端闭锁枪机（例如毛瑟步枪）相比，后端闭锁可以缩短枪机行程，装填子弹速度比较快；安装盒型弹匣，双排弹夹装弹（在使用中弹匣不拆卸，子弹由两个 5 发弹夹通过机匣顶部填装），这样就有 10 发子弹而不是比同时代的步枪容量的 5 发，提高了持续火力。是实战中射速最快的旋转后拉式枪机步枪之一，而且具有可靠、操作方便的优点。

在第一次世界大战中的堑壕战中，它迅猛的火力给它的敌人留下深刻的印象。第一次世界大战中期间恩菲尔德兵工厂曾生产了可装 20 发子弹的弧形弹匣用于堑壕战。

恩菲尔德步枪通常带有刺刀，但因为糟糕的设计而通常被舍弃不用。恩菲尔德步枪有多种基本型号，还有基于基本型号持续改进的众多改进型号，为此采用了烦琐而复杂的命名方法。

基本型号

No.1型：第一次世界大战中英国军队广泛使用。前枪托与枪口齐平是它外形上最显著的特征，拥有多种改进型号，1907年定型的Mk.III是主要的改进型号。

第一次世界大战期间为了满足提高步枪产量的需要，Mk.III简化型1916年投产。No.1改型Mk.III的简化型一直到第二次世界大战期间仍大量生产、使用，是第二次世界大战前期英军装备的主要步枪。

No.2型：采用0.22口径。训练用步枪。

No.3型：仿自毛瑟式（前端闭锁）枪机，枪管长660毫米，容量5发子弹的弹仓供弹。也称为P-14步枪。1916年转给美国承包商生产并装备英军弥补步枪需求的空缺。

1917年美国参加第一次世界大战，军队装备步枪数量不足，美国将P-14步枪口径改为7.62毫米（M1917式）大量装备赴欧洲参战的美国军队。

战争结束后，英、美军队全部撤装封存，第二次世界大战爆发后重新服役。No.3型结构上已经不属于李-恩菲尔德步枪系列，但恩菲尔德兵工厂一直将它包含在恩菲尔德步枪名录中。

No.4型：No.1型的改进型，主要改用觇孔式照门，为了更容易生产简化了主要零部件。前枪托不再延伸与枪口端面，外形上与No.1型很容易区分。

1920年代到1930年代期间一直进行测试而未投产，1939年英国军队选定为制式步枪，1941年投产，第二次世界大战后期1943年之后英军才广泛装备使用。No.4的基本型号Mk.I主要用于第二次世界大战，改进型Mk.2主要在朝鲜战争中英军大量使用。No.4型生产一直持续到1955年。

No.5 型：No.4 型的缩短型，枪管缩短为 520 毫米，为了克服枪管缩短导致枪口焰过多的问题在枪口安装了喇叭形消焰器。1944 年定型投产。第二次世界大战中主要用于东南亚战场。

恩菲尔德狙击步枪，是在恩菲尔德步枪加上了一个 3.2 倍率光学瞄准镜。它具有官方刻度、转换狙击参数。瞄准镜座安装偏出机匣中心线，在机匣左侧，可不妨碍机械瞄准具的使用。

自动步枪

自动步枪，特指自动进弹、连续击发、具备全自动射击能力的步枪。利用推进弹头的部分气体或后座力进行退弹壳、装弹并再次射击的步枪，也就是说，只要扣住扳机不放，就能连续射击，直到枪内子弹用尽。非自动步枪只能单发，而且装弹和退壳都要手工操作，射速低、使用不便。

世界上第一支能够连发的步枪由美国人克里斯托夫·斯潘塞于1860年发明的。这支枪枪托内有一直通枪膛的洞，洞内即弹仓，容弹10发，洞口有弹簧，以簧力推子弹入膛。于1862年12月31日正式装备联邦军。

1866年、奥利弗·温切斯特也研制了一种连发枪，称为"温切斯特步枪"。但是这时的连发枪只是能够从弹仓中接连推弹入膛而已，开

锁和退壳等动作还需手动操作来完成。

第一支真正的自动步枪是 1883 年由美国工程师H·S·马克沁发明的。步枪射击时，产生的火药气体除了将子弹射出枪管外，同时还使枪产生后坐力。

马克沁就是利用部分火药气体的动力使枪完成开锁、退壳、送弹和重新闭锁等一系列动作的，从而实现了步枪的自动连续射击，并减轻了枪支对射手撞击的后坐力。马克沁将"温切斯特步枪"进行改装和试验。终于在 1883 年成功地制造出世界上第一支自动步枪。

由于早期的自动步枪使用当时的标准步枪弹药，威力过大，后坐力使连续射击时难于控制精。最早在第一次世界大战期间俄国人费德洛夫就研制了发射威力小一些枪弹的自动步枪。

自第一次世界大战中出现的勃朗宁自动步枪，到第二次世界大战中出现的StG44 突击步枪，以后至 60 年代，枪械自动化结构迅速发展。先后有美国人研制的 M14 自动步枪、M16 自动步枪，前苏联米哈伊尔·卡拉什尼科夫研制的 AK－47 突击步枪等。

突击步枪发射中间型威力步枪弹或者小口径步枪弹。中间型威力枪弹长度比原有步枪弹短，使得枪的后坐力大大减小，解决了自动步枪无法连续准确射击的技术瓶颈。小口径步枪弹一般指弹药口径小于 6 毫米，弹丸大长径比，高速射中人体后会失稳翻滚造成人体组织大面积创伤。使用小口径枪弹的步枪具有重量轻、易操控的特点。

现代枪械中，卡宾枪与步枪的界限逐渐模糊，很多较短的突击步枪实质上是卡宾枪，如著名的 M4A1 卡宾枪也被归类为自动步枪。

M14 自动步枪

概　述

M14 自动步枪是美国制造的可选射击模式步枪，在美国军队中被 M16 自动步枪所取代。

概　况

第二次世界大战中，美军使用的是 M1 式 7.62 毫米加兰德半自动步枪。由于该枪质量较大，弹仓容弹量（8 发）太少，故美国军方在 1944 年提出以新枪替换它。1945 年美国实施"轻型步枪研究计划"。其主要要求是：口径 7.62 毫米，总质量不大于 4.1 千克，弹匣容量 20 发，配两脚架，枪托能折叠。

在整个研制过程中，美国数家兵工厂拿出了几十种样枪，还有一些外国枪也参与了选型。最后剩下 4 种枪进行严格的选型试验：美国斯普林菲尔德武器公司研制的发射 T65 式枪弹的 T44 样枪，英国恩菲尔德兵工厂研制的 EM2 样枪，比利时的 FNFAL 自动步枪（命名为 T48）。

试验结果是，T48 步枪名列第一，斯普林菲尔德武器公司的 T44 步枪位居第二。T44 步枪是著名枪械设计师约翰·坎特厄斯·加兰德在 M1 式加兰德步枪基础上开始设计自动步枪。

1957 年 5 月 1 日，美国陆军宣布正式采用 T44 步枪。美国军方定型命名为 M14 步枪，1958 年在斯普林菲尔德兵工厂投产。M14 步枪成为美国军队制式装备，用来代替 M1 式加兰德步枪、M1 卡宾枪、M1918 式勃朗宁自动步枪。

M14 步枪发射 7.6251 毫米 T65 弹（弹壳比 M1 式加兰德步枪使用的 .30 − 06 步枪弹缩短了 12 毫米）。美国军队历来强调军用步枪射程远的设计思想，美国军方并不接受中间型威力枪弹。

北约进行弹药通用化选型时，美国坚决反对任何降低威力、射程的弹药，并施加影响，1953 年，北约选择 7.6251 毫米枪弹作为标准步枪弹。M14 步枪使用 7.6251 毫米 NATO 标准步枪弹，实现了弹药以及步枪标准化，简化了后勤供应。

M14 基本上是在 M1 步枪的基础上研制的，该枪有两个型号，一是 M14 式步枪，可选择半自动或全自动射击，比较特别的是一般被快慢机锁固定在半自动射击模式，转换全自动射击模式需要换装快慢机柄。一是重型枪管可单发、连发射击的班用自动武器。原计划研制 M15 式步枪。

1959 年，M15 式步枪方案被放弃，M14 式步枪正式定型后又作了改进，并有 M14E1 式和 M14E2 式两种型号，M14E2 式步枪被正式采用，于 1968 年被命名 M14A1 式 7.62 毫米步枪。M14A1 式步枪在一部分 M14 式步枪上加装快慢机柄代替快慢机锁。实施单发、连发射击，并加装两脚架。发展成 M14A1。

M14A1 式步枪从外观上看与 M14 式步枪的区别主要是：直枪托、扳机后有握把，可折叠的前握把以及两脚架。该枪还装有橡胶缓冲垫和铰链式托底板；枪口装有枪口稳定器，连发射击时可有效地控制枪口上跳。

M14 步枪生不逢时；20 世纪 60 年代美国介入越南战争，在东南亚丛林作战中 M14 式步枪显得比较笨重，单兵携带弹药量有限，而且弹药威力过大，全自动射击时散布面太大难以控制精度。不如使用中间型威力枪弹的 AK − 47 突击步枪。

事实上，大部份配发到部队的 M14 的快慢机都被部队锁定在半自动模式上，避免在全自动射击时无意义地浪费弹药。M14步枪强调以往军用步枪的设计思想——精度和射程，但却显得太长太重，导致M14步枪在东南亚丛林的作战中极不方便。

1963年1月23日，美国国防部命令终止采购M14式步枪，M14式步枪停产。直至停产以前，该枪共生产了140万支，其中斯普林菲尔德兵工厂167，000支，哈林顿－理查森武器公司537，582支，汤普森－拉莫－伍尔德里奇公司319，182支，奥林－马西森公司的温彻斯特－韦斯顿武器分公司350，501支。

1967年选择了小口径的M16式5.56毫米步枪取代M14步枪，M14开始全面撤装，这导致历史悠久的斯普林菲尔德兵工厂关闭。相当多的M14步枪按照军事援助计划移交给外国军队。除美国外，韩国、中国台湾也曾装备此枪。美军M14仍用于训练和守卫。

M14步枪具有精度高和射程远的优点，1969年美国军方根据M14研制出M21狙击步枪，受到部队的欢迎。美军在2003年对阿富汗、伊拉克的战争中，重新启用了更多的配上两脚架和瞄准镜的M14，攻击开阔地的目标，提供远射程支援火力。经过现代化设计的M14步枪重新投产并装备军队。

尽管M14步枪作为军用步枪不能算成功，但是在民用市场有很好的销路，多家工厂继续生产民用型M14步枪出售。

结构特点

M14式7.62毫米步枪采用导气式原理，枪机回转闭锁方式。导气装置位于枪管下方。可选择半自动或全自动射击，比较特别的是一般被快慢机锁固定在半自动射击模式，转换全自动射击模式需要换装快慢机柄。使用7.6251毫米NATO标准步枪弹，由可拆卸的20发弹匣供弹。M14步枪部分零件继承自M1式加兰德步枪。

该枪的导气装置由导气箍顶塞、活塞筒、活塞、枪机框和复进簧等组成。活塞后半部为一长方体，抵在枪机框上；前半部呈圆柱形，表面有环槽。机框中空，内装复进簧。导气箍右后方有闭气阀，可将导气孔关闭，以发射枪弹。

枪机呈扁圆柱形，右前端有一导轮，枪机框通过导轮带动枪机在机匣中前后运动。机匣两侧壁上有导引枪机运动的导轨。机匣内还有一横梁，中间开有缺口。这样，当枪机复进尚未到达旋转闭锁位置时，即使击锤意外解脱而打击击针，也不会出现走火的危险。击针位于枪机内。拉机柄在机匣右前方，通过一个连杆与枪机联接。当最后一发弹发射后，枪机会被机匣左侧的空仓挂机扣住。

击发和发射机构的大部分零件与加兰德步枪相似，包括双钩击锤、扳机和扳机连杆（第一阻铁）以及位于第一阻铁后面的带阻铁簧的第二阻铁等。整个发射机构一起装在机匣后部，由保险机固定栓固定。

M14 的快慢机锁是一个用于代替快慢机柄的部件，当 M14 装上了这个快慢机锁后，快慢机就被固定在半自动位置上，不能转换自动射击。不过，只要卸下快慢机锁重新装上快慢机操作柄，M14 仍然可以选择射击方式。

该枪备有冬季用扳机、M6 刺刀、M76 枪榴弹发射插座和两脚架。空包弹发射装置包括 M12 式枪口装置和 M13 式枪管尾端护扳。枪口装置的圆筒部插入消焰器的开口内，由刺刀座和弹簧固定。枪尾护扳由带弹簧顶杆的卡笋固定于弹匣槽中。

该枪的瞄准装置采用机械瞄准具，包括固定式柱形准星和弧形表尺，可分别进行方向和高低调整。表尺分划为 200 米～1000 米，200 米为一个分划。

当弹头通过导气孔后，部分火药燃气经由枪管下方的导气孔，并经过与导气孔对正的闭气阀和活塞侧壁上的孔进入活塞头中。由于导气箍前端为顶塞所封闭，气体只得在活塞头内膨胀从而推动活塞向后运动。活塞向后运动 4 毫米时，原本与导气孔对正的孔就会错开，阻止了火药燃气继续进入活塞头中，所以这种闭塞膨胀式的导气装置不需要用气体调节器。

活塞和机框相连。活塞后座时带动机框向后运动，使膛压下降至安全值，然后机框导槽上的开锁斜面迫使枪机导轮向上旋转，枪机前端的闭锁凸笋便从机匣内的闭锁槽中解脱出来。

枪机旋转开锁的过程还起到预备抽壳的作用，使弹膛中的弹壳得以松动并略向后退。随后，枪机后座，抽出弹壳，枪机继续后座，当弹壳口部脱离弹膛后，位于枪机内的抛壳挺簧伸张，推抛壳挺向前，使弹壳绕拉壳钩转动，然后从枪的右侧抛出。

当活塞的后座行程将要结束时，导气箍下方的排气孔开启，火药燃气由这些孔中泄出。气体泄出后，驱使活塞头向后的压力就消失。此时被压缩的复进簧推机框向前，带动枪机复进，枪机推弹入膛。

由于枪机导轮和闭锁凸笋分别与机框导槽上的闭锁斜面及机匣中的闭锁槽相互作用，枪机遂向右旋转实现闭锁。枪再次成待发状态。

扣压扳机后，第一阻铁向前，与击锤钩解脱，击锤簧推击锤向前。击锤打击击针而击发枪弹。击发后，枪机后座，压倒击锤。第一阻铁仍然在前方，但挂不住击锤的钩，此时击锤钩由第二阻铁挂住。

半自动射击时，只有松开扳机，才能再次发射。因为只有松开扳机，第二阻铁才能向后。于是，击锤便与第二阻铁解脱，并开始向前回转，但随即又被第一阻铁挂住，使枪成待发状态。

全自动射击时，击锤挂在第二阻铁上，枪机闭锁后击锤即被解脱。全自动射击的关键在于，机框快复进到位时，其上的凸起挂住连发杆的钩，并带动连发杆向前，从而使快慢机轴上的阻铁卡板转动。卡板下端的凸起推动第二阻铁向后，解脱击锤。击锤打击击针，击发枪弹。

M16 自动步枪

M16 是美国军方给由阿玛莱特公司 AR – 15 发展而来的步枪家族所指定的代号。它是一支突击步枪，使用北约标准的 5.56 毫米口径弹药。M16 曾经是自 1967 年以来美国陆军使用的主要步兵轻武器，也被北约 15 个国家使用，更是同口径枪械中生产得最多的一个型号。

M16 是一支轻巧的 5.56 毫米口径步枪，具有通过导气管由高压气体直接推动机框操作启动的转动式枪机。它由钢，铝以及复合塑料制成。

M16 主要分成三代。第一代是 M16 和 M16A1，于 1960 年代装备，使用美军 M193/M196 子弹，能够以半自动或者全自动模式射击。第二代是 M16A2，在 1980 年代开始服役，是用来发射比利时 SS109 子弹（北约 5.56 毫米口径标准弹药，美军制式 M855/M856 子弹）的。

M16A2 可以半自动射击，也可以以最多 3 发连发的点射射击方式来射击。射击模式是由枪支一侧的选择开关决定的。最后，M16A4 成为 21 世纪初美伊战争中美国海军陆战队的标准装备，也越来越多的取代了之前的 M16A2。

在美国军队中，M16A4 与 M4 卡宾枪的结合使用仍在逐步取代现有

的 M16A2。M16A4 具有配备护木的四个皮可汀尼滑轨，可以使用光学瞄准镜，夜视镜，激光瞄准器，握柄以及战术灯。

除了早期有一些毛病之外，M16 逐渐成为了成熟而可靠的武器系统。它主要由柯尔特轻武器公司以及赫斯塔尔国家兵工厂制造，而世界上很多国家都生产过其改型。其半自动版本 AR－15，是由少数大生产商生产的，并加以许多细小的改进，从而美国流行的休闲用枪械之一。

M16 的发展在 1950 年代由军方主导，1960 年代在越南进行了一次很成功的实战测试。这导致在 1964 年 M16 正式被美国空军采用。许多个 M16 的改进版本陆续进行了实战测试，成功的产生了 M16A1。M16A1 仅仅是基于 M16 应军方要求加上了一个复进助推器。

它从 1967 年到 1980 年代一直都是美国陆军的主要步兵轻武器，直到被 M16A2 取代。M16A2 如今反过来又被 M16A4 取代，后者采用了为 M4 卡宾枪开发的模块化"平顶"型机匣。该武器的最初版本仍然有库存，主要供留用，以及给国民警卫队以及美国空军使用。M16A3 是 M16A2 的全自动改型，主要在美国海军中使用。

SALVO 项目

在 1948 年，军队资助的设立了民间研究机构作战研究室，模仿英国的同类作战研究所。他们最初的一个工作 ALCLAD 项目是研究防弹背心。很快他们得出结论：他们需要知道更多关于战场伤亡的事情，以提出合理的建议。

之后超过 3 百万份两次世界大战中的战场伤亡报告被分析。他们在接下来的几年内发表了一系列的基于他们发现的报告。

他们的基本结论是绝大部分的战斗发生在近距离。在一个高度机动化的战争里，部队战斗形式以遭遇战为主，此时拥有更强火力的那一方将会获胜。他们也发现在战斗中被击中的概率是随机的，也就是说，精确瞄准没有什么意义，因为目标不再是原地不动的了。

最准确的伤亡率指示器就是总共发射的子弹数量。他们的结论建议步兵需要装备全自动的步枪，以增加开火的几率。但是，这种武器同时也会大大增加弹药消耗。为了让一个步兵有足够的弹药来支撑一场战斗，他们需要使用一些轻巧得多的武器装备。值得注意的是，这项研究是在美国和英国为了 28 和 30 口径子弹的优劣争论不休的时候秘密进行的。

由于所有这些原因，现有的步枪很难适应现实世界的战斗。虽然看上去新的 T44（M14 自动步枪的前身）能够增加发射速率，但是它沉重的弹药箱使得导致单兵弹药携行量成为一个很大的问题。此外，这种枪的长度和重量都使它不适合短距离的战斗。因此此时需要一种更小更轻的武器能够更快的投入使用。

这些努力并没有避开美国陆军军械部小型军火研究与发展主任瑞纳·斯塔德勒的注意。他对于民间研究机构涉足他的范围感到不满。

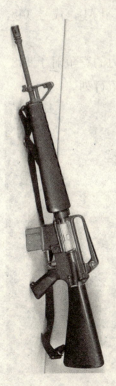

陆军军械部这时开始了对由斯普林菲尔德兵工厂为 T25 发展的大威力子弹的支持，而这是在 T44 还没有出现的时候。最后，他要求阿伯丁靶场提交一份关于小口径武器的报告。但是，当瑞纳指派的主要研究者唐纳德·赫尔发现 22 英寸（5.59 毫米）的子弹与比它更大的子弹在大多数战斗中性能相同时，这个计划出现了意外。当一个武器可能因为低后坐力而具有更高的射速的时候，它将会造成更大的伤亡。

唐纳德·赫尔的同事，尤其是威廉姆斯·C·小戴维斯和 G. A. 加斯塔夫生，开始了一系列的试验性。224 英寸（5.69 毫米）子弹的研究。1955 年，他们要求增加研究预算的请求被否决了。

同时，美国陆军一个新的研究项目，也就是 SALVO（齐射），是为了找到一种符合现实战斗需要的武器而设立的。在1953到1957年之前的两期计划里，SALVO逐渐发现如果一种武器能连发射击将4发子弹散布20英寸（0.5米）见方的范围内，那么它的命中率将是现有半自动武器的两倍。

在第二期计划SALVOII里，测试了几种试验概念性武器。AAI公司的爱尔文·巴尔提出了一系列的镖弹武器。第一种是装配32支镖的霰弹枪，而最后一种是单发镖弹的步枪。

斯普林菲尔德兵工厂和温彻斯特连发武器公司生产了多枪管的武器。而作战研究室自己的设计使用两种新枪弹，将22，25或27弹头装在一个温彻斯特308或斯普林菲尔德30－06子弹弹壳里。

尤金·斯通纳

正当T44的测试继续进行时，比利时赫斯塔尔国家兵工厂也通过美国哈林顿－理查森武器公司提交了他们的新式武器FNFAL，代号T48。然而，其测试的结果显然已经被放弃了。

T44被选为美国陆军的新军用步枪，而不是其有力的竞争对手T48。T44还没有中选的时候，一种新的步枪加入了这个竞争行列。

1954 年，新成立的阿玛莱特公司的尤金·斯通纳领导了 AR－10 的开发。斯普林菲尔德的 T44 和其他类似的型号都是传统的使用做家具的木材制成的步枪，要不就是全用钢制成，主要使用经过铸造和机加工的部件。阿玛莱特是为了将最新的工艺和合金材料应用到枪械设计中而成立的，而斯通纳觉得他应该很容易击败其他竞争对手。

斯通纳设计的 AR－10 一开始就是全新的。枪管是组合式的，在拥有来福线的不锈钢的枪管以外还设置了坚硬和散热良好的铝合金衬管。机匣是由铸造和研磨过的铝材而并非 u 钢制成。枪管和机匣由一个独立的锁定枪机的硬化钢适配器连接。这使得当使用一个轻巧的铝制机匣时，仍然可以进行钢钢之间的锁定。

驱动枪机的高压火药气体由枪管的前端导出，并直接进入在在枪机框里与枪机之间形成的活塞室，而枪机本身相当于活塞。传统的步枪将这个活塞室和活塞放在靠近导气孔的位置。它的枪托和握把是由玻璃纤维外壳加上坚硬的塑料内核制成的。枪口消焰器甚至是用钛金属制成的。

与此同时此枪的布局也不太相同。典型的设计是将瞄准具贴近放在枪管上方，用枪托的向下弯曲将后坐力转移到肩膀上来使得瞄准镜正好与眼睛处于同一高度。然而，这意味着由于抵肩部位低于枪膛轴线，因此枪在开火的时候容易导致枪口上跳，而使得其非常难控制，特别是在全自动开火的时候。

阿玛莱特借用了德国 FG42 和 M1941 式约翰逊轻机枪的设计，将枪管和枪托放在一条线上，正好在眼睛的下方，然后将准星抬高，觇孔式照门表尺被安装在携带提把上面。这个携带提把以下也包括位于机匣顶上的拉机柄。

AR－10 在当时是一个很先进的设计。它使用与 T44 相同的枪弹。在比同类枪支轻两磅（900 克）的同时，它也显著改善后坐力控制。然而，它推出得太迟了，甚至是可以说是匆忙的。

它那不寻常的设计在这之后在传统的大军火商中再没有找到什么追

随者。在 1957 年当一支不锈钢内衬管的铝制枪管在试验中发生爆裂事件之后，AR－10 被取消参加选型的资格。但是它仍然为未来的新型小口径高速枪支的发展提供了概念。

大陆军司令部

在 1957 年，一份 1955 年加斯塔夫生书写的经费申请来到了美国大陆军司令部威莱德·维曼将军的手中。他立刻成立了一个小组来发展一种测试用的 22 口径（5.6 毫米）的武器。

他们最终的要求是需要一种可选模式射击的武器，当装满 20 发子弹时重量大概是 6 磅（2.7 千克）。其子弹要能够穿透 500 码（460 米）远的标准的美国钢制头盔，防弹衣，或是一块 0.135 英寸（3.4 毫米）的钢板。同时其伤害能力要达到或超过 30 卡宾枪。

见识过之前的 AR－10 之后，维曼个人建议阿玛莱特发展一种测试用的新武器。斯纳通当时正在为 AR－10 的新版本 AR－16 努力，但是斯通纳作为主设计师领导的设计小组接受了这个挑战。他们的第一个设计使用传统的布局以及木材，但是被证实太轻了。当使用传统的枪托之后，即使是使用轻型弹药，后坐力控制也再次成为了一个问题。

他们的第二个设计只是 AR－10 的缩小口径版本，但是立刻就被证明为是更加成功的。新枪被命名为 AR－15。同时温彻斯特公司推出了一种基于他们的 M1 式卡宾枪的设计。斯普林菲尔德的埃利·哈维也尝试推出一个新的设计，但是被他斯普林菲尔德的上级给否决了，因为他们拒绝将 T44 的资源转移过来。

到了最后，阿玛莱特的 AR－15 没有真正的竞争对手了。为了符合穿透力要求，由雷明顿公司研制出来的新型 223 雷明顿步枪弹。轻型弹药使得其能够做的比 AR－10 还小。即使是将枪管换成简单的全钢类型，它也还是比温彻斯特的设计轻了一磅（450 克）以上。后者空枪重 2.89 千克，而装满弹药时 3.5 千克。

它唯一的问题就是九个月之后，1958 年 3 月 31 号，当军方开始测试的时候，AR－15 还没有完全完成研制过程。雨水进入阿玛莱特 AR－15 和温彻斯特的样枪的枪管时发射都会导致炸膛，而这使得军队重新开始等待更大的子弹的出现，这次就是 258 英寸（6.55 毫米）。虽然如此，他们建议低温天气下的测试在阿拉斯加进行。

斯通纳之后飞往阿拉斯加以更换某些部件，但是当他到达的时候他发现步枪被错误的重新组装了。斯通纳认为这是操作不当所至，要求重新测试。

当他回去的时候他惊奇的发现军方也已经在他到达以前推翻了他的设计，他们的报告也令人惊讶的建议使用 258 英寸（6.55 毫米）子弹。在读完这些报告之后，麦斯威尔·泰勒将军坚决反对这个设计，并强制继续生产 M14 自动步枪。

并不是所有的报告都是负面的。在一系列的 AR－15，M14 和 AK－47 的模拟作战测试中，军方发现 AR－15 的小尺寸和轻重量使得其能够被快速投入战斗，就像大陆军司令部所说的一样。

他们最后的结论是一个装备 AR－15 的八人小组能与现有的装备 M14 的十一人小组具有相同的火力。他们同时也发现当发射了一千发子弹以后 AR－15 比 M14 更加可靠，具有更少的射击中断故障以及卡弹发生的几率。

这时，创立阿玛莱特的仙童公司已经花费了 145 万元作为研究开销，而且看上去还远没有完。1959 年 12 月仙童将 AR－15 生产权卖给了柯尔特轻武器公司，只用了耗费万 5 千美元现金和保证支付之后销售额的百分之 4.5。1960 年，阿玛莱特进行了重组，斯通纳离开了公司。

M16 的采用

2003 年，海军陆战队员用他们的 M16 步枪进行练习柯尔特公司进一步完善了 AR－15 的设计，并开始向军方高层发起游说工作。1960 年

6月，空军副参谋长柯蒂斯·李梅参观了 AR－15 的演示。

他立即订购了 8，500 支作为战略空军基地的防卫用途。柯尔特公司也同国防部高级研究计划局（简称 ARPA）进行了磋商，后者购买了 1，000 支步枪以作为 1962 年初夏南越南部队的使用，进行全面的实战测试。

与南越南部队合作的美国特种部队提交了重要的战场报告，强调立即采用 AR－15 的必要性。但是美国陆军在 1962 年、1963 年两次复试 AR－15，两次都否定 AR－15。但是经过努力，国防部决定对 AR－15 和 M14 进行一次效费比试验。试验表明 AR－15 拥有 AK－47 相抗衡的火力，而且价格更低廉。

美国国防部长罗伯特·麦克纳马拉现在掌握了两个冲突的观点：ARPA 报告对于 AR－15 的青睐，以及五角大楼对 M14 的肯定。甚至连总统约翰·肯尼迪都对该事件表示了关切。因此麦克纳马拉命令陆军部长赛勒斯·万斯测试 M14，AR－15 以及 AK－47。

陆军的测试报告指出 M14 适合在陆军使用，但是万斯怀疑这些测试方式有欠公正。他命令陆军监察长调查这些测试所用的方法，而后者的综合报告指出陆军的测试人员明显地偏向 M14。柯尔特公司开始利用这个事件，他们利用民间媒体谴责军方测试人员过分地偏袒 M14。

试验记录证明 AR－15 确实胜过 M14，柯尔特也在政治上获得支持，驻越南美军司令威廉·威斯特摩兰上将提出装备的请求。麦克纳马拉在 1963 年 1 月命令 M14 停止生产。

11 月，陆军订购了 85，000 支 XM16E1 作为实验用途提供部队试用，而空军另外订购了 19，000 支。同时，陆军正在进行另一项计划，轻武器系统（SAWS），目标是近期适合一般陆军使用的武器。他们强烈建议立即采用这种武器，这其实是变相抵制 AR－15。

1963 年末，空军正式接收第一批 XM16，在当时已经有非正式地称呼这种枪为 M16。1964 年 2 月，空军将 AR－15 正式命名为美国 5.56 毫米口径 M16 步枪。空军的 M16 与陆军的 XM16E1 是不同的，在接下来会说到，后者具有复进助推器。空军的 M16 只是对 AR－15 进行小改动。

1965 年当 M14 随着美国部队到了越南，某些使用上的瑕疵开始变得明显。陆军在通过将近 20 年的实验之后，发展了很长一段时间才得到 M14 的设计。虽然 M14 可能是 M1 式加兰德步枪的良好替代品，但是它并不是好的 M1/M2/M3 的替代品。

M14 在狭窄地区或者丛林地区会显得非常笨重而不能有效发挥作用，即使它比很多专为狭区作战的设计的枪支还是要轻点。其弹药比 30－06 要轻，也就意味着巡逻时可以携带更多的子弹，但还是比 30 卡宾枪子弹要重，因此弹药携带量仍然有限。全自动射击经常被批评成浪费弹药，并且枪弹威力大，在全自动射击时后坐力使射手不容易精准射击。因此逐渐的步枪都被锁定成半自动射击模式。

最后，陆军花费了相当的时间和金钱将一种半自动枪械改成另一种具有长使用寿命但是很小的武器。它很快会被取代，即使这看起来像是内部政治斗争的结果。

在 M14 设计的保卫战中，由加兰德步枪发展而来的 M14 要更可靠。当 M16 正在进行 TCC 以及许多项改进以增强其可靠性的时候，M14 越来越不受关注了，它不适合丛林环境作战。

同时部队也在疯狂的尝试在面对苏制 AK－47 时增加他们自己的火力。他们临时拼凑使用任何他们能找到的武器，例如前二战武器汤普森冲锋枪。

在越南战场上的美军迫切地需要一种新的轻便的步枪，在未完成充分试验的情况下，XM16E1 被大量的生产，但是很快就获得了很差的评价。从 1966 年秋天开始，越南战场上频频传出出现故

障的问题。

对于 XM16E1，五角大楼下令将其子弹的发射药由单基管状装药变成更精细的双基球形装药。这增加了开火的全自动射速，而且使得枪的部件锈蚀得更快，也增加了污垢，经常出现卡壳和断壳现象。

这个简单的改变导致的一些问题被谴责。射击中断故障通常是因为生锈的弹膛或发射药残渣，差的维护，磨损的部件，或者是这些因素的全部。对于变得更肮脏，解决的办法就是重新设计缓冲器来减少循环射速，而部件损坏率因此变回正常水平。作为一种遗留下来的东西，球状装药今天仍然被用作配发弹药。

枪机辅助闭锁装置是出于因为某种原因在缓冲器弹簧不能使枪机成功复位而无法闭锁的情况下，可以手动完成枪机复位闭锁。这个位于机匣右侧的活塞状的枪机辅助闭锁装置是 XM16E1 与 M16 的明显区别。

柯尔特公司，空军，海军陆战队和尤金·斯通纳都认为没有必要增加这个复杂装置，还因此增加了 4.5 美元的步枪采购成本，又没有什么实际好处。但是三年之后，1967 年 2 月 28 日，陆军订购了 84 万支这种版本的步枪，就是后来所称的 M16A1。

柯尔特公司过分夸大了 M16 测试中体现出来的可靠性，他们宣称这种枪从来不用被清洗。虽然这种说法可能对于原本配套的 IMR 装药是正确的，但是对于更加精细的，燃烧更快的，比较肮脏的球状装药来说可不是。直接推动机框的气体操纵系统使用枪管顶部的导气管将气体导出到枪机后部和机框凹进处之后的"活塞室"里面。当燃烧的气体来到这个区域，它们驱使机框向后移动，然后将多余的气体经由抛壳窗以及枪机框顶部的气键和枪管里的气管之间的空间排出。传统的设计将活塞保持在枪管的上方或下方，然后从那里排出多余的气体。

斯通纳系统的优点是枪机和枪机框形成的"活塞"是在一条直线上运行，同时与枪膛处在同一条轴线上。因此，当枪机框移动的时候，枪膛的轴线也不会反向移动。消除单独的活塞也使得操作变得容易，因为活动机件更少了。

这个设计的缺点是它会将火药气体直接送到后膛，很容易在枪机组件内积碳。因此，M16需要经常清洗和润滑来保持其可靠性。

更糟的是，部队被告知，因为它是划时代的武器，因此它不需要清洗，从而也没有配备清洗工具。结果，在战场上M16经常发生卡壳、枪膛严重污垢、枪管与枪膛锈蚀、拉断弹壳、弹匣损坏等故障。

士兵们经常讥笑这些是一"玩具枪"，还用一句话来形容发生故障的枪："你可以叫它'Mattel'（美国著名的玩具厂商）"。这句话后来演变成了一个民间传奇，内容就是第一批M16是部分或全部的由玩具业巨人制造的。

在陆军和政府内部，关于M16的争论再一次发生了。斯通纳的最新设计，一种被叫做斯通纳63的武器系列，被送到越南做测试。而SPIW镖弹武器测试计划也再次被启动。幸运的是，冷静的头脑占据了主导地位。

一个由国会组成的委员会于1967年报告："看上去所谓问题重重的M16其实是一支非常优秀的步枪，其在应用中发现的种种问题均由部队内部管理不善所致。"

M16的清洗工具被迅速的生产出来。一本漫画维护手册也在部队中流传来展示M16正确维护的方法。可靠性方面的毛病迅速的消失，虽然对枪的负面评价并非如此。但是这对于一找到M16就开始使用它的北越南军队来说并不是这样的。

也许M16A1最重要的改动就是引入了在枪膛中镀铬以及不久之后在枪管上也镀铬。这个改进在最初的SALVO项目测试里就已经提出了，但是之后被否决了，因为在实际上效费比不高。在当时，没有一种可靠的方法可以在一根224英寸直径的枪管里镀上镀铬。镀铬的真正价值在于防止枪管内部生锈。

作为一个接近直墙的内室，最少量的锈粉，生锈的黄铜，沙，污物，锈点蚀，甚至标记用的油漆粉末都会导致摩擦力呈指数增长。士兵们在战场上发现第一发子弹发射出去会在枪膛中产生阻塞。

这是因为粗糙的枪膛，约翰逊/斯通纳式枪机固有的缺少预抽壳动作，以及 5.56 子弹相对较小的锥度的联合作用。镀铬不但能防止生锈，还能减少摩擦力。没有进入枪膛的污垢被压到发射后的弹壳，并随着它一起被排出。

在经历了坎坷的起步之后，M16 已经证明它的可靠性能够达到使用要求。在 1967 年年末，当部队被要求的时候，只会拿他们的 M16 来换取 XM177，后者是同一种武器的卡宾枪版本。

轻型弹药也是在步枪领域中引起大量争论的一种事物。"大威力子弹"的概念即使过了好多年也没有消亡，而增大口径的要求一直延续到 1980 年代。大部分争论都集中在苏联使用的 StG44 式样的 7.6239 毫米子弹，这已经比他们战时用的"全威力"7.6254 毫米设计缩小了。

那些"小口径"阵营的人相信，在 1970 年代，当苏联采用了一种类似（或更小）的子弹，尺寸 5.4539 毫米，新的苏联子弹具有更先进的设计，缩短枪管膛线缠距，使弹头转速高，其他采用的理由包括更轻的重量，小的后坐力，全自动射击中更高的散布精确度，更远的射程，更平的弹道，以及最后想要与美制枪械保持同步的愿望。这里面的许多优点也用来描述 M16。

北约标准化

1970 年 3 月，五角大楼震惊了北约其他国家：所有隶属北约的美国部队必须装备 M16A1。英国军方对于美国军械部人员 20 年前强制要求北约使用 7.62 毫米口径弹作为标准弹药高调表示不满，因为英国人的 280 口径（7.1 毫米）弹药曾被美国认为威力不足，而现在他们被告知美国终于认识到这种小口径枪械的必要性，也开始准备进行一种更轻的弹药的北约标准化。

但是在 1970 年代中期，其他国家的军队也在寻找一种类似 M16 的武器。一项北约标准化的计划很快启动，在 1977 年关于不同弹药的测试正式开始。美国提供了他们最原始的设计，M193，而且没有进行任何改动。然而有许多人担忧其面对越来越多被使用的防弹衣时的侵彻力。

英国推出了一种改进的5.56毫米弹药，使用更长和更细的4.85毫米子弹，装在现有的美国弹壳内。这种弹药具有更好的弹道性能，也有更强的穿透力，能够射600米远，符合他们对于班用自动武器（小型机枪）的要求。

德国开发了一种新的4.7毫米无壳弹药，可以与美国原本的设计提供相似的弹道性能但是重量轻巧很多。然后，对于这种武器还是有很多不信任因为它有可能自燃。

最终的设计由比利时提交，也就是SS109，一种同样基于美国子弹的弹药，以及同样是5.56毫米口径的新子弹，但是具比较重的有尖的钢弹头以增加侵彻力，有效射程比M193更远。

测试很快就发现比利时和英国的设计大体上差不多，但是都比原始的美国设计要好。然而，为了发挥SS109的全部性能，枪管需要使用七分之一英寸缠距的膛线，而现有的十二分之一英寸缠距的膛线因为不稳定性只有90米的有效距离。

SS109所需要的最佳缠距是九分之一英寸，但是使用的是七分之一英寸的缠距为了令更长的L110曳光弹稳定。这种曳光弹设计成改进弹道性能以及增强的射程。之后的M196曳光弹（与M193球状装药配套）有450米的有效射程，而L110的有效射程是800米。

最终，美国陆军选定了比利时弹作为新的制式弹，这两个弹药都需要全新的步枪。在1982年应运而生的M16A2，从那以后成了美国的标准军用步枪。为美国生产的北约标准的弹药被称为M855，使用SS109类型的发射具的球状装药，以及M856，使用L110类型的发射具的曳光弹。

结　构

M16 的机匣是由铝合金制成的，枪管，枪栓和机框是钢制的，护木，握把，以及后托都是塑料做的。早期的型号特别轻巧，只有 2.9 千克（6.4 磅）。这是远远比 1950 年代和 1960 年代的 7.62 毫米战斗步枪要轻的。即使与装满弹药后 5 千克的 AK－47 相比也还是很占优势的。

M16A2 和之后的改型重量有所增加（8.5 磅，或 3.9 千克，装满弹药时），因为它们采用了加厚的枪管。厚枪管对于因操作不当引起的损害更加耐久，而且它也减缓了连续射击时的过热，适合持续射击。不同于传统的从头到尾都很厚的"公牛"枪管，M16A2 的枪管只是护木之前的部分比较厚。护木下的枪管部分和 M16A1 是一样的，以兼容 M203 榴弹发射器。整支步枪有 40 英寸长（1.02 米），以及 20 英寸（508 毫米）的标准枪管。

斯通纳在 AR－10 原型枪上试验了薄钢枪管衬套并加以铝质隔热屏以减轻重量。但是在斯普林菲尔德兵工厂的一次测试中一根枪管发生了爆裂。斯通纳认为这个测试是被非法操纵的。

一个明显的人体工程学的特征，是在枪机正后方的一个塑料制的包含金属的复进簧的枪托。这个同时起到容纳复进弹簧和后坐力缓冲的作用。

枪托与枪膛在一条线上能够减少枪口上跳，特别是在全自动射击模式的时候。由于后坐力不会使准星发生明显的偏移，使用者的疲乏程度会减轻。另一个人体工程学的特性是枪口制退器上方的以及携带提把之上的主瞄准具。

新的型号（M16A4）具有一个"平顶式"的机匣，以及皮卡汀尼导轨。用户可以在导轨上安装传统的携带提把，瞄准系统，或者各种光学设备，例如夜视镜。

M16 使用直接推动机框的直接导推式原理，枪管中的高压气体从导气孔通过导气管直接推动机框，而不是进入独立活塞室驱动活塞。高压

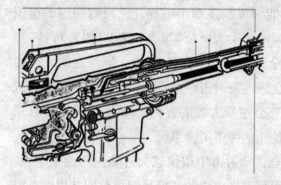

气体直接进入枪栓后方机框里的一个内室，将机框带动枪机后退。这使得单独的活塞室和活塞不再必要，从而减少了移动部件的数量。在快速射击中这也通过保持往返运动的部件与枪膛在同一直线上而提供更好的性能。

直接导推式的气动方式的主要问题在于火药燃烧后剩下的污物和残渣会直接吹到后膛里。当过热的燃烧集气体沿着管壁向下流动的时候，它会膨胀然后冷却，而不像气溶胶那样能够在降压的时候冷却。

该冷却使得已经气化的物质冷凝，并因此而使一个体积大得多的固体凝固，恰好在枪击的活动部件上。反过来，导气活塞的工作在极短的时间内使用高压气体并使他们远离后膛。因此，比起使用导气活塞的枪来说，M16需要更频繁的清洁和润滑来保持稳定工作。

弹匣卡榫在步枪的右侧，位于扳机护圈的前方。当前的军用弹匣的子弹容量为30发，而越战的时候只有20发（30发的弹匣直到战争后期才开始研制和生产）。

配件市场上的双弹夹并联器是可以选择的，但是军方当局不鼓励这么做，因为有可能增加弹匣顶部受损或者弄脏的机会。但是，2004年伊拉克战场的图片显示，特种部队和其他主要部队在采用双弹夹并联器方面很迅速。

M193和更新的M855（SS109）弹头在穿过软组织的时候通常都会碎裂。当从不到一百米的距离射击时，这些子弹在其偏转90到180度之前会贯穿人体内部100毫米（4英寸）。

当侧力作用在子弹上的时候，它就会碎裂而一分为二。这发生在脆弱的子弹槽线上，而子弹槽线是一个深沟来将弹壳密封到铜套里面。然后，5.56毫米弹头的后段就能裂成很多细小的碎片，而对周围的组织造成更大的伤害。碎裂所必要的速度大概是823米（2700码）每秒。

美国军队通常不会配发全自动类型的M16步枪。虽然它的后坐力已经很小了，但是准星还是会因连发射击时都会偏移得厉害。全自动武器会因此变得非常不精确，还会浪费大量的弹药。30发弹匣不适合用在持续射击里，不像重机枪使用的弹带给弹系统。

M16的轻量级的枪管在全自动射击中很快就会过热。理论上来说，机枪是提供压制性火力的，而移动性更强的步枪从侧翼包围并提供点射火力。某些为狭区作战而优化的M4的改型，是适合进行全自动射击的，因为这在空间有限的狭区内更有意义。

大部分M16和M4类型的武器是能够使用半自动射击模式以及3发点射的。点射的原理是使用一个有三个部件的自动扣机，能够在每一次扣动扳机的时候发射最多3发子弹。它是不会复位的，也就是说如果一个士兵发射了两发子弹就松开了扳机，那么下一次射击的时候他只会射出一发子弹。

点射在火力，精确度，弹药容量之间进行折衷。然后点射仍然会在压制火力，两栖作战，或者狭区作战时限制M16的有效性。

柯尔特公司发展了一种使用更重的枪管，弹带供弹，以及可快速更换枪管的改型。这是为了提供一个班组类似于机枪的火力，但又具有M16的可携性。

这个计划在1970年代M249班用自动武器（SAW）获得青睐之后被取消。班组现在被配发一个火力小组一支M249来提供全自动火力。全自动版本（M16A3和M4A1）被美国军方配发给某些特殊的部队。

生产和使用

M16是世界上最普遍生产的5.5645毫米步枪。当前，M16/M4系统在15个北约国家和全世界80多个国家使用。美国和加拿大（迪马科

C7) 总共生产了 8, 000, 000 支枪，大概有 90% 还在使用。

在美国，M16 主要用来替换 M14 自动步枪以及 M1 式卡宾枪来作为标准步兵武器，以及某些情况下勃朗宁自动步枪的替代。M14 还会继续服役，只不过不会作为主要武器。它被作为狙击步枪，以及"精确射手"步枪使用，或是用于提供远程支援火力。

使用 M16 步枪及其变种的国家和地区包括：澳大利亚、巴巴多斯、伯利兹、玻利维亚、博茨瓦纳、巴西、文莱、缅甸、柬埔寨、喀麦隆、加拿大、智利、刚果、哥斯达黎加、丹麦、多米尼加共和国、斐济、法国、德国、加纳、希腊、格拉纳达、海地、洪都拉斯、爱尔兰、以色列、科威特、利比亚、马来西亚、墨西哥、摩洛哥、新西兰、挪威、印度尼西亚、牙买加、老挝、尼日利亚、荷兰、阿曼、巴拿马、菲律宾、卡塔尔、沙特阿拉伯、大韩民国、斯里兰卡、中华民国（台湾）、泰国、突尼斯、土耳其、英国、美国、乌拉圭和越南。

M16 自动步枪主要改型

柯尔特的型号：601 和 602

柯尔特在获取了阿玛莱特的步枪之后生产的头两个型号是 601 和 602。这两种枪在很多方面都是原来阿玛莱特步枪的复制品（实际上，人们经常发现它们只是贴牌的阿玛莱特 AR – 15）。601 型和 602 型很容易通过它们的弹匣座侧面为平板状，而没有常见的弹匣释放钮防止误操作的"围栏"，以及某些时候它们的枪身绿色或者棕色油漆，来识别。

601 是美国空军采用的第一种步枪，但是后来很快就被 XM16/M16（柯尔特 604 型）给取代了，因为后者有很多改良。602 型也被购买了一定数量。

大量的这两种型号的步枪在东南亚许多特别行动单位中被使用，最著名的就是英国陆军 SAS 特种部队。601 型和 602 型的唯一区别就是从原本 14 分之 1 英寸的膛线缠距改为了更常见的 12 分之 1 英寸的缠距。

M16

这个变种"XM16"正式地被美国空军所采用，正式命名为"5.56毫米口径M16步枪"。这是第一种被美国军方正式采用的M16。这种改型具有三角形的护木，三瓣式消焰器，但没有复进助推器。机框本来是镀铬的，机框侧面被磨光，也没有装配复进助推器的槽口。

后来，镀铬的机框被放弃了，因为陆军配发了装配复进助推器（枪机辅助闭锁装置）槽口以及磷化处理过的机框的试验型。空军继续使用这些武器，以及当部件磨损时进行翻新更换磨损部件。

XM16E1 和 M16A1

陆军的原型版本，XM16E1，和M16本质上是一样的，除了增加了复进助推器之外。M16A1是第一种最终化生产型。为了解决在XM16E1测试中暴露出来的问题，一种"鸟笼"消焰器取代了XM16E1的三瓣式消焰器。后者太容易让外来的物体进入，例如被树叶和细树枝卡住。

当在战场上发现了许多问题之后，这些问题都作了相应的改动。清洁工具被研制及配发。内室镀铬的枪膛以及后来全镀铬的枪膛被使用，大量的因为污物和锈迹导致的故障逐渐减少。问题在6个月内就解决了，以至于后来的部队已经对这些早期故障不甚熟悉了。

M16A2

M16A2所作的改动更加多。除了新的膛线之外，护木前的枪管被加粗，增加枪管的抗弯曲性能，减缓了连续射击时的过热，提高单发精度。觇孔直径改为5毫米，一个新的可调节照门也被加上，可以使得照门因不同的射程，从300到800米调节，以及可以调整风偏，这可以充分利用新的SS109弹药的弹道特性。

消焰器再一次被修改，这一次是将消焰器底部两个向下的开孔封闭，使其在俯卧射击时不会扬起灰尘或者雪花。护木截面从原本的三角形形状改成了有散热肋条可以起防滑作用的圆形，使其更适合小手掌的抓握。新的护木由原来的左右两半式也变成了上下两半对称型的，从而使得库存的备件不必单独区分左护木和右护木。后枪托被设计得更长和更结实，据说比原先的设计结实 10 倍，因为其改进的塑胶材料和设计。

更重的弹头具有减少的初速，从早期型号的 3，200 码每秒（975 米每秒）到 A2 的大概 2，900 码每秒（875 米每秒）。一个特别的弹壳偏向装置被装在上机匣内朝向抛壳口的后方来防止退出的弹壳打到左撇子的使用者。

枪机也被重新设计，将原本的全自动模式改成了 3 发点射模式。训练不足的部队在使用全自动武器的时候，掌握不到控制连发射击的技巧，经常按下扳机不放，而造成散射。

美国陆军得出结论：3 发点射能够在节省弹药，准确度和火力密度之间提供一个最好的平衡。但是，在 M16A2 的点射机构有设计缺陷：扳机组件在扳机被释放之后不会自动复位。

举例来说，当一个士兵在点射时第二发和第三发之间就已经松开了扳机，那么下一次他再扣动扳机的时候只能射出一发子弹。即使在半自动模式中，扳机组件的机制也会影响武器的使用。每一发子弹被射出之后，扳机组件都会在点射模式的 3 级之间位置不同。在这些级数之间每一次扣动扳机力度都不太一样，会影响精确度，虽然对于大多数射手来说都不明显。

总的来说，M16A2 的新特性给原本的 M16 增加了重量和复杂度，而且取消了全自动模式。当新的型号被认为更精确的时候，更重的子弹也带来了更弯曲的弹道曲线，从而使得距离估量的准确性要求更加高。舆论也指出舰孔的设计不理想，小舰孔不容易找准星，而大舰孔又降低了瞄准的准确性。

更糟糕的是，照门的形状不是被造在同一平面上。或者说，当照门因不同的射程调整的时候，弹着点将会发生改变。照门的距离调整功能在战斗中很少被使用，因为士兵通常都会将它调到最低距离，也就是 300 米。但不管这些舆论的批评，不论是为了满足北约标准化的 SS109（M855）还是为了替换军械库中越战时代的武器，这种新的武器还是需要装备的。

M16A3

M16A3 是 M16A2 的全自动改型，于 M16A2 刚问世的时候被采购，数量不多，主要用于美国海军的海豹特种部队。它具有 Safe – Semi – Auto（S – 1 – F）快慢机，就像 M16A1 一样。

关于 M16A3 的特性至今仍有一些混淆的地方。它经常被描述成 M16A4 的全自动版本。M16A3 的正式描述说它使用了 M16A4 的皮卡汀尼导轨，因此上述说法不对。这种误解最有可能来自于民用枪支制造商给予的 A2 和 A3 代号，用来区分具有固定可拆卸携带提把的 A2 和具有皮卡汀尼导轨的版本。

M16A4

M16A4，现在作为前线美国陆军和美国海军陆战队的标准装备，它是将枪械与火控系统分别进行模块化来设计的。取消了之前的固定可拆卸携带提把以及金属照门的组合，而是以 MIL – STD – 1913 皮卡汀尼导轨取代之。这使得枪支可以同时装备可拆卸携带提把或者其他大部分军用和民用的瞄准具或者目视装置。

所有美国海军陆战队的 M16A4 都装配了奈特武器公司的 M5RAS 护木，可以附加垂直握把，激光瞄准具，通用战术灯或者其他附件。在美国陆军战地手册里，使用了 RAS 的 M16A4 通常被称为 M16A4MWS 或模块化武器系统。这个型号沿用了 M16A2 的三发点射模式。

M16 特殊改型

柯尔特 655 和 656 型 "狙击手" 改型

随着东南亚的冲突不断增加，柯尔特公司研制了两个 M16 的改型，作为狙击手或精确射手步枪。柯尔特 655 型高轮廓 M16A1 本质上是标准的 A1 步枪，但是配备了重型枪管以及可拆卸携带提把上安装的瞄准镜。柯尔特 656 型低轮廓 M16A1 具有一个特别的上机匣，没有可拆卸携带提把。

但是它有一个可调风偏的机械瞄准具以及韦佛式瞄准具基座。后者是柯尔特和皮卡汀尼导轨导轨的先驱。除了重的枪管之外，它还具有一个有护圈的的金属准星。

两种步枪都成为了标准，使用莱瑟伍德或者 Realist 的 3 – 9 倍可调距离望远镜式（ART）瞄准镜。有一些还使用了 Sionics 消声器和消焰器。不过这两种步枪都没有成为标准化制式装备。

这些武器都可以看成美国陆军的 "美国陆军班用精确射手步枪" 或者海军陆战队的 "美国海军陆战队班用先进射手步枪" 的始祖。

XM177，M4 卡宾枪，以及柯尔特 733 型

虽然 1990 年代才服役，M4 也只是美国部队里使用的短枪管 AR –

15 长产品线的一部分。然而 M4 本身只是 M16A2 的一个版本；图中前面的是 M4，后面的是 M16A2，由两个海军陆战队员在实弹射击练习中持握在越南，有些士兵被配发 M16 的卡宾枪版本，称为 XM177。

XM177 具有较短的枪管（～260 毫米）以及一个伸缩

式枪托，使得它能更加小型化。它还具有一个火药燃气通过几级膨胀室减缓膨胀速度从而降低枪口激波的消声/消焰器组合，可减少枪口火焰及噪声带来的问题。

美国空军的 GAU－5/A（XM177）改型以及美国陆军的 XM177E1改型区别在于之后采用的复进助推器。最终的空军 GAU－5A/A 和陆军 XM177E2 具有长度 290 毫米枪管，以及更长的消声/消焰器。枪管加长是为了能够支持柯尔特的 XM14840 毫米榴弹发射器组件，也可以改善弹道性能。

这些版本也叫做柯尔特 Co 毫米 ando 型，以 CAR－15 的名字称呼及采购。这些改型只少量提供给特种部队，直升机机组，空军飞行员，士官，无线电操纵员，炮兵，以及其他部队，而不是前线士兵。

由于枪管短，没有充分燃烧的火药颗粒很快就会堵塞消声/消焰器，会降低消声效果；另外消声/消焰器会影响准确性；最令人困扰的是在 M16 步枪上由于发射药引起的射速过快的问题在 XM177E2 上变得更严重。最后停止了对 XM177E2 的进一步改进，生产合同都被取消了。唯一正式采用 XM177 的是美国空军。

M4 卡宾枪是从这些设计派生研究出来的，包括一部分 14.5 英寸枪管的 A1 类型卡宾枪（柯尔特型号 653）。1980 年代开始采用 M16A2 和新的 M855/M856 弹时，这些 A1 类型卡宾枪开始被采用新膛线的卡宾枪取代。

XM4（柯尔特型号 720）在 80 年代中期开始测试，采用 14.5 英寸（368 毫米）枪管。在 1994 年正式服役以取代 M3 "注油枪"（以及贝瑞特 M9 和某些部队的 M16A2）。在巴尔干半岛，2000 年反恐战争，以及伊拉克战争中，它获得了巨大的成功。

柯尔特也回到了它原先的 "Co 毫米 ando" 构思，也就有了 733 型，本质上是现代化的 XM177E2 以及结合许多 M16A2 的特点。采 290 毫米枪管。由于枪管极短，又采用了标准的 M16A2 的式消焰器，因此膛口噪声和枪口焰的问题非常严重，这是柯尔特 Co 毫米 ando 屡遭批评的地方。

Mk4Mod0

Mk4Mod0 是在越南冲突中为海军海豹特种部队生产的 M16A1 改型，于 1970 年 4 月服役。它和基本的 M16A1 主要的区别在于 Mk4Mod0 是为海军陆战队使用而优化设计的，具有消声器。该枪的大部分部件被 Kal - Guard（润滑油）覆盖，枪托和缓冲器管上有一个 1/4 英寸的孔用来排水，以及缓冲器组件末端的一个 O 形环。

这个武器可以放在水下 200 码（60 米）而不会有任何损伤。最初的 Mk2Mod0 消风器是基于美国陆军人体工程学实验室的 M4 消噪器。HELM4 将气体从枪机直接排出，但需要一个改进的机框。一个气体偏转器被加装到拉机柄上面，来防止气体接触到使用者。

因此，HELM4 被永久的安装，即使它可以允许半自动或全自动射击。如果 HELM4 消声器被移除，该枪可能需要在每次单发射击后手动装弹。另一方面 Mk2Mod0 消风器也被认为是 Mk4Mod0 步枪整体的一部分，但是它却可以在 HELM4 被移除后继续工作。

Mk2Mod0 消风器也可以非常快的排出水，而不需要对拉机柄或者机框进行任何修改。在 1970 年代后期，Mk2Mod0 消风器被奈特武器公司的 Mk2 消风器代替。

KAV 消风器能够完全浸入水中，而在拿出水面的 8 秒钟内完全排干水分。即使在 M16A1 全速射击的时候，它也不会降低工作性能。美国陆军将 HELM4 换成了简化很多的 SIONICS 公司的 MAW - A1 消声灭焰器。

FAL 自动步枪

概　述

　　FAL 自动步枪由比利时枪械设计师迪厄多内·塞弗设计，在比利时国营赫斯塔尔公司研制、生产，FAL 是法文 FusilAotomatiqueLégère 的首

在 1960 年代至 1970 年代
FAL 自动步枪是西方雇佣兵爱用的武器之一

字母缩写，意为轻型自动步枪，相对应的英文名称是 LightAutomaticRifle，简称 LAR。

概 况

FAL 自动步枪源于第二次世界大战结束后英国新的步枪研制计划。最初 FAL 全自动原型枪设计使用德国 StG44 突击步枪的 7.9233 毫米中间型威力枪弹，根据英国的需求改成 7 毫米口径（743 毫米枪弹）。

时逢北约为简化后勤供应进行弹药通用化选型，由于美国坚持没有必要改变步枪口径和减小威力的立场，并施加影响坚持推行大威力的 7.6251 毫米 T65 枪弹，1953 年北约选择 T65 枪弹作为标准步枪弹。

FAL 最终确定使用 7.6251 毫米 NATO 标准步枪弹。使用 T65 枪弹的 FAL 被命名为 T48，参加了美国军方的新步枪选型试验，后来美军选择了斯普林菲尔德兵工厂的 T44（定型命名为 M14），T48 落选。

FAL 自动步枪采用导气式工作原理，枪机偏移式闭锁方式。导气装置位于枪管上方，导气箍前端有可调整的螺旋气体调节器，可根据不同的环境状况来调整枪弹发射时进入导气装置的火药气体压力。

带保险装置的快慢机柄可选择单发和连发射击模式，由 20 发弹匣供弹，带空仓挂机机构，不随枪机运动的拉机柄位于机匣左侧，机匣上方装有可折叠的提把，枪口装有消焰器，可选择发射枪榴弹。

FAL 的机匣最初是锻压的，在 1973 年 FN 公司把机匣生产工艺改为包埋铸造法，目的是为了降低生产成本，但其他国家生产的 FAL 大多仍采用机加工艺。据说，而铸造机匣比锻压机匣的寿命降低了一半。FAL 自动步枪工艺精良，可靠性好，易于分解，枪托接近枪管轴线，有效抑制枪口跳动，单发精度好。

问题出在弹药的选择上，FAL 自动步枪存在与美国装备的 M14 自动步枪类似的弹药威力大，射击时后坐力大使连发射击时难以控制，散布面较大的问题，如此英联邦国家制式 FAL 干脆取消了连发射击模式，只能单发射击，作为半自动步枪使用。

1953 年 FAL 自动步枪开始投入生产。世界各国生产的 FAL 大致上可划分为两大类，一类是公制式，另一类是英制式。英制式 FAL 主要是装备英联邦国家。

在 1955 年英国、加拿大和澳大利亚的军工部门开始制定 FAL 步枪标准化，要求所有的部件都可以互换，部件的尺寸和公差都以英寸为量度单位。而其他北约国家都只采用公制式 FAL，部件的尺寸标注都采用公制单位。英制式 FAL 的上的大多数部件都不能与公制式 FAL 互换。

包括特许生产与仿制，该枪曾被 90 多个国家和地区的军队采用，包括英国、加拿大、澳大利亚等英联邦国家，以及比利时、德国（联邦德国，即西德）、奥地利、以色列、印度、墨西哥、巴西、阿根廷、南非等国都装备了 FAL 自动步枪系列。

FN 公司直到 1980 年代仍在生产。FAL 自动步枪成为装备国家最广泛的军用步枪之一。FAL 具体产量无法准确统计，估计达到 400 万支。随着小口径步枪的兴起，1980 年代持续到 1990 年代，许多国家装备的 FAL 都被小口径步枪替换。

此外，在 1960 年代至 1970 年代 FAL 自动步枪是西方雇佣兵爱用的武器之一，因此被美国的雇佣兵杂志誉为"二十世纪最伟大的雇佣兵武器之一"。

结构特点

FAL 采用活塞短行程导气系统，其结构类似于美国的勃朗宁自动步枪。活塞筒的前端置于导气箍内，和气体调节器相连接。气体调节器通过改变排出气量的多少来控制作用于活塞头上气体能量，射手根据不同气候环境或枪的污染状况来调整合适的气量，也可关闭导气孔以便发射枪榴弹。气体调节器上打上 1～7 的数字，代表不同的排气量。标记数字越大，排气孔的截面越大，排气量越大，气室内的气体压力就越小。

当枪弹击发，弹头通过导气孔时，部分火药气体进入活塞筒中，推活塞向后并带动工作部件（机框和枪机）完成后座和抛壳动作，多余的气体则由排气孔泄出。当活塞的后座能量消失后，被压缩活塞簧就驱使活塞独自回到前方位置。

闭锁机构为偏移式枪机。机框位于枪机上方。机框内有开、闭锁斜面，在自动循环过程中与枪机上对应的开、闭锁斜面相互作用，使枪机后端上抬或下落，完成开、闭锁。机框后座时，机框上的开锁斜面与枪机上对应的斜面贴合。于是，机框后座就使枪机后端上抬，枪机后下端的闭锁支承面与机匣中的闭锁支承面解脱，枪机开锁。

机框上的斜肩与枪机上斜肩衔合，机框带动枪机一起后座，通过铰链结合于机框后端连杆压缩枪托中的复进簧。在此过程中，拉壳钩将膛内弹壳抽出。击针簧则使击针复位。当枪机弹底窝平面后座至抛壳孔后端面时，弹壳碰及抛壳挺（抛壳挺伸入枪机弹底窝中）面向右抛出。抛壳挺槽在的枪机侧下方。抛壳后，工作部件继续后座，当与发射机座相碰时，后座终止。

机框开始后座时，便解除对不到位保险阻铁的压力。保险阻铁在其弹簧作用下，前端稍向上抬，尾端则与向后旋转的击锤轴相摩擦。当击锤完全被压倒时，保险阻铁尾端就与击锤轴的前卡槽扣合。此时，保险阻铁的前端上抬至最上方位置，击锤则为保险阻铁限定在待发位置上。

复进簧伸张，又通过连杆推机框复进。枪机上的斜面与机框上的斜面贴合，机框带动枪机向前。枪机后端下方有闭锁支承面，当它抵在机匣中的闭锁支承面上时，即实现闭锁。在机框底部有一个凸笋，当机框复进到位时，该凸笋便压下不到位保险阻铁。

在复进过程中，枪机前下端与弹匣中最上面一发弹的弹底的上端衔合，推弹向前。枪弹脱离弹匣的抱弹口并沿导弹斜面进入弹膛。枪机继续复进，拉壳钩卡入弹底环槽，当枪机抵住枪管尾端面时，复进停止，但并未闭锁。此时机框的闭锁斜面和枪机闭锁斜面贴合，迫使枪机后端下降，枪机的闭锁支承面最终抵在机匣的闭锁支承面上。于是，枪机再次闭锁。闭锁后，机框继续复进，走完闭锁后的自由行程。机框上的支撑面压住枪机上的支撑面，防止枪机上抬或误开锁。

机匣前端和枪管相连接，上方装有可折叠的提把，下方为弹匣插座和弹匣卡笋，弹匣卡笋的后面是发射机座和机匣的连接销轴。闭锁镶块、抛壳挺及空仓挂机机构均置于机匣内。机匣左侧有机柄和拉杆，射击时不随枪机运动。在不同的型号上，拉机柄有折叠式和非折叠式两种。

发射机座位于机匣后下方、弹匣座后面，下面有扳机护圈和握把。发射机座内装有机匣卡笋、扳机、击发阻铁、击锤和不到位保险阻铁。发射机座在铰接在机匣底部，可撅开来维护。保险/快慢操作柄在扳机护圈上方。FAL 的板机机构设计得很好，既简单又容易操作，很灵敏。扳机和击发阻铁共用一个轴，半自动或全自动模式时都共用一个阻铁。

枪管配有长形消焰器，也兼作枪榴弹发射器。不同国家采用不同设计的消焰器，前护木的设计也不尽相同，有木制也有塑料或金属制。轻机枪型配有独特的消焰/制退器而抑制全自动射击时的后坐力。

固定枪托型上的复进簧收容在枪托内，而折叠枪托型的复进簧则固定在机匣中，因此折叠枪托型的机框、机匣盖和复进簧都稍有不同。伞兵型上的管状铝制折叠枪托是一个复杂的装置，要打开或折叠时要用力向下压，操作不方便。

瞄准具通常是带护翼的准星和可调整的觇孔式照门，但不同枪型的射程标定不一样。大多数的 FAL 配有刺刀凸笋。

AK－47 突击步枪

AK－47 俄语全称是 АвтоматКалашниковаобразца 1947года，意思是卡拉什尼科夫。1947 年定型的自动步枪，是由苏联枪械设计师米哈伊尔·季莫费耶维奇·卡拉什尼科夫设计的自动步枪。AK 是 АвтоматКалашникова 的首字母缩写。

1、游戏中的 AK－47

2、《穿越火线》中的 AK47

3、《反恐精英》中的 AK47

1946 年，卡拉什尼科夫在他设计的使用 7.6239 毫米 M1943 式中间型威力枪弹的半自动步枪的基础上，设计了一种可连发射击的样枪（称为 AK－46），他设计的回转式闭锁枪机，成为此后设计的 AK 系列枪械闭锁机构的原型。同年参加靶场选型试验。

经过一系列试验，并改进了导气装置与活塞系统，设计而成 AK－47，在风沙泥水环境中经过严格测试，1947 年被选中定为苏联军队制式装备，1949 年最终定型，正式投入批量生产，在伊热夫斯克军工厂生产。1951 年开始装备前苏联军队，取代西蒙洛夫半自动卡宾枪。

在 1953 年 AK－47 改变了机匣的生产方法，由冲压工艺变为机加工艺。AK－47 开始大量装备苏联军队。苏军所装备的 AK－47 于 50 年代末由其改进型 AKM 所取代。从 1950 年代到 1980 年代，AK－47 系列是前苏联军队和华沙条约组织国家军队制式装备。

在 1980 年代 5.45 毫米口径的 AK－74 系列装备前苏联军队后，7.62 毫米口径的 AK－47 系列逐渐从苏军制式装备中退出（实际上 AKM 一直沿用，从第二次车臣战争的图片中可以看到俄军有使用 AKM）。现在 AK－47 的代替品为 AKM。

AK－47 突击步枪属于自动步枪（半自动）。与第二次世界大战时期的步枪相比，枪身短小、射程较短，射击距离保持在近战 300 米，适合较近距离的突击作战的战斗。

采用导气式自动原理，导气管位于

枪管上方，通过活塞推动枪机动作。回转式闭锁枪机。7.62毫米口径，发射7.6239毫米M1943型中间型威力枪弹，容量30发子弹的弧形弹匣供弹，保险/快慢机柄在机匣右侧，可以选择半自动或者全自动的发射方式，拉机柄位于机匣右侧。

AK-47的保险非常有特色，从上至下一般突击步枪都是"保险，半自动，全自动"，而AK-47却是"保险，全自动，半自动"。在应对突发状况时士兵们总会把快慢机扳到底，扣住扳机不放而射出全部枪弹，AK-47则只会打出一发，大大节约了子弹提高了安全性。

AK-47的枪机动作可靠，即使在连续射击时或有灰尘等异物进入枪内时，它的机械结构仍能保证它继续工作。可以在沙漠、热带雨林、严寒等极度恶劣的环境下保持相当好的效能。据说在越南战争中把它放入水中几个星期然后从水中拿出来上膛后仍能射击。而且它的火力大，适合短兵相接。结构简单，分解容易；容易清洁和维修，勤务性好；操作简便，经久耐用。

1959年投产的改进型号AKM（卡拉什尼科夫自动步枪改进型）在一定程度上改善了上述缺点。它的枪口是一个斜切口，以达到枪口制退器的作用。同时，进一步采用冲压、焊接工艺，合成材料，减轻重量，生产成本低，利于大量生产，除了退壳时针偶尔会断外，故障率低。

AK-47系列步枪名闻天下是在1960年代的越南战争，AK-47和其中国的仿制品大规模地武装北越正规军和游击队。这种自动武器在丛林环境中深受士兵信赖。

在越南战争时期，据说许多美国士兵丢弃手中的不适应热带雨林恶劣条件下的笨重的M14自动步枪或者故障频出的M16突击步枪，转而使用缴获的越南士兵的AK-47，只是因为AK-47系列步枪拥有非常优良的可靠性、容易控制而密集的火力，AK47突击步枪一般作战适用于300米内的突击和冲锋。

苏联（俄罗斯）将AK-47系列步枪及其及制造技术输出到世界各地。由于AK-47和其改进型令人惊诧的可靠性，结构简单，坚实耐用，物美价廉，使用灵活方便，许多第三世界国家甚至西方国家的军队或者反政府武装都广泛使用的 AK-47 系列步枪。

某些地区冲突的各方都非常乐意使用 AK-47。另外，世界上有许多国家进行了仿制或特许生产，其中包括东德（仿制型号为 Mpi-47），前南斯拉夫，匈牙利，中国（中国仿制型长时间被称为 56 式冲锋枪，56 式突击步枪等），波兰，罗马尼亚、保加利亚、埃及、古巴、朝鲜等，进入 21 世纪它仍旧在生产。

AK-47 的设计思路也影响了以色列、芬兰、中国等多个国家步兵轻武器设计：如以色列加利尔突击步枪、中国的 81 式自动步枪，56 式突击步枪。AK-47 系列步枪是使用最广泛的步枪武器之一。

其广泛程度在轻武器历史上可能只有毛瑟步枪和柯尔特左轮手枪可以相比。AK-47 约生产 1 亿支，共装备了 53 个国家的军队，有 5 个国家把它画到了军徽上，所以卡拉什尼科夫因为 AK 系列步枪在世界范围内的广泛使用被誉为"世界枪王"。

研制历史

1944 年，卡拉什尼科夫设计了一种发射 7.6239 毫米 M1943 式中间型威力枪弹的半自动卡宾枪，采用导气式自动原理，活塞和活塞杆固定在一起，但与机枪框并不相连，弹匣容量 10 发，导气管位于枪管上方，这种枪采用枪机回转式闭锁，顺时针方向旋转的闭锁机头上有两个大的对称闭锁突笋。

这种闭锁方式是直接参考美国 M1 式加兰德步枪的。不过在这把半自动卡宾枪上的旋转机头是经过了卡拉斯尼柯夫的改进，比较长，旋转速度更快，大大地增加了闭锁机构动作的可靠性。

AK-47 的研制其实是从这种半自动步枪开始的，这种卡宾枪的闭锁机构的进一步改进成为了卡拉什尼科夫自 1945 年至 1990 年之间研制的所有自动武器的核心部分，这个系统经历了 50 多年的实际应用考验，证实其具有非常优越的可靠性，因此这个系统也被人们称之为卡拉斯尼柯夫系统。

这种半自动卡宾枪1945年的试验型是1944年试验型半自动卡宾枪的改进型，基本特征一样，管状的拉机柄位于右上方。弹匣设计有所改变。但枪管上方的导气室，有点像西蒙诺夫的SKS半自动步枪，导气装置的外形上也已经有了一些AK－47的端倪了。

1946年，卡拉什尼科夫开始设计突击步枪。在这种半自动卡宾枪的基础上设计出一种全自动步枪，并送去参加国家靶场选型试验。样枪称之为AK－46，即1946年式自动步枪。

导气装置和枪机基本上与原来设计的半自动卡宾枪一样，使用冲压铆接机匣，发射机构有单发和全自动两种，连发阻铁在扳机上；30发弧形弹匣的入口在机匣下方，保险/快慢机柄都在机匣左侧，手枪型握把，枪托、前握把和护木都是木制的，枪口制退器为圆柱形。

AK－47型试验型的操作原理与AK－46一样，不同的是：活塞、活塞杆和枪机体首次采用连成一体的方案——用螺杆固定在一起。机匣是冲压成形的，机匣前部与枪管固定，保险/快慢机柄首次被安放在机匣的右侧。导气室没有调节装置，拉机柄在右侧。

AK－47型2号试验枪的特征是改变了导气室、活塞、活塞杆的设计。延长了导气孔，增加进入导气室的火药燃气，导气筒下方与枪管之间的位置有泄气孔，活塞杆有四条凹槽。枪口制退器改为双室结构。3号试验枪改变了导气室的设计，使圆柱形的导气活塞在导气室内处于完全密封的状态，活塞杆有四条凹槽。采用新的枪口制退器。

AK－47突击步枪（第1型）是最终定型并在1949年正式投入生产的AK－47突击步枪，这种武器是为机械化步兵研制的，同一年苏联军队正式采用AK－47。

这种型号并没有刺刀，机匣和许多配件是用冲压工艺来生产的，采用冲压工艺的好处是材料消耗少，生产效率高。许多人把这种早期的AK－47称之为"第1型"，以区分1951年和1953年生产的AK－47。

1951 年的试验型（第 2 型）是在 1951 年生产的，主要的改变是把机匣的生产方法从冲压转变为机加生产。通过机械铣削出来的机匣的优点是比较结实，但缺点是比较重，而且材料消耗大，生产成本高，生产效率低，生产这样一个重量不超过 0.65 千克的铣削机匣，一开始时竟需要 2.65 千克的钢材。

发射机构、枪托和握把都经过加强，并增加了一种单刃刺刀。这种新生产的 AK - 47 被称为"第 2 型"，不过第 2 型的产量很少，很快就被第 3 型所取代。

AK - 47（第 3 型）是在 1953 年定型，主要是改进了第 2 型的枪托连接方式，特别是简化了机匣的机械加工方法，使之便于大量生产。这一型号被正式称为"7.62 毫米 AK"，即"7.62 毫米轻型卡拉什尼科夫突击步枪"，许多人称其为"第三型"。

值得注意的是，不管改用机械加工方法的目的是什么，第 3 型的铣削机匣却比第一型的冲压机匣更轻。另外第三型的改进还包括弹匣，采用轻金属的新型弹匣在强度也加强了，而且与原来的钢制弹匣可以互换；此外，枪托连接方式也进行了简化和加固，这一系列的改进使突击步枪的整体重量比第 1 型更轻，而弹道性能则与第一型完全一致。

结构特点

AK - 47 式突击步枪动作可靠，勤务性好；坚实耐用，故障率低；结构简单，分解容易，经久耐用。但是连发射击时枪口上跳严重，影响精度，在连续射击时，基准度极差；与小口径步枪相比，系统质量较大，携行不便。该枪有配用固定式木制枪托和折叠式金属枪托两种。

该枪枪管与机匣螺接在一起，其膛线部分长 369 毫米，枪管镀铬。无论是在高温还是低温条件下，射击性能都很好。机匣为锻件机加工而成。弹匣用钢或轻金属制成，不管在什么气候条件下都可以互换。

击发机构为击锤回转式，发射机构直接控制击锤，实现单发和连发射击。发射机构主要由机框、不到位保险、阻铁、扳机、快慢机、单发杠杆、击锤、不到位保险阻铁等组成。

快慢机位于枪的右侧。当快慢机装定于自动位置时，单发阻铁的后突出部被快慢机下突出部压住，不能转动，故扣不住击锤。此时，击发阻铁扣住击锤而成待击状态。扣压扳机后，阻铁解脱击锤，击锤回转击发。此后，只要扣住扳机不放，击发阻铁和单发阻铁都扣不住击锤，只有不到位保险阻铁卡笋能抵住击锤卡槽。

当机框复进到位压下不到位保险阻铁传动杆时，卡笋即脱离击锤卡槽，击锤回转击发。以后则重复上述动作，实现连发射击。当快慢机装定于半自动位置时，首发弹击发前，阻铁扣住击锤而成待击状态。扣压扳机后，阻铁解脱击锤，单发阻铁也一同向前回转。若扣住扳机不放，则击发后击锤被机框压倒的同时即被单发阻铁扣住。此时，由于机框未复进到位，不到位保险阻铁传动杆向上抬起，卡笋和击锤卡槽之间有少许间隙。

当机框复进到位，再次解脱不到位保险阻铁时，击锤被单发阻铁扣住，若再次发射，必须先松开扳机，使单发阻铁解脱击锤，击锤随之被

击发阻铁扣住再次成待击状态。如果机框复进不到位，枪机闭锁就不确实。此时，机框的解脱突笋没有压下不到位保险，故保险阻铁卡笋不能脱离击锤卡槽。

因此，即使扣压扳机，击锤仍不能向前回转，于是形成不到位保险。快慢机柄在最上方位置时，其下突出部顶住单发阻铁后突出部和扳机后端突出部的右侧，故扣不动扳机，实现保险。若此时击锤在待击位置，弹膛内有枪弹，因扣不动扳机，击锤不能解脱，所以形成后方保险。

若此时击锤在击发位置，因扣不动扳机，阻铁不能向前回转，击锤后倒时即被阻铁挡住，机框只能后坐一很短的距离，不能将弹匣内的枪弹推进弹膛，故形成前方保险。

该枪瞄准装置采用机械瞄准具，并配有夜视瞄准具。柱形准星和表尺 U 形缺口照门都有可翻转附件，内装荧光材料镭 221。表尺分划为 100 ~ 800 米，一个分划为 100 米，战斗表尺装定 300 米。但使用瞄准具瞄准时，只能上下拧动准星作高低校正，无法进行风偏修正，而且夜间射击时往往将准星护翼误认为是准星。

该枪自动方式为导气式，闭锁方式为枪机回转式，可实施单，连发射击，固定式枪托全枪长 870 毫米，折叠式枪托托伸全长 870 毫米，托折实 645 毫米，枪管长 415 毫米，全枪重 4.3 千克，弹匣容量 30 发，初速 710 米/秒，理论射速 600 发/分，有效射程 300 米。

缺点综合

AK47 突击步枪虽然被公认为是一把好枪，是 20 世纪步枪行列中最耀眼的明星，但其缺点颇多，从性能方面说，它也存在着许多不足：AK - 47 枪管缠距偏小、M43 弹的弹形欠佳、枪弹撞击目标时过于稳定，杀伤效果不理想。

由于全自动射击时枪口上跳严重，枪机框后座时撞击机匣底，枪管较短导致瞄准基线较短，瞄准具设计不理想等等缺陷，影响了射击精度，300米以外无法保证准确射击（当然300米外如果不装瞄准镜，根本无法正常瞄准），连发射击精度更低，而且 AK-47 抛壳抛得很远，将近2米。

实际上它可以满足以遭遇战为主的较近距离上突击作战的要求。子弹出膛时，枪管末端会有微小颤动，导致精度下降，有时士兵会抱怨为什么在连续射击时设计精准很差，直接击中目标的机会很少。

M43 弹的飞行不稳定。没有战术改进的 AK-47 在现代战争中已经过于落后了，这就是前苏联在 1974 年以后大规模撤装 AK-47 换装 AKC-74 的主要原因了。

实际上卡拉尼科夫在 54 年就开始改进 AK-47 第三型最终定型为 AKM，并于 59 年装备部队使用。所以大家在电视网络里看到的大部分是 AKM 而不是 AK-47。

主要型号

AK-47：AK-47 突击步枪标准型，1949 年最终定型并正式投入生产，是为机械化步兵研制的，同一年苏联军队正式采用 AK-47。

AKC-47（AKS）：采用可折叠金属枪托的型号。枪托折叠长 645 毫米。供空降部队、坦克兵和特种分队使用。

AKM/AKMC：零部件大量采用冲压、焊接工艺，机匣用冲压工艺制造代替了机加工艺，重量减轻到 3.15 千克。扳机组件上增加了击锤减速装置，消除击针打击子弹底火时哑火的可能性。枪口安装一个简单的斜切口形枪口防跳器，提高连发射击时的散布精度。AKMC 是 AKM 的折叠枪托的型号。

PK：在 AKM 突击步枪的基础上发展的班用轻机枪，RPK 是卡拉什尼科夫轻机枪的缩写。采用延长型枪管，折叠型两脚架（或三脚架），40 发弹匣和 75 发弹鼓供弹。重量 5.6 千克。射程偏近。

AKN：带有夜视瞄准镜。

其他轶闻

曾经有一种说法，认为 AK－47 是抄袭了德国 Stg44 突击步枪而设计出来的，证据就是两者外形相似。但事实上 Stg44 和 AK－47 的基本结构和原理，都有着极大的不同；只是轮廓投影的相似而矣。

Stg44 和 AK－47 最相似的地方就是设计概念，不过在那个年代，也只有 Stg44 是唯一技术成熟且有大量实战经验的参照物。AK－47 是既揉合了前人的精髓而又带有设计者自己技术性质的创新设计的步枪。

1970 年代有这么一句俏皮话："美国出口的是可口可乐，日本出口的是 Sony 电器，而苏联出口的是 AK－47"。根据前苏联方面的统计，全球范围内的 AK－47 系列自动步枪中，9 成是仿制品，真正产地是前苏联的仅有 10% 左右。

AK－47 性能优越且价格低廉，而且适用于各种环境，即使是沙漠、极地，依然大放光彩。所以在一次战斗中，美国士兵纷纷扔到手中的 M16，而捡敌人的 AK47。

从世界各战乱地区传回的新闻图片中，可以看到各式各样的 AK，各国生产的 AK 外形略有不同，根据准星、护木的形状，有无折叠刺刀，枪管节套铆钉的位置，快慢机钢印，机匣盖加强筋，以及枪托等特征可以准确区分各种 AK 的原产国。

AK－47 一度是匪徒爱用的枪支。过去香港警察的佩枪主要用于防卫用途，所以只配备点 38 手枪。后来，叶继欢、季炳雄、张子强等悍匪不断在香港做案，并配备了火力强劲的 AK－47 自动步枪，一度使警方束手无策。后来经过改善火力，以及加强情报等各部门的配套，才把局势扭转，进而把匪徒绳之于法。

在战乱不断的阿富汗地区，传说在黑市中，用一布袋土豆片就可以换到一支仿制的 AK－47 和一些子弹。

1980 年代美国毒品犯罪分子经常使用 AK－47 系列步枪，在虚构的影视剧情节中也经常出现。对公众造成的心理影响，导致美国在 1989 年立法禁止进口 AK－47 系列步枪，理由是拥有几个所谓的"突击武器"的外形特征。

尼古拉斯凯奇在电影《战争之王》中有这么一段台词：在苏联兵工厂的所有武器中，没有一种像卡拉什尼科夫一样有利可图，定型于 1947 年，更多人俗称它为 AK－47，又称卡拉什。

它是举世闻名的冲锋枪，战士们最喜爱的武器，高雅而简单的把 9 磅重锻钢与实木完美结合，它绝不会断裂、卡壳或过热。就算沾满泥巴和沙土一样可以正常开火。

使用非常简单，就算一个小孩子都会适用它，而且他们的确在使用。苏联硬币、莫桑比克国旗上都有它。冷战结束后，卡拉什尼科夫成为俄罗斯出口量最大的商品。其次才是伏特加、鱼子酱和自杀的小说家。

枪弹资料

枪弹名称：7.6239 毫米 M1943 中间威力步枪弹

弹头结构：尖头，锥底，覆铜钢被甲，铅钢复合弹心

全弹长：56 毫米

弹头长：26.8 毫米

弹壳长：38.7 毫米

弹头质量：7.91 克

弹壳样式：无突缘，瓶颈形，覆盖铜钢或者漆钢（棕色）弹壳

弹壳最大直径：11.35 毫米

底火样式：伯尔丹式无锈蚀底火

发射药：单气孔管状单基药

装药量：1.6 克

平均膛压：274.4 兆帕

全弹质量：16.4 克

数量最多、最有效的突击武器

冷战早期，莫斯科和华盛顿都通过贸易和军售竭力讨好那些中立国。美国人提供的是 M－1 以及后来的 M－4 步枪，相比之下，苏联的 AK 则优势明显。

它的"粗生"很适合在恶劣的情况下使用，也更适合那些缺少武器维修点的穷国。苏联还免费地向一些"兄弟国家"分发"生产许可证"，包括保加利亚、东德、匈牙利、北朝鲜、波兰和南斯拉夫等。

而当时，美国的武器专家们还沉浸在围绕着 M－1 的过时的战争理念上，并没有真正认识到 AK 的优势。在第二次世界大战中，这种步枪的表现的确无可挑剔，巴顿将军还把它称为"最伟大的战争工具"。

不过，它也有缺点，就是沉重、笨拙，弹匣里只能装八粒子弹，也不是自动步枪。其实，战场形势已经发生了变化，M－1 已经落伍了。其中最重要的缺点是弹夹。它的弹夹像个罐头盒子，不打空弹夹不能重新装填。非常麻烦。

上世 80 年代，当电脑晶片刚刚被应用到智能武器中时，美军曾有一位少校司令官感慨地说，"不管我们和苏联造出了多么精密的武器，都还要对付一个手持突击步枪的独行侠，这是世界上最难的一件事。"

AK 突击步枪当然也融入了大众文化。2004 年，《花花公子》杂志把它与苹果笔记本电脑、节育丸和索尼录像机等一起评为"改变世界的 50 件产品"。

在电影《危险关系》中，演员塞缪尔·杰克逊再次说出了它的全球重要地位，"当你真的想杀死房间里每一个人时，AK－47 是最好的选择，AK47 的中型子弹可以在发射 1 秒钟后要那个人的命。"

"盗版"所扰

这种枪的"故乡"是俄罗斯乌德穆尔特共和国首府伊热夫斯克，AK-47不仅使之感到自豪，而且也令人头疼。苏联时期，不少社会主义国家得到了这种枪的生产技术，但它们要么违规生产，要么没有许可证。现在，只有委内瑞拉一个国家向俄罗斯购买了生产许可，其他国家都是在"盗版"。

在一次印度武器展上，一名士兵走近俄罗斯武器展台，抱怨自己的"卡拉什尼科夫"不好使。俄方代表问是哪国生产的，结果拿来一看，才知道是罗马尼亚的仿制品。一旦这种枪的质量出现问题，用户就会直接找俄罗斯算账，因为大家只知道这是俄罗斯枪，这令俄罗斯人哭笑不得。

青少年大开眼界的军事枪械科技 ④

卡宾枪科技

KABINQIANGKEJI

知识

冯文远◎编

辽海出版社

责任编辑：陈晓玉　于文海　孙德军

图书在版编目（CIP）数据

青少年大开眼界的军事枪械科技/冯文远编. —沈阳：
辽海出版社，2011（2015.5 重印）

ISBN 978-7-5451-1259-7

Ⅰ.①青…　Ⅱ.①冯…　Ⅲ.①枪械—青年读物②枪械
—少年读物　Ⅳ.①E922．1－49

中国版本图书馆 CIP 数据核字（2011）第 058689 号

青少年大开眼界的军事枪械科技

卡 宾 枪 科 技 知 识

冯文远/编

出　版：辽海出版社		地　址：沈阳市和平区十一纬路25号	
印　刷：北京一鑫印务有限责任公司		字　数：700千字	
开　本：700mm×1000mm　1/16		印　张：40	
版　次：2011年5月第1版		印　次：2015年5月第2次印刷	
书　号：ISBN 978-7-5451-1259-7		定　价：149.00元（全5册）	

如发现印装质量问题，影响阅读，请与印刷厂联系调换。

前　言

　　枪械是现代战争中最重要的单兵作战武器。随着信息化作战的发展，枪械的种类和技术也在不断地发展变化着，从第一支左轮手枪的诞生，到为了适应沟壕战斗而产生的冲锋枪，从第一款自动手枪的出现，到迷你机枪喷射出的强大火舌，等等，枪械正以越来越完美的结构设计，越来越强大的功能展示着现代科技的强大力量。揭开现代枪械的神秘面纱，让你简直大开眼界！

　　不论什么武器，都是用于攻击的工具，具有威慑和防御的作用，自古具有巨大的神秘性，是广大军事爱好者的最爱。特别是武器的科学技术十分具有超前性，往往引领着科学技术不断向前飞速发展。

　　因此，要普及广大读者的科学知识，首先应从武器科技知识着手，这不仅能够培养他们的最新科技知识和深入的军事爱好，还能够增强他们的国防观念与和平意识，能储备一大批具有较高科学文化素质的国防后备力量，因此具有非常重要的作用。

　　随着科学技术的飞速发展和大批高新技术用于军事领域，虽然在一定程度上看，传统的战争方式已经过时了，但是，人民战争的观念不能丢。在新的形势下，人民战争仍然具有存在的意义，如信息战、网络战等一些没有硝烟的战争，人民群众中的技术群体会大有作为的，可以充分发挥聪明才智并投入到维护国家安全的行列中来。

　　枪械是基础的武器种类，我们学习枪械的科学知识，就可以学得武器的有关基础知识。这样不仅可以增强我们的基础军事素质，也可以增强我们基本的军事科学知识。

　　军事科学是一门范围广博、内容丰富的综合性科学，它涉及自然科学、社会科学和技术科学等众多学科，而军事科学则围绕高科技战争进

行，学习现代军事高技术知识，使我们能够了解现代科技前沿，了解武器发展的形势，开阔视野，增长知识，并培养我们的忧患意识与爱国意识，使我们不断学习科学文化知识，用以建设我们强大的国家，用以作为我们强大的精神力量。

为此，我们特地编写了这套"青少年大开眼界的军事枪械科技"丛书，包括《枪械科技知识》、《手枪科技知识》、《步枪科技知识》、《卡宾枪科技知识》、《冲锋枪科技知识》、共 5 册，每册全面介绍了相应枪械种类的研制、发展、型号、性能、用途等情况，因此具有很强的系统性、知识性、科普性和前沿性，不仅是广大读者学习现代枪械科学知识的最佳读物，也是各级图书馆珍藏的最佳版本。

目 录

卡宾枪

简 介

卡宾枪，即马枪、骑枪。它是枪管比普通步枪短，子弹初速略低，射程略近的较轻便的步枪。

卡宾枪，即骑兵步枪，卡宾枪源于15世纪末西班牙骑兵所使用的一种短步枪。当时西班牙把骑兵叫作"卡宾"，卡宾枪由此而得名。

俄国也在14世纪末期制造过一种短小型火绳枪，就已具有滑膛卡宾枪的雏型。在许多的情况下，卡宾枪只是同型普通步枪的缩短型。原先卡宾枪主要是供骑兵和炮兵装备使用。在骑兵渐被淘汰后，它也曾作为特种部队、军士和下级军官的基本武器。

进入20世纪80年代后，由于轻型自动步枪和微型冲锋枪的发展，卡宾枪已渐渐失去其作为独立种类武器装备存在的必要。

卡宾枪实际上归类属于步枪。它一般采用与标准步枪相同的机构，只是截短了枪管，是一种枪管较短，质量较轻的步枪。有人给它下了个

简单定义——短步枪。

至于卡宾枪的枪管有多短，多数词典认为不超过558.8mm。

卡宾枪与冲锋枪使用不同的弹药，是显著的区别。卡宾枪与冲锋枪具有相同的，短而轻，机动性好的特点，两者相比主要区别在于，冲锋枪火力密集，但由于发射手枪弹，威力较小，射程较近；而卡宾枪属于步枪类，使用的弹药与使用手枪弹的冲锋枪不同，在威力和射程上优于冲锋枪。

美国的M1卡宾枪使用的枪弹虽然不同于美军的7.62×63毫米标准步枪弹，是7.62×33毫米的圆头弹，虽然弹头造型很像手枪弹，但是这种弹药威力比手枪弹大，侵彻效果比手枪弹强，有效射程更远。

历 史

德国1898年式毛瑟步枪问世以后，1930年代出现了一种缩短了枪管的改型枪——卡宾枪，型号为Kar98k毛瑟步枪，该枪全长由1898年式的1.25米缩短为1.1米，枪管长度也有600毫米。

19世纪末的标准步枪长度在1.25米左右，在20世纪初由英国出产的李-恩菲尔德短步枪首创了一种"短步枪"的概念，全枪长度由李氏步枪全长1.25米缩短为1.1米。准确的说这类短步枪全枪长度介于传统的长步枪与卡宾枪之间。

第二次世界大战时期，卡宾枪的发展空前活跃。M1卡宾枪是枪械历史上按照公认的卡宾枪定义设计及大量生产一种专门的卡宾枪。

原本是美军为二线部队提供一种用于替代制式手枪的自卫武器，美军提出的具体战术技术指标要求是：质量小于2.5kg，取代手枪和冲锋枪作为军士、基层军官或机枪手、炮手、通信兵或二线人员使用的基本武器。

于1941年10月正式定型，并命名为"M1 7.62mm卡宾枪"。此外，还有苏联出产的1943年式西蒙诺夫半自动卡宾枪。

在现代的战争中，常规的制式步枪无法满足一些兵种的单兵战斗的作战需要，所以必须开发出机动行和特种作战性更好的卡宾枪。

现今的各种卡宾枪都是在原型标准步枪的基础上定型的，卡宾枪和原型的标准步枪用的也是同样的弹药，这在后勤保障上是很重要的，比如 M16 和 M4，用的弹药都是北约标准的 5.56×45 毫米枪弹，两者的许多零部件可互相通用，大大方便了后勤供应和维护保养。

德国的 G36 自动步枪中也演生出了卡宾枪型 G36k，它们之间的弹药也是通用的。由于采用步枪弹以及枪管过短，存在枪口焰大和制退效果不好的现象。

典型型号

M1 卡宾枪的研制原本是美国陆军要为二线部队提供一种用于替代制式手枪的自卫武器，这个要求最初是在 1938 年提出的。美国陆军的这个要求被搁置了一段时间，然后在 1940 年重新提出。

11 月中旬，美国陆军委托温彻斯特公司研制威力介于步枪弹和手枪弹之间的新型枪弹。新枪的研制则在温彻斯特公司、柯尔特公司、史

密斯－韦森公司等在内共有 11 家公司中产生。

M4A1 卡宾枪 M4 卡宾枪是 Ml6A2 的变形枪，1991 年 3 月正式定型，首先装备第 82 空降师，用于替换 Ml6A2 自动步枪、M3 冲锋枪以及车辆驾驶员选用的 Ml6Al/A2 步枪和某些 9 毫米手枪。

M4 卡宾枪的基本结构与 M16A2 相同。受到美国伞兵和特种作战部队以及分队指挥员等其它非一线作战步兵的军事人员的钟爱。即便是治安警察，也对它十分信赖。

1965 年初，因为 M14 步枪在越南从林战中的恶劣表现，M4A1 的前身 M16 步枪正式登场。后来出现了改进型 M16A1、M16A2。在对 M16A2 进行过几次小的修改后，M4 正式诞生。

M4 的编号是 Model720，在 1991 年 3 月军方正式定型并命名为：美国 & 北大西洋公约组织 5.56mm 口径 M4 卡宾枪.M4 和 M16A2 非常相似，事实上它们有 80% 的零件可以互换，因此 M4 最初也称为 M16A2 卡宾枪。

性能数据

M1 卡宾枪

空枪重   2.36kg；

全枪长   904mm；

枪管长   458mm；

枪口初速   600m/s；

有效射程   175～275m；

弹匣容量   15，30 发；

膛线 4 条，右旋，缠距   508mm。

M4A1 卡宾枪

口径   5.56×45mmSS109/M855；

全枪长   展开枪托840mm；

缩起枪托　760mm；

枪管长　368mm；

膛线　6 条，右旋，缠距178mm；

空枪重（不含弹匣）　2.68kg；

30 发空弹匣重　0.11kg；

30 发满弹匣重　0.45kg；

理论射速　700～950RPM；

有效射程　600m；

瞄准基线长　368mm；

初速　884m/s。

中国 CQ5.56mmA 卡宾枪

　　这种枪是在原来的 CQ 型自动步枪的基础上缩短和改进的 A 型卡宾枪，是专供外贸用途。

　　该枪型在各方面的细节都与 M4 系列很接近，而枪托还是模仿较新的改进型枪托。比较特别的是膛线导程为 229mm，因此同一种枪管就可以既能发射 SS109 弹也能发射 M193 弹。

全枪长：880mm；

枪管长：371mm；

空枪重：3.3kg；

实弹匣重：0.33～0.45kg；

枪口初速：870m/s；

M193 弹：933m/s；

理论射速：700～970RPM。

美国巴雷特系列卡宾枪

REC7 卡宾枪

巴雷特 REC7 从外表看来和巴雷特 M468 差不多，但如果详细观察导气箍的形状就会发现两者的区别。

REC7 是顺应当今潮流，把 M468 改为导气活塞式原理的卡宾枪。

REC7 全长 823mm，空枪重 3.5kg，枪管长 406mm，膛线 244mm，右旋，弹匣容量 30 rds。

98 Bravo 卡宾枪

巴雷特 98 Bravo 型这个名称看起来似乎是巴雷特 M98 的改进型，而且仔细看来两种枪的某些外部特征也有相似之处，但 M98 是半自动的，而 98 Bravo 型却是手动操作的旋转后拉式枪机步枪，而且 98 Bravo 型采用更先进的材料，人机功效也更好。

巴雷特98 Bravo型卡宾枪第一次公开露面是在2008年美国陆军协会年会暨展示会上（AUSA2008）。

　　巴雷特98 Bravo型卡宾枪全长1263.6mm，空枪重6.12kg，枪管长685.8mm，膛线244mm，右旋，弹匣容量10 rds。

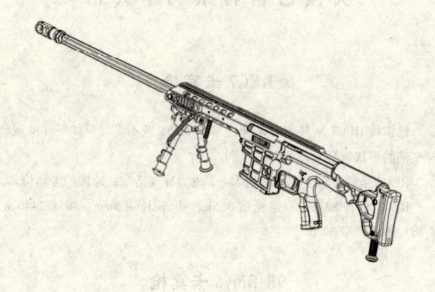

美国卡宾枪系列

Noveske N4 卡宾枪

Noveske 公司生产和销售配件及整枪。这家公司比较出名的产品是 KX3 消焰器，由于消焰器上画着一只喷火的猪，因此被戏称为"喷火猪"。但该公司出推出自己的整枪产品 N4 系列卡宾枪。

但由于大部分部件都是采用市面上其他牌子的商业部件，因此 N4 系列实际上是一种配件组装枪而非自研产品。

N4 系列主要有 7.5 英寸的 Diplomat 型，10.5 英寸的 CQB 型、14.5 英寸的 AFGHAN 型、16.1 英寸的 RECON 型和 18 英寸的 SPR 型，最近还开始推出 7.62NATO 口径的型号。

Noveske 公司自己生产 N4 卡宾枪上机匣，采用最近流行的浮置式导轨护木。

RRA 公司的卡宾枪

岩河武器公司总部位于伊利诺伊州的卡拉那，是一家轻武器生产公司。其创办人马克·拉尔森和查克·拉尔森两兄弟在 1981～1991 年间在春田轻武器公司工作。

1993 年时他们跑到伊利诺伊州尝试自己创业，先是与一家鹰武器公司合作成立一家叫 Tolerance Plus 的公司生产 AR 式步枪，到了 1997 年与鹰武器公司停止合作，把公司改名为岩河武器，主要生产 AR－15/

M16 步枪和 M1911 手枪的零配件及整枪。

RRA 公司在众多生产 AR 式步枪生产公司之中算是一家中上水平的公司，性价比不错，而且产品类型多，所生产的步枪口径包括 5.56 NATO、9×19mm、7.62 NATO、4.58 SOCOM 和 6.8SPC 等。

从 2003 年开始 RRA 公司就成为 DEA 的供应商，为 DEA 提供了大量的卡宾枪。

TROY 公司的卡宾枪

特洛伊工业公司就是参与 SOPMOD M14 竞标的那家公司，这家公司的主要产品是枪械配件，但也推出自己的成品枪商品，命名为 CQB－SPC 系列（室内近战－特种用途卡宾枪），虽然称为"SPC"，但与同一时期大热的 6.8mm SPC 无关。

这是一种定位为室内近战专用的短突击步枪，采用特洛伊公司自己的折叠机械瞄具、MRF 导轨护木系统和单点式背带，枪托是用 VLTOR 公司的伸缩枪托。

这个系列最初只有 5.56mm 口径型，主要有旧式固定准星座的 A3 型、取消固定准星座的 A4 型及带整体式消声器的 A5 型。而现在也推出了 7.62mm 口径型。

美国 LR300 系列轻型卡宾枪

LR－300 系列是一家名为 Z－M 武器公司以 AR－15/M16 为基础开发出来的轻型卡宾枪，该公司位于美国马萨诸塞州，专攻 AR－15/M16 的零配件，而 LR－300 是他们唯一卖的成品枪，但也提供这种枪的改装套件。

最初提供的产品主要有两个型号，军/警用途的 LR－300M/L 和射击运动用途的 LR－300SRF，LR300M/L 有半自动/全自动或纯半自动两种型号，而 SRF 则只可半自动，用户只需通过改换下机匣和枪管就可以在 M/L 型和 SRF 型之间转换。

当然，普通平民是不能购买 M/L 型的零件的。这两种型号都采用尼拉特隆材料的护木，现在 Z－M 公司又增加了两种采用铝合金护木衍生型，于是对原来的两个型号重新命名为 LR－300 SR－N 和 LR－300 ML－N，而采用铝合金护木的新型号则相应命名为 LR－300 SR－A 和 LR－300 ML－A。

在众多的 AR－15/M16 变型枪之中，LR－300 系列最大的特色是把复进簧容纳到机匣内，因此 LR－300 可以安装折叠式枪托。而 AR－15 的复进簧要从机匣尾部伸出来，因此其卡宾型最多也只能采用伸缩枪托而不是折叠枪托。

LR－300 采用平顶型机匣，使它们能安装多种类型的瞄准具。板机和拉机柄、弹匣钮和挂机柄及其他都与 AR－15 相同，步枪的握把倾角与约翰·勃朗宁的 M1911 手枪相同，被称为"完美式"的手枪握把倾角的"黄金标准"，LR－300 使用这种握把倾角据说会比其他步枪更容易控制和更舒适。

　　LR－300 的几种型号都有．223 雷明顿（旧的 M193）和 5.56 NATO（现在的 SS109/M855）这两种口径，并通用 M16/AR－15 供弹具。

　　LR－300ML 的有效射程达 300 米（但对于不足 12 英寸长的枪管来说 200 米外都有些勉强）。

　　从枪机方面看，似乎是类似于 AK 式的活塞杆式系统（我也一直这样认为），其实不是一回事。

　　LR300 的枪机系统其实是把机框后半段切断，把复进簧移到枪管上。但机框后部仍有一段延伸部位，那是为了与下机框的发射机构作用。仔细观察会发现机头的气密封环并未取消，机框的泄气孔也保留着，而且没有常见于长行程活塞系统特有的汽缸。外露的复进簧（28号）直接缠在得操作杆（25号）上，重点是操作杆内为空心的，还有另一根导杆（38号）。操作杆直接连接在原 M16 式枪机机框的进气孔上。

　　LR300 枪全长：枪托折叠 546mm，枪托展开 787mm，枪管长 292mm，419mm，空枪重 3.1kg，理论射速 950 RPM。

美国柯尔特 601/602 型卡宾枪

柯尔特在获取了阿玛莱特的步枪之后生产的头两个型号是 601 和 602。这两种枪在很多方面都是原来阿玛莱特步枪的复制品（实际上，人们经常发现它们只是贴牌的阿玛莱特 AR－15）。

601 型和 602 型很容易通过它们的弹匣座侧面为平板状，而没有常见的弹匣释放钮防止误操作的"围栏"，以及某些时候它们的枪身绿色或者棕色油漆，来识别。

601 是美国空军采用的第一种步枪，但是后来很快就被 XM16/M16（柯尔特 604 型）给取代了，因为后者有很多改良。

602 型也被购买了一定数量。大量的这两种型号的步枪在东南亚许多特别行动单位中被使用，最著名的就是英国陆军特种空勤团（SAS）特种部队。

601 型和 602 型的唯一区别就是从原本 14/1 英寸的膛线缠距改为了更常见的 12/1 英寸的缠距。

美国马萨达战斗卡宾枪

近年来，伴随着对 M16/M4 导气管式导气系统的质疑，活塞式导气技术得以复苏，并被一些著名公司，如 Colt、FN 等应用到自己的新型武器系统中。

新近，生产 AR 式系列步枪配件为主的美国一家小公司——麦格普军事工业公司也推出了自己的采用活塞式导气系统的产品，即马萨达战斗卡宾枪（马萨达战斗步枪），这也是该公司推出的首款成品枪。

该步枪不仅可快速更换枪管、枪机以转换不同的口径，而且在枪托、弹匣等零部件的设计中融入了自己以往的生产经验，使人机工效更胜一筹。虽然出自一家小型公司，马萨达值得关注。

由美国麦格普公司推出的马萨达步枪可谓是近几年来整个 5.56mm 活塞导气式武器中最先进和最具想象力的武器之一。

麦格普公司是位于美国科罗拉多州的一家专门生产武器配件、附件的小公司。该公司于 1999 年由从美国海军陆战队退役的侦察兵 Richard Fitzpatrick 一手创办，其产品种类很多，但大多是围绕着 AR 式武器的周边产品，例如各种功能各异的枪托、握把、弹匣及其他小配件，之前并没有生产整支枪的先例。

麦格普公司为其首款成品枪取名颇费一番心思。"马萨达"源于这样一个故事。公元 72 年，罗马军团包围了犹太人的居住地。犹太人的要塞，也就是马萨达矗立在高原上，因此，罗马军团被迫修建一条斜坡道路用以攻击马萨达。

当将要完工的时候，犹太人决定宁可自杀也决不受罗马人的统治，于是选择了集体自杀。麦格普公司认为马萨达的故事是一个勇敢挑战的例子，于是用马萨达来命名自己心爱的首款步枪。

马萨达步枪于 2006 年秋季开始研制，至研制成功只用了 4 个月的时间、不足 7 万美元的费用。之所以用这么短的时间和这么少的资金，是因为马萨达步枪是一支集大成的武器，麦格普公司把许多已经发展成熟的设计汇集在一起，并加入了自己多年来生产 AR 式步枪配件的经验。

虽然麦格普公司一直声称其研制平台建立在阿玛莱特公司的 AR18/AR180 步枪基础之上，但最终结果显示，马萨达战斗步枪受 M16 的影响依然十分深刻，其枪机、发射机设计以及分解维护几乎和 M16 一样。

不过，作为麦格普公司的首款成品枪，马萨达战斗步枪还是闪耀着一些独特的亮点——内置于枪托和握把内的附件盒、改进的扳机护圈、聚合物弹匣等。

马萨达战斗步枪还可通过快速更换枪机和枪管发射不同口径的枪弹，包括 5.56×45mm、5.45×39mm、6.8mmSPC、6.5mmGrendel 和 7.62×39mm 等，不同的口径分别对应不同的枪型，如狙击步枪型、卡宾枪型、CQB 枪型、AK 步枪型等。如客户有其他口径需要，麦格普公司也可制造出不同的枪管、下机匣和枪机相匹配。

马萨达战斗步枪使用的是一体式上机匣。其上机匣采用高强度铝合金材料。在抛壳窗后面有导壳板，能改变弹壳抛出方向，防止左撇子射手使用时弹壳打到脸部。

机匣顶部设有皮卡汀尼导轨，机匣前端设有标准的折叠式准星座，与标准 M16 准星座的长度不同，但必要时可换成 M16/M4 的准星座。

机匣内镶有钢制导轨，用来导引枪机框组件。机匣与枪管连接部位配有枪管固定环，可起到隔热作用。另外机匣上还可安装 40mm 榴弹发射器。

下护手由高强度聚合材料模铸而成，三侧都可加装皮卡汀尼导轨。下护手分两种规格，标准长度的下护手适用 292mm 或更长的枪管，而短一些的下护手则适用于 267mm 的枪管。

枪机框组件与 AR18/AR180 步枪的类似。复进簧内置于枪框中，日常维护不需要任何工具，清洗时不易丢失。枪机采用标准的 8 齿闭锁突笋结构。

击针上增加了一根击针回位簧，能够防止由于民用弹软底火造成的击穿底火现象。拉机柄可左右互换，并且不随枪机往复运动。更换拉机柄时，需要拆卸枪机框组件，再取出拉机柄后，才能安装到另一侧。

下机匣采用聚合物材料制造。空仓挂机解脱钮、弹匣扣、快慢机均可左右手操作。只要用手指按住空仓挂机解脱钮，即可释放枪机。

扳机护圈仿照麦格普公司的民用升级版扳机护圈进行设计，射手即使戴厚手套也容易射击。握把参照麦格普公司的中型握把的外形进行设计。内置于握把的附件仓可携带两节电池，另外一个附件仓可携带机头、击针以及 3 发 5.56mm 口径枪弹。

麦格普公司已完成马萨达战斗步枪的两款枪托的设计。第一款为折叠式枪托，既能调节长度（有 7 个位置可调），又能调节贴腮高度。枪托可折向步枪右侧，且抛壳不受影响。枪托前端设有防水电池仓，可放置两节电池。

第二款是固定式枪托。长度调节范围 33mm，贴腮板最大调节高度 38mm。该枪托配备两种不同长度的橡胶托底板。

马萨达战斗步枪使用标准的 AR15/M16/M4 枪管，但对导气箍和导气孔做了相应改进，以适合安装活塞式导气系统。

任何 AR15/M16 枪管，经过稍微修改，便能安装在马萨达战斗步枪上。主要有 4 种尺寸的枪管可供更换，即 267mm、292mm、368mm、457mm，并有不同形式的护手与之配套。

活塞杆和其他相关部件是枪管组件的一部分。活塞式导气系统由麦格普公司独自研发，参考了 AR18/AR180 步枪的导气系统。在准星座位置上设有气体调节器，分为 3 档；"S" 档代表闭气，"R" 档代表正常条件下使用，"H" 档代表在高原、寒冷或恶劣条件下使用。

麦格普公司声称，马萨达战斗步枪已经对多种商用、军用弹药进行过试验，对各种弹药具有极好的兼容性。马萨达战斗步枪的射速为700发/分，全枪质量为3.04kg，操作起来很方便。

马萨达战斗步枪在活塞导气式武器中显示出很多领先之处，而且正在进行下一步的综合完善。虽然其主要针对民用市场研制，但也不乏进军军用市场的雄心。

2008年的SHOT展上，马萨达战斗步枪现身于布什马斯特公司的展台上，不过名称已改为Bushmaster ACR（先进战斗步枪）。

毕竟麦格普公司只是个生产武器配件的小公司，要想把市场做大，必须寻找合适的途径，把马萨达战斗步枪的生产权和销售权转给大名鼎鼎的布什马斯特公司当是捷径之一。

美国 M1 卡宾枪

概 述

M1 卡宾枪是一种半自动卡宾枪。在第二次世界大战中美国使用最广泛的武器之一。是枪械历史上按照公认的卡宾枪定义，第一种专门设计及大量生产的卡宾枪。

1938 年，美国陆军要求为军官、军士、司机、机枪手、通讯兵及其他不便携带来福枪的人配备一种介于步枪与手枪之间的质量不超过 2.5 千克的轻武器，作为轻型自卫武器用以取代手枪和冲锋枪。

1940 年美国军方批准展开研制计划。美国陆军委托温彻斯特公司研制威力介于步枪弹和手枪弹之间的新型枪弹。由温彻斯特连发武器公司设计的样枪以及威力介于步枪弹和手枪弹之间的弹药被美军选中，1941 年 10 月正式定型投产，并命名为"30 英寸口径 M1 卡宾枪"。

M1 卡宾枪于 1942 年进入现役装备部队。美国政府指定了 9 个生产承包商进行生产，直到二战结束，1945 年停产时，M1 卡宾枪及其改进型共生产了六百万支。

M1 卡宾枪发射专门研制的 7.62 毫米口径的枪弹（.30 卡宾枪弹，7.62×33 毫米），半底缘弹壳，圆弧形平底铅心被甲弹头。

这种子弹的弹头外形比较象手枪弹药，是一种圆头弹，枪口动能大约相当于 0.45ACP 手枪弹的 2 倍，0.30～06 步枪弹的 1/3，侵彻效果比冲锋枪使用的手枪弹强，有效射程更远。但是不适于远距离射击，威力不足。与其归类为减装药步枪弹，不如归类为加大威力的手枪弹更加合适。

早期 M1 卡宾枪采用觇孔式照门，翻转式 L 形表尺，后来的 M1 和 M2 卡宾枪都把表尺改为滑动式。早期的 M1 卡宾枪不配刺刀，后来根据军队的要求，在枪管下方增加了刺刀座，配备 M4 刺刀。M1 卡宾枪的枪托上可以附加携带两个备用弹匣的帆布制弹匣袋。M1 和 M2 卡宾枪均可安装枪榴弹发射插座发射枪榴弹。

M1 卡宾枪具有质量轻、射击时容易控制等优点。与当时的步枪相比，便于更换的弹匣和较大的容弹量，实际射速高而且后坐力低，其射击精度和侵彻作用比使用手枪弹的冲锋枪强。

在第二次世界大战期间，M1 卡宾枪被认为是一种有效的近战武器。道格拉斯·麦克阿瑟将军更称卡宾枪为"为我们赢得太平洋战争胜利的最大因素"。但是在朝鲜战争期间，在严寒低温环境下 M1 卡宾枪的可靠性表现得很差。

越南战争初期，美国政府也有将 M1 卡宾枪作为军事援助输出，是南越军队的主要武器。M1 卡宾枪成了一种非常有用的丛林作战步枪。M1 卡宾枪也曾经是联邦德国巴伐利亚乡村警察以及以色列警察使用的武器。相当长一段时间内以色列仍拥有大量 M1 卡宾枪及其弹药用於装备警队。

不同型号

M1A1 卡宾枪：1942 年定型，折叠枪托型，金属制骨架式枪托，向左侧折叠，供空降部队使用，共制造约 150000 把。

M1A2 卡宾枪：改进了机械照门，加入了风偏调节。

M1A3 卡宾枪：折叠枪托型，配备 15 发弹匣，原意替代 M1A1 但未落实。

M1 卡宾枪采用短行程活塞的导气自动原理，是温彻斯特公司雇用的大卫·威廉斯设计的。导气孔位于枪管中部，距弹膛前端面 115mm，

活塞在枪管下方，后坐距离仅 3.5mm。

发射时，火药燃气通过导气孔进入导气室并推动活塞向后运动，活塞撞击枪机框，使之后坐。枪机框后坐约 8mm 后，膛压下降至安全值，这段时间为开锁前的机械保险。

然后，枪机框导槽的曲线段与枪机导向凸起相扣合，枪机开始旋转（同时起预抽壳的作用）开锁。在枪机后坐过程中，其上的抽壳钩拉着弹壳向后运动，弹壳被拉出弹膛后，由枪机上的弹性抛壳挺向右前方抛出。事实上，M1 卡宾枪的枪机和 M1 伽兰德步枪的基本上一样，只不过是尺寸按比例缩小了而已。

在枪机开锁瞬间，击锤离开击针尾端，击针缩回枪机之中。机枪后坐的同时压倒击锤，击锤簧被压缩，击锤成待击状态。当机框惯性体后端撞击机匣前端时，机框停止后坐，而枪机则要到它碰及后机匣中枪机通孔的后端才停止运动。

此时枪机后坐行程大于全弹长，于是弹匣中最上面的一发弹又被托送至进弹位置。然后被压缩的复进簧伸张，推枪机复进，同时推弹入膛。由于枪机上的导向凸起和枪机框导槽的相互作用，枪机回转，实现闭锁。然后枪机框继续复进，直至惯性体的前端将活塞顶入活塞筒才完全停止。此时，枪再次成待击状态。

M1 卡宾枪的扳机轴位于扳机的前上方，所以扣压扳机后，扳机后端的凸肩上抬。阻铁尾置于上述凸肩的顶部，当阻铁尾上抬时，阴铁头便下降，与击锤卡槽解脱。阻铁和扳机共用一根轴。阻铁上有一椭圆孔。在阻铁簧的作用下，阻铁总力图向前。阻铁向前时，阻铁尾滑离扳机凸肩。

击发后，枪机后座压倒击锤，击锤下方的卡槽被阻铁挂住。欲再次发射，射手必须首先松开扳机。此时，扳机凸肩下降，由于击锤簧力大于阻铁簧力，故迫使阻铁尾返回至扳机凸肩的顶部。再次扣压扳机，击发另一发枪弹。

当击针向前运动时，其尾端的凸起必须进入机匣横梁上的槽中，否则，击针就无法向前。而这一点只有在枪机旋转到位并确实闭锁后才能实现。

如果在枪机未确实闭锁的情况下扣压扳机，击锤也会向前转动，不过其能量却消耗在使枪机旋转进入闭锁位置，故无足够的能量打击击针。

扳机护圈前面的手动保险是直推式的。把它推向左边时，保险机销轴上的平面对准扳机前端，因此允许扳机前端下落，从而可使扳机后端的凸肩上抬。当把保险推向右边时，保险机销轴的圆柱面移至扳机前端的下方，阻止扳机向下运动，形成保险。

M1 卡宾枪上的保险位于扳机护圈前面。早期 M1 卡宾枪上的保险是横推式操作的按钮开关，但后来改成回转式的杠杆开关，这是因为在持续射击时保险按钮很快会变得过热，弹匣卡笋紧邻着保险按钮，而发烫的保险按钮会影响更换弹匣时的操作。

早期 M1 卡宾枪上的照门 L 形的翻转式，大觇孔射程设定在 150 码（137m），小觇孔为 300 码（275m）。后来的 M1 和 M2 卡宾枪都把照门改为滑动式，距离从 100m 至 300m 内可调，而且也可以调整风偏。

性能数据

口　径：7.62 毫米；

弹　药：M130 毫米卡宾枪弹；

弹匣容量：15 发或 30 发可拆卸式弹匣；

枪　机：导气式，回转闭锁式枪机；

全　长：904 毫米；

枪管长度：458 毫米；

重　量：2.36 千克；

射　速：750 发/分（M2）；

枪口动能：931 焦；

初　速：585 米/秒；

有效射程：300 米；

使用弹药类型：

M1 普通弹；

M6 空包弹（用于发射枪榴弹）；

M13 训练弹；

M18 高压试验弹；

M27 曳光弹。

美国 M1A1 卡宾枪

美国陆军1940年提出具体指标：质量小于2.5kg，能实施单发或连发发射，能取代手枪和冲锋枪作为军士、基层军官或机枪手、炮手、通信兵或二线人员使用的基本武器。1940年11月，委托温彻斯特公司研制威力介于步枪弹和手枪弹之间的新型枪弹。

在1941年5月进行的第一次对比试验中，美国陆军放弃了连发发射的要求。9月份第二次对比试验前，温彻斯特公司提交了他们的半自动轻型步枪。1941年9月30日，选型委员会的报告书认为温彻斯特公司的样枪证明是最佳设计，于1941年10月正式定型，并命名为"M10.30英寸（7.62mm）卡宾枪"。温彻斯特公司设计的M1卡宾枪至定型在一年之内完成，在军械史上的发展过程来说，是一项纪录。

M1A1 式卡宾枪和 M1 加兰德步枪

与M1式加兰德步枪相比，M1卡宾枪有便于更换的弹匣和较大的容弹量，实际射速高而且后坐力低，其射击精度和侵彻作用比使用手枪弹的冲锋枪强。M1卡宾枪采用短行程活塞的导气自动原理，活塞导气系统由大卫·威廉姆斯设计。导气孔位于枪管中部，距弹膛前端面115毫米，活塞在枪管下方，后坐距离仅3.5毫米。

发射时，火药燃气通过导气孔进入导气室并推动活塞向后运动，活塞撞击枪机框，使之后坐。枪机框后坐约8毫米后，膛压下降至安全值，这段时间为开锁前的机械保险。然后，枪机框导槽的曲线段与枪机导向凸起相扣合，枪机开始旋转（同时起预抽壳的作用）开锁。在枪机后坐过程中，其上的抽壳钩拉着弹壳向后运动，弹壳被拉出弹膛后，由枪机上的弹性抛壳挺向右前方抛出。

当枪机框惯性体后端撞击机匣时，枪机框停止后坐，而枪机则要到它碰及机匣中枪机通孔的后端才停止运动。此时枪机后坐行程大于全弹长，于是弹匣中最上面的一发弹又被托弹板送至进弹位置。然后被压缩的复进簧伸张，推枪机复进，同时推弹入膛。由于枪机上的导向凸起和枪机框导槽的相互作用，枪机回转，实现闭锁。然后枪机框继续复进，直至惯性体的前端将活塞顶入活塞筒才完全停止。此时，枪再次呈待击状态。

使用的部队

M1 卡宾枪在第二次世界大战期间是美军军士、基层军官或机枪手、炮手、通信兵或二线人员使用的基本武器。由于它的重量极轻，甚至有些突击队也使用它作基本武器武器。

M1A1 式卡宾枪的改造过程

在 M1 式卡宾枪的基础上改进，将枪托改为折叠式枪托。该枪被命名为 M1A1 卡宾枪，并在 1942 年 5 月正式生产。

特 点

M1 卡宾枪与 M1A1 卡宾枪最大的分别就是折叠式枪托。该折叠式枪托使枪的长度短了 10 吋，使用起来方便得多。尽管折叠式枪托使该枪加重了 0.25 磅，但它还是大大增加了该枪的实用性。

1942 年初，美国空降部队要求开发一种能折叠枪托以缩短全枪长度，且在折叠状态下也能射击的 M1 卡宾枪。1942 年 3 月通用汽车公司试制了侧向折叠的金属骨架形枪托样枪，而斯普林菲尔德兵工厂则试制了伸缩式金属枪托样枪。经过试验，通用汽车公司的样枪在 1942 年 5 月被选定为制式武器。

M1A1 式卡宾枪是主要装备美国的伞兵。它全长为 90.5 厘米，折叠后只长 64.8 厘米，非常容易储放。M1A1 式卡宾枪全重为 2.53 公斤，其他诸元同 M1 卡宾枪一样。

美国 M2 卡宾枪

在研制中，原本是要有连发射击能力的，但这个要求在通过初步试验后被放弃。但后来基于士兵的反馈，要求有全自动的火力，于是在 1944 年 5 月开始研制增加了快慢机的 M1 卡宾枪，研制工作由通用汽车公司和斯普林菲尔德兵工厂分别进行，最后通用汽车公司研制的样枪被采用，在 1944 年 9 月正式命名为 M2 卡宾枪。

由于全自动射击时弹药消耗特别快，因此把弹匣容量增加到 30 发，但可与原来的 15 发弹匣通用。M2 卡宾枪仅生产了 57 万支，一般装备给参谋士官或军官使用。

有些 M2 卡宾枪使用了 M1A1 的枪托，此外 M2 卡宾枪的 30 发弹匣也可用于 M1 卡宾枪上，因此很容易在外观上产生混淆，准确辨认的方法就是看看机匣左侧有没有快慢机柄。

美国 M3 卡宾枪

　　M3 卡宾枪在研制时被称为 T3 式或 T120 式卡宾枪，是在 1944 年初应美国陆军的要求而开发的一种夜间近战用狙击步枪。T3 卡宾枪基本上就是在 M2 卡宾枪的机匣上安装了一组主动红外夜视瞄准装置（命名为 M1 式狙击镜，也称为"Snooperscope"），前护木下安装了一个带控制开关的握把。

　　由于主要是在夜间使用，在枪口上配有喇叭形的 T27 式高效消焰器，该消焰器最初是为 M1 伽兰德步枪研制的，后重新命名为 M3 式消焰器。减少射击时对夜视镜的影响，另外又取消了连发射击功能。T3 卡宾枪在 1945 年 8 月才正式命名为 M3 卡宾枪，只生产了约 2100 支，而且只用在朝鲜战场上。

美国 M4 卡宾枪

研发历史

随着 M16A2 的研制成功，美军也开始考虑为特种部队研制发射 SS109/M885 弹的新型卡宾枪了。就像 M16A2 一样，这种新型卡宾枪也是根据海军陆战队的需求而在 1983 年开始设计的。

当时海军陆战队的武力侦察连正式装备的小型肩射武器只是 M3A1 "注油枪"，而装甲车组成员也是使用 M3A1，海军陆战连认为应该为这些人提供一种卡宾枪。

最初柯尔特公司为海军陆战队研制的 M16A2 卡宾枪基本上只是把 M16A2 上的改变应用到 653 型卡宾枪上，即更换了 1/7 缠距的 14.5 英寸（368mm）重型枪管，改用 M16A2 消焰器，用 3 发点射代替全自动射击，改用 M16A2 的机械瞄准具。

这种 M16A2 卡宾枪在 1985 年完成设计，柯尔特公司的型号编号为 720 型，而在军方的测试计划中称为 XM4。但国会否决了海军陆战队的 XM4 采购预算，结果武力侦察连不得不采用海军的 HKMP5－N 冲锋枪来代替老旧的 M3A1 冲锋枪，而其他的美军特种部队则在 1988 年开始使用的 RO727 等其他 M16A2 卡宾枪。

美国陆军的试验与鉴定司令部在 1986 年 4 月重开 XM4 卡宾枪的研制工作和第 2 阶段试验。经过进一步试验和改进后，XM4 在 1991 年 3 月被正式定型并命名为 "美国 5.56mm 北大西洋公约组织口径 M4 卡宾枪"。

M4 与其他 M16A2 卡宾枪最明显的区别特征是其枪管在距离准星座前 25mm 的位置上加工了一个缩颈的形状，这是在后来的试验中为了挂装 M203 榴弹发射器而作出的改动。

为了能够挂装原有的 M203 榴弹发射器，M16A2 在护木内的枪管直径与 M16A1 是相同的，但卡宾枪的护木较短而护木外又采用 M16A2 式的厚枪管，因此柯尔特的工程师就在护木外的枪管中段加工了这个缩颈，这样就能挂装 M203 榴弹发射器。固定枪托也能装上去用，但在美军中并不常见有这样做的。

M4 卡宾枪还把原本只有两个固定位置的伸缩式枪托改为有四个固定位置，再后来又改为六个。另外 M4 的照门虽然是 M16A2 式的，但表尺最远只可调到 600 米，而非 M16A2 的 800 米。由于下机匣是 M16A2 的，因此射击方式为半自动和三发点射。

由于 M4 和 M16A2 非常相似，事实上它们有 80% 的零件可以互换，因此最初也称为 M16A2 卡宾枪。M4 首先装备 82 空降师，用于取替 M16A1/A2 步枪、M3A1 冲锋枪和车辆驾驶员使用的部分 9mm 手枪，1994 年正式列装。

M4 卡宾枪首次参加实战是在 1991 年的海湾战争，战争爆发前美军突然发现他们缺少新步枪，许多部队仍在使用 M16A1，而 M16A2 只是在 1986 年才开始陆续装备，有许多部队还没有完成换装。由于需要尽快获得大量的 M16A2 和 M4，因此美国国防部批准增加 M4 的供应商，缅因州的大毒蛇轻武器公司获得一份供应 M4 卡宾枪的采购合同，并为陆军供应了 4000 支 M4，这批枪在"沙漠盾牌"和"沙漠风暴"期间被第 82 空降师使用，据说施瓦茨科普夫将军的卫兵也是使用大毒蛇 M4。

然而当时美军还没有取得 M4 的生产权，柯尔特威胁将会控告美国政府未经许可就向其他公司转让 M4 的工艺文件，结果大毒蛇就只得到这一份 M4 的政府采购合同。

在 M4 装备部队后，柯尔特又设计了一种用皮卡汀尼导轨代替固定提把的平顶型机匣，方便安装模块化的瞄准装置。在 1994 年 8 月这项改进也被美军接纳，并把这种平顶型 M4 正式命名为"美国 5.56mm 北大西洋公约组织口径 M4A1 卡宾枪"，在柯尔特公司的编号则为 927。

由于特种部队不喜欢 M4 卡宾枪的点射限制装置而使用其他可全自动射击的 M16A2 卡宾枪，因此 M4A1 也采用了 M16A1 的下机匣。但在试验中发现 M4A1 的枪管容易过热，有射手以全自动方式连续打完 6 个弹匣后护木就烫得不能直接用手去碰。

尽管 M4A1 是一把卡宾枪而不是轻机枪，但为解决这个问题柯尔特对护木进行了改进，把铝制隔热屏由原来的单层改为双层，因此也相应地加粗了护木直径。这项改进后来也应用在新生产的 M4 卡宾枪上，所以早期的 M4/M4A1 上的护木和以前的 M16 卡宾枪是一样的，而后来的 M4/M4A1 护木都比较粗。

M4 卡宾枪多数装备车组成员、机组成员、文书或军官，例如 M1 坦克车组成员多年来是使用 4 支 M3A1 冲锋枪作为自卫武器的，现在则改为两支 M4 卡宾枪和两把 M9 手枪。

由于平顶型机匣方便安装瞄准镜，除了早期的订货是有 A2 提把外，现在美军所有采购的 M4 均采用平顶机匣，配用的瞄准镜主要为 TA11 和 TA31ACOG 及 M68CCO。目前的政府标准型 M4 系列为柯尔特 920 型和柯尔特 921 型。

配备 KACM4RAS 护木的柯尔特 925 型卡宾枪经过测试后被定型为 M4E2，但这个名称似乎由于对已有的卡宾枪安装这个护木后是否需也应更改名称的困惑而被放弃。美国陆军野战手册中把安装 RAS 的 M4 系列称为模块化武器系统。

尽管 M4A1 是为特种部队研制的，但陆军在 1998 年宣布，计划在常规部队中用带 RAS 护木的 M4A1 取代 M16A2 作为制式步枪，而原来的 M16A2 则转交预备役部队和海岸防卫队。

为什么陆军会打算用一种卡宾枪来取代标准的突击步枪呢？陆军的解释是 M4A1 比 M16A2 轻，而且足以有效对付 200 米射程内的目标；

有另一种解释是当"陆地勇士"系统装备部队时，M4A1能够减轻系统总重量。

但其实还有另一个传言，说陆军内部有一些高级将领仍然对FNMI在1988年凭价格优势击败柯尔特获得M16A2的供应合同而耿耿于怀，因为FNMI是外国背景公司。假如陆军决定采用一种不同型号的步枪，这样就有理由不继续履行与FNMI的采购合同了。

对于M4A1的采购引发了许多争议，而且当柯尔特获得陆军的生产合同后，FNMI随即提出他们也能为陆军生产M4A1。陆军拒绝了这个提议，于是FNMI向美国联邦法院提出诉讼，指美国政府指定唯一的承包商是不公平的。

联邦法院在柯尔特的运动下驳回了FNMI的申诉，解释说M4系列的技术是柯尔特专有的，而且按照柯尔特与陆军在1997年12月达成的协议，军方在2011年前都不得向其他生产商授予M4系列的生产权或转让工艺文件。

陆军采购M4A1的高峰是在2000年前后，在2001年美国陆军最终决定让常规部队装备RAS护木的M16A4，似乎是对那个传言的佐证，陆军仍然是从柯尔特采购 M16A4。

由于较短的枪管导致初速较低和膛口噪声较大，护木也比长步枪更容易发热，因此海军陆战队是在采用 M4A1 还是要保留 M16A2 的问题上反复争论，最终在 2002 年 9 月宣布将用带 RAS 护木的 M16A4 代替 M16A2，但却是由 FN 生产的。

在阿富汗战场上许多徒步战斗的步兵抱怨 M4A1 存在射程不足的缺点，促进了海军陆战队的这一项决定，然而在 2003 年入侵伊拉克的城市战斗中，那些仍在使用 M16A2 的机械化步兵却认为他们更需要像 M4 这样短小精悍的轻武器，这是因为城市中的战斗距离比阿富汗山区要近得多，而且即使在城郊作战，这些机械化部队成员都没必要用手中的轻武器去对付 300 米外的目标，而那些抱怨 M4A1 射程不够的部队多数是缺乏重武器支援的轻步兵。

虽然 M4 系列的有效射程没有长枪管的 M16 系列远，但是许多军事分析家认为步兵轻武器大多数情况下不需要射击 300 米目标，只要在 150m 内有效就足够了。

M4 系列由于紧凑的外形和强大火力适合 CQB 而受到反恐部队和特种部队的喜爱，这些优点也适用于城市战斗，因此在常规部队的步兵班中，以 M16A4 为主再搭配少量 M4A1 成为流行的模式；而在特种部队和空降部队等快速反应部队中，M4A1 则是主战武器，美国特种作战司令部把 M4A1 采用为制式步枪。

在近几年，柯尔特又生产了加厚护木内枪管部分的 M4A1 或改装套件，在枪管整体加厚后虽然会略为增加重量，但全自动射击时更耐热也更准确。这些采用重型枪管的武器还配有一个重量稍大并被称为 H2 的新缓冲器。标准的 H 缓冲器里面有一块钨和两块钢组成的滑动配重，而新的 H2 缓冲器改为两块钨和一块钢。

目前这些武器被称为柯尔特 921HB 型（重枪管），但军队采用的 HB 改进型并没有重新命名，所以政府型 M4A1 是包括了 921 和 921HB。

除了在美军装备外，M4 系列也出口到其他国家，而柯尔特也向执法机构提供 RO777、779、977 和 979 这 4 种型号的 M4/M4A1。

Colt 公司除了 RO977 外，另外又向执法机构提供了一种枪管加长至 16.1 英寸的长枪管 M4A1，名为"执法型卡宾枪"，产品编号为 LE6920。

随枪配两个 20 发弹匣，当然使用者也可以自己买其他容量的弹匣了。LE6920 有固定提把的机匣和平顶型机匣两种类型，下机匣有三发点射和连发两种射击方式。

目前柯尔特 M4 被限制只能向军队和执法机构销售，只有特殊条件下才能允许平民拥有政府型 M4/M4A1。按照 BATF 的定义，14.5 英寸枪管被划分为"短枪管步枪"的级别，属于三级武器类别，而能够连发（包括点射模式）的武器被划分为机枪类别。

购买三级武器或机枪类武器都必须向 BATF 申请并交纳印花税，而且民间机枪类武器只能拥有 1986 年以前生产和出售的，因为联邦法律规定从 1986 年 5 月 19 日起就禁止美国的生产商和经销商向民间销售机枪类武器。

唯一的例外是特殊职业纳税人，他们是那些生产和进出口机枪的经销商和生产商。同样还有私人保安或军事企业，如保安承包商等。只有在 1986 年 5 月 19 日前生产的最早的柯尔特 M4 原型才能合法让一个非 SOT 平民合法拥有的。

由于柯尔特要维护他拥有的 M4 的名称和外形设计的独家权利，对此种情况一直有所不满；而其他生产商则长期以来声称柯尔特过份夸大他们的权利——他们说"M4"现在成为一个统称短 M16/AR-15 的术语了。

在 2004 年 4 月内，柯尔特向 HK 和大毒蛇提出商标侵权、贸易侵权和商标稀释的诉讼，指他们故意错误地使用商品名称，又侵权了柯尔特的专利，而且采用了不公平竞争和欺骗性贸易的手段。

HK 的申诉被法院驳回，因此 HK 不得不把他们的活塞短行程 HKM4 改变外形设计，并改名为 HK416。然而在 2005 年 12 月 8 日，一个缅因州的联邦地方法院法官作出的裁判支持大毒蛇（和 FN 的情况相类似，似乎又是地方保护主义作怪）。由于柯尔特对大毒蛇的诉讼等于实际上输掉了"M4"这个商标，所以法院干脆直接撤销了柯尔特所持有的 M4 商标专利权。

改型卡宾枪

长期以来，许多为卡宾枪提供各类瞄准具、灯具及其他战术附件的厂家都没有一个安装接口的标志，美国特种作战司令部在 1989 年 9 月开始尝试制订了一套近战卡宾枪的附件接口标准，并在 1992 年 5 月 15 日正式提出称谓特种作战改进型的计划名称，特种作战改进型计划是由美国特种作战司令部、海军特种作战部队、空军、陆军海军等其他特种部队共同提出，并委托海军武器研究中心负责研究的。1999 年 5 月开始在海军和空军提供以 M4A1 卡宾枪为武器平台的特种作战改进型进行试验。

第 1 代 M4 生产的主要承包商是奈特军械公司，M4 并不只是一支卡宾枪，而是一个以 M4A1 为基础的模块式突击步枪系统，主要模块包括一个有上下左右四段 M1913 标准导轨的 RIS 护木、缩短的快卸 M203 榴弹发射器及其瞄准具、一个快速拆卸消声器、后备照门、一支战术灯、一个可见光/红外激光指示器，还有反射式瞄准镜及一个夜视瞄准镜，但也有许多士兵把反射瞄准镜换成全息瞄准镜。

目前 M4 已经装备包括海豹在内的多个特种部队了，当 M4 配上一些近战用的战术附件时，又会称之为"室内近战武器型 M4"，实际上都是同一个东西来的。

性能参数

口　径：5.56×45mm；

全枪长：展开枪托 840mm；

缩起枪托：760mm；

枪管长：368mm；

膛　线：6 条，右旋，缠距 178mm；

空枪重：（不含弹匣）2.68kg；

30 发空弹匣重：0.11kg；

30 发满弹匣重：0.45kg；

理论射速：700 ~ 950RPM；

有效射程：600m；

瞄准基线长：368mm；

初　速：884m/s；

枪口动能：1645 焦。

美国 M4A1 卡宾枪

简　述

1988 年由柯尔特公司授命于美国陆军部，在陆军部与海军陆战队联合参与下研制新型的 M16 突击步枪。

柯尔特公司的工程师把枪管弄短至 14.5 英寸（370mm），枪管上增加了一个缩颈用以挂装 M203 榴弹发射器，采用伸缩枪托，射击方式为半自动和三发点射，护木内采用了双层的铝制隔热屏。

这种新型卡宾枪的柯尔特公司产品编号为 Model720，在 1991 年 3 月军方正式定型并命名为“美国 5.56mm 北大西洋公约组织口径 M4 卡宾枪”。

由于 M4 和 M16A2 非常相似，事实上它们有 80% 的零件可以互换，因此最初也称为 M16A2 卡宾枪。M4 首先装备 82 空降师，用于替代 M16A1/A2 步枪、M3 冲锋枪和车辆驾驶员使用的部分 9mm 手枪，1994 年正式列装。

柯尔特公司又为海军研制了一种射击方式为半自动和全自动的

Model727，除射击方式外其他与 M4 完全一样，因此有些人称 Model727 为 M4 增强型（M4except）或海军型 M4。

然后柯尔特公司又研制了一种 M4 的子变体，主要是设计了一种新的平顶型机匣盖以安装模块化的瞄准系统。在 1994 年 8 月，这项改进被军方采纳，并把这种平顶型 M4 正式命名为"美国 5.56mm 北大西洋公约组织口径 M4A1 卡宾枪"，柯尔特公司编号 Model27。

M4A1 的主要改进是把原来的固定式提把改为可以安装不同瞄准装置的 M1913 导轨——即平顶型机匣，此外 M4A1 的射击方式是半自动和全自动，就像 M16A1。M4/M4A1 卡宾枪在美国的特种作战部队中服役，特别是美国陆军的游骑兵、海军陆战队的武力侦察队和海豹突击队等等。

M4/M4A1 受到其他作战部队及非一线作战人员的钟爱。从 1997 年11 月起，美军陆军正式装备 M4/M4A1 卡宾枪，到 1999 年底全部现役部队换装 M4/M4A1，而原来的 M16A2 则转交预备役部队和海岸防卫队。不过尽管平顶型机匣早已投产，但首先装备的 M4 仍然是带瞄具提把的标准 M16A2 机匣。

M4 和 M4A1 主要由柯尔特公司和大毒蛇公司（BushmasterArms）生产，此外 M4/M4A1 也被一些执法机构所采用。现在柯尔特公司销售的 M4/M4A1 的名称已经改为 RO777、779、977 和 979。另外民间也出现一些民用型的 M4/M4A1，有半自动也有全自动，但为符合相关法规，枪管长度一般都在 16 英寸或以上。

现在针对 M4 有远距离杀伤不足的缺点，针对这个问题，柯尔特把 M4 改装为 6.8mm 口径，并且命名为 M468，目前，特种部队大量换装 M468，而 M16，M16A1，M16A2，M16A4 已经被打入冷宫

历 史

M4A1 的历史得从 20 世纪 60 年代的越南战争说起。1965 年初，因为前代主战步枪 M14 在越南丛林战中的恶劣表现，M4A1 的前身 M16

正式登场。并于 1965 年 11 月在德浪河谷战役中全面配发给部队。然而，随着配发数量的增加，M16 的问题也越来越多。

M16 存在的主要问题有：弹膛污垢严重易卡壳弹匣易损坏枪膛与弹膛锈蚀缺乏合适的清理工具，尤其是在在越南恶劣的条件下，情况更为严重。M16 在很多时候对于美国士兵来说是一个威胁而不是武器，美国人扔掉自己的 M16 而使用缴获而来的 AK47 的情况非常普遍。

经过一年多的紧张战地考察和信息反馈后，M16 的后继产品 M16A1 出现了。改进后的 M16A1 不但提高了可靠性，也在生产质量上严格把关。

每一批 M16A1 在配发到部队前都会进行可靠性抽试，抽试的结果中表明 M16A1 平均故障率为 0.033%，低于指标要求的 0.15%，平均无故障工作时间为 3000 发。通过严格控制生产工艺，M16A1 具有良好的可靠性。现实证明，M16A1 是一款设计优秀的步枪。

1977 年 4 月至 1979 年春，北大西洋公约组织进行了一系列的测试以决定新的北约制式弹。大部份北约成员国家提交的弹药都是以标准的 5.56mmM193M16 弹为基准研制的，当时的西德则推出了 4.7mm 无壳弹。在所有测试完成后，在 1980 年比利时 SS109 弹被选定为第二种北约标准弹。

SS109 弹的弹头为组合钢弹芯，枪口初速为每秒 3000 英尺。它的优点是有效射程比美国的 M193 弹更远，适合轻机枪使用，但是要完全达到这种性能表现必需将膛线缠距改为 7 英寸，而原来的 M16/M16A1 的膛线缠距为 12 英寸。

当 SS109 弹在缠距为 12 英寸的步枪中发射时，SS109 弹的表现只比 M193 弹好一点。因此 M16A1 需要进行改进以适应发射 SS109 弹，美国军方决定尽快改变膛线缠距并改进 M16/M16A1 的一些不足。

同时美国海军陆战队根据 M16A1 在部队使用的十几年来的意见也对 M16 着手改进并试验。到 1985 年陆军正式承认其改进的成果，改进后的 M16A1E1 被正式命名为 M16A2。

在之后几年内，在对 M16A2 进行过几次小的修改后，M4 正式诞生。M4 的编号是 Model720，在 1991 年 3 月军方正式定型并命名为：美国 & 北大西洋公约组织 5.56mm 口径 M4 卡宾枪（TheUnitedStatesCarbineCaliber5.56mmNATOM4）。M4 和 M16A2 非常相似，事实上它们有80% 的零件可以互换，因此 M4 最初也称为 M16A2 卡宾枪。

规格数据

口　径：5.56mm；

容弹量：30 发；

最大备弹量：90 发；

有效射程：685 米；

初速度：290 米/秒；

枪口动能：1570 焦耳；

特殊武器功能：加装（卸下）消音器；

杀伤力：49（不装消音器），26（装消音器）；

射　速：9.37 发/秒（不装消音器），8.43（装消音器）。

美国 M15A2.223 卡宾枪

对于阿玛莱特大多数人并不陌生。最近十年以来，最常见的自动装弹的来福枪是高效的 AR - 10.308 口径的来福枪。因为它太著名了，所以人们大都已经忽略了较小的 223 毫米口径的来福枪。

在杰纳苏伊利诺斯武器制造商的产品目录上一直都保留着它的名字呢。他的外貌与 M15A2 卡宾枪相同，但是它的尺寸不同，标准更高，它就是 M15A2 卡宾枪。

卡宾枪的装置包括可回收的有把守的靶垛，16 英寸的枪管，盖顶上的闪光抑制器。枪管是由 1：9 的铬合金锻造而成 A2 型的，便于携带的手柄以及全角度可调的后视瞄准器，前视瞄准器为 25 度可调，手动保险等等卡宾型设计。

来福枪的几个附件有必要特别重点介绍一下，首先就是"鹰"Sagle 工业生产的吊带，TAS - 1 吊带可以用在几乎所有的 M4 或 AR 型的来福枪上。有此设备可以使来福枪便于肩扛或者挂在胸前。因为最近十年的工业是朝着简约化迈进的，TL3 灯光的使用是此风格在 AR 型来福枪上的体现。此光来自可分离的绿色滤光器。

最后，通过我许多年的使用和训练的经验，特别推荐几种配套设备，它们是：鹰背心，鹰手套和护膝。另外，说到来福枪就不能不提配合使用的重要品牌弹药，它们是：Black - Hill、Cor - Bon、Federal、Hor - nady、Winchester，以及 Intema - tional Cartridge 等等。

阿玛莱特的装填量比较大，设计完美，品质好，质量高。

M15 卡宾枪是针对最初的膛线设计的，对使用者来说可靠性能最重要，当选择军火时，我们必须考虑的是我们的目的和我们可以接受的结局。

如果我们的目标是在纸板上击个洞的话，那么所有的子弹都能做到。我们之所以选择这种武器的原因就是一方面我们想最大限度地保护自己免受伤害，另一方面我们又想阻止敌人。

正如你所希望的那样，黑色的来福枪非常出色，如果在手枪和来福枪两者之间选择的话，通过报纸或电视新闻的报道，无论是谁都知道该选谁，与手枪相比，来福枪在火力和长度上的优势非常明显。

当然，如果不需要开火就可以保全双方生命的话，那是最明智的，但是如果不得已必须选择一种武器的话，那么选用阿玛莱特 M15A2 卡宾枪就是你生命的保证。

美国 M16 系列卡宾枪

M16A4 卡宾枪

M16A4 作为美国海军陆战队的前线标准装备及部份美国陆军前线装备，它是将枪械与火控系统分别进行模块化来设计的。取消了之前的固定携带式提把以及金属照门的组合，而是以 MIL – STD – 1913 皮卡汀尼导轨及可拆式提把取代之。

这使得枪支可以同时装备可拆卸携带提把或者其他大部分军用和民用的瞄准具或者目视装置。所有美国海军陆战队的 M16A4 都装配了 KAC 的 M5 RAS 鱼骨，可以附加前握把，激光瞄准具，通用战术灯或者多种其他附件。

在美国陆军战地手册里，使用了 RAS 的 M16A4 通常被称为 M16A4 MWS 或模组化武器系统。这个型号仍然沿用了 M16A2 的三发点射模式。

M16A1 卡宾枪

在 1970 年代早期，柯尔特推出 14.5 寸枪管的 M16A1 卡宾枪，14.5 寸枪管对应卡宾枪版的气动系统，亦可装上标准 M16 刺刀。

由于装有长枪管，M16A1 卡宾枪比其他卡宾枪长，失去紧凑尺寸的用途，柯尔特推出的 M651、M652、M653 及 M654 M16A1 卡宾枪，不同之处在于部份有伸缩枪托及复进助推器。

美国空军及海军亦有购买小量 M16A1 卡宾枪系列，用于其特种部队及保安部队。

　　在赎罪日战争期间，美国政府向以色列提供武器及物资，包括 M653 系列。在五分钱救援行动，以色列国防军将他们的 M653 命名为"CAR – 15"。他们的 M653 至今仍然在使用中，部份被大量改装，如割短枪管等，以色列对他们的 CAR – 15 昵称为 Mekut'zar 或 Mekut'zrar。现在正慢慢地被 M4 卡宾枪取代。

　　柯尔特特许 Elisco Tools 在菲律宾生产 M16A1 卡宾枪，编号为 M653P，M653P 在菲律宾拍摄的电影杀戮战场中亦有出现。

　　海豹部队的 M16A1 卡宾枪空枪重 2.54 千克，展开枪托全长 838 毫米，缩起枪托：757 毫米，枪管长度 368 毫米，枪口初速 920 米/秒。

美国 M16A2 卡宾枪

随着 M16A2 的研制成功，美军也开始考虑为特种部队研制发射 SS109/M885 弹的新型卡宾枪了。就像 M16A2 一样，这种新型卡宾枪也是根据海军陆战队的需求而在 1983 年开始设计的。

当时海军陆战队的武力侦察队正式装备的小型肩射武器只是 M3A1 冲锋枪，而装甲车组成员也是使用 M3A1，海军陆战队认为应该为这些人提供一种卡宾枪。

柯尔特公司为海军陆战队研制的 M16A2 卡宾枪基本上只是把 M16A2 上的改变应用到 653 型卡宾枪上，即更换了 1/7 缠距的重型枪管，改用 M16A2 的消焰器，用 3 发点射代替全自动射击，改用 M16A2 的机械瞄具。

M16A2 卡宾枪在 1985 年完成设计，柯尔特公司的型号为 720 型，被军方采纳用于测试时命名为 XM4。但国会否决了海军陆战队的 XM4 采购预算，结果武力侦察队不得不采用海军的 HKMP5 – N 冲锋枪来代替衰老的 M3A1 冲锋枪。

阿布扎比成为 M16A2 卡宾枪的第一个用户，但根据采购要求改用 M16A1 的下机匣，即可以全自动射击而非只能打 3 发点射。

柯尔特公司对出口到不同地方的 M16A2 卡宾枪各有不同的型号编号，出口到各阿联酋的型号为 723 型，加拿大特许生产的为 725 型，为美国海军生产的为 727 型。

现在我仍然不是太清楚柯尔特公司从什么时候开始把军用型武器由 Model 改称 RO，但我从一些资料中看到海豹突击队最早在 1988 年采用 RO727，不知道是不是 1980 年代就已经用 RO727 的称呼。

紧随海豹突击队的举动，三角洲突击队及其他一些美军特种部队也跟着采用 RO727，特种部队之所以选购这种原本是用作出口的武器是因为他们不喜欢 M16A2 的点射控制装置。

　　首先，M16A2 的点射控制装置设计不佳，如果在射击中过早松开扳机而只打出 2 发子弹时，那么再扣动扳机时就只能打出一发子弹。

　　其次，特种部队也不喜欢在战斗中被限制射击子弹的数目，一方面他们有信心能够控制出 2 至 3 发的短点射，另一方面在一些战斗情形中确实需要连发扫射。

　　由于 RO727 的枪管中间没有安装 M203 榴弹发射器所用的缩颈部位，为了能够挂装 M203 榴弹发射器，这些特种部队还是采购了少量 M4 与 RO727 一起使用。

　　直到 1994 年可全自动射击的 M4A1 推出后，RO727 才开始退出美国特种部队的武器库。

美国新版 AR - 10 卡宾枪

总　述

AR - 10 卡宾枪是一种由美国人尤金·斯通纳设计，弹匣供弹、气动式、气冷自动步枪，发射 7.62×51 毫米北约标准弹药。

AR - 10 采用直接导气系统运作，并采用钛、铝合金机匣及玻璃纤维护木和枪托，在当时这时这种创新设计令它比其余两个对手（M14 及 FAL）轻了近 1 公斤，但最终美军选择了 M14 自动步枪，不久后 AR - 10 的设计被用于 AR - 15（后来又衍生成 M16，现今美军制式步枪）上。

标准型的 AR - 10 最终只生产了约 1 万把，但后来以 AR - 10 衍生出来的型号却经常出现在市场上，并以比赛级步枪或狙击步枪的路线继续存在。

研制历史

美国飞机制造商费柴尔德为了提高利润，在 1954 年创建了一个开发轻武器的小型部门，名为阿玛莱特并由乔治·苏利文出任总裁，阿玛

莱特希望以费柴尔德的航空用途物料来开发枪械。当时这个部门就只有九人，其中一个就是前美国海军陆战队士兵，对设计枪械有浓厚兴趣的尤金·斯通纳。

随着斯通纳的加入，他成为了首席设计师并领导着开发团队，阿玛莱特亦在短时间内发表了多种新颖的枪械设计，包括在 1955 年至 1956 年间发表的 7.62×51 毫米口径 AR – 10 自动步枪原型。

适逢当时美国陆军正为了寻找 7.62×51 毫米北约标准口径新型步枪来取代服役了超过二十年的 M1 加兰德步枪而举行了评选，参赛的步枪包括国营春田兵工厂以 M1 加兰德改进的 T44 及 Fabrique Nationale 的 T48（FN FAL），而阿玛莱特则在 1956 年的后期评选才以两把 AR – 10 原型参赛，参赛的 AR – 10 具有航空铝合金机匣、直托设计、提高了瞄准基线的提把式可调照门和相对应的准星、枪口消焰制退器及可调节的气动系统。

在经过了测试后一些军械试验人员指 AR – 10 是他们所测试过的自动步枪中最轻的一种。

虽然试验人员对 AR – 10 的设计表示满意，不过铝/不锈钢混合式枪管（这把未经试验的原型由乔治·苏利文在斯通纳的强烈反对下提交）在 1957 年的一次严格测试后损坏。

虽然阿玛莱特立即以传统的不锈钢镀铬枪管作代替，但仍然被取消资格，美国陆军的最后建议指"阿玛莱特应对 AR – 10 进行多五年甚至更多时间去测试。"来改良完善。

阿玛莱特反对了美国陆军的建议，原因是当时已经较迟加入参选的 AR – 10 只在原型阶段，与其他已经设计完善的步枪比较实不公平，而且美军本来就偏重于二战时为他们生产大量优良枪械（如 M1 加兰德、春田 M1903、M1911 等）的春田兵工厂。

至 1957 年陆军部队强烈要求以弹匣供弹式步枪来取代老旧的 M1 加兰德，美国陆军最终决定了采用 T44，随后正式定名为 M14 并开始进行量产。

当阿玛莱特落败了美军步枪评选后，阿玛莱特把 AR-10 的生产专利卖给一家荷兰福克飞机公司旗下的 AI，AI 以 AR-10 开发了四种型号，分别为原型、卡宾枪型、轻机枪型及其他口径试验型，又把 AR-10 分为"好莱坞型"（阿玛莱特的原型）、"苏丹型"、"过渡型"及"葡萄牙型"。

苏丹型主要提供给苏丹政府，枪管刻有散热凹槽、三叉式枪口消焰器及刺刀座，连空弹匣重约 3.3 千克（7 磅），约生产了 2,500 把。后来，AI 又在 AR-10 上作了一些改进，包括改用重枪管、镀铬弹膛和简化气体调节器，以上型号皆使用由斯通纳设计的 20 发轻型铝制弹匣，这种弹匣的设计原意是弹药用完后即可丢弃。而部份"过渡型"AR-10 则在护木上装有折叠式两脚架。

AR-10 的生产数量不多，主要用户为危地马拉、缅甸、意大利、古巴、苏丹及葡萄牙的军队，用于邻近地区冲突及反游击队用途。苏丹军队的 AR-10 一直服役至 1985 年，亦有部份 AR-10 被反政府军捕获并渐转流入非洲各殖民地的军队、警队和游击队手上。

在 1958 年荷兰皇家航空亦有向 AI 订购了约 30 把 16 吋枪管的 AR-10 卡宾枪作机组人员自卫用途。意大利海军的海军突击队 COMSUB-IN、奥地利、荷兰及南非曾进口了极小数量作评估，芬兰及西德则进口了 7.62x39 毫米口径 AR-10 衍生型测试。

1958 年，当时古巴政府最高领导人富尔亨西奥·巴蒂斯塔购买了 100 把"过渡型"AR-10，在 AR-10 船运过程中被菲德尔·卡斯特罗的武装革命部队成功捕获。1959 年，菲德尔和其弟劳尔·卡斯特罗、捷·古华拉在哈瓦那附近试射时对其火力印象深刻。

1959 年 6 月，劳尔·卡斯特罗向多米尼加共和国的共产革命部队提供了一批 AR-10 作海上登陆及空降突击用途，然而共产革命部队被当地的反抗军出卖，空降部队被多米尼加陆军击败，这批原本属于古巴政府的 AR-10 终于被发现。

AI 最后期的 AR-10 改进型为"葡萄牙型"，"葡萄牙型"参考了各种步枪的设计和实战测试报告而作出适当改良，包括改用重枪管、可调式两脚架、三段可调式气体调节器、加强提把坚固程度及加装复进助推器，据估计"葡萄牙型"共生产了的 4 – 5000 把，绝大部份经布鲁塞尔军火商卖给葡萄牙国防部。

葡萄牙军队的 AR – 10 装备 Cacadores Pára – quedista 伞兵营，并用于葡萄牙殖民地的安哥拉和莫桑比克的战争中。

美国陆军于 1960 年 11 月在阿伯丁试验场及葡萄牙在实战中的经验中显示 AR – 10 的精度相当高（以美军军用弹药测试，部份 AR – 10 更能打出 100 米靶弹着点集中在 25 毫米），葡萄牙在非洲丛林及草原实战中亦发现 AR – 10 具有极佳的可靠性。

有部份"葡萄牙型" AR – 10 装有由 AI 改装的改良型上机匣，机匣顶部装有 3 倍或 3.6 倍瞄准镜，主要用于精确射手作小规模巡逻及在开阔地型射杀落单敌兵。

另外有些 AR – 10 则用于伞兵作发射枪榴弹用途，AR – 10 在发射枪榴弹时无须手动调整气体调节器，发射后空包弹弹壳仍会退出及自动装填下一发，亦有些 AR – 10 换装全金属枪托以承受重型枪榴弹的后座力。后来葡萄牙军队因 AR – 10 数量不足而在非洲殖民地改用伸缩枪托版本的 HK G3，不过 AR – 10 仍然装备伞兵部队，至 1975 年葡属帝汶冲突中仍有使用。

1960 年，由于荷兰对武器出口的限制，AI 开始全面停产 AR – 10 并离开轻武器市场，当时 AR – 10 只生产了约 10000 把，大部份为军用全自动型，极小数为半自动民用型。

随后数年，美国、加拿大、澳大利亚、新西兰的民间市场出现前军用的"苏丹型"及"葡萄牙型"发售，绝大部份的全自动功能被移除。2500 把澳大利亚发售的 AR – 10 则因 1997 年枪械管制法而被消消毁。

1958 年，阿玛莱特以 AR – 10 的设计开发了 5.56x45 毫米 NATO 口径的 AR – 15，同时阿玛莱特努力地世界各地的军队推销 AR – 10 及 AR – 15，不过阿玛莱特的 AR – 10 没有 AI 的 AR – 10 所作的改良，反而具有 AR-15 的设计特点，命为 AR-10A。

阿玛莱特 AR-10A 的专利没有卖给荷兰 AI，其设计与 AR-15 也有不同之处，除口径与步枪尺寸外，AR-10A 的枪机、扳机、拉机柄、弹匣插入角度亦向前倾了斜 5 度。但 AR-10A 并没有取得任何美国或其他国家军队的订单。1959 年，阿玛莱特向柯尔特出售 AR-10 和 AR-15 的专利权，后来柯尔特的 AR-15 成功成为美军的制式武器，而费柴尔德在 1962 年亦停止了与阿玛莱特的宾主关系。

阿玛莱特在脱离了费柴尔德后开始开发新系列的步枪，如 7.62×51 毫米口径的 AR-16，AR-16 采用较为廉价的传统式气动系统，冲压金属成型机匣，AR-16 只停留在原型阶段，斯通纳亦于 1961 年离开阿玛莱特并转任柯尔特的顾问。至 1970 年代，阿玛莱特停止了所有开发新型步枪的计划，同时公司也开始衰落。

结构特点

AR-10 式突击步枪是第二次世界大战后出现的几种比较引人瞩目的自动步枪之一。它的设计有独到之处，如导气管式工作原理、三用提把结构、大量采用轻金属和非金属材料等。

枪　身

该枪的导气装置包括枪管、导气箍、导气管以及由枪机和枪机框之间构成的气室。导气管通过枪机上的进气管与气室相通。导气箍内有气体调整螺，以调整流入气室中的气体量。

枪管内层镀铬，外层为铝。枪管外面套有塑料护木，枪口部有消焰制退器兼枪榴弹发射器座。导气孔距枪口的距离为枪管全长的三分之一。枪管尾端装有枪管节套。

机匣用铝合金制成，上方装有机柄和提把，提把兼做表尺座和保护机柄。机匣右侧有抛壳口，上有防尘盖。自动机由枪机、枪机框、击针、拉壳钩、抛壳挺等组成。枪机前端有 8 个闭锁突笋，闭锁时枪机向右旋转 22.5°。

发射机座也是用铝合金制成，其上安装发射机构。发射机座右侧有弹匣卡笋，左边是空仓挂机和快慢机。快慢机有保险、单发和连发 3 个位置。扳机位于握把、机匣和弹匣之间，扳机护圈可以向下打开，便于士兵戴棉手套扣机。

复进装置装在直枪托内，由缓冲器、复进簧、复进簧导管及其阻销等组成。直形弹匣系用瓦楞铝冲压而成。

瞄准装置

该枪采用机械瞄准具，准星为片状，表尺为觇孔照门。准星和导气箍为一整体件。表尺安装在提把后部，分划为 200～700m。

弹 药

该枪使用北约 7.62mm 枪弹。

美国 AR – 15 卡宾枪

概　述

AR – 15 自动步枪原本是在 7.62 毫米口径的 AR – 10 自动步枪基础上，由费尔柴尔德阿玛莱特公司的尤金·斯通纳设计的 5.56 毫米步枪。AR – 15 中的 "AR" 来自阿玛莱特的英文名称，而不是突击步枪。由于是第一种使用 5.56 毫米口径的步枪，它又被誉为开创小口径化先河的步枪。

但 1959 年阿玛莱特公司将该枪生产权卖给著名的柯尔特公司。柯尔特公司将该枪改进卖给美国等各国军方，被美军命名为 M – 16，即 "美国 5.56mm 口径 M16 卡宾枪"。

之后柯尔特公司仍然以 AR – 15 的名称向民众和警察等执法机关出售该枪的半自动型号，现在 AR – 15 特指该枪的民用版半自动步枪，也有人称为民用版 M – 16。

历　史

AR – 15 是在 7.62 毫米口径的 AR – 10 基础上，由费尔柴尔德阿玛莱特公司的尤金·斯通纳设计的。AR – 15 被发展成基于 AR – 10 的一种使用 5.56 毫米子弹的轻量型号。

阿玛莱特于 1959 年将其 AR – 10 和 AR – 15 的生产权卖给了柯尔特公司。柯尔特公司将 AR – 15 步枪卖给全世界许多军队组织，包括美国空军、陆军以及海军陆战队。

AR - 15 之后逐渐被美国军方采购，但却是使用 M16 的名称。然而，柯尔特公司还是在向民众和执法机关的买主提供的该枪的半自动型号中使用 AR - 15 的商标。最初的 AR - 15 是一支非常轻巧的武器，在装空弹匣的时候只有不到 6 磅重。当然之后重枪管版本的民用 AR - 15 可以重达 8.5 磅。

AR - 15 和其改型由多家公司制造，并受到世界范围内射击运动爱好者以及警察们的青睐，因为它们便宜精准而且是模块化设计。

AR - 15 的特征包括：

航空级铝材的机匣；

模块化的设计使得多种配件的使用成为可能，并且带来容易维护的优点；

小口径、精准、高弹速；

合成的枪托和握把不容易变形和破裂；

准星可以调整仰角；

表尺可以调整风力修正量和射程；

一系列的光学器件可以用来配合或者取代机械瞄具；

导气管式自动方式。

AR－15 半自动和全自动的改型外观上是没有区别的。全自动改型具有一个选择射击的旋转开关，可以让使用人员在三种设计模式中选择：安全、半自动、以及依型号而定的全自动或三发连发。在半自动改型中，这个开关只能在安全和半自动模式中选择。

技术数据

口径：223 雷鸣登北约 5.56x45 毫米；

枪长：991 毫米；

质量/重量：2.27～3.9 千克；

枪管：标准 508 毫米，406 毫米，368 毫米。

膛线：最早的型号具有 1：14 的膛线缠距，之后因为使用 3.6 克子弹而改成 1：12。新的配置使用的是 1：9 和 1：7 的缠距。关于不同的缠距是否会影响子弹的弹道以及末端性能的问题一直都有很多争论和思考，但是重的发射物是会具有更好的表现，因为弹速更快。

弹匣容量：5、10、20、30、40、90、100 发。

标准的配发弹匣为 20 或 30 发双排弹匣。具备 50、90 或 100 发容量的弹鼓也可以使用。针对 AR－15 设计的具有不同重量与长度的枪管，以及能使用不同口径弹药的上机匣，大量出现在售后市场上。

当安装一个全新的上机匣，特别是当它设计为可以使用不同口径弹药时，下机匣可能也需要根据这种转换进行一定的修改。

例如，当转换成 9 毫米的上机匣的时候，通常需要安装玛格威尔块，将 223 击锤更换成为 9 毫米弹药设计的击锤，以及根据你原来的枪托，更换为你的新的 9 毫米口径 AR－15 而设计的缓冲器、枪机弹簧和枪托垫片。

美国 AR－50 卡宾枪

阿玛莱特 AR－50 卡宾枪在 1997 年开始设计，在 1999 年的 SHOT SHOW 上首次公开，同年就开始对民间发售。

AR－50 的精度比较高，可用于射击比赛，因此作为狙击步枪也没问题，但作为一把单发步枪来说，其重量太大，估计没有军队愿意接受，所以该枪主要还是在民用市场上发售。

阿玛莱特 AR－50 卡宾枪是一种经济型的 50 BMG 口径步枪，在官方网站上，其售价为三千多美元。

AR－50 采用旋转后拉式枪机，机匣呈八角形设计，安装在框架型的铝制整体式前托上，机匣有两种型号，一种常规型为 50B，另一种左边拉机柄型为 50BLB。

前托底下安装有一个 M16 式的握把，前托后面用螺钉固定了一个可拆卸的肩托。肩托上有软橡胶缓冲垫和一个高度可调的贴腮板。

枪管为浮置式，只与机匣连接，内有 8 条右旋膛线，缠距为 1：15。AR－50 只是一把单发卡宾枪，所以没有弹匣。

AR－50 重量比较大，最初公布的参数中，其重量有 41 磅（约 18.6 公斤），作为军用步枪来说似乎太重，不过如果只用于参加民用比赛射击问题倒不大。现在阿玛莱特官方网站上公布的 AR－50A1（可能是最新的型号）重量为 33.2 磅，大概是作了改进设计。

AR－50 还有一个小弟弟叫 AR－30。

阿玛莱特 AR－30 卡宾枪于 2000 年开始设计，随后在 SHOT SHOW 上公开，2002 年设计完成，在 2003 年开始生产和对民间市场发售。

该枪是 AR－50 的缩小型，有 3 种口径，分别为 308 温彻斯特、300

温彻斯特－马格南、338 拉普－马格南。

由于所发射的弹药比 AR－50 要小，枪管也比较短比较轻，所以虽然整体设计和外形和 AR－50 很相似，但重量比较轻。此外，AR－30 还增加了可拆卸的 5 发容量弹匣。

目前 AR－30 正在参与 USSOCOM 在 2009 年初提出的 PSR 招标。

该枪全长 1129 毫米，枪管长 660 毫米，空枪重 5.5 千克，弹匣容量 5 发。

美国 CM901 模块式卡宾枪

柯尔特在美国陆军协会 2010 年年会（AUSA 2010）上展出的 CM901（Colt Model）被称为柯尔特模块式卡宾枪（Colt Modular Carbine，或 CMC），这是一种可以由用户根据任务需要而容易改变口径的模块式步枪。

这原本是由 SCAR 之后带起的潮流，但 SCAR 和 HK416/417 都不算是真正的多口径模块化武器，后来的 Masada 可以在 5.56×45mm 与 7.62×39mm 之间转换。现在据说 FNH 正在以 Mk17 机匣为基础研制 5.56 口径的改装套件，研制成功后的 SCAR 才算是真正意义上的多口径模块化武器。

当然了，还有其他一些设计其实也是真正的模块化，比如斯通纳 63 系统，但因为没有取得商业上的成功而被无视了，另外还有许多小公司的产品，如 MGI QCB，或 Cobb MCR，但这些也是商业上不成功的小众产品，没人在意也没成为潮流。自然也被柯尔特这些大企业给无

视了。

总之，柯尔特公司的人宣称，CMC 才是真正的模块化轻武器，不但可以在 5.56mm NATO 与 7.62mm NATO 两种口径之间转换，而且武器的自动原理系统也可以自由改变。

其实 CM901 的设计是利用了 AR 式步枪的基础才能做到这种所谓的"模块化"变形功能，相当于把 AR－10 和 AR－15 合在一起，用一个多口径的通用下机匣。当年斯通纳在设计 AR－15 的时候虽然还没有正式提出模块化的概念，但实际上这种武器已经具有模块化的基础，尤其是它的上下机匣两个主体部分具有极强的通用性。上机匣包含枪管、自动机，下机匣包含击发机构、缓冲器和枪托。把不同的上下机匣组合起来就可以产生不同的武器。

例如：美国海军舰艇上的很多 M16A2 其实只有上机匣是 M16A2，下机匣是用旧的 M16A1，因此美国海军的不少 M16A2 就如同 M16A3 一样具有全自动发射功能，而不像美国陆军或海军陆战队那样只能 3 发点射。后来他们采购 Mk18 短突击步枪时，同样是只买来上机匣，装配到 M16A1 的下机匣上使用。

这种情况在美国民间市场也很常见，比如美国的枪械管制法对全自动武器有严格限制，1986 年后生产的全自动武器都不能在民间流通。有些玩家想玩全自动的 M4A1，或最新的 HK416，于是他们可以只买一个上机匣，再与合法的 M16A1 下机匣组合在一起。除此以外，AR 式步枪的枪托、握把、护木等等部件都很容易更换，因此市场上也有各式各样的配件，让玩家可以改装出自己喜好的样式来。而 CM901 的"模块化"原理，就是利用了 AR 式步枪本身所具有的基础。

首先，CM901 本身是设计成一把 7.62 NATO 口径的自动步枪，该枪采用一个一体式护木的上机匣，但这个上机匣的主要目的是为了发射 7.62 NATO 弹，CM901 的真正特色，是它的下机匣，这是一个通用部件，能够装配上任何标准的 M16/M4 的上机匣，这样，用户不需要专门工具或专门训练，就像一般的分解维护一样，只需要简单地顶出固定销，把 CM901 的上机匣换成其他 AR 式步枪的上机匣，就能改变它的口径。

所以柯尔特公司并非研制了一种全新的 AR 式步枪，准确来说，他们只是研制出一个新的通用下机匣，只要更换上机匣，就能转换不同的口径和枪管长度。例如换上一个 M4 卡宾枪的上机匣，或者 M16A4 步枪的上机匣，这样 CM901 就能从原来的 7.62 NATO 步枪变成 5.56 NATO 卡宾枪或标准步枪。此外，如果换上 HK416 或 POF–USA 的导气活塞式上机匣，又能从气吹式变成活塞式的步枪或卡宾枪。

当然，由于柯尔特公司也在推销自己研制的活塞式 AR，例如 ALP 或 AHS 等等，所以在 CM901 的宣传资料上，柯尔特公司把这两种自动原理加上传统气吹式称之为的 CM901 可选用的三种自动原理。

所以，尽管柯尔特公司巧妙地称 CM901 为：可改变口径和自动原理的真正的模块化步枪，但整体而言是没有太多的创新，只是活用了旧的设计。

另外，除了 5.56 NATO 和 7.62 NATO 外，柯尔特公司正在考虑设计 6.8mm SPC 和 6.5mm 格伦德尔口径的上机匣，不过既然 CM901 的下机匣可以通用 M16/M4 的上机匣，那么其他公司现成的 6.8mm SPC 和 6.5mm 格伦德尔口径的上机匣就已经可以装配上去使用（事实上很多新口径的 AR 式步枪玩家也是只购买这些新口径的上机匣来组装枪支的）。

总之，由于活用了 AR 式步枪上下机匣设计的基础，使用者可以根据需要很迅速地去转换不同的型号。例如近距离战斗时，可以使用 10 英寸枪管的 Mk18/M4 CQBR 上机匣，当需要较远距离精确射击时，可以换上 18 英寸枪管的 Mk12 MOD0/1 SPR 上机匣，如果需要更远距离的狙击，可以换成 7.62mm 口径的长枪管上机匣。想提高恶劣环境下战斗的可靠性，可以使用活塞式原理；想提高射击精度，可以使用气吹式原理。

柯尔特公司的发言人声称 CM901 是专门针对美军的战争需求而设

计的，是"目前唯一能提供这种用户级别的真正模块化配置功能"的卡宾枪。在阿富汗和伊拉克，M16/M4 的表现尚可，但不适合远距离射击。尤其是阿富汗的山区，为此特种部队大量使用 7.62 步枪，比如 M14、Mk11 MOD0 和 M110，以及 Mk17 MOD0 等。但在阿富汗和伊拉克，也不可避免会有入室作战或洞穴搜索之类需要近距离战斗的任务。所以设计一种只需要更换上机匣就能转换多种口径的武器，只装备一种武器就能适合多种需要，而所需要的备件单一，又便降低后勤供应的压力，这个本来就是 SCAR 计划的目的之一。

在 AUSA 2010 上展出的 CM901 只有 16 英寸的 7.62mm 型，据说将来会推出 13 英寸、18 英寸和 20 英寸的型号。至于 5.56mm 的上机匣，展出的型号都是直接使用现有的 M16/M4 上机匣，例如 14.5 英寸枪管的 M4、10.3 英寸枪管的 Mk18 和 16 英寸枪管柯尔特 LE6940 和 LE6920 等等。

CM901 下机匣的左右两侧都有保险/快慢机柄、空仓挂机解脱杆和弹匣解脱按钮，因此左右手都方便操作。当使用 7.62mm NATO 上机匣时，可使用 KAC 的 SR25/M110 的弹匣，或马格普公司的 7.62 塑料弹匣。而当使用 5.56 上机匣时，可通用所有的 4179 标准弹匣，例如美军标配（USGI）的铝弹匣，HK416 的钢弹匣，或 Magpul PMAG 塑料弹匣等等。

CM901 的弹匣插座是专门为 7.62 弹匣设计的，当插上 5.56 弹匣后前面就会有多余的部分。另外，虽然 5.56mm 弹匣的前后宽度比 7.62mm 弹匣要窄，但由于 4179 弹匣的固定方式是弹匣卡笋伸入弹匣体左侧的方孔内挂住弹匣，弹匣体只要左右两侧基本夹住就不会往下掉，而弹匣卡笋在方孔内就能阻止了弹匣的前后移动。

因此，即使插入 5.56mm 弹匣后在弹匣座前面还留出一片空间，也能正常使用。事实上柯尔特公司已经不是第一次这么设计了。比如像 635 型 9mm 冲锋枪就是这样固定弹匣的。不过插上 5.56mm 弹匣后的 CM901 显得很臃肿难看罢了。

下机匣会有军用型和民用型两种，军用型可以选择半自动或全自动，而民用型只能半自动。CM901 的枪托也可更换各种 AR 式枪托。但目前还不清楚能不能把枪托内的缓冲器管换成比较短的型号，比如柯尔特 SCW 短卡宾枪的那个难看的折叠/伸缩式枪托。但柯尔特的工程师没有借机设计全新的后坐系统，仍然是采用原来的设计，所以 CM901 仍然不能使用全折叠的枪托。

美国 XM8 轻型模块化卡宾枪

据英国《防务系统日报》2004 年 1 月 4 日报道：通用动力公司欧洲地面作战系统分公司与赫克勒．科赫（H&K）公司在美国建立了一家合资公司，负责为美国政府生产及交付 XM8 式 5.56 毫米轻型模块化卡宾枪。XM8 轻型模块化武器将用于换装美国军队的 M16 式步枪和 M4 式卡宾枪。

XM8 的研制和试验进展非常迅速，HK 公司与美国陆军的研制相关部门都盛赞这件武器。但美国陆军刚准备 M16A4 没多久，为什么急着想要一种新武器呢？M16 系列在越南战争初期的可靠性受到争议，虽然经过多番改进，可靠性已经大为提高，也受到使用者的接受。但在阿富汗、伊拉克这些恶劣的战场条件下，仍需要通过勤快地维护保养步枪来减少它在战斗中发生故障的机会。

虽然在现有技术条件下火药发射动能武器的性能已经无法大幅提升，但陆军的研制部门对 XM8 的宣传重点是高可靠性和低维护要求，因为士兵心中还是希望有一件既可靠又准确的武器的。

虽然美国陆军从 2000 年开始逐步换装 M16A4，但仍有许多部队在使用 M16A2，现在有许多 M16/M4 的枪管寿命快要到期了，无论是维

修步枪还是换装步枪，都是需要一笔费用的。尽管购买新枪的费用会比较高，但 XM8 的服务寿命比 M16/M4 要长得多，维护费用又低，长此以往，累积的费用不算太高，说服国会通过采购预算的机会还是很大的。

XM8 的整体外形呈流线形，看起来就像一条鱼，但也能够明显看出 G36 的外形特征，因此有些人会误认为 XM8 仅仅是改变了外形的 G36。但实际上 XM8 是对 G36 进行了大幅度的改进，并采用了 XM29 研究成果中的许多新技术，不仅改善了 G36 固有的一些缺点，还提高了 G36 的战术性能，与其说它是披了不同外衣的 G36，倒不如说是 G36 的升级型，事实上目前德国 HK 公司也正在把 XM8 上采用的新技术转移到新生产的 G36 改进型上。

基本上 XM8 是一种全模块化的武器系统，共有 4 个型号，分别为：基本型，精确射击型，重型枪管自动步枪型，和紧凑型。XM8 的模块化部件包括了枪管、枪托、弹匣、瞄准系统，可以很迅速地更换这些部件而改变成不同的型号。

XM8 的导气装置和枪机与 G36 基本相同，也是采用短行程导气活塞系统和有 6 个闭锁突笋的回转式闭锁枪机。该导气系统源自 AR－18，经过 HK 的工程师改进，通过导气孔的火药燃气中有大约 90% 会向前方泄出，剩下的 10% 用于完成武器的动作循环。由于 XM8 的导气系统并不像 M16/M4 系列那样容易在导气管和机匣内积碳，因此提高了可靠性。

据说在可靠性试验中，一把样枪在不进行清洁或上润滑的情况下已经发射了 1 万 5 千发弹，并能应付大多数的恶劣操作环境。此外 XM8 的新设计也把维护步枪的工作量减少了 70%。例如维护一把 XM8 只需要 4 分钟，而维护一把 M4 则需要 14 分钟，而且 XM8 的维护周期长，勤务性能极好。

美国 XM177 卡宾枪

XM177 系列卡宾枪是 1965 年初由柯尔特公司研制的，其中没有辅助推机柄的空军型号称之为 XM177，后来改称为 GAU – 5A（GAU 是 Gun，Automatic，Universal 的缩写）。而有辅助推机柄的陆军型称之为 XM177E1，柯尔特公司的编写为 Model 609、Model 610A 和 Model610B。XM177 枪管长 10 英寸（254mm），由于枪管短，射击时产生的火焰和噪声非常严重，因此，枪管前端有一段长 89mm 的消声/消焰器。

XM177/XM177E1 在战斗中使用过，表现很好，特种部队尤其喜爱它重量轻的优点。但在后来的使用中发现弹道性能表现得不稳定，因此在 1968 年，柯尔特公司将 XM177E1 的枪管延长至 11.5 英寸（292mm），并重新设计了一种长度为 4.5 英寸（114mm）的内部为三段式隔音间的消声/消焰器。

改进后的 XM177 重新命名为陆军的 XM177E2（有辅助推机柄）和空军的 GAU – 5A/A（没有辅助推机柄），柯尔特公司编号 Model 629。由于在实际使用中士兵的反映良好，XM177E2 成为越战后期至 80 年代使用最广的 M16 卡宾枪型，但是这个型号最后被认为不完全适合军事用途而停止进一步的改良。另外在空军中也有使用一种名为 GAU – 5A/B 且带有辅助推机柄的型号，据说其实是生产了但陆军没有接收的剩余 XM177E2。

在越南战争结束后，柯尔特公司打算向国外的用户推销 XM177E2，但这个想法受到美国政府政策的阻碍。因为在 1970 年代中期，BATF 把 XM177E2 的消音/消焰器定义为"消声器"，尽管 XM177E2 的声音仍然比普通的 M16A1 步枪大得多，但根据法律的定义，认为任何能够降低武器枪口激波的装置都属于"消声器"，而当时的卡特政府决定禁止"消声器"输出国外，因此国务院就禁止了柯尔特公司对外国客户售卖 XM177E2。

美国 SUB - 9/SUB - 40 卡宾枪

    SUB - 9 在 1997 年左右推出，由 Kel - Tec 公司的主设计师乔治·凯尔格伦设计的，是一种发射 9×19mm 手枪弹的半自动卡宾枪，该枪的枪管铰接在机匣上方的照门座前，当不使用的时候可以把枪管向上翻折叠起来，比起一般的折叠式枪托可以把枪缩得更短。

    除了 9mm 口径外，还有发射 .40 S&W 的 SUB - 40 型。弹匣为市面上常见的大容量手枪弹匣，机械瞄具由片状准星和觇孔式固定照门组成，射程装定在 100 码（约 91 米）。

    在 2000 年时，凯尔格伦把 SUB - 9/40 改进成生产成本更低的 SUB - 2000 后，SUB - 9/SUB - 40 便停了产。

美国 SUB－2000 卡宾枪

SUB－2000 卡宾枪是基 SUB－9/40 卡宾枪改进而来，SUB－9 的生产成本有些高，因此市售价格也相应的高。但 KT 公司主要是做低端市场，这样高的价位不太容易卖得出去，所以就重新设计了 SUB－9，并重新命名为 SUB－2000。新枪的价格比原来的便宜差不多一半。

和 SUB－9 一样，SUB－2000 也是一种发射手枪弹的卡宾枪，使用美国市面上比较流行的9mm 派弹或 .40 S&W 弹，可在 100－150 米内提供准确的半自动火力。该枪采用简单的自由后坐式枪机，操作简便，价格便宜。最大的特点是可以折叠成 476mm×180mm（16 英寸×7 英寸）的大小，因此可以方便地放在公文包、旅游背包或汽车行李箱中。

另外 SUB－2000 卡宾枪的设计是可以使用多种市面上常见的手枪弹匣，例如9mm 型号可以使用格洛克 17/19、SIG SAUER P226、伯莱塔 92 或 S&W 59/659/5906 等手枪的弹匣，而 .40 S&W 型号则可以使用格洛克 22、S&W 4006、伯莱塔 96、SIG SAUER P226.40SW 等手枪的弹匣。但并非同一把 SUB－2000 可以使用多种弹匣，买枪的时候必须注意适合的弹匣类型是什么，如果自己有一把格洛克，却买了一把使用 SIG 弹匣的 SUB－2000，那到头来还得另外再买 SIG 的弹匣。

SUB－2000 卡宾枪采用自由后坐式枪机，闭膛待击，回转式击锤。机匣由 Zytel 聚合物制成，枪管铰接在机匣顶的照门座上。该枪采用单动扳机，手动保险是按钮式，横穿过枪机，关上保险时枪机不能运动。准星安装在枪口上，可调高低或风偏，觇孔式照门在枪支折叠时也被自动放倒，展开枪支时自动竖起来。一般 SUB－2000 卡宾枪归零是在 100码（91 米）的射程上。

机匣后面安装着钢管枪托，枪托尾部是塑料制的托底板。枪机在闭锁状态时后半部分就在枪托内，枪机后坐时也是在枪托里运动，复进簧在枪机尾部。SUB－2000 的枪机行程比较长，而且枪机很重，所以后坐力比较低。柱形的拉机柄连接在枪托底部。该枪没有空仓挂机功能，但在拉机柄活动槽的尾端有手动挂机卡槽。

　　SUB－2000 的定位就是一种可以直接使用多种流行的手枪弹匣的廉价卡宾枪，和那些真正考虑隐蔽携带的折叠式冲锋枪不同，真没什么人会买 SUB－2000 来自卫，折叠功能主要是一种噱头。而且由于零部件的耐用性、生产粗糙、性能中等之类的原因，除了一些 Kel－Tec 的死忠粉丝外，但大多数人并不怎么看好这把枪。

美国 SU－16 卡宾枪

SU－16（SU 是体育用途 Sport Utility 的缩写）是 Kel－Tec 公司在 2003 年推出的折叠式卡宾枪，尽管在宣传中说是适合郊游、背包客或飞行员在野外迫降后的自卫武器，但和 9mm 口径的 SUB－2000 一样，这也是一把定位为廉价民用步枪，只不过 SU－16 是发射步枪弹的。

整枪对折缩小尺寸只是一个卖点，并不是一个很有实用性的功能。这枪很便宜，比著名的农场步枪 Mini－14 还要便宜得多，只是质量和其他 Kel－Tec 公司的产品一样，不太令人期待。

SU－16 步枪的最大特点是在机匣的下半部分"破开"成前后两半，枪管、枪机和弹匣插座在前半截，而后半截是包括击发机构在内的枪托，前后两部分铰接在弹匣插座的尾端。把枪托向下折叠到枪管下方时，一把标准型的 SU－16A 型的长度便可以缩短到只有 67 厘米。展开后的枪托在握把上方用一根销子固定，不过这根销子很容易丢失，要小心使用，虽说如果掉了的话在五金店可以很容易地再做一个。

SU－16 的动作机构融合了几种不同武器的设计特点，比如它的自动原理类似于 AK，枪机类似于 M16。导气装置在枪管上方，长行程导气活塞的活塞杆是机框向前延伸的部分，而回转式枪机有多个小闭锁突笋，进入弹膛尾部闭锁。拉机柄在机匣右侧，是机框的一部分，随枪机一起运动。枪管的膛线缠距为1：9 英寸，因此可以适合大多数的 5.56mm/.223 弹药。

SU－16 通用 AR 式的 4179 标准弹匣，手动保险是横贯枪机的按钮式，位于扳机护圈上方，可以很容易地更改为右手操作或左手操作。机匣和枪托均由聚合物制成，由于大量使用塑料件，而且结构非常简单，所以该枪重量很轻，成本也较低。SU－16 步枪的有效射程为 200 至 300 米，不过精度相当一般，但 Kel－Tec 公司的产品一向如此。

SU – 16 一共有 5 种型号:

SU – 16A

它的枪管长 18.4 英寸，准星安装在枪口上，护木被设计成一个整体两脚架，枪托后部是空心，可以存放备用弹匣。10 发弹匣可以放两个，20 发或 30 发的弹匣可以放一个。

SU – 16B

和 SU – 16A 基本相同，只是枪管缩短至 16 英寸，另外枪管壁也改得更薄以减轻重量，但有一些批评这枪管太容易过热。

SU – 16C

也是安装 16 英寸枪管，但枪管厚度恢复成 SU – 16A 的厚度，大概是响应了针对 SU – 16B 的轻型枪管的批评。但 SU – 16C 最主要的改变是真正的折叠枪托，除了原来的折叠机构外，枪托本身在握把根部也可以向下折叠，如果只折叠枪托，并不会影响射击动作，但这个枪托不能存放备用弹匣。另外枪管口部有螺纹，能安装消焰器。准星挪到导气箍上。

SU – 16CA

除了恢复成 SU – 16A/B 的空心"固定"枪托外，其他方面和 SU – 16C 一样。

SU – 16D

它是最短的型号，有 9.2 英寸和 12 英寸两种枪管型。由于枪管太短，护木也不够长度组成两脚架，因此改为皮卡汀尼导轨护木。但除此之外，和 SU16C 相同，包括那折叠枪托和准星位置。

所有型号都在机匣顶部有皮卡汀尼导轨。标准的瞄准具包括可调准星，固定在枪管或导气箍上，而舰孔式照门则是安装在机匣顶的皮卡汀尼导轨上。

另外，还有发射 22LR 弹的 SU – 22，除了改变口径外，自动原理也改为自由后坐式枪机。弹匣的接口仍然是 4179 标准，但却改为透明塑料弹匣，可以看到里面的单排 22LR 供弹槽。

美国 RMR – 30 卡宾枪

　　RMR – 30 卡宾枪是 PMR – 30 手枪的卡宾型，因为 PMR – 30 手枪采用的是混合式的自由式枪机，枪管是固定不动的，因此只需要加长枪管，加装一个前托和伸缩式肩托，就成为抵肩射击的半自动卡宾枪。实际上 RMR – 30 卡宾枪的设计就类似于格伦德尔 R31 卡宾枪。在这么长的枪管上发射 .22WMR 效果应该会比 PMR – 30 手枪好。

美国 GRP 卡宾枪

　　这是在 2010 年 SHOT SHOW 上加入活塞式 AR 混战当中的雷明顿，他们推出的是采用新的一体式上机匣，护木是机匣的延伸。枪管长 10.5 至 14.5 英寸，均为卡宾枪。该系列命名为雷明顿导气活塞式（Remington Gas Piston）卡宾枪，简称 RGP。不过在 Bushmaster 的官网上看到此枪的介绍，也许又是由 Bushmaster 生产的。

美国 SPOMOD M4 卡宾枪

有鉴于长期以来，许多为卡宾枪提供各类瞄准具、灯具及其他战术附件的厂家都没有一个安装接口的标志，USSOCOM（美国特种作战司令部）在 1989 年 9 月开始尝试制订了一套近战卡宾枪的附件接口标准，并在 1992 年 5 月 15 日正式提出称谓 SOPMOD 的计划名称，SOPMOD 的意思是"特种作战改进型"。

SOPMOD 计划是由 USSOCOM、海军特种作战部队、空军、陆军海军等其他特种部队共同提出，并委托 NSWC（海军武器研究中心）负责研究的。1999 年 5 月开始在海军和空军提供以 M4A1 卡宾枪为武器平台的 SOPMOD 进行试验。注意，这种称为 SOPMOD M4 的系统在 NSWC 的计划中仅是称之为 SOPMOD Block1。

第 1 代 SOPMOD M4 生产的主要承包商是 KAC（奈特军械公司），SOPMOD M4 并不只是一支卡宾枪，而是一个以 M4A1 为基础的模块式突击步枪系统，主要模块包括一个有上下左右四段 M1913 标准导轨的 RIS 护木、缩短的快卸 M203 榴弹发射器及其瞄准具、一个 KAC 快速拆卸（QD）消声器、KAC 后备照门、一支战术灯、一个 AN/PEQ－2 可见光/红外激光指示器。

同时，还有 Trijicon 的 ACOG 和反射式瞄准镜及一个夜视瞄准镜，但也有许多士兵把 Trijicon 反射瞄准镜换成 M68 CCO 或 EOTech 全息瞄准镜。目前 SOPMOD M4 已经装备包括海豹在内的多个特种部队了，当 SOPMOD M4 配上一些近战用的战术附件时，又会称之为 CQBW M4，即"室内近战武器型 M4"，实际上都是同一个东西来的。

第二代的 SOPMOD Block2（现在命名为 SOPMOD Ⅱ）现正在研制

中，有许多不同的生产商在竞争这份合同，包括 KAC 的 URX Ⅱ 系统，ARMS 公司的 SIR 系统（Selective Integrated Rail），还有路易斯机器和工具公司（Lewis Machine & Tool）的 MRP（Monolithic Rail Platform）。

而改进的其他项目还包括增强 M203 榴弹发射器的夜间瞄准能力，改进或研制新的榴弹发射器（EGLM 计划），扩展通用的消声器（包括应用于轻机枪及其他武器上），升级/改进现有的各种战术附件等等。由于 SCAR 计划已经选定了 FN 公司的样枪，SOPMOD Ⅱ 的战术配件将会应用到 SCAR 上（SCAR 已经确定将使用 EGLM 榴弹发射器）。

为便于安装 KAC 的 QD 消声器，SOPMOD M4 的消焰口下方有一个斜切口，这也是 SOPMOD M4 与 M4/M4A1 区别的一个细微特征，这种消焰器名为 QD 型消焰器。

美国 T65K2 卡宾枪

　　T65K2 突击步枪是由位于高雄的联勤 205 厂于 1987 年所开发的，针对原 T65 式步枪、T65K1 步枪的缺失，并参考美国制 M16A2 步枪及世界各国先进步枪的优点研制而成，并于该年 4 月正式投入生产线生产，T65K2 可全自动、三连发和半自动发射。使用 TC71、TC74 和 SS109 子弹。

　　增设提把（类似美国的 M16），方便士兵携行，亦可装上联勤生产的 TS75 辅助瞄具，以增强日间及夜间的射击准确度。枪口防火帽采前栅后孔式，兼具消焰及制退功能，能使 T65K2 步枪后座力减少约 30% 在护木内加设铝质隔热片，可让射手持续射击 120 发子弹，其温度维持在摄氏 50 度内采用国造六五式刺刀氙气萤光夜间准星，可选用联勤 T85 榴弹发射器。

　　T65K2 是目前现役的步枪，除了军队之外亦用于高中职之军训课

程，台湾的高中生均须接受实弹射击训练，各高中职和军事院校的军训室里一定会有一间枪械室，用来收放教学用的 T65K2（将大部分的动力弹簧卸除，装上一般弹簧，枪口灌铅封死），常人不可进入。

　　T65K2 卡宾枪这是将 T65K2 步枪的枪管缩短，并且采用伸缩枪托的特殊版本，类似美国 M733 卡宾枪的设计。只有少量特种作战部队使用。

美国 M733 COMMANDO 卡宾枪

美国 COLT 公司继 M16A2 Carbine 枪（编号 M723）、M4Carbine 枪（编号 M727）之后，出品这支代号 M7333 Commando 的短版卡宾枪，2003 年 4 月 10 日上市，外形上采用 M16A2 的枪身、M4 伸缩托与护木，造就了这把突击任务枪。MARUI 这款搭载 EG1000 高速马达，枪官采用 CNC 绝密车床一体成型，对 M16 系列的摇头缺陷有明显的改善。

口径：5.56×45mm SS109/M855

全枪长：展开枪托 30″（762mm）

缩起枪托：26.8″（681mm）

枪管长：11.5″（292mm）

空枪重（不含弹匣）：5.38lb（2.44kg）

30 发弹匣：6.38lb（2.89kg）

理论射速：700～1000 RPM

有效射程：200m

最大射程：600m

初速：796m/s（2611FPS）

枪口动能：1270J

Colt Commando（柯尔特突击队员）这个称呼最早出现在 1960 年代的 CAR－15 冲锋枪及由其衍生出的 XM177 系列上，主要是用来称呼柯尔特的超短卡宾型 AR－15。发展到现在，已经变成对柯尔特超短卡宾枪型的统称了，于是被人为地划分为"A2 前结构"（pre－A2 configuration）和"M4 前结构"（pre－M4 configuration）两大类。后者就是 1980 代设计，在上个世纪未被称为"Colt Commando"，这个世纪又改称

"M4 Commando"的 733 型系列。

柯尔特突击队员的设计初衷是在一个拥有相当于冲锋枪般紧凑体积的武器上能拥有步枪般强大的火力和射程，它的主要使用对象是特种部队。不过，由于枪管极短，又采用了标准的 A2 式消焰器。

因此，膛口噪声和枪口焰的问题非常严重，尤其在夜间射击时容易产生眩目和听觉受损等现象，容易导致射手疲劳，这是柯尔特突击队员屡遭诟病的地方。但由于其长度很短，因此许多特种部队和特警队还是少量采用了这种短步枪当室内近战武器使用，例如 LAPD SWAT。此外还大量出口到其他国家，例如以色列。

美国 Colt Model 653 卡宾枪

柯尔特和美国海军陆战队在 1970 年代初期继续尝试改进 XM177 系列设计，通过试验中他们认为从导气孔至枪口的距离至少要有 4.5 英寸。基于这个试验结果，柯尔特公司重新设计了 XM177，把枪管长度增加到 14.5 英寸（368mm）。

由于这种枪管长度允许安装 M7 刺刀，于是就配备了 A1 式的标准"鸟笼"型消焰器，尽管短枪管仍然会导致枪口焰和膛口噪声较大。不过有另一种说法是，由于美国行政部门在 1976 年禁止向外国销售装有消声器的武器（原先的"XM177"消焰器已经被 BATF 定义为消声器，尽管这听起来很荒谬），为了让这种武器容易出口才采用 A1 式消焰器。

柯尔特生产了许多这种类型的卡宾枪型，而产量最大、使用最广泛和最有名的就是柯尔特 653 型（Model 653）。柯尔特 653 型在 1973 年推出，美国陆军和美国海军为特种部队获得一小批，并被发现在东南亚的美国部队有使用。但由于美军从来没有正式采用它，因此 653 型一直没有军方的正式编号（连代表试验型号的"XM"都没有）。

虽然柯尔特 653 型在美军中装备的数量不多，但作为出口产品销量却很大。653 型的最大使用者之一是以色列，仅仅在赎罪日战争期间紧急进口了一大批。菲律宾军队也是最早使用 653 型的国家之一，而且还获得了特许生产权，由菲律宾的 Elisco 公司在当地生产 653 型，柯尔特给它命名为 653 – P。前几年台湾张锡铭案中所使用的 M16 卡宾枪就是菲律宾的 653 – P。

当 1980 年代中期美军开始采用 M16A2 和新的 M855/M856 弹时，这些"A1"式卡宾枪开始被采用 1：7（178mm）M16A2 新膛线的新卡宾枪所取代。

以色列国防军（IDF）是柯尔特653型的一个大客户，不过同菲律宾不同，这些枪是原装的柯尔特货。在1973年赎罪日战争期间，美国援助以军的大批武器装备中就包括了大量的M16A1和柯尔特653型，以色列人对这种卡宾枪的正式称呼就是CAR-15。战后不久，以色列国防军采用了以色列军事工业公司的加利尔突击步枪作为制式武器，所以在1970年代后期在以色列国防军中很少见到有M16A1。不过，以军一些精锐部队在试用过M16A1后，便决定在城市战中使用它，而不是加利尔SAR或当时他们常用的AK。

在1970年代后期，CAR-15/M203的组合开始成为以色列国防军的正式装备，这主要是由于在AK或加利尔上加挂M203不是太方便，而且重量也太大。但到了1980年代，以军特种部队开始逐步用CAR-15替换他们的AK和加利尔SAR，在1980年代后期，几乎所有的以军特种部队都只使用CAR-15。在1987，巴勒斯坦被占领土上爆发反以色列起义。以色列的执法机构特种部队，也接收了大量的Colt Commando代替加利尔SAR，至此，加利尔步枪就完全从以色列执法部门中退役。在1991年，以色列国防军正式地采用了CAR15作为制式武器装备部队，这包括所有的特种部队、步兵先遣队、步兵团、工兵、海军和其他一些步兵战斗单位。

现在，作为战斗武器，加利尔步枪只用于以色列的装甲部队，炮兵团和以色列空军防空部队中一些固定编制单位。这些单位都有一个共同的特性，就是他们不需要徒步作战，而且很少有机会使用到配备到他们个人的单兵武器，因此他们并不需要像M16那样轻便而且精确的武器，更重要的是，目前仍然有大量的加利尔枪族可供使用。

在最近十年左右，这些CAR-15经过广泛改进，用假的M4外形来进行延寿改装，改装后的新枪托的伸缩位置有6个固定点而不是原来的2个或4个，而且采用A2式握把和M4式的枪管外形。不过以色列国防军还是更喜欢使用真的M4/M4A1卡宾枪，于是现在开始进行M4系列。

美国 Colt LE 1020 活塞式卡宾枪

在如今把 AR 式步枪改为导气活塞式的潮流下，柯尔特防卫公司也研制了一种采用短行程导气活塞的 AR 式步枪，并命名为 LE1020 卡宾枪。该枪初次展示是在 2006 年的 SHOT SHOW 上。当时有人认为 LE1020 可能取代 M4 系列，将来的名称就会叫做柯尔特 M5 卡宾枪。

不过在初次展示后，LE1020 一直没怎么大力宣传，直到今年的 AUSA2008 上，柯尔特公司展出了新的 APC 和 SCW，估计这才是柯尔特活塞式步枪的主打产品，LE1020 大概只是柯尔特公司众多活塞式步枪的项目之一，只是先一步用来试水的。

美国 Colt APC 卡宾枪

柯尔特先进活塞卡宾枪（Advanced Piston Carbine，简称 APC）在美国陆军协会 2008 年年会暨展览会（AUSA2008）上初次展出。APC 步枪是根据早前柯尔特 M5 和 LE1020 卡宾枪的经验改进而成，由于 LE1020 无法对 HK416 形成竞争力，所以柯尔特需要更进一步为它的导气活塞式 AR 步枪增加卖点和宣传力度。

柯尔特 APC 步枪的特点是采用专利的关节式活塞操作系统（Articulating – Link Piston，简称 ALP），其结构不同于 HK416 公司的短行程导气活塞，根据官方宣传，ALP 系统能降低活塞杆运动时对射击精度的影响，且简化了导气活塞式武器的清洁和维修程序，又提高了可靠性和使

用寿命。

当然了，广告总是说得很美好的，但至于 ALP 系统对传统短行程导气活塞的优势何在，敝站暂时还没有获得 ALP 系统的详细结构和原理说明，等以后得进详细资料再补充吧。

柯尔特 APC 步枪基本上也是紧跟当今 AR 式步枪的潮流之作，除了改用导气活塞系统外，还采用了带有周向皮卡汀尼导轨的整体式护木和上机匣，又放弃了传统的三角形准星，改用柯尔特新的折叠式钛合金准星。

改进的机框据说有后坐缓冲的作用，以提高点射精度。此外又改进了拉壳钩，增强全自动射击时的抛壳可靠性，据说历来是 M4/M4A1 卡宾枪的一个弱点。另外还有一种新的专利产品，命名为"雨刮"的自动防尘盖，这种无需手动操作的防尘盖还可以在挂起枪机的时候保持关闭状态，以防止外物通过抛壳口进入。

美国 Colt SCW 短卡宾枪

SCW 是紧凑式武器（Sub – Compact Weapon）的缩写。柯尔特 SCW 短卡宾枪与 APC 卡宾枪一起在今年的 AUSA2008 上展出，看起来似乎 SCW 短卡宾枪只是 APC 卡宾枪系列中的 PDW 型，但根据官方介绍，SCW 短卡宾枪其实是自成体系，但采用了许多 APC 卡宾枪的技术成果。

SCW 的枪管长只有 10.3 英寸，显然是一种专为 CQB/CQC 或乘车执行安全保卫任务（通常称为 PSD 任务，即现在比较流行的安全承包商的常见业务）和非一线战斗人员的单后自卫武器。

除了短枪管外，SCW 外观上最大的特色是一个外形独特的侧折叠/伸缩式枪托，这种枪托折叠起来后的外廓尺寸非常小。虽然外形看起来比较怪，让人怀疑它的舒适性，但根据在 ASUA2008 上体验过这把枪的人都说其实贴腮瞄准时非常舒服。

在内部，SCW 最大的特色是用户可选择三种不同的操作系统：

（1）改进式直接导气系统。

改进式直接导气系统，英文 Upgraded Direct Gas Impingement System，这仍然是 AR 式步枪传统的导气式原理，不过是柯尔特作了改进，除了专门针对短枪管的膛压问题做出更改外，据说还提高了可靠性和耐用性。

（2）柯尔特活塞系统。

柯尔特活塞系统，英文 Colt Piston System，简称 CPS，这是一种称为关节式活塞操作系统的导气装置，就是在柯尔特 APC 上所使用的。

（3）柯尔特先进混合动力系统。

柯尔特先进混合动力系统，英文 Advanced Hybrid System，简称

AHS，这大概是最有趣和最令人关心的系统，它把柯尔特的改进式直接导气系统和活塞式操作系统二合为一，柯尔特公司还计划推出采用这种系统的"先进混合动力卡宾枪"（Colt Advanced Hybrid Carbine），但目前有关该系统的结构原理欠奉。

除上述特点外，柯尔特SCW的其他特点包括有：新的"机框缓冲系统"，能降低后坐感和减小枪口上跳，从而提高全自动射击时的可控性和命中率，还可以缩短原来的机匣延长管，使之适合折叠/伸缩式枪托。据说目前该缓冲系统已测试超过36000发无故障和损坏。此外又采用了APC卡宾枪所采用的新拉壳钩和"雨刮"式自动防尘盖。还有钛折叠准星等。

美国 AR-57 卡宾枪

　　在 SHOT SHOW 2008 上出现了一种使用 P90 弹匣的 AR 式武器，这是由一个名为"57center"的组织设计的一种特别的专利产品，名为 AR-57，该枪充分利用了 AR 式武器的上下机匣结构特点，把一个 5.7×28mm 上机匣装配到一个 AR 式步枪下机匣上，使之可以使用 50 发的 P90/PS90 弹匣。

　　AR-57 采用自由式枪机，其抛壳口则是传统 AR 式步枪的弹匣插口。AR-57 是一件很有意思的卡宾枪，它并不是像 P90 那样充当 PDW 的，设计者似乎也无意向军警单位推销。

　　AR-70 卡宾枪现在可谓是怀才不遇，其性能远远优于 P90，但是其造价堪比同门师兄 AR-70，所以推广是不现实的。贝瑞达公司对该枪的预计是像 AN94 一样只服役于少数特种部队。但是何时服役、是否有新的型号，还是一个未知数。

美国 Barrett M468 卡宾枪

美国巴雷特武器制造公司以生产 0.50 英寸口径反器材步枪而著称，近日，公司又推出最新力作，即 M468 特种卡宾枪（以下简称 M468）。M468 的型号采用组合表示法，"4"表示该枪研制于 2004 年，"68"是指口径为 6.8mm。

1950 年代初，英国研制出一种 0.280 英寸（7mm）的枪弹，若是当时被美国采用的话，枪弹发展的历史会从此改写。当时英国向北约提供的候选枪为 EM2 步枪。该枪采用无托结构，口径 7mm，初速约 771m/s。

此外，最初的 FNFAL 步枪也使用这种枪弹。然而，美国陆军当时坚决主张使用 7.62×51mm"全威力"枪弹。美国在劝服北约采用其"全威力"弹后，几年后又主张北约采用 5.56×45mm 枪弹。如果说 7.62mm 枪弹威力过大，那么 5.56mm 枪弹用于军用威力则明显不足。

M16 步枪枪管长度为 508mm，最初发射 M193 枪弹，弹头质量 3.56g，初速 1000m/s。而美国特种作战部队采用的是 M4/M4A1 系列卡宾枪作制式。发射 SS109 弹初速 906m/s，低于 M16A2 步枪的初速 948m/s。用 M16A2 发射 SS109 弹时，达到较大创伤效果的弹头飞行距离大约是 200m，其后弹头速度降到 731m/s 以下。

当用 M4 或 M4A1 卡宾枪发射 SS109 弹时，这一速度值发生在不到 100m 处。这就是 SS109 弹在阿富汗和伊拉克战场杀伤力不足的原因所在。许多行动总结报告指出 M4 造成的创伤效果只相当于 0.22 英寸（相当于 5.59mm）马格努姆弹的创伤效果。

美国特种作战部队对 M4 杀伤力不足的反应是，订购改进了终点弹道性能的新型 5.56mm 枪弹，即 Mk262Mod0 和 Mod1 枪弹。也有些部队已不再相信任何 5.56mm 枪弹能够满足特种作战的需要，因此开始探索替代方案。

研制新型枪弹有几个要求，最重要之处是新枪弹要能用于现役的武器，这样军队就不再需要购买新的武器，而只要将 M4 卡宾枪换上新的上机匣便能发射这种新的枪弹。对这种枪弹的具体性能要求是其射程、动能、杀伤力以及杀伤范围等方面比 SS109 枪弹要好，另外就是要减小对枪管内膛的磨损，以提高武器的使用寿命。

M468 研制项目实际始于 2002 年初，当时有关 SS109 弹杀伤力不足的报告源源不断地从阿富汗战场传来。该项目枪弹的设计者为雷明顿公司，协作者包括美国陆军特种部队和在乔治亚州本宁堡的美国陆军射手训练营，新型卡宾枪上机匣的设计者是美国巴雷特武器制造公司。弹匣容量 5，10，28，30rds。

研制人员从第二次世界大战时的德国 7.92mm 弹开始，对中间型枪弹的整个发展过程进行了考查。7.62 × 39mm 枪弹被排除在候选范围之外，主要原因是没有现成的弹匣能从标准的 M4 卡宾枪下机匣可靠供弹，换句话说，若要采用这种弹，就要设计全新的弹匣。

随后对 6mm、6.5mm、6.8mm、7mm 和 7.62mm 等枪弹进行了考察和试验，最终结论是 6.8 × 43mm 特种枪弹在精度、杀伤力和可靠性等综合性能方面最佳。

任何使用 M16 步枪或 M4 卡宾枪的部门都可以通过换装巴雷特公司研制的上机匣而使原枪能发射 6.8 × 43mm 枪弹。对上机匣的改变仅限于枪管和枪管节套、抽壳钩和枪机，当然，还需要配用 6.8mm 弹匣。

对这种步枪的外部配置还有一些其他的改变。所有 M468 都将配用美国武器公司的导轨系统，以加装瞄准镜和附件。这种导轨系统使枪管能够完全自由浮动，即枪管不再用前后两点固定的方式，仅安装在机匣前端而形成浮动状态，这比传统的护木系统增强了通用性。

由于 6.8mm 的枪膛直径明显地大于原来的 5.56mm，使枪管的外径增大了，导气箍必须进行调整。巴雷特公司不是在枪管上开槽，而是为导气箍设置凸耳，凸耳还兼作准星座和消声器接口。

导气箍采用转轴安装而不是像 M16 那样采用锥销安装。这样能确保导气箍正确到位，并避免开接口槽对枪管壁厚的不利影响。M468 备用的机械瞄具可向后折倒，以便使用光学瞄准镜时不妨碍视线。

准星是巴雷特公司设计的，可以平折和垂直锁定，还可用配备的工具调整高低。照门是美国武器公司为使用其导轨系统特别设计的。这是一种觇孔式照门，设有 2 个觇孔，一个用于远距离射击，另一个用于近距离。

消声器接口与众不同，是基于巴雷特消声器专利而设计的，该接口为导气箍的一部分。安装消声器时，将滚花的护环去掉后将消声器拧紧，通过一个卡销将消声器锁定到位，按压卡销即可解脱消声器。

枪机框为标准突击步枪型，但枪机改动较大，以适应 6.8mm 特种枪弹较大的弹壳底部。闭锁突笋也有改变，抽壳钩稍微扩大了，配有 2 个更有力的弹簧，原来的单一弹簧容易造成抽壳故障。

6.8×43mm 特种枪弹源自老式的 0.30 英寸雷明顿枪弹。弹长明显短，但弹壳底部和底缘直径与早期枪弹基本一样。现使用 7.45g 比赛弹头，但采用全金属被甲弹头和软尖弹头的弹即将投产。

应该指出的是，这种 6.8mm 特种枪弹的弹道性能与使用了历时 50 年之久的英国 0.280 英寸枪弹的弹道性能几乎不相上下。这并不意味着雷明顿公司抄袭了老式的设计，而是表明这种老式枪弹仍有可取之处。

一部分试制的 6.8mm 特种枪弹已进行了明胶（模拟人体肌肉组织）弹道试验。在试验中，这种 6.8mm 特种枪弹从长 368mm 的枪管发射，枪口初速损失仅 15m/s，而武器的杀伤力优于 5.56mmSS109 弹。试验表明，这种 6.8mm 枪弹是可供 M4 卡宾枪发射的一种性能极佳的近战枪弹，适于军队或执法机构使用。

即使使用短至 305mm 的枪管发射，枪口动能也能达到 1996 焦耳，大于枪口动能为 1975 焦耳的 7.62×39mm 枪弹。如果从长 406mm 的标准枪管中发射，枪口动能达到 2341 焦耳。

在美国官方试验中，45 发弹在 100m 处对 10% 明胶的平均侵彻深度为 399mm。

以美国 NIJ 标准ⅢA 级防弹衣测试，这种 6.8mm 枪弹的平均穿透厚度达到 178mm。M468 在连发发射时很好控制，使用装消声器的枪型在 50m 处能使所有点射控制在 25.4cm 圆周内。其消声器使射手在射击时无需使用耳塞。

在雷明顿公司推出 6.8mm SPC 弹时，巴雷特公司率先推出了这种口径的 AR-15 式步枪，命名为 M468 特种用途卡宾枪。最初巴雷特武器公司推出的 M468 仅是一个包括枪管在内的上机匣，只要把普通的 M16/M4 换了这个上机匣就能发射 6.8mm SPC 弹。后来干脆整枪出售。

由于 6.8mmSPC 弹的枪口冲量比 5.56mm 弹大，因此安装了枪口制退装置。配用消声器的接口为导气箍的一部分，据说是巴雷特公司的专利设计，安装消声器时，将滚花的护环去掉后再将消声器拧上，通过一个簧压锁键将消声器锁定到位，需要解脱时只需压下一个按钮。据说 M468 在实际射击时的后坐感比没有安装制退器的 7.62×39mm AK 步枪略小。

6.8mmSPC 弹可以直接使用 5.56mm 弹匣，但因为弹径较大，因此一个 30 发 M16 弹匣只能装 28 发 6.8mm 弹。所以早期巴雷特公司提供的性能诸元中 M468 的弹匣容量为 28 发，但最近这个数字更新为 30 发，是因为巴雷特公司专门生产了加长的弹匣。

总的来讲，巴雷特 M468 卡宾枪的特点是便携易控，射程较远，射击精度好，其终点效能优于目前 5.56mm 北约标准弹。但由于美国军方对于 6.8mm SPC 弹仍然只是表示"感兴趣"，且作了一些基本的测试，但却没有进一步试验和试装备的欲望。

所以巴雷特 M468 卡宾枪还接不到大宗订单。而且即使美军决定全面换装 6.8mm SPC 弹，估计最大的可能还是由柯尔特或 FN 提供上机匣来改装现有武器，巴雷特的生产能力恐怕无法让军方有信心把全部订单都交给他们做。

美国 M468 新型卡宾枪

M468 卡宾枪是目前美国枪林中的新一类，首次亮相于 2006 年美国陆军协会举办的陆军武器装备展上。

近年，美国对小口径枪弹远距离杀伤效能提出质疑，甚至对 5.56 毫米小口径枪弹加以鞭挞。巴雷特公司并不急着改进 5.56 毫米步枪，而是开始研发其它口径的卡宾枪。

巴雷特公司通过努力，很快研制出了口径 6.8 毫米的 M468 卡宾枪和 6.8 毫米特种枪弹，让美国轻武器界为之一振。

比起美军现役的口径 5.56 毫米步枪来，M468 卡宾枪的杀伤威力大增。6.8 毫米特种枪弹的终点效能是制式 5.56 毫米枪弹的两倍。不过，M468 的后坐力和膛口焰也有轻微增加。

M468 的性能已获得美陆军的肯定，美海军陆战队也对它表示了浓厚兴趣。然而，美军现役和库存的 5.56 毫米步枪及枪弹的数量太大，以致 M468 不能尽快进入美军服役。

美国 Cobb MCR100 卡宾枪

  Cobb 公司在 2005 年拉斯维加斯的枪展上展示了他们参加 SCAR 计划的样枪，即 MCR 步枪，MCR 是多口径步枪（Multi‒Caliber‒Rifle）的缩写，这是一种以 AR‒15 类步枪为基础设计的。据 Cobb 公司宣称，这是世界上第一种真正的多口径 AR‒15 式步枪，可用的口径从 9mm 派弹到 .339 拉普，能列出一份长长的清单。

  Cobb 公司的 CEO 斯齐普·帕特尔在枪展上对参观者说，在 SOCOM SCAR 测试期间 Cobb MCR 样枪的导轨出现松动，因而导致 MCR 被取消资格。当时 MCR 的导轨系统是转包出去的，现在 Cobb 公司是自己制造 MCR 的导轨，新导轨在发射大量弹药后也不会松动。

  Cobb 公司的人还宣称在枪展期间，有许多的军方和执法机构的特别行动人员在的他们柜台前停下来，他们对此武器的印象深刻，而且认为应该重新测试和评估该武器。不过无论如何，由于竞争失败，Cobb 公司现在也只能向民间推销他们的产品了，除了销售成品枪外，Cobb 公司也提供改装业务，任何组织或个人都可以与 Cobb 公司业务部联系

把他们原有的 AR–15 类步枪改装成 Cobb MCR。

　　Cobb MCR 之所以能够转换这么多种口径，是因为其独有的上机匣和弹匣模块，一般的 AR–15 类步枪的上机匣与弹匣座是分开的，而且弹匣座是属于下机匣的一部分。这样当要改用一些长度比 5.56mm 弹长的口径时，就要连下机匣一起换，实际上等于整把枪都换了。而 Cobb MCR 把上机匣和弹匣座合并成一个模块，因此上述任何一种 MCR 型号都只需要更换这个用 T6–6061 航空铝材生产的"上机匣和弹匣模块"，就可以彼此转换口径类型。

　　而在同一系列型号内改变口径（如 MCR400 的两种口径）则只需要更换枪管和枪机。除上机匣和弹匣模块外，Cobb MCR 的其他零部件都与其他厂家生产的 AR–15 类步枪通用，所以任何一家公司生产的 AR–15 类步枪，都可以通过更换上机匣和弹匣座而变成 MCR 步枪（但如果弹长超过 5.56mm 的则需要改为左侧供弹）。根据口径和枪管长度的不同，Cobb MCR 重量的从 7 磅到 16 磅不等。

美国 Mk18 Mod 0 卡宾枪

20世纪90年代中期，美国特种作战司令部（SOCOM）拟定了一个"特种作战专用改进计划"（SOPMOD, Special Operations Peculiar Modification），并交由位于印第安纳州的海军特种作战中心卡伦分部（NSWC – Crane）具体实施。在该计划中，SOCOM 要求其下属所有单位所装备的武器应具有统一的标准，具体配件是以近战上机匣（Close Quarters Battle Receiver，缩写为 CQBR）为核心，此外还包括：测距仪、瞄具（包括夜视、红外感应和视频模块）及激光指示器等。

研制适用于近距离作战的步枪上机匣是 SOPMOD 的重要内容。近战上机匣是 M4A1 卡宾枪的一个可替换上机匣，其目的是为海军特种部队提供一种长度短、质量轻的近战武器，最大限度减少后勤维护的工作量。一支 M4A1 卡宾枪装上 CQBR 后，即变身为 Mk18 MOD 0 卡宾枪。该枪在许多不同地域的作战行动中证明了自身的价值。

CQBR 近战上机匣

在谈 CQBR 近战上机匣之前要说明的是，这里的"CQBR"指的是以枪管及其上方的导轨为核心，并包括上机匣的整个系统。

CQBR 最初由海军特种作战中心卡伦分部生产。卡伦的枪械专家们将 M4 卡宾枪的标准枪管（长368mm）缩短到267mm，把导气孔直径从1.6mm 扩大至1.8mm，同时改变了导气箍设计。改进后的枪管上加装了奈特军械公司（Knight Armament Company）生产的导轨接口系统（Rail Interface System，缩写为 RIS）和消焰器，在必要时还可以加装同样由奈特军械公司生产的可快速装卸的消声器。备用机械瞄具则选用路易斯机器与工具公司所生产的成品。

枪管长度被缩短为 267mm 后，即便在以较快射速射击的情况下，也能保持相对较低的温度，这是因为枪管缩短后，有一部分火药是在枪管外燃烧的，这就降低了枪管的温度。与采用 368mm 枪管的 M4A1 卡宾枪相比，装配 COBR 的卡宾枪具有更长的使用寿命。

如前所述，最初的 267mm 枪管是由卡伦分部改进生产的。路易斯机器与工具公司也生产了部分 267mm 枪管。随后柯尔特公司向海军特种作战中心建议，与其由卡伦分部自己改进生产 M4 卡宾枪枪管，不如由柯尔特公司向卡伦分部直接提供专用枪管。该建议最终被采纳。

按照这种方式，卡伦分部可以很方便地获得柯尔特公司生产的枪管，因为柯尔特公司本身就是 M4 卡宾枪的唯一供货商，这种类型枪管的生产，要符合美军 M4 枪管的各项军用技术标准。柯尔特公司为卡伦分部提供的枪管长度由 267mm 进一步缩短为 262mm。试验证明，262mm 是使枪管能安装奈特军械公司生产的消声器的最短枪管长度。就这样，CQBR 系统中的枪管长度被定为 262mm。

CQBR 虽然保留有刺刀卡笋，但不能安装刺刀。枪机由柯尔特公司提供，将抽壳钩簧由 4 圈加长为 5 圈，并在抽壳钩簧外增加一个圆环，以增强簧力。

变身 Mk18 Mod 0 卡宾枪

一支 M4A1 卡宾枪换上 CQBR 后形成了一支完整的卡宾枪，其名称变为 Mk18 Mod 0 卡宾枪。由于美国特种作战司令部只是提出了武器装备应符合标准规范，而并没有指出相关附件应采用哪家公司的产品，所以不同部门使用的 Mk 18 MOD 0 卡宾枪，其附件并不一致。

Mk18 被加装了很多附件（大部分都没有得到卡伦分部授权）。其中最常见的导轨系统是奈特军械公司生产的 RIS 导轨接口系统和 RAS

导轨适配系统，能安装任何符合皮卡汀尼导轨接口的配件。海军爆破大队（EOD）装备的 Mk18 安装了韦尔特（VLTOR）公司的 CASV 自由浮置式护木，选用 M68 反射式瞄准镜。EOD 还采购了 1100 件由 GripPod 公司生产的握把和 A. R. M. S 公司生产的机械瞄具。

　　其中 GripPod 握把是 2003 年才引进军队的一个全新配件，主要供特种部队和其他军方单位使用。这一垂直握把具有握把和两脚架两个功能。只要按一下按钮，两脚架瞬间就从握把座中弹出。两脚架弹出后的撑地高度足够使射手更换 30 发的标准弹匣。将两脚架合拢后可直接推回到握把座中。安装该握把后，士兵可卧姿进行有支撑射击。

　　Mk18 步枪上的照门也不太一样。最常见的是路易斯机器与工具公司的产品。这是一款固定式瞄具，与 M16A2 步枪的瞄具相同。另外一种较为常见的瞄具是奈特军械公司生产的可调节式瞄具。

　　Mk18 步枪也没有统一的光学瞄准镜。安装何种瞄准镜取决于具体使用 Mk18 步枪的单位以及使用地点。通常来看，使用最多的是特里吉康公司生产的先进战斗光学反射瞄准镜和瑞典艾姆波音特公司生产的 M68 反射式瞄准镜。此外，美国 EO Tech 公司生产的全息瞄准镜也有使用。因为 Mk18 主要被设计用于近距离作战，所以 Mk18 步枪最适合使用没有放大系统的反射式瞄准镜。

　　Mk18 步枪已经在许多不同地域的作战行动中证明了自身的价值。目前，除海军爆破大队外，美国海军的登船小队（Navy Ships boarding Teams）、海豹突击队和部分搜索与救援分队都装备了 Mk18 步枪。特种作战司令部下辖的其他部队也有使用 Mk18 步枪的，例如游骑兵特种部队、"绿色贝雷帽"、空降兵部队等。

　　除了采用 CQBR 外，Mk18 Mod 0 卡宾枪能取得成功的另外一个重要因素，是选用了弹头质量较大的 5.56mm Mk262Mod 0 弹，而不是北约标准的 5.56mm M855 普通弹。在反恐战争中，美军内部开始注意到越来越多的对 5.56mm 标准弹药的抱怨，一名参加伊拉克战争的美国海军陆战队的士官称 5.56mm M855 弹"弹头太小且飞行速度太快、飞行太稳，不能与俄式武器的 7.62mm 弹药相媲美"。

另一个美军老兵的评语是"5.56mm 枪弹只有在你多次击中一个人的时候才会起作用"。因此，目前美军在没有改变弹药口径的前提下，选用新的 5.56mm Mk262 空尖比赛弹（相对于 M855 弹，其质量有所增大），不仅仅射程能够远一点，而且也能确保必要的杀伤力。

Mk262 弹由黑山公司生产。第一批军用产品被定型为 Mk262 Mod 0，采用 Sierra 公司的弹头质量为 5g 的空尖船尾形弹头。该弹进行改进后被命名为 Mk262 Mod 1 弹。Mod 1 弹具有更好的射击精度，性能十分稳定。不论由哪种尺寸枪管发射，射击效果都比较理想。目前特种作战司令部选定的 Mk262 Mod 1 枪弹已经在阿富汗和伊拉克战场得到了验证。

Mk18 Mod 0 卡宾枪的枪管长度仅 10 英寸多一点，比 Colt 733/933 的 11.5 英寸枪管要短，而与 14.5 英寸枪管的 CQBW M4 系统相比较，其实 Mk18 这才是名副其实的 CQBW M4。但 CQBR 的改进并不仅仅是简单地缩短枪管，它的主要改进如下：

（1）枪管。

使用 1：7 缠距的 M4 枪管，枪管长度实际上有两种，由 Colt 提供的是 10.3 英寸（约 262mm）枪管，而路易斯机器与工具公司（Lewis Machine & Tools，简称 LMT）提供的枪管为 10.5 英寸（约 267mm）。枪管的直径在护木内是 0.625 英寸（16mm）。枪管前安装 KAC QD 消焰器，能使用 KAC QD 消声器（NSN 码 1005－01－437－0324）。虽然保留有刺刀卡笋，但 CQBR 不能安装刺刀。

（2）导气装置。

把导气孔直径从 0.062 英寸（约 1.6mm）扩大至 0.070 英寸（约 1.8mm），缓解由于短枪管导致的导气孔压力增大问题，同时改变了导气箍设计。

（3）枪机。

用一件式的 McFarland 枪机闭气环代替了原本三件一套的闭气环

组件。

（4）拉壳钩。

标准的 4 旋拉壳簧改为 NSWC 研制的 5 旋拉壳簧，目前已有厂家提供商业成品出售。用一个 O 圈围绕拉壳簧。

（5）拉机柄。

采用 PRI 公司的 M84 Gas Buster 拉机柄，这种拉机柄放大了拉机柄锁的尺寸，但最主要的作用是起到气体偏流的作用。因为 AR 系统有一个先天性的缺点，当使用消声器进行射击时，会有火药气体从拉机柄槽处溢出而打向射手的面部。于是有一些厂家生产了可以使这些气体偏流的替换产品，PRI M84 Gas Buster 拉机柄是其中之一。

（6）机械瞄具。

为了方便安装光学瞄准镜，又由于是近战武器而用不上 KAC 的 600 米独立照门，因此最初的设计是把可拆卸提把切断，只留下后面的照门座。不过现在的 CQBR 大部份都换上路易斯机器与工具公司（Lewis Machine & Tools）所生产的类似切断提把的成品照门。

（7）枪托。

目前在 CQBR 上使用多种 M4 伸缩式枪托，但最常见到的是 SOP-MOD 枪托，通常称为"Crane 枪托"，由 NSWC – Crane 的大卫·阿姆斯壮（Dave Armstrong）设计。这种枪托有很舒适的贴腮面并有两个存放后备电池的存品室。这种枪托最初是由 NSWC – Crane 用玻璃纤维聚合物制作的，但容易碎裂，现在的 Crane 枪托由 LMT 公司供应（因而又被称为 LMT 枪托），而且没有容易碎裂的问题。并非所有的射手都使用 LMT 枪托，有一些人仍然合作 Colt 枪托，而最近也有一些 CQBR 步枪换上了 Magpul 公司的 M93B 枪托。

（8）护木。

CQBR 的标准护木为 KAC 公司的 RIS（NSN 码 1005 – 01 – 416 – 1089），能安装任何符合 MIL – STD – 1913 皮卡汀尼导轨接口的任何配件，目前海军特种部队主要配发 SOPMOD 系统内订购的配件。最近有一些 CQBR 步枪改换了 VLTOR 公司的 CASV 自由浮置式护木。

（9）弹药。

CQBR 被设计成使用标准 5.56×45mm 北约标准 62 格令 M855 普通弹和 M856 曳光弹。但由于短枪管导致初速较低，因此比较重的 77 格令 Mk.262 弹才是首选。目前 NSWC 没有任何增设其他弹药的计划。

（10）下机匣。

下机匣仍然是没有改进的标准 M4A1 下机匣，可选择半自动和全自动模式。但不同时期改装的步枪或交付给不同部队的步枪对下机匣上的铭文有不同的处理，例如有些步枪完全不更改，仍然可以看到 Colt M4A1 式样的铭文，而另一些步枪则在原本为空白的弹匣座右侧补打上 "Mk18 MOD0" 的标记，但有些枪是打另一些铭文。因而导致对 Mk18 铭文认识的混乱。

（11）上机匣。

依据枪管的不同，分别有 Colt 机匣和 LMT 机匣两种，因此包括枪管在内全长有 19.25 英寸（489mm）或 19.7 英寸（494mm）两种，当枪托缩起时，全枪长 26.25 英寸（666mm）或 26.77 英寸（671mm）。

美国 AP4/M4 黑豹卡宾枪

DPMS (Defense Procurement Manufacturing Services，防务采购制造服务) 公司创立于 1986 年，是将多家小制造公司合并而成的。最初的业务就是生产 M16 零部件，并以其优良的制造工艺获得政府的订单。现在，除了继续提供 M16 零件外，还获得授权独立开发、生产 M16 的变型枪，即 A15 系列（现改名为"黑豹"Panther 系列），并已经形成从 .22LR 到 7.62NATO 等多种口径和型号的产品。

DPMS 公司的黑豹系列步枪有着不俗的市场业绩

DPMS 公司创立于 1986 年，由多家小制造公司合并而成，最初主要生产 M16 系枪械的零部件，后来逐渐开始生产 AR 系步枪，凭借细分的市场策略以及优良的制造工艺得到了政府执法机构的青睐。

AP4/M4 黑豹卡宾枪是 DPMS 公司新近推出的一款武器，其脱胎于 M4 卡宾枪，继承了 M4 卡宾枪的诸多特点，比如 400mm 的枪管、可伸缩式枪托、战术刺刀座、30 发北约标准弹匣、带有可拆卸式提把的平

顶型机匣、消焰器、用于修正风偏和俯仰角的 A2 标准照门以及导壳板等。这些军用武器的设计元素昭显了 DPMS 公司将 AP4/M4 黑豹卡宾枪向军警用市场推出的野心。

虽然对经典设计的沿袭颇多，但 AP4/M4 黑豹卡宾枪自有其独特之处。AP4/M4 黑豹卡宾枪的护手不同于 M4 系列卡宾枪，而是采用 DPMS 公司自己的"冰河式"护手，其椭圆形轮廓介于圆形与三角形之间，使握持更舒适。该护手由较厚的非金属材质制成。护手下方有一排散热孔，可有效防止手被枪管烫伤。该护手由较厚的非金属材质制成。

AP4/M4 黑豹卡宾枪自带的瞄具为 NcStar 公司生产的 6 倍光学瞄准镜，其采用快拆式设计，拆卸和安装都很方便。分划线采用密位分划，可用于估算目标距离或射击提前量，通常军用狙击镜上才采用这种设计。瞄准镜的一侧还有光线颜色和亮度调节旋钮，可以根据不同的环境状况在绿光、红光以及三档亮度间调节。

随枪标配了两支 30 发容弹量的弹匣，其内部采用复合材质的绿色托弹板，在强度和耐久性上都要优于以往产品。在设计上，托弹板两侧边缘的支架也长于其他弹匣的托弹板，这样的设计增大了托弹板意外翻转的力矩，是一种防侧翻设计，可有效减少由于托弹板导致的枪械故障。

AP4/M4 黑豹卡宾枪全枪质量 3.2kg，扳机力 27N。枪管采用 4140 铬合金钢制成，机匣采用 7075 - T6 高强度航空铝制成，表面经阳级电镀处理后再涂覆特氟龙复合涂层，能有效抵御酸碱环境和恶劣操作。伸缩式枪托有 6 档位置可调，以适应射手的需求。枪托展开后全枪长 901mm、收缩后全枪长 826mm，扣机距离（枪托抵肩至扳机的距离）在 268～362mm 之间，非常适合西方成年人的身材。

射击试验显示精度、可靠性好

对 AP4/M4 黑豹卡宾枪进行试射，试射的多种弹药都很顺利，没有出现故障。试射结果显示，在射击精度方面，湖城公司的弹头质量 3.6g 全金属被甲弹散布精度优于标准美军军用弹药的平均水平，而

PMP 公司南非军用标准弹药的散布精度远远低于平均水平。

成绩最好的是黑山公司的弹头质量 3.4g 的"红尖"比赛用弹药，在 91m（100 码）距离上，5 发弹着群的平均散布为 2.1cm，也就是在 1MOA 之内，而普通 AR 系列步枪在相同距离上的散布一般在 2～3MOA 之间。试射过程中也试用了重枪弹，不同弹头和发射药的配置在中近距离内的射击效果也很不错。

AP4/M4 黑豹卡宾枪的枪管膛线右旋，导程为 229mm，比军用 M4 卡宾枪的 178mm 导程要大一些；在平衡弹头精度和杀伤力方面，弹头质量 3.9g 的重弹头最适宜这种导程，对弹头质量 2.9～4.6g 的重弹头也可适用。但如果弹头质量超过 4.6g，且射击距离在 540m 以上时，则很难保证理想的射击精度。

在整个试射过程中，AP4/M4 黑豹卡宾枪表现出极佳的可靠性，而且全枪几乎找不出大的瑕疵，只在枪管前端与准星接合部的抛光有点粗糙。当然，整体枪械制作精良，秉承了黑豹系列枪械一贯的优良做工。此外，该枪可伸缩式枪托卡得有点紧，但也不容易无故松动。

美国 SR – 25 卡宾枪

美国奈特公司据说是种植柑桔出身的奈特家族的小企业，原位于佛罗里达维洛海滩（Vero Beach），后搬到泰特斯威尔市（Titusville），现在的公司瑞得·奈特（C. Reed Knight）管理。

奈特公司实际上注册了两个名称，一个是奈特军械公司（Knight's Armament Company，简称 KAC），是专门承包政府合同，生产和提供军用产品；另一个是奈特制造公司（Knight's Manufacturing Company，简称 KMC），主要生产和销售运动或商业射击器材，即民用产品。

这家公司最初只是生产枪械配件或射击配套用品，后来尤金·斯通纳在 1978 年开始与奈特合作，在 KAC/KMC 推出一系列基于 AR – 15 设计的产品，并以 SR 为前缀命名，即"斯通纳步枪"的缩写。SR 系列武器极少被军方采用，但 KAC 的皮卡汀尼标准接口配件却被广泛采用，包括 RIS 和 RAS 护木系统、QD 消声器和配套的 QD 消焰器，两脚架连接座、前握把等等。

1993 年初，KAC 公司向民间市场推出奈特与斯通纳两人合作的新产品 SR – 25 半自动步枪。SR – 25 表示斯通纳步枪，"S"表示"Stoner"，"R"则是"Rifle"，而"25"则是 AR – 10 加 AR – 15 得出的，因为 SR – 25 是将 AR – 10 和 AR – 15 成功结合在一起的产品，有 60% 的零件是直接取自这两支步枪的。

为使 SR – 25 的精度达到比赛级别或狙击枪的水平，KAC 公司经过多番比较，最终选定雷明登公司制造的 5R 膛线的枪管，这种重型枪管正是 M24 狙击步枪的枪管，标准型的枪管长 24 英寸（610mm）。

虽然 SR – 25 是民用产品，但这支发射 .308 温彻斯特比赛步枪弹的步枪完全符合军用狙击步枪的要求，而且 SR－25 的野外分解、维护比 AR－15/M16 更方便，勤务性能比 M16 还好，因此部分美军特种部队也装备了一些 SR－25 作为狙击步枪，据称海豹突击队在索马里就曾使用过 SR－25。

　　SR－25 系列主要有四种型号，标准型又叫 SR－25 比赛步枪，其余的还有轻型比赛步枪、卡宾枪和运动步枪。

青少年大开眼界的军事枪械科技 ⑤

冲锋枪科技

CHONGFENGQIANGKEJI

知识

冯文远◎编

辽海出版社

责任编辑：陈晓玉　于文海　孙德军

图书在版编目（CIP）数据

青少年大开眼界的军事枪械科技/冯文远编. —沈阳：
辽海出版社，2011（2015.5 重印）

ISBN 978-7-5451-1259-7

Ⅰ.①青…　Ⅱ.①冯…　Ⅲ.①枪械—青年读物②枪械
—少年读物　Ⅳ.①E922. 1 –49

中国版本图书馆 CIP 数据核字（2011）第 058689 号

青少年大开眼界的军事枪械科技

冲锋枪科技知识

冯文远/编

出　版：辽海出版社	地　址：沈阳市和平区十一纬路25号
印　刷：北京一鑫印务有限责任公司	字　数：700 千字
开　本：700mm×1000mm　1/16	印　张：40
版　次：2011 年 5 月第 1 版	印　次：2015 年 5 月第 2 次印刷
书　号：ISBN 978-7-5451-1259-7	定　价：149.00 元（全 5 册）

如发现印装质量问题，影响阅读，请与印刷厂联系调换。

前　言

枪械是现代战争中最重要的单兵作战武器。随着信息化作战的发展，枪械的种类和技术也在不断地发展变化着，从第一支左轮手枪的诞生，到为了适应沟壑战斗而产生的冲锋枪，从第一款自动手枪的出现，到迷你机枪喷射出的强大火舌，等等，枪械正以越来越完美的结构设计，越来越强大的功能展示着现代科技的强大力量。揭开现代枪械的神秘面纱，让你简直大开眼界！

不论什么武器，都是用于攻击的工具，具有威慑和防御的作用，自古具有巨大的神秘性，是广大军事爱好者的最爱。特别是武器的科学技术十分具有超前性，往往引领着科学技术不断向前飞速发展。

因此，要普及广大读者的科学知识，首先应从武器科技知识着手，这不仅能够培养他们的最新科技知识和深入的军事爱好，还能够增强他们的国防观念与和平意识，能储备一大批具有较高科学文化素质的国防后备力量，因此具有非常重要的作用。

随着科学技术的飞速发展和大批高新技术用于军事领域，虽然在一定程度上看，传统的战争方式已经过时了，但是，人民战争的观念不能丢。在新的形势下，人民战争仍然具有存在的意义，如信息战、网络战等一些没有硝烟的战争，人民群众中的技术群体会大有作为的，可以充分发挥聪明才智并投入到维护国家安全的行列中来。

枪械是基础的武器种类，我们学习枪械的科学知识，就可以学得武器的有关基础知识。这样不仅可以增强我们的基础军事素质，也可以增强我们基本的军事科学知识。

军事科学是一门范围广博、内容丰富的综合性科学，它涉及自然科学、社会科学和技术科学等众多学科，而军事科学则围绕高科技战争进

行，学习现代军事高技术知识，使我们能够了解现代科技前沿，了解武器发展的形势，开阔视野，增长知识，并培养我们的忧患意识与爱国意识，使我们不断学习科学文化知识，用以建设我们强大的国家，用以作为我们强大的精神力量。

为此，我们特地编写了这套"青少年大开眼界的军事枪械科技"丛书，包括《枪械科技知识》、《手枪科技知识》、《步枪科技知识》、《卡宾枪科技知识》、《冲锋枪科技知识》、共5册，每册全面介绍了相应枪械种类的研制、发展、型号、性能、用途等情况，因此具有很强的系统性、知识性、科普性和前沿性，不仅是广大读者学习现代枪械科学知识的最佳读物，也是各级图书馆珍藏的最佳版本。

目　录

冲锋枪

　　"冲锋枪"是国内对"submachinegun"的称呼，港澳地区则一般采用"轻机枪"或"手提式轻机"之类的叫法。按照《兵器工业科学技术辞典——轻武器》中的定义，冲锋枪是"单兵双手握持发射手枪弹的轻型全自动枪"，注意"发射手枪弹"和"轻型全自动"这两个关键词，国内对冲锋枪的划分方法是习惯以这两个关键定义作为分类标准的。

　　一般公认世界上第一种冲锋枪是意大利在 1915 年设计和生产的帕洛沙，这是一种发射 9 毫米手枪弹的双管全自动轻型武器，不过帕洛沙其实是要作为超轻型的机枪使用。后来德国人施迈塞尔在 1918 年设计的 MP18 冲锋枪被认为是第一支真正意义上的冲锋枪。

　　在不同的国家，对于冲锋枪有不同的叫法。德国人使用机关手枪，所以德军采用的冲锋枪都冠以"MP"的编号，例如二战时著名的 MP - 38/40，现在流行的警用冲锋枪 MP - 5，就连战后德军采用的以色列 UZI 冲锋枪在德军内的正式名称也为 MP - 2。

　　俄国人的叫法是 Пистолет - пулемет（相对于英文是 pistolyet - pulemyot），前一个单词是手枪，后一个单词是机枪，这种叫法和德国人是类似的，所以俄国人的冲锋枪编号一般都以 ПП

（英文 PP）作为编号的开头。

英语里面冲锋枪的名称为小型机枪，日语的"轻机关铳"和港澳地区的"轻机枪"估计就是对这个词的字面翻译。英国人比较有趣，他们曾经有一段时间并不使用美国人发明的 submachinegun 这个词，他们认为这种发射手枪弹的短枪械怎么都算不上"机枪的老二"，因此有一段时间英国人是用机关卡宾枪来称呼冲锋枪的。

冲锋枪是一种单兵连发枪械，它比步枪短小轻便，具有较高的射速，火力猛烈，适于近战和冲锋时使用，在 200 米内具有良好的作战效能。

冲锋枪结构较为简单，枪管较短，采用容弹量较大的弹匣供弹，战斗射速单发为 40 发/分，长点射时约 100～120 发/分。冲锋枪多设有小握把，枪托一般可伸缩和折叠。

冲锋枪是第一次世界大战时开始研制的，当时主要是 9 毫米口径的冲锋枪。第二次世界大战中，不同型号和不同口径的冲锋枪相继问世。战后以来，随着自动步枪的发展，冲锋枪与自动步枪的区别越来越小，有些已很难定义和分类，如德国的 STG44 突击步枪、前苏联的 AK47 自动步枪等通常也有称为冲锋枪，其口径多在 7.62 毫米左右。

冲锋枪是一种短枪管、发射手枪弹的抵肩或手持射击的轻武器，装备于步兵、伞兵、侦察兵、炮兵、摩步兵、空、海军等。冲锋枪是冲击和反冲击的突击武器，在前两次世界大战中发挥了重要作用。

冲锋枪的基本特点可概括为：体积小，重量轻，灵活轻便，携弹量大，火力猛烈。但由于冲锋枪枪弹威力较小，有效射程较近，射击精度较差，加之步、冲合一的突击步枪的问世，第二次世界大战后，其战术地位逐步下降。

从国外轻武器发展势头来看，除了微型、轻型、微声冲锋枪仍有生命力以外，常规冲锋枪将被小口径突击步枪所取代。

冲锋枪在现代军警作战中占有相当重要的地位。对于士兵而言，一支紧凑的冲锋枪将可能逐渐替代手枪的作用，而特种部队则更是将冲锋枪作为主要作战武器之一；而对于警察部队来说，冲锋枪则属于主要作战兵器。随着世界各国近年来对于反恐作战的意识提高，各种新颖的冲锋枪也层出不穷。

发展简史

早的冲锋枪诞生在一战时期，一战的基本特征是堑壕战，双方深挖坑、广存粮，坚定信念当王八。进攻的任何一方都必须付出惨重代价通过双方阵地之间的开阔地，之后跳入对方的壕沟，然后进行惨烈的堑壕争夺战。在这种堑壕中的肉搏战中，双方在狭小的空间里短兵相接，人员非常密集，当时战争各方装备的手动步枪在这种环境中非常不适用。

首先，手动步枪长度太长，加上刺刀往往超过 1.7 米，在狭小的堑壕里根本就施展不开，短小方便的匕首或者手枪往往更受欢迎；第二，手动步枪不能自动射击，打完一发子弹必须手动退壳上膛，这个动作在肉搏战中基本就等于是送死，因为 1、2 米开外敌人的刺刀一定会在你打出第二发子弹之前就捅进你的肚皮。

所以，在堑壕战中，诸多局限使得手动步枪的战斗效能大受影响。相反，短小灵活，能够半自动连发的手枪却能表现出更好的战斗效能，在堑壕中手枪射程近的弱点基本可以忽略，而能够半自动射击则是决定性的优势。但是手枪的缺点却是弹匣容弹量小，不能全自动射击，从而火力稍弱。

另外，手枪一般只配发军官，单为堑壕战而给每一名士兵都配发手枪显然是不现实的。除去手枪，散弹枪也是一种在堑壕战中威力巨大的枪械，散弹枪的片杀伤和高射速在当时非常恐怖，但是散弹枪射程过近的弱点也同样明显，因而在当时只有美国军队有部分装备。而德国人对这种恐怖的武器态度也很坚决——被俘的美国散弹枪手一般都被直接枪毙。

早在 1915 年，为了适应阵地战的需要，意大利人 B·A·列维里设计了一种发射 9 毫米手枪弹的双管连发枪，从而奠定了现代冲锋枪的基础。1918 年，德国人 H·斯迈塞尔设计的第一支适于单兵使用的伯格曼－P18 式 9 毫米冲锋枪问世，同年，其改进型－P18I 式冲锋枪正式装备德国陆军使用。

20～30 年代是冲锋枪初步发展时期。在这一时期，许多国家对冲锋枪的战术作用认识不足，因而产品型号不多。有代表性的冲锋枪包括意大利的维拉·佩罗萨和伯莱塔 M1938A 式，德国的伯格曼 MP18I 式和 MP38 式，西班牙的 X1935 式和 T·N·35 系列，瑞士的 MKMO，美国的汤普森－1928A1 式及苏联的 ПП1934/38 式。这些冲锋枪因其结构复杂、成本较高，体积、质量较大，安全性、可靠性差，使生产的数量和使用范围受到了限制。

40 年代是冲锋枪发展的全盛时期，包括品种、性能、数量和装备范围都有较大的发展，特别是在第二次世界大战中发挥了重要作用。这个时期冲锋枪的主要特点是：

1、普遍采用冲压、焊接和铆接工艺，简化了结构，降低了成本；

2、多数枪设有专门的保险机构，以改善安全性，如意大利的 TZ 冲锋枪不仅采用快慢机保险，还最早采用了握把保险；

3、广泛采用折叠式或伸缩式枪托，以改善武器的便携性，如德国的－P38 式是世界上第一支折叠式金属托冲锋枪，法国的 E·T·V·S

是第一支折叠式木托冲锋枪;

4、除了苏联采用 7.62 毫米手枪弹和美国采用 11.43 毫米手枪弹外,其他国家普遍采用 9 毫米帕拉贝鲁姆手枪弹,这种枪弹可与大多数手枪通用。

50 年代出现了结构新颖的冲锋枪,性能也不断改善。如捷克斯洛伐克的 ZK476 式,不仅首先采用包络式枪机,而且是第一支将弹匣装在握把内的冲锋枪。又如,以色列的乌齐冲锋枪为了增强安全性,采用了双保险或三重保险;为减小枪的质量,发射机座、护木和握把等开始采用高强度塑料件。

60 年代,为了满足特种部队和保安部队在特殊环境下作战需要,发展了短小轻便,且可单手射击的轻型、微型冲锋枪。有的冲锋枪还装有可分离的消声器,或与冲锋枪固接的消声器,前者如英国的英格拉姆 M10 式和德国的 MP5SD 式,后者如英国的 L34A1 式微声冲锋枪。

70 年代,一些国家在武器系列化、弹药通用化和小口径化的思想指导下,开始以小的短枪管自动步枪作为冲锋枪,如美国斯通纳枪族中 63 式、柯尔特 CAR-15 式(其改进型为 XM177E2 式)、德国 HK53 式、苏联 AKCY-74 式等,以更好地完成常规冲锋枪的战斗使命。

80 年代至今,使用手枪弹的常规冲锋枪进一步向多功能化、系列化的方向发展。美国的卡利科系列冲锋枪充分应用螺旋式弹匣的设计特点,使全枪结构紧凑、平衡性好,且弹匣容弹量大。美国的韦弗 PKS 超轻型冲锋枪采用持久润滑设计,使武器无需涂油,且不用工具也能在战地快速拆卸修理。

另外通过给冲锋枪配用各种光学瞄准镜、消声器,使其具备有多种功能。同时,一些国家还先后研制了集手枪、冲锋枪和短管自动步枪三者性能于一身的个人自卫武器,如比利时的 FNP90 式、英国的布什曼、德国的 MP5K 式、法国的 GIAT-PDW 等。这类武器均有结构紧凑、操作轻便、人机工程性能好和火力密集等共同特点。

性能特点

常规冲锋枪是一种以双手握持、使用手枪弹的全自动武器。70年代以后，特别是80年代末以来，使用小口径步枪弹的短枪管自动（突击）步枪和集手枪、冲锋枪、步枪性能于一身的个人自卫武器也被划归为冲锋枪范畴。

与其他枪械相比，冲锋枪的主要特点是：

1、比步枪短小轻便，采用短枪管，枪托通常可以伸缩或折叠，便于在有限空间内操作和突然开火。现代冲锋枪打开枪托时全枪长550~750毫米，枪托折叠后全枪长450~650毫米；普通冲锋枪的全枪质量一般为3千克左右，轻型或微型冲锋枪一般在2千克以下。

2、火力猛，大多数冲锋枪采用30~40发容弹量的直弹匣或弧形弹匣供弹，少数采用50、100发螺旋式弹匣或70、100发弹鼓供弹。战斗射速单发时约为40发/分钟，连发时约为100~120发/分钟。

3、大多数冲锋枪使用9毫米帕拉贝鲁姆手枪弹，该弹具有较大的停止作用和良好的内外弹道综合性能，能够满足近距离作战的需要。

4、绝大多数冲锋枪采用自由枪机式工作原理，开膛待击式击发方式，以利于简化结构、枪管冷却和防止枪弹自燃。

5、结构简单，造价低，便于大量生产。

6、通常装有小握把，或由弹匣座兼作前握把，便于射击操作。

装备现状

目前，各国装备的冲锋枪包括有普通冲锋枪、轻型或微型冲锋枪，以及短枪管自动步枪和个人自卫武器。冲锋枪的口径以9毫米为主，还有5.45毫米、5.56毫米、5.7毫米、7.62毫米、7.65毫米、10毫米和11.43毫米等。

俄罗斯现在仍沿用70年代换装的5.45毫米 AKCy－74式冲锋枪和50年代开始装备的斯捷奇金9毫米冲锋手枪（亦称自动手枪）。

美国仍沿用70年代装备的英格拉姆冲锋枪、柯尔特冲锋枪和鲁格AC－556式冲锋枪。80年代中期和后期相继装备了韦弗 PKS－9、卡利科9毫米冲锋枪。

英国仍沿用40年代开始装备的司登 MK Ⅱ式、MK Ⅲ式、MK Ⅵ式、斯特林 L2A3式和 L34A1式冲锋枪，90年代初研制成功布什曼9毫米个人自卫武器。

德国是最早将冲锋枪装备军队的国家，目前除了沿用70年代开始装备的 HKMP5系列9毫米冲锋枪之外，还生产装备 MP5/10式和 HK53式等新型冲锋枪。

另外，以色列装备有乌齐系列冲锋枪，意大利装备有伯莱塔M12S式、幽灵－4式和弗兰基 S－G821式冲锋枪，芬兰装备有杰迪·玛蒂克冲锋枪，丹麦装备有麦德森冲锋枪，秘鲁装备有 MGP系列冲锋枪。

发展趋势

1、重点发展轻型或微型冲锋枪。

为了满足快速作战部队和特种兵对轻便灵巧、火力密集和威力适中的武器的要求，各国从60年代以来都在积枳研制枪长为300～600毫米、枪的质量小于2千克的轻型或微型冲锋枪。有的枪采用了前后握把，以便双手握持射击，并有取消枪托或采用可卸式枪托的趋势。

2、大力发展冲锋枪和手枪通用弹药。

冲锋枪、手枪的弹药通用化，非常重要。但在选择弹药口径方面存在着两种不同意见：一种主张选用9毫米帕拉贝鲁姆手枪弹，另一种主张采用高速、轻弹头小口径枪弹作为通用弹药。90年代发展起来的个人自卫武器选用了两种不同口径的弹药：布什曼和MP5K式选用9毫米口径枪弹；而P90式和GIAT－PDW选用了5.7毫米口径枪弹。

3、采用大容量供弹具，增强火力密集度和火力持续能力。

为了发挥冲锋枪火力密集又猛烈的特点，必须发展容弹量大的供弹具。现代冲锋枪配用的新式大容量供弹具有：隔离式4排弹匣，其容弹量有30发和50发两种，意大利幽灵M4式冲锋枪采用了这种弹匣；螺旋式弹匣，其容弹量有50发和100发两种，美国卡利科系列冲锋枪配用了这种弹匣。

4、采用减速器降低连发射速，提高连发精度。

以往冲锋枪采用惯性前冲解脱式延时减速器和弹簧挂钩式减速器等，但其减速效果不能满足高射速冲锋枪的要求。因此，目前已研制出两种新的减速器，其中一种是电子调速器，用于布什曼个人自卫武器，其调速范围为1～1400发/分钟；另一种是非石油基液体压力减速器，用于卡利科冲锋枪，可将2000发/分钟的射速调到用户需求的数值。这两种减速器均具有高效、高可靠性、高寿命和适用范围广的特点。

5、向系列化、多功能化的方向发展。

为适应特种部队、警察和安全部门等的需要，不少性能优良的冲锋枪已经发展成系列产品，如德国 HK－P5，以色列乌齐，英国司登，美国英格拉姆、汤普森、卡利科等系列冲锋枪。同一系列的产品有不同的尺寸、枪托形式、膛口装置和配用弹药，并且在基本型的基础上通过改变枪托形式、更换枪管和快慢机、安装不同枪口装置来实现多功能化。

6、采用新材料、新工艺，并进行全枪优化设计。

现代冲锋枪除采用钢材外，大部分零部件采用高强度工程塑料和轻合金材料。在工艺上，除了改进机加、冲压和点焊与铆接工艺外，还发展了精加工工艺和表面处理技术，使冲锋枪在外观、内部品质和生产效率等方面均有较大改善。未来冲锋枪除了采用新材料、新工艺之外，在设计上将充分运用可靠性、可维修性和优化设计等技术，确保产品的高性能和低成本。

MP18 冲锋枪

一战时期，欧洲步兵采用传统进攻战术，先是猛烈的炮火袭击，然后步兵上刺刀进行集群冲锋，前仆后继。由于交战双方的战壕工事越修越坚固，炮火无法彻底清除对方的火力，结果以密集队形冲锋的步兵往往遭遇敌军机枪组成的火网，伤亡惨重。

一战后期，德军将领胡蒂尔为了打破堑壕战的僵局，首创步兵渗透战术。经过特种训练的德军突击队跟随延伸的炮火从敌军防线薄弱处渗透，避开坚固要塞，不与守军纠缠，而迅速向纵深穿插，破坏敌军的指挥系统和炮兵阵地。

新战术要求突击队员具有良好的机动性和猛烈的火力，笨重的毛瑟步枪自然不能满足要求了。冲锋枪是一种使用手枪子弹的自动武器，设计思路就是追求近距离的猛烈火力。

1918 年，德国著名军械设计师施迈瑟设计了著名的 MP18 冲锋枪。伯格曼军工厂生产的伯格曼 MP18 型冲锋枪问世，这是世界上第一只真正意义上的冲锋枪！该枪发射 9 毫米手枪弹，虽然射程近、精度不高，但它适合单兵使用，具有较猛烈的火力，所以迅速装备了德国军队。

一支冲锋枪加上数枚手榴弹成为德军突击队员的标准装备。德国人将其用在堑壕战中，每两个冲锋枪手配备一个带小推车的弹药手；再加上背满手榴弹的掷弹兵；带着手枪和磨尖的工兵铲的近战兵；背 MG08 机枪的机枪手；喷火兵……德国人的堑壕突击小队就编成了～可惜，问世太晚，凡尔赛条约规定禁止德国拥有 MP18。战后几年 MP18 只能装备警察部队。

我国很早有使用 MP18 的历史，一战后，作为德国剩余物资，毛瑟手枪和 MP18 一起流入了中国。当时中国管 MP18 叫"花机关"，主要是因为它可以连发，而枪管外的散热套为多孔式。

值得一提的是，北洋政府建立的巩县兵工厂 1926 年开始仿制 MP18 冲锋枪，改用当时流行的 7.63 毫米毛瑟手枪弹，俗称"花机关枪"。红军在数次反围剿和长征途中缴获不少花机关枪，其中红四方面军装备得最多。

工农红军在飞夺泸定桥时，突击队全部"花机关"火力还是满惊人的——也难怪双枪兵挡不住，100 米不到，正好是冲锋枪发挥火力最合适的距离，10 多只冲锋枪下雨似的反复扫射芝麻大点儿的桥头堡，再加上助战的机枪，连露头都不能，更别说还击了。

直到抗战初期，中国军队中的冲锋枪仍然是以 MP18 为主，800 壮士守四行；血战台儿庄；喜峰口大战……MP18 和中国抗战军民一起度过了那最艰难的岁月。

M3 冲锋枪

M3 冲锋枪由通用汽车公司的乔治·海德设计。1942 年大批量生产，为减小枪口上跳，将射速降低到 450 发/分，缺点是射速慢，重量偏大，右侧拉机柄强度不足，弹匣容易脱落，刚在美军列装时还曾被美军耻笑为"注油枪"，此枪广泛采用冲压件是一大突破，成本当时为 22 美金/支，在中国解放战争，朝鲜战争中广泛使用，至今在南美和东南亚还时常可见。

针对 M3 的缺点，通用公司又推出了可加装消音器改进型 M3，命名为 M3A1，生产数量没有 M3 多。它代替了笨重的汤姆逊冲锋枪，被美国提供给台湾（二战时期）中国曾大量缴获此枪。

历　史

1941 年美军兵器委员会有感于西欧战场冲锋枪效能突出，尤其是德国发射 9 毫米鲁格弹的 MP40 冲锋枪与英国的斯登冲锋枪，于是在 1942 年 10 月开始研究发展相当于斯登冲锋枪的美国自己的冲锋枪。当时的要求如下：全金属枪身，可在只转换少数零件后使用 45 口径的自动手枪子弹（45ACP）或是 9 毫米鲁格弹，容易使用，与斯登冲锋枪一样的功能与廉价。

通用汽车公司内陆分部的乔治·海德负责设计，内陆分部的总工程师佛莱德瑞克·参普生负责准

备生产的模具。11 月间样品枪已制造完成提交陆军试枪，在测试中得到 95 分的高分。发射 5000 发子弹只有两次故障。最早的样品枪被称作 T15，除去保险的样品枪被称作 T20。

在通用汽车公司引导灯分部于 1942 年 12 月正式生产之前，设计又有几项小的改善。二次大战期间，共生产了将近 60 万支。

大多数的 M3 使用 45 口径的自动手枪子弹（45ACP），亦有 2 万 5 千支使用 9 毫米鲁格弹。这些使用 9 毫米鲁格弹的 M3 有不同的枪管、枪机、与弹匣槽，可以直接使用斯登冲锋枪的弹匣。较为特别的是有一千支 45 口径的 M3 枪口有贝尔实验室设计的灭音器，以供军方情报人员使用。

设 计

M3 是全自动、气冷、开放式枪机、以后座作用退壳与上膛的冲锋枪。枪机的前方有一个退壳爪，枪机抓住弹壳在发射后以后作力后退，经退子钩弹出弹壳，再以复进弹簧的力量将下一颗子弹上膛。枪机左右各钻通一孔，两孔各有一导杆，复进弹簧外包导杆随枪机前后移动而伸缩。

这么设计可以容许使用廉价制造较不精密的零件。枪支运作程序如下：将右侧拉柄向后拉，带动枪机后退压缩复进弹簧卡在准备击发的位置。扣扳机使枪机放松，由复进弹簧伸张得力量向前推动弹匣中的子弹上膛。枪机继续前进，撞针打击子弹底部，击发底火。

底火点燃发射药产生高压气体推动弹头射出枪管，同时后座力将枪机后推，枪机抓住弹壳，退子钩弹出弹壳。弹壳弹出时枪机已打开，弹头已射

出枪管，枪膛压力回降，复进弹簧受压重复回到准备击发的位置。

若扣扳机的手指尚未松开则继续击发；若扣扳机的手指已松开则枪机被机簧卡在准备击发的位置。由于45口径的自动手枪子弹产生的压力不大，加上枪机很重，M3冲锋枪不需要复杂的枪膛闭锁机制或是延迟机制。

M3的保险在枪上方可以翻开的退壳盖内，一个凸起的铁片可以卡住枪机。M3没有卡住扳机的机制，插入装有子弹的弹匣就等于上了子弹了。M3弹匣的子弹是双排装弹单发进弹的30发弹匣，类似斯登冲锋枪的弹匣。

在枪身右手边扳机的前上方是拉柄组件共有9个零件。拉柄往后拉以后，带动枪机往后直到被机簧卡住。

M3由金属片冲压、点焊与焊接制造，缩短装配工时。只有枪管枪机与发射组件需要精密加工。机匣是由两片冲压后的半圆筒状金属片焊接成一圆筒。

前端是一个有凸边的盖环固定枪管。枪管有四条右旋的来福线，量产之后又设计了防火帽可加在枪管上。附于枪身的后方是可伸缩的金属杆枪托。枪托金属杆的两头均设计当作通条，它也可用作大部分解的工具。固定枪管的盖环即可以枪托当作扳手转松。

固定觇孔式照门和刀片式准星设定目标为100码（约91米）。

M3原本设计为用坏即丢不需要维修的武器，但在1944年时新的M3数量不足，迫使美国陆军兵器工厂制造替换零件。

汤普森冲锋枪

汤普森冲锋枪，又称汤米冲锋枪、芝加哥打字机、芝加哥小提琴，是美军二战中最著名的冲锋枪。在 1910 年代结束时设计，并由美国的 Auto – OrdnanceCo 来担任生产工作。这种用于杀伤近距离的有生目标，但这种枪却已停产。

概　述

汤普森冲锋枪是以美国汤普森将军命名，但实际上是由美国人 O·V·佩思和 T·H·奥克霍夫设计的。又叫芝加哥打印机。

该冲锋枪的早期研制产品是 M1919 式，它的最早的生产型是 – 1921 式，后来又相继出现了 M1923、M1928 系列冲锋枪。其中 – 1928A1 式于 1930 年研制成功，并少量装备了美军，第二次世界大战中还为英、法等盟国军队所使用。

1942 年，对 M1928A1 式进行了改进，发展了 M1 式冲锋枪，并正式装备美军，成为美军第一支制式冲锋枪，后来在 M1 式的基础上又改进为 –1A1 式冲锋枪。

第二次世界大战期间，汤普森冲锋枪生产量达 140 多万支，1945 年停止生产，并逐渐被美国 –3A1 式冲锋枪取代。

与其他 9 毫米冲锋枪相比，45 口径的汤普森冲锋枪重量及较大、瞄准也较难，尽管如此，汤普森仍然是最具威力及可靠的冲锋枪之一。

由于曾被美国黑手党及二战盟军使用的关系，汤普森成为了现在收藏家寻找的珍品，一把可正常运作的 M1928 原型售价为美金 20000 以上，而 Auto – Ordnance 及 KahrFirearms 现在仍有发售半自动版本。Auto – Ordnance、SavageArms、及柯尔特共制造了约 1700000 把，当中 1387134 被把简化成 M1 及 M1A1 以适合二战的生产标准。

结构特点

汤普森冲锋枪威力大，火力猛，缺点是结构复杂，质量较大。

枪

–1928A1 式冲锋枪采用独特的半自由枪机式工作原理，枪机上有一个用青铜制成的 H 形延迟后坐块，位于枪机向后倾斜 70°角的凹槽内，作用是在发射瞬间通过不同角度的摩擦阻力来延迟枪机后坐。

当膛压开始下降时，通过 H 块两侧的开锁突起与机匣上的开锁斜面相互作用使 H 块上升，枪机开始向后运动。

该延迟机构虽然避免了枪机早抽壳、炸壳故障，但结构复杂。枪管外部加工有环形散热槽，枪口部有一个锯齿形减震器。配用 20 发、30 发弹匣或 50 发、100 发弹鼓。该枪大多数零件为铸件，全枪质量——

汤普森M1928冲锋枪

较大，不含枪弹时达 4.9 千克。

M1 式 11.43 毫米冲锋枪 M1 式冲锋枪主要的改进是取消了 H 形块枪机延迟机构，工作原理改为自由枪机式。此外，拉机柄由原来位于机匣上部改在机匣右侧，去掉了枪管散热槽和齿形减震器，并只使用 20 发、30 发弹匣供弹。1942 年初定为 M1 式。

此枪无表尺，采用觇孔式表尺准星瞄准，拉机柄在枪的右侧，没有枪口防震器，M1 式没有斜向闭锁，上面无缺口，以免被机柄勾住。

该枪没有黄铜机锁，所以闭锁时全靠本身的重量和弹簧的张力，因而机心较重，M1 式和 M1928A1 式的缓冲器不一样，M1 式的缓冲器由荫部分组成，即缓冲器杆和缓冲片，商 M1928A1 式的缓冲器只有二个缓冲圈，M1 式只能使用弹匣不能使用弹鼓。

M1 式的机匣比 M1928A1 式窄些，其它均与 M1928A1 式相同。M1 式冲锋枪发射 0.45 英寸（11.43 毫米）柯尔特自动手枪弹，弹头初速为 282 米/秒，有效射程为 200 米，由 20 或 30 发弹匣供弹，理论射速为 700 发/分钟，膛线右旋 6 条，枪全长为 813 毫米，枪管长为 267 毫米，瞄准基线长为 565 毫米，枪全重为 4.76 千克。

M1A1 式 11.43 毫米冲锋枪 M1A1 式是 M1 式的改进型，它的主要不同之处是将活动式击针改为固定式击针，并取消了击铁，其他与 -1 式完全一样。其自动方式仍然是自由枪机原理，此式冲锋枪枪管处无散热圈和枪口减震器，击针固定在机心上，并成为一个整体。

从结构上看该枪的构造是简单的。枪机柄仍然在右侧，枪的准星与枪口齐平。它发射 0.45 英寸（11.43 毫米）柯尔特自动手枪弹，弹头初速为 282 米/秒，有效射程为 200 米，由 20 或 30 发弹匣供弹，理论射速为 700 发/分钟，膛线右旋 6 条，枪全长为 813 毫米，枪管长为 267 毫米，瞄准基线长为 565 毫米，枪全重为 4.536 千克。

瞄准装置

各种汤姆森冲锋枪均采用机械瞄准具，准星为片状，但 M1928A1

式采用带觇孔照门的翻转式表尺，M1 式和 M1A1 式则采用带觇孔照门的固定式表尺。

弹 药

汤普森冲锋枪发射 11.43 毫米柯尔特自动手枪弹。

衍生型

Persuader&Annihilator

汤普森冲锋枪有两种试验型，"Persuader"是弹链供弹版本，在 1918 年推出，而"Annihilator"是以 20 或 30 发弹匣供弹的改进型，在 1918 至 1919 年推出，其后亦推出 50 发及 100 发专用弹鼓。

M1919

M1919 是"Persuader"及"Annihilator"的改进型。1920 年，亦是美国军方武器准将约翰·汤普森在俄亥俄州佩里营测试的版本，当时所有的 M1919 皆没有枪托及前照门，而最后测试版本类似 M1921。当时的纽约市警察局是 M1919 的最大用家。

M1921

M1921 是汤普森冲锋枪首次大量生产的版本，柯尔特为 Auto‒Ordnance 公司生产了共 15000 把，它的原本设计更似运动步枪，并装有烤蓝刻纹枪管、木制前握把。M1921 采用半后座、延迟闭锁系统（Frictionlock、又称 Blishlock）设计。

M1921 的生产费用昂贵，当时的零售价为美金 225 元，因为高质量的木制枪托、握把、前握把及微细部件制作方法困难。M1921 亦经常出现在关于 1920 至 30 年代美国黑手党电影及电视剧中。

M1923

M1923 冲锋枪是在 M1921 的基础上加长枪管的一种型号，枪管下方装有两脚架，并且能加装刺刀、消焰器等枪口装置。从外形上看，尤其是那对枪架和那根长枪管，M1923 似乎是一款轻机枪。

M1923 的实际产量非常小，但从自动武器公司的原始商品目录里可以看出，当时制造的军用型 M1923 冲锋枪除了有使用 0.45 英寸 ACP 手枪弹之外，还有使用 0.45 英寸雷明顿汤姆逊军用手枪弹、0.351 英寸自动步枪弹、9 毫米毛瑟手枪弹、9 毫米巴拉贝鲁姆手枪弹等枪弹的品种，但现存实物仅能找到发射 0.45 英寸 ACP 手枪弹的型号。

其中特别要提到的是由 0.45 英寸 ACP 手枪弹加长弹壳和增加装药量以大幅度提高初速的 0.45 英寸雷明顿汤普森军用手枪弹，其弹头重16.2 克，初速 442 米/秒，枪口动能达到 1422.6 焦耳，有效射程增大到594 米。由于枪弹膛压变高，但自动原理未变，所以发射该弹的 M1923连发射速降为 400 发/分。

M1923 突出远射能力的设计很大程度上是为了迎合军方的口味，但该枪依然没有得到多少订单。于是后来发展的型号放弃了这种不实用的远射性能，重新回到了冲锋枪小型、轻量化、操作性好的目标上。

因此，之后的军用 M1 和 M1A1 冲锋枪的尺寸比起它们的前辈们，显得要小得多。

汤普森 M1923 原本预定填补勃朗宁自动步枪的空缺，但是由于陆军对 BAR 的表现满意，因此并没有考虑订购 M1923。可是，比起 BAR，M1923 有一个优势——子弹容量。

汤普森冲锋枪从第一种生产型号开始，便有着大容量的供弹具，汤普森 M1923 也不例外——20 或 30 发弹匣、50 或 100 发弹鼓和 18 发0.45 英寸彼得斯汤普森手枪弹弹匣比起 BAR 的 20 发弹匣毫不逊色。我想，军方选择 BAR 的原因之一是因为当时的战斗方式——堑壕战需要一种携带方便、火力猛烈且射程较远的支援型武器，而汤普森 M1923唯一不合格的就是它的过大的重量和过小的子弹穿透力。

而且在当时美国军方眼里，冲锋枪只是一种支援型武器，士兵需要批量装备的枪械应该是步枪——从古到今都是这样！在他们眼中，冲锋枪和霰弹枪一样，不是战场的主角，顶多是个跑龙套的。

但是，正是有了"败类"，才有了吸取了教训的成功者。M1923 的失败改变了汤普森冲锋枪发展的方向，使得汤普森冲锋枪走上了成名之路。所以说，M1923 功不可没！

M1927

M1927 是 M1921 的半自动版本，由 M1921 更换部份零件改造而成，原本枪身印有的"ThompsonSubmachineGun"铭文标记被改为"ThompsonSemi – AutomaticCarbine"、而"Modelof1921"铭文被改为"Modelof1927"。

虽然 M1927 只有半自动发射模式，但可以轻易改装成全自动版本，在 1934 年美国国家枪械法案 M1927 被定位为机枪。

M1927A1

M1927A1 是位于纽约市 WestHurley 的 Auto – Ordnance 在 1974 年至 1999 年推出的半自动民用版本，正式名称为"ThompsonSemi – AutomaticCarbine，Modelof1927A1"，M1927A1 与当年柯尔特的 M1927 不同，主要改进了枪机闭锁系统。

M1927A3

M1927A3 亦是位于纽约 WestHurley 的 Auto – Ordnance 推出的半自动民用版本，改为 22 口径

M1927A5

M1927A5 是发射 45ACP 的半自动民用版本，也是由位于纽约 WestHurley 的 Auto – Ordnance 推出，改用较轻的铝制机匣，移除枪托、改用 13 寸枪管以合乎美国法律规定的 26 寸或以上长度限制。

M1928

M1928 是美军首种大量装备的版本，在 1930 年代的美国海军和美国海军陆战队是其主要用家。M1928 是 M1921 的改进版，加装了降低射速的零件。在二战开始时英国及法国的 M1928 订单挽救了 Auto – Ordnance，免于倒闭。

M1928A1

M1928A1 移除木制前握把，改为长方型护木、垂直式主握把及备有军用背带，M1928A1 在珍珠港事件前投入大量生产，而二战早期只有两家工厂生产，共制造了 562，511 把，因为美国租借法案的关系，部份被送住中国、法国、英国等地。

M1928A1 是美国海军陆战队在太平洋战场的主要装备，它可对应 20、30 发弹匣及 50 发弹鼓，但事实上 50 发弹鼓经常卡弹、笨重及重量太大，特别是长时间持枪时。

苏联亦在租借法案中收到了 M1928A1 及 M3 斯图亚特轻型坦克，但由于苏联红军完全缺乏 45ACP 弹药，因此整个二战都没有采用并整批储存作物资备用。在 2006 年，俄罗斯把小量当年的 M1928A1 拆开成"备用零件"运回美国。

瑞典亦有采用 M1928A1，并命名为"m/40"。

M1A1

M1A1，美军正式命名"UnitedStatesSubmachineGun，Cal45，M1A1"。由于工序简化，M1A1 生产时间只是 M1928A1 的一半，成本亦有所降低，1939 年美国政府购买汤普森冲锋枪的单价为美金 209 元，到 1942 年春季，单价降至美金 70 元，直到 1944 年 2 月，包括配件的 M1A1 单价只需美金 45 元，在 1944 年尾，M1A1 被更低成本的 M3 冲锋枪取代。

司登冲锋枪

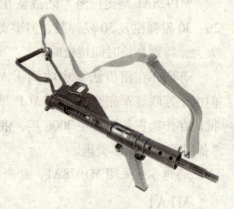

一次大战后，保守自大的英国官方对冲锋枪并不感兴趣，所以英国陆军断然拒绝了采用冲锋枪。

1940 年，英国在法国的远征军由敦克尔克大撤退，尽管撤退成功了，但是大量武器都被士兵仍在了海滩上。于是，防止德军入侵英伦三岛的议题提前浮上台面了。

当时，英国什么样的武器都缺。不仅由於在法国损失了一大批武器，战时陆空海军都扩编了，加之新成立了国民警卫军，因此需要武器装备，特别是轻便武器，其中自然包括奇缺的冲锋枪。需求数量之大，时间之紧，可想向知。所以，司登冲锋枪可以说是大战逼出来的。

第二次世界大战开始后，英国两个枪械设计师谢波德和杜赛宾在英菲尔兵工厂著手研发冲锋枪。研发成功后，命名时取设计者姓氏的首字母和工厂名称的前两个字母组成，即 Sten，中文音译为"司登"。

司登冲锋枪结构非常简单，乍看似乎是由大小不等的管子组成的：枪管是圆的，那很自然，套筒也是圆的，枪托也是圆的，枪机拉柄也是小圆管。於是有人嘲笑它是"水管工人的杰作"。

司登冲锋枪制造起来省工省料，成本非常低，一支枪费用不到 11 美元，於是又有人嘲讽说是"伍尔沃思玩具枪"。

司登冲锋枪外观粗糙，而且它英文名称 Stens 和英文的"恶臭"形音相似，使它又多了一个别号："臭气枪"。有一些人经过正在装箱外运司登的场地时，故作掩鼻状，哼一声"臭不可闻"。

司登冲锋枪内部抄袭德国 MP38/40，英军可以直接使用缴获的 MP38/40 冲锋枪弹匣和弹药，它的缺点也和 MP38/40 一样，保险仅仅是将枪击挂在后方位置的槽内以阻止击发，许多盟军士兵还没有到前线就被自己的冲锋枪击伤甚至毙命。

除了"水管工人的杰作"、"伍尔沃思玩具枪"和"臭气枪"外，司登还有许多其他不堪入耳的称号。司登冲锋枪的别号之名在枪械史上非常罕见。

由于 Mk.II 是五个型号中最常用的，在第二次世界大战期间，曾有超过 100,000 枝司登 Mk.II 被制造出来，所以笔者决定花多一些时间介绍它。

司登 Mk.II 是司登系列中最耐用的一型，它不只配给英国军队使用，也曾大量空降给占领区内的反抗军使用，近至法国，远至马来西亚，都是靠它，因为它简单又耐用，所以能够胜任这任务，加上它很便宜，可以大量提供给盟友使用。

有些 Mk.II 被加上灭声器。这些微声司登主要供给 SAS 突击队使用，它发射时的声响只有扣机板的声音和小小的声响，非常宁静。

美国的《二次大战武器调查报告》中有一段比较客观的文字说："司登冲锋枪在阿伯丁试验场做过试验。对它的责难主要集中在外表难看，不合常规。但是司登也有很多优点：首先，它是一支威力颇好的武器；其次是成本低；第三是便於迅速大量生产。"

50 式冲锋枪

新中国成立初期，全军枪械系列除部分从苏联进口外，还开始自行仿制。1950 年，仿照苏联 PPSH－41 "波波沙" 式 7.62MM 冲锋枪，生产出新中国第一种国产冲锋枪。后命名为 1950 年式 7.62 毫米冲锋枪，当年生产 3.6 万支装备部队

该枪采用自由枪机式自动原理，开膛待击，枪管材料改为 50A 钢，内膛镀铬，全枪多采用焊接、铆接等一次成型工艺，配有 35 发弹匣或 71 发弹鼓，具有结构简单、火力较猛、生产成本较低、便于大量生产等特点。

口　径：7.62 毫米；

全　长：840 毫米；

全　重：3.63 千克；

有效射程：250 米；

弹匣容量：35 发；

枪　弹：51 式手枪弹。

54 式冲锋枪

1954 年，我国成功仿制了苏联 PPS－43 式冲锋枪定型为 54 式。1956 年停止生产。它是前苏联 PPS－43 式冲锋枪的仿制型，该枪在机匣上刻有"626"标记。此枪与 PPS－43 式冲锋枪的区别是将握把中心的"C"字标记改成"K"字标记。其结构性能与 PPS－43 式冲锋枪一样。该枪采用折叠式金属枪托，射击方式为连发。

口　　径：7.62mm；

初　　速：500m/s；

表尺射程：200m；

有效射程：200m；

枪口动能：654.3 焦；

战斗射速：100 发/分；

发射方式：连发；

供弹方式：弹匣；

容弹量：35 发；

准　　星：柱形；

配用弹种：7.6225mm 托卡列夫手枪弹，

7.6325mm 毛瑟手枪弹。

64 式冲锋枪

概　述

　　64 式 7.62 毫米微声冲锋枪是我国设计制造的第一种微声冲锋枪，1964 年设计定型。

　　64 式微声冲锋枪结构紧凑，便于携带和使用。配用专门设计的 64 式 7.62mm 微声冲锋枪弹，具有良好的"三微"（微声、微光、微烟）效果和射击精度，能杀伤 200m 内具有轻型防护的有生目标。必要时也可发射 51 式 7.62mm 手枪弹。

　　该枪采用自由枪机式工作原理，惯性闭锁方式。固定式击针利用复进簧击发枪弹，枪托可折叠到枪身下方。消声装置为膨胀型多腔消声器，主要由消声碗、消声筒、消声筒盖等组成。

　　可实施单发或连发发射，保险位于扳机后部，防尘盖兼有行军保险的作用。其机械瞄具由可调式柱形准星和带有两个缺口式照门（分别用于瞄准 100m、200m 处的目标）的表尺组成。

消声原理

　　一是配用的微声冲锋枪弹采用双基速燃发射药，这种发射药燃烧速度快，膛压曲线的高峰值靠近膛底，枪管口部压力较低；二是枪管侧面开有 9 排共 36 个孔，在弹头未出枪管前泄出火药燃气，以降低枪管口部的压力；三是枪管口部喷出的高速火药燃气经过每个消声碗时，均膨胀一次，不断消耗能量，到达消声筒出口时，其压力、密度、速度都已降低，这就减小了对外界空气的冲击力，从而起到消声的作用。

单、连发的实现

快慢机扳到单发位置时，快慢机轴的缺口部转到下方，让位于传动杆。此时，传动杆在其簧力作用下上抬，其后端的突笋位于阻铁"凸"形孔的上方并钩住阻铁。

扣动扳机，扳机带动传动杆向前，传动杆后端的突笋带动阻铁顺时针旋转，使阻铁上部下落，释放枪机。枪机在复进簧力作用下向前运动，完成推弹入膛和击发动作。

枪机复进时，其下方的突起碰到传动杆上的解脱突笋，将传动杆压下，传动杆后端的突笋进入"凸"形孔内而与阻铁脱离。阻铁在其簧力作用下恢复原位，故枪机后退到位再复进时，便被阻铁重新挂住，形成待击状态。想要再次击发，必须松开扳机，使传动杆在簧力作用下恢复原位，并通过其后部的突笋钩住阻铁，再扣扳机，动作如前，实现单发发射动作。

快慢机扳到连发位置时，快慢机轴的半圆部将传动杆压下，此时，传动杆后端的突笋位于阻铁"凸"形孔的下方，其下部钩住阻铁。

扣动扳机，扳机带动传动杆向前，传动杆后端的突笋带动阻铁顺时针旋转，使阻铁上部下落，释放枪机。枪机在复进簧力作用下向前运动，完成推弹入膛和击发动作。手扣扳机不放，阻铁始终无法上抬，故枪机不受阻铁的控制而形成连发发射动作。

基本规格

口　径：7.62 毫米；

全　长：850 毫米；

630 毫米（折叠枪托）；

全　重：3.4 千克；

初　速：290～305 米/秒；

射　速：60 发/分；

有效射程：200 米；

弹匣容量：20 发；

枪　弹：64 式微声冲锋枪弹。

79 式冲锋枪

中国 79 式 7.62 毫米轻型冲锋枪是我国设计制造的第一种轻型冲锋枪，1979 年设计定型，1983 年生产定型。79 式 7.62 毫米轻型冲锋枪是我军 80 年代侦察兵、现今武警部队、公安干警的单兵自动化武器。它设计定型已 20 多年，到目前已生产了近 30 万支，广泛装备部队、武警、公安。

该枪主要以单发和点射火力杀伤 200 米以内敌有生目标，具有结构简单、体积小、重量轻、精度好、近距离火力强、携带使用方便的特点。该枪的自动方式采用导气式自动原理；采用枪机回转式刚性闭锁机构，回转式击锤和由快慢机控制单、连发的击发发射机构；还设有到位保险。

79 式冲锋枪采用活塞短行程导气式自动方式，射速高达 1000 发/分以上。该枪发射时后坐速度 11.5 米/秒，后坐力较小，便于射击。枪

身短、操作灵活、反应快，较好地为特种作战提供便利，从而弥补了手枪及步枪存在的不足。特别是在山地、丛林、短兵相接、城市巷战及解救人质的战斗中，79 式冲锋枪的战术地位就更加明显。

79 式冲锋枪使用 51 式 7.62 毫米手枪弹。该枪在枪托折叠与展开的情况下均可实施单、连发射击，具有良好的射击精度。从携行和机

动能力来讲，79 轻冲便于乘车或狭窄地形上使用，为武警部队、公安干警、特警遂行战斗任务提供了便利条件。弹匣容量 20 发，枪重 1.9公斤，枪长（枪托折叠）470 毫米。主要装备武警和公安部队。

使用枪弹

中国 51 式 7.6225 毫米手枪弹。

保险装置

在机匣的右侧有一个和二为一的手动保险/快慢机，向上是保险，中间是连发射击，向下是单发射击。

退弹过程

弹匣扣位于弹匣槽的上方。卸下弹匣，向后拉拉机柄，退出弹膛内的枪弹。通过抛壳窗检查弹膛，释放拉机柄，扣动扳机。

82 式冲锋枪

基本情况

82 式 9 毫米微型冲锋枪是仿制波兰的 WZ63 式 9 毫米微型冲锋枪的产品，主要装备公安部门。

该枪采用自由枪机原理，固定击针，开膛式击发，枪机为套筒式，没有装填拉机柄，采用手枪的装填方式；发射机构没有单独的快慢机，通过手扣扳机、依靠扳机行程来实现单、连发。有两个握把，前握把可以折叠，后握把内可装长、中、短 3 种弹匣，容量分别为 40 发、25 发、15 发。

在枪管前有从套筒式枪机上伸出的一个舌状半圆弧面，可防枪口焰烧伤握着前握把的手，也可起防跳作用，还可将其顶在硬物上实现单手装填。该枪有两点美中不足之处：其一，套筒、机匣的几何开头较为复杂，加工困难，成本较高；其二，瞄具位于套筒上，枪管的固定方式又造成枪管在套筒内必有松动，影响精度。

性能数据

口　径：9毫米；

全　长：592毫米（枪托拉出）；

333毫米（枪托缩入）；

枪管长：150毫米；

全　重：1.8千克（25发弹匣）；

初　速：325米/秒；

射　速：30发/分（单发）；

60发/分（连发）；

有效射程：200米；

弹匣容量：40、25、15发；

枪　弹：59式918毫米手枪弹。

85 式冲锋枪

中国 85 式 7.62 毫米微声冲锋枪是在 85 轻冲的基础上更换节套和枪管，增加消声装置变型而成。是我军特种兵（侦察兵、空降兵、海军陆战队）的单兵自动化武器，主要以单发和点射火力杀伤 200 米以内敌有生目标，具有结构简单、体积小、重量轻、精度好、近距离火力强、携带使用方便的特点。

85 式微冲还具有较好的微声、微光、微烟三微性能，自投入部队使用以来，深受广大官兵的喜爱，该微声冲锋枪还具有以下优良战技性能：

一是双保险，安全系数大。双保险机构就能有效地防止武器的偶然发火，避免走火和误伤事故的发生。

二是枪托侧向折叠，提高了射击精度。

三是使用弹药的种类多：85 冲锋枪即可使用 64 式 7.62 毫米微声冲锋枪弹，又可使用 51 式、7.62 毫米手枪弹，这对提高弹药利用率、枪种弹药的互换性、方便生产等方面均有很多益处。

四是发射声音小：85 轻（微）冲发射时．声音比步机枪小得多，特别是 85 微冲因加装了消声装置变型而成，在消声筒内盛装并固定了一个大消声碗和十个小消声碗，使其微声、微光、微烟（三微）性能良好。使用 64 式 7.62 毫米微声冲锋枪弹，在宁静的夜晚单发射时，距离枪口 100 米处任何地方听不到枪声（微声性）；距离枪口 50 米处看不到光（微光性）和见不到烟（微烟性），使 85 微冲更易达到隐蔽、突然的目的。

85 轻（微）冲使用的是 51 式手枪弹或 64 式微声弹，在枪托折叠与展开的情况下均可实施单、连发射击，具有良好的射击精度，且微冲还具有"三微"效果，为特种兵遂行战斗任务提供了便利条件。

85 微冲的瞄准基线比 85 轻冲的瞄准基线长（85 微冲为 319 毫米，85 轻冲为 295 毫米）。因而 85 微冲的射击精度要高于 85 轻冲，且使用范围广于 85 轻冲，如果从弹头的杀伤效能比较．两种武器弹头的侵彻力则旗鼓相当。可见，两种武器相比，既具有共同的优长，也有各自的特点。

该枪采用自由枪机式自动原理，可单、连发射击。瞄具是片状准星，觇孔照门，翻转式表尺。此枪全长 869 毫米/631 毫米（托伸/托折），空枪重 2.5 千克，30 发弧形弹匣供弹，发射中国 64 式 7.62 毫米微声冲锋枪弹时，弹头初速 300 米/秒，理论射速 800 发/分。

PPSh41 冲锋枪

　　PPSh41 式 7.62 毫米冲锋枪由前苏联著名轻武器设计师斯帕金设计，在第二次世界大战中屡建奇功，是二战名枪之一，它用于取代 PP-Sh 系列冲锋枪。该枪经过 1940 年末至 1941 年初的全面部队试验后，于 1941 年正式装备苏军陆军步兵，突击队及摩托化部队。1942 年年中开始大批量生产，直到 40 年代末，共生产了 500 多万支。

　　前苏联军队对于冲锋枪的需求始于 1925 年 10 月 27 日前苏联红军装备委员会的一份申请报告："考虑到纳甘左轮手枪只是一种自卫武器，我们认为为中下层指挥官提供一种冲锋枪是必须的。"于是，前苏联红军开始寻求设计一种新型的轻武器。

　　当时托卡列夫因设计 TT33 手枪和 SVT38/40 步枪而闻名，而且他也是第一位认识到冲锋枪价值的前苏联武器设计专家。至 1927 年，他已有了设计图纸。实际上，从 1920 午后期至 1930 年早期，前苏联著名

的武器设计专家一直在试图设计一种合适的冲锋枪。由于当时冲锋枪还处于早期的发展时期，其军事使用价值人们还并不十分清楚。

托卡列夫、普里鲁特斯基、科罗文、科里辛科恩和狄格特亚耶夫等都在设计冲锋枪方面做出了很大的进步，虽然当时的试验各自暴露出一些缺点。

1934年，狄格特亚耶夫为前苏军设计出第一支堪称成功的冲锋枪。1935年6月9日，狄格特亚耶夫的设计被采用，称为M19347.62毫米狄格特亚耶夫冲锋枪，或简称PPD34。PPD34的基本结构与德国的MP28II十分相似，运用自由后坐原理，单发和连发火力的选择按钮位于扳机前方。

枪管内膛皆镀有铬，以防止过度磨损。子弹是装在一个近乎垂直的弹鼓中，弹鼓上方有一段延伸体，用以装在枪上。弹鼓容量为71发，结构与芬兰的"苏奥米"系列十分相似。71发的大容量对于士兵来说十分方便，因为重新装弹的次数大大降低。但弹鼓本身有些缺点，如易吃土，供弹口部位易变形等。

除了弹鼓外，另有一种弧形直列式弹匣，不过比较罕见。然而PPD34并未被大量使用，从1934~1936年间共生产了67支。托卡列夫曾在日记中写道："PPD从未受到很高的重视。"而后，1938年它的一种改进型又被采用，其基本结构除了散热的枪管护管外没有多大变化。虽然该枪于1939年退役，并被贮存起来，不过在芬兰战役中仍有部分地使用。

斯大林的整肃撤除了俄罗斯许多著名的官员，被一些忠实但对武器等缺乏了解的官员替代。他们中的许多人希望废除冲锋枪而倾向于保留已老化的M1891使用弹匣供弹的步枪。但是，与芬兰的冬季之战改变了所有这些看法，前苏联步兵遭受到了不可估计的损失。

在那场战争中，芬兰的"苏奥米"M1931冲锋枪发挥得淋漓尽致。在"苏奥米"中间，前苏军发现了一种他们以前未见过的武器，与他们刚刚退役的PPD极为相似。由此，PPD重新受到重视，进入部队服役，并进行大量生产。然而 PPD 并不适合进行简单的大规模生产。当时，有一位新的武器设计专家通晓武器大规模生产的需要，他就是 PPSh41 的设计者斯帕金。

斯帕金 1897 年生于一个农民家庭，他有一句非常喜爱的话，即"要使某些事情变得非常复杂是非常简单的，但要使它变得简单将非常复杂。"至 1940 年，制造工艺在精密加工、铸造、热处理和冷淬等方面的快速进步使传统的生产方法得以废弃，运用一些新的生产工艺，斯帕金于 1940 年 9 月设计出一种新型冲锋枪。

经过 2 个月的试验和与 PPD 的竞争，斯帕金设计的武器最终获胜。1940 年 12 月 21 日，前苏联国防委员会正式采用斯帕金冲锋枪，命名为"PPSh41"。著名的 PPSh41 冲锋枪的诞生距前苏联卫国战争的开始仅仅只有 6 个月。

PPSh41 冲锋枪结构特点是大部分零部件都用钢板冲压、焊接、铆接制成，与早期的 ПППД 系列冲锋枪相比较，结构简单，加工工艺性较好，理论射速和射击精度都较高。

该枪采用自由枪机式工作原理，开膛待击。枪管膛内镀铬，枪管护筒的前端超出枪口并稍微向下倾斜，具有防止枪口上跳和制退的作用。机匣、枪管护筒都用厚钢板冲压制成，具有容易加工和成本低的优点。该枪有早期型和标准型两种型式，早期型配有用多层皮革制成的缓冲垫，以吸收武器发射时自动机多余的后坐能量，提高射击效果；还配有与 ПППД 冲锋枪相似的弧形座表尺。

标准型配用布纤维板制成的缓冲垫和翻转式缺口照门表尺。快慢机为手柄式，向前扳为连发，向后扳为单发。该枪采用与 PPSh 相同的保险机构，即通过拉机柄上的保险活销及弹簧在枪机与护筒配合的保险槽中进出，以控制枪机的运动。

枪托为固定木托。该枪采用机械瞄准具，由带封闭式护翼的柱形准星和表尺组成。早期型 PPSh41 采用 U 形缺口照门弧形座式表尺；标准型 PPSh41 采用 L 形翻转式缺口照门表尺。

1942 年初，继前苏联陆军的测试认可之后，PPSh41 冲锋枪开始大量生产。PPSh 算是早期量产武器中相当成功的例子之一。由于需求量大，大部分零件皆为钢板冲压成形，焊接及铆接的技术亦大量使用。

只要把莫辛·纳甘步枪的枪管一分为二，就可以得到两根 PPSh41 的枪管。虽然枪托部分采用旧式的设计，不过它依旧是一支坚固而且可靠的好枪。

卫国战争中相比德军的 MP38/40 冲锋枪，"波波莎"更适合在苏联的严寒条件下作战。东线的德军士兵不仅自己寻找可以缴获、捡拾的"波波莎"，并改造成使用德式 9 毫米手枪弹的 MP41 冲锋枪。

PPSh41 在许多方面都是一个非常卓越的武器。与德国的 MP40 冲锋枪相比它显得相当平凡，但比 MP40 更加可靠，有更高的射速，能装两倍于 MP40 的弹药，发射更大威力的枪弹，被称为二战时期最好的冲锋枪。它包括一个冲压和焊接的枪管护管，机匣安装在木枪托上，非常适于前苏联时期简单大规模生产的需要。其快慢机为扳把式的，可选择单发或连发射击，向前扳为连发，向后扳为单发，连发的射速为 900 发/分。

该枪采用自由枪机式工作原理，开膛待击。为了减少枪管磨损，枪管内膛皆镀有铬。枪管护管的前端超出枪口并稍微向下倾斜，具有防止枪口上跳和制退的作用。机匣，枪管护管都用厚钢板冲压制成，具有容易加工和成本低的优点。

该枪有早期型和标准型两种型式，早期型配有用多层皮革制成的缓冲垫，以吸收武器发射时多余的后坐能量，提高射击效果标准型配用布纤维板的缓冲垫和翻转式缺口照门表尺。无论是早期型或标准型，都可配用 71 发容量的弹鼓和 35 发容量的弧形弹匣。

该枪的保险机构是通过拉机柄上的保险销及弹簧，除了随拉机柄在护管的机柄槽内前后运动外，在枪机处于最前方位置和后方的挂机位置时，机柄槽的上方都开有缺口，此时可将保险销往里推，从而卡在护管缺口内，限制了枪机的运动，起到了"保险"的作用。

机械瞄准具由带封闭式护翼的柱形准星和表尺组成。早期型采用弧形座式的带缺口照门的表尺，射程为 50~500m；标准型采用 L 形翻转式带缺口照门的表尺，射程为 100m 和 200m。

前苏联曾选用纳甘左轮手枪所使用的 7.62 毫米 38R 手枪弹作为标准手枪弹。这种枪弹具有奇怪的边缘外表，看上去很像是一个空弹，但正是由于其钝形的头部及较低的能量，才使得前苏联第一种冲锋枪可以使用。然而，7.62 毫米纳甘左轮手枪及其弹药在前苏联的服役只有一段时间，对其替换的方案就逐渐浮出水面。当时决定选择一种能适用于手枪和冲锋枪的标准枪弹，这就是后来决定采用的毛瑟 7.63 毫米枪弹。

由于使用毛瑟枪弹在战斗中有一系列影响火力的纪录，前苏联对 7.63 毫米枪弹进行了稍微的修正，这种改进的弹药便是 M1930 7.62 毫米 P 型弹。

这种枪弹改变甚微，仍能与 7.63 毛瑟弹通用。新的瓶颈式枪弹包括一个 7.62 毫米口径的铜镍合金弹头，用 TT33 托卡列夫手枪发射的初速大约是 419.1m/s。这种枪弹最终可使前苏军应用于自动武器上。直到 1951 年被 9 毫米 X18 马卡洛夫枪弹所取代，它始终是前苏联手枪和冲锋枪的标准弹药。

现今美国中型军械公司推出 PPSh41 的半自动型 SR41，以供对前苏式武器着迷的枪械爱好者。但并非真正的 PPSh41，是经过改造面成的 SR41，与真实的 PPSh41 枪管长度相比，只是对其枪管进行了延长，而且这 120.65 毫米长的枪管延长部分露出于枪管护管的前方。

枪管护管为 3 毫米厚的钢板冲压件，与 AKM 系列只有大约 1 毫米厚的机匣相比，显得厚实得多，通风和消焰孔也很吸引人。准星可进行上下左右的调整，带护翼的表尺很简单，包括一个 "V" 形照门和两个表尺射程。

机匣固定在红褐色枪托上。发射时，枪机处于闭膛位置而不是像 PPSh41 的开膛待击。抛壳通过机匣上方的大型长方孔。拉机柄从机匣右侧突出，并可在前方或后方两个位置上锁住，这只要将拉机柄上方的保险销向里推人即可实现。扳机护圈非常大，内部不仅有扳机，还有保险扳把，PPSh41 上的快慢机在这里转变为保险机构。

保险扳把位于扳机的正前方，向前推动时枪处于保险状态，向后扳动时表示可发射状态。扳机护圈前方是弹匣卡笋，其操作方式与 AK47 类似。更换弹匣时，将弹匣直接推人弹匣插人口，到适当位置就会锁定。

SR41 使用可装 10 发枪弹的弹匣，但 PPSh41 的 71 发弹鼓和 35 发弹匣也适用。枪弹是配用的 7.62 毫米 25 托卡列夫抢弹。

手握 SR41 才使人真正体会到该枪受欢迎的原因，不由会使人想起 M1 卡宾枪，不过 SR41 显得更为结实些。抵肩部位很好，并不像后来的 AK47 枪托显得有些短。通过使枪稍向左倾斜，用左手也很容易操作。弹匣的装卸、固定都非常方便、快捷。保险看上去似乎不好使用，但操作起来前后扳动很快，且有效。

作为一种单发武器，非常象 FNFAL。射击时，其射击效果非常类似于 M1 卡宾枪，抛壳非常有力，而且可很快进入射击状态或射击准备，几乎不后坐，枪口不跳起，发射几百发枪弹几乎不出故障。

实践证明，PPSh41 是一支出色的冲锋枪，它成为第二次世界大战中主要的前苏式武器，以至于现在在世界的一些热点地区仍能看到它的身影。坚实可靠，射速 900 发/分，使用 71 发弹鼓，这是斯帕金发明该枪 60 多年后的今天、SR41 仍十分受欢迎的真正原因。

MP38 冲锋枪

第二次世界大战，是人类战争史上一次规模最大的战争。在这次战争中，各国军事理论和军事技术得到了相当大的发展，对人类战争理论和实践也产生了巨大和深远的影响。这次战争在枪械研究和制造方面的一个突出特点，就是冲锋枪的大规模使用。

然而，在林林总总的冲锋枪之中，能够大规模生产，大规模使用，为战争实践所认可，为后来者所效仿的却寥寥无几。在这为数不多的优秀冲锋枪之中，德国 MP409mm 冲锋枪当数一杰。因它周期性产生特殊的声音，因此通常也被称为打嗝枪。

就是这支打嗝枪，作为世界上第一支具有现代色彩的冲锋枪，在战争时期以至战后至今，对轻武器研制产生了不容置疑的影响。

MP38 冲锋枪是 MP40 冲锋枪的前身。随着德军闪电战理论的逐步形成，德军装甲机械化部队和伞兵部队得到迅速扩充。与此同时，装甲机械化部队和伞兵部队对单兵武器的特殊需求也就随之提上了议事日程：为适应乘车战斗和空降作战的需要，迫切要求武器短小轻便；为适应闪电战快速突击作战，特别是近距离突击作战的需要，迫切要求武器

具有较高的射速和火力持续能力。这些要求，唯有冲锋枪才能一肩挑。

事实上，早在第二次世界大战前的1936年，德国厄尔玛兵工厂就研制出了样枪。但由于当时冲锋枪论在德国陆军中还没有占到优势地位，因此只有少量冲锋枪装备了德国警察和边防巡逻队。

直到1938年，德国陆军总部才决定，立即生产适合于装甲机械化部队和空降部队实施闪电战的冲锋枪。厄尔玛兵工厂立即在原有样枪的基础上，仅用两个星期就设计了新的样枪，紧接着赋予了型号——MP38冲锋枪，并很快正式列装。

MP40冲锋枪，是MP38冲锋枪的改进型。工业的发展和科技的进步，往往给武器的设计者以极大的创作空间。MP40冲锋枪可以说是一件充满了现代科技内涵的精品。之所以这样讲，是因为它早在20世纪30年代，就运用了人们在60年代以后才逐步认识并加以关注的概念。

60年代初，美国M16步枪大量使用了铝合金和塑料等一些新的材料，同时也在自动原理和制造工艺方面采用了一些新结构和新工艺。

然而，这些所谓的新结构、新材料、新工艺，MP38和MP40冲锋枪早就开始采用了。就结构来说，MP38和MP40冲锋枪抛弃了以前冲锋枪的木质固定枪托、护木，弧形表尺，包络式枪管护筒的结构以及粗大笨重等特点，率先以钢管折叠枪托、翻转式表尺、裸露式枪管取而代之，成为世界上第一支短小精悍的冲锋枪。

就材料来说，MP38以至MP40冲锋枪在世界上率先采用了模锻成型的铝合金握把/发射机组件，以及模注成型的塑料护木和握把护板。

就工艺来说，MP40冲锋枪大规模简化了制造工艺，将机匣、抛壳挺、弹匣卡笋等原先是机加工的零部件也改为冲压制造，使成本大大降低。因此，它的经济性有口皆碑。另外，该枪在设计上力求使零件具有良好的互换性，以适于各个机械加工厂大批量生产，这一点在战时非常重要。大量采用冲压件，也减轻了武器的质量。

一支枪的造型，是其战斗能力不可小视的组成部分。武器战斗能力的构成要素除了命中率和杀伤力等硬指标外，武器外形对人员的心理影响，也是不可忽视的重要因素。

MP40 冲锋枪有一个如同黑贝一样特别骁勇慓悍的造型。它准星座高挑前置，下方有枪管增强护杆和凸块；弹匣与枪身成直角配置；握把纤细，倾角为 120 度；机匣、弹匣座、护木以及握把上的加强筋和纹理，均与枪管轴线平行，使全枪线形流畅，棱角分明，富于勇猛冲击的动感。

加之它黑色亚光的枪身和褐红色的护木与握把护板，使全枪浑然一体，富于沉着、坚实与果敢的个性特点，往往令人望而生畏。实战使用时，MP40 冲锋枪枪声清脆，节奏明快，富于猛烈突击的快感。

综合考核 MP40 冲锋枪的人机功效，可以认为，MP40 冲锋枪是总体结构、造型布局和战斗使用三个方面辩证统一的典范，是为实现人机最佳结合考虑周到的冲锋枪之一。

首先，MP40 冲锋枪的几何尺寸恰到好处，长短适宜。该枪枪托展开长 833mm，折叠长 630mm；握把后弯至弹匣前缘 340mm；前后背带环间距 387mm；枪托长 243mm；枪尾至照门 187mm。这一系列长度的设计，使该枪人机工效性非常好。以一名身高为 1.73m（1.68～1.78m的平均值）的健康男性青年为例，该枪枪托展开时的长度是身高的0.48 倍，枪托着地，手正好能舒适地扶着枪口；该枪枪托折叠的长度，与手臂基本等长，是人体宽度的 1.5 倍，这个长度是最为人乐于接受的长度之一（现在有的冲锋枪过于短小，不仅给人以威力不足之感，还常常在发生意外时伤及自己或友邻）。

当射手按正确的抵近射击姿势据枪（即一手握弹匣，一手握握把，两肘靠紧肋部）时，则在射手的手、臂、身体与枪之间，构成了一个稳固的等边三角形，MP40 在枪托折叠的情况下实施抵近射击，非常方便。

当该枪展开枪托实施抵肩射击时，射手的前只手通常托握于塑料护木前部（也可抓握弹匣座），此处正是该枪的质心。这时，射手的两手臂与枪又构成了两个相互垂直的等边三角形。1943 年美国阿伯丁试验场对 MP40 所作出的基本性能良好，特别是射击精度好的结论，自在情理之中。

第二，MP40 冲锋枪的机构功用恰到好处，操控便利。当你手持 MP40 冲锋枪细细品味的时候，可以足足实实地感觉到，该枪的设计者对战斗使用条件、环境以及使用的方便性考虑得有多么周到了。例如，准星横向可调，表尺射距可换；拉机柄在左侧，左右手射击都很合适。

为了避免走火，当枪机在前方位置时，可将拉机柄推入机匣拉机柄槽的保险缺口，使枪机不能拉动。当枪机在后方待击位置时，拉机柄可挂在机匣拉机柄槽后端的保险缺口内，不能偶发；该枪的前背带环可左右换向，为各种战斗勤务携行提供了极大的便利。

从左侧按压枪托回转轴上的枪托卡笋，即可展开或折叠枪托。这种结构后来被 AK47S 自动步枪采用；为适应乘车作战的需要，MP40 冲锋枪的枪管和战车射孔相匹配。枪管下方的加强支杆用于稳定地将枪口伸出射孔外射击，同时，加强支杆前下部的凸块，可以避免射击时因车辆颠簸将枪口抽回车内的危险。

在枪口部旋有枪口套，旋下枪口套，可以换装消焰器或空包弹助退器。准星座前上方的弹簧定位销，可固定兼有防尘和通条导管功能的枪口帽。这些设计后来也都被用在 AK47/AKM 系列步枪上。

MP40 冲锋枪过几次改进，除了在生产工艺上做了很大的的改进外，在结构上也有较大改动，主要是将两个标准的 MP4032 发弹匣联为一体，并在一个特殊伞形弹匣座内横向滑动。当左边一个弹匣打完时，推弹匣座向左，使右边的一个弹匣正好对正供弹口，如此转换达到增大火力持续时间的目的。

这种改动使原来的造型遭到了破坏，全枪也增加到 5.5kg。据说此画蛇添足之举，是为抗衡苏联红军的 PPS－41 冲锋枪。由于这种方式并不受前方欢迎，故其生产数量非常有限，且到 1943 年底才投入使用。其实把两个普通弹匣绑到一起用，也远比这样改动强百倍。

MP40 冲锋枪经过多次改进，却一直没有改那个双排单进的弹匣，这不能不说是一个很大的遗憾。由此可见，人总是不能完全摆脱他所处时代、环境以及传统观念的局限的。

该枪的分解结合不用专门工具，非常方便。

步骤如下：

1、左手握弹匣，拇指按压弹匣卡笋，向下抽出弹匣；

2、向下拉出护木前下方的结合固定销，并转动 1/4 圈。接着，左手握弹匣座，右手握握把并扣住扳机，将机匣向左旋转 90DangerCode；，将机匣从发射机框上分离，然后将枪机、复进簧从机匣内取出；

3、拧下枪管固定螺帽，将枪管向前从机匣内抽出。

4、结合按相反顺序进行。

MP38 式 9mm 冲锋枪是德国埃尔马兵工厂为满足装甲部队和伞兵部队的需要，于 1938 年生产的，同年部队列装，取名为 MP38 式。1939年对 MP38 进行了改进，改进后命名为 MP38/40 式。

后来，为了简化加工工艺和降低成本，又对 MP–38/40 作了几次改进，其改进型分别称为 MP40/Ⅰ式、MP40/Ⅱ式等系列冲锋枪。在 1940–1942 年间，共生产了 1037400 支 MP40 冲锋枪，直到 60 年代仍有一些国家使用这种枪。

MP38 式冲锋枪是世界上第一支成功地使用折叠式枪托和采用钢材与塑料制成的冲锋枪。MP40 式大量采用冲、焊、铆工艺制造组件，具有良好的加工经济性和零件互换性。

MP–38 式采用自由枪机式工作原理。复进簧装在三节不同直径套叠的导管内，导管前端为击针。射击时，枪机后坐带动击针运动，并压缩导管内的复进簧，使复进簧平稳运动。

该枪的机匣用钢管制成，发射机框为阳极氧化处理的铝件，握把和前护木均为塑料件。枪口部有安装空包弹射击用的螺纹，螺纹上装有保护衬套。枪托用钢管制成，向前折叠后正好位于机匣下方。

该枪是通过将拉机柄推入机柄槽内的缺口实现简易保险的，这种保险机构可将枪机挂在后方位置，但动作不可靠，容易走火。

MP38/40 将 MP－38 的单体拉机柄改为双体拉机柄，并在机匣机柄槽的前端增设一个缺口，使枪机也能挂在前方位置，从而增强了保险作用。

MP40/Ⅰ式式大量以冲、焊、铆工艺的零部件代替 MP－38/40 式所用的机加工工艺的零部件，包括退壳挺、弹匣卡笋、发射机框和节套等。

MP40/Ⅱ式是 MP－40/Ⅰ式的进一步改进：将发射机框与机匣后盖连为一体；采用固定式击针；以多股复进簧代替套叠式复进簧；为了增加容弹量，用一个双联弹匣仓将两个标准的 MP－40 冲锋枪的 32 发弹匣联为一体，并在枪管与机匣之间的护罩底端开槽，使双联弹匣仓可沿护罩的底槽滑动。

两个方弹匣卡笋位于弹匣仓后方，弹匣仓前方设有两个指示定位器，当左边一个弹匣的枪弹用完时，推弹匣仓向左，此时，右边的弹匣在定位器作用下正好位于供弹口。□

该枪采用机械瞄准具。准星为片状，表尺为 U 型缺口照门翻转式，射程装定为 100m 和 200m。3 种枪均发射 9mm 帕拉贝鲁姆手枪弹。

MP5 冲锋枪

概　述

MP5 系列是由德国军械厂黑克勒－科赫所设计及制造的冲锋枪。由于该系列冲锋枪获多国的军队、保安部队、警队选择作为制式枪械使用，因此具有极高的知名度。

研制历史

20 世纪 50 年代初，北约和华约开始进行冷战对峙阶段，1954 年原西德制定了新的军备计划，并开展了与制式步枪不同的制式冲锋枪试验，以此为促进国产冲锋枪的研制开发。德国国内各大枪械公司参加了这次试验，而一些国外的进口枪也参与其中。

同年，为参加这次试验，HK 公司的设计师蒂洛·黙勒、曼佛雷德·格林、乔治·塞德尔和赫尔穆特·巴尔乌特开始了命名为"64 号工

程"的设计工作，这项设计的成品是使 G3 步枪小型化的冲锋枪，命名为 MP·HK54 冲锋枪。

该枪发射 919mm 手枪弹，准星与初期的 CETME 步枪相似，呈圆锥形，照门则与后期的 CETME 步枪相似，为翻转式。

20 世纪 60 年代初，HK 公司忙于 G3 步枪的生产，未能顾及 HK54 的发展，直到 1964 年 HK54 尚未投入生产，仅有少量试制品。1965 年，HK 公司才公开了 HK54，并向德国军队、国境警备队和各州警察提供试用的样枪。

1966 年秋，西德国境警备队将试用的 MP·HK54 命名为 MP5 冲锋枪。这个试用的名称就这样沿用至今。同年瑞士警察也采用了 MP5，成为第一个德国以外采用 MP5 的国家。

通过试用，HK 公司对 MP5 原枪型的瞄具进行了改进，将翻转式照门改为可在 25～100m 之间调整的回转环式照门；露出的准星改为带防护圈的准星；带鳍状物的枪管改为光滑的不带鳍状物枪管；枪管前方增加了三片式的卡笋，用以安装消声器、消焰器之类的各种枪口附件，经过上述改进的 MP5 被称为 MP5A1。

MP5 的性能优越，特别是它的半自动、全自动射击精度相当高，这是因为 MP5 采用了与 G3 步枪一样的半自由枪机和滚柱闭锁方式，而当时大部分冲锋枪均采用枪机自由后坐式以减少零部件，降低造价。

所以 MP5 与华尔特公司的 MPK 和 MPL 相比，其零部件较多，单价较高。试用结果是：国境警备队选用了 MP5，而其他各州的警察部门则根据预算，有的选用 MP5，更多的是选用华尔特公司的 MPK、MPL。

MP5A1 的单价比 MPK、MPL 高，未能在德国警察中推广使用。但在一些实际行动中 MP5 得到了很高的评价。1972 年阿拉伯恐怖分子潜入奥运村劫持了以色列的运动员代表，以巴伐利亚州警察为主的德国警察部队在营救人质行动时采用了 MPK 冲锋枪，由于该枪射击精度低，无法狙击以人质为盾的恐怖分子。

1977 年 10 月 17 日，GSG9 在摩加迪加机场的反劫机行动中使用了

MP5，4名恐怖分子均被MP5击中，3人当即死亡，一人重伤，人质获救，MP5在近距离内的命中精度得到证明。

此后德国各州警察相继装备MP5，而国外的警察、军队特别是特种部队都注意到MP5的高命中精度，于是出口逐渐增加。

到20世纪80年代，美国轻武器装备服务规划办公室需要为特种部队寻求一种性能可靠的9mm冲锋枪，经过多番对比试验，最后选定HK公司生产的MP5冲锋枪，就这样，MP5又从美国获得大量的订单，首先是军方的特种部队，然后是各地的执法机构。正如下面的广告宣传语一样，MP5差不多成了反恐怖特种部队的标志。

MP5的平面广告宣传语是当生命受到威胁，你别无选择。即使象法国这样的轻武器工业发达国家，也把MP5作为其反恐怖部队的标准装备。

结构特点

1970年，HK公司推出了MP5的新改型MP5A2和MP5A3。外形上，MP5A2和A3与MP5和MP5A1一样，只是在枪管的安装方法作了改良，采用了浮置式枪管，即枪管不再用前后两点固定的方式，仅安装在机匣前端而形成浮置状态。枪管长225毫米，6条右旋膛线，枪口动能为650焦耳。表尺射程为200米、300米和400米。70年代初期的MP5A3当时还采用直形弹匣。

MP5A2和A3具有基本相同的结构，两者的区别只在于MP5A2安装固定式塑料枪托，MP5A3则为伸缩式金属枪托。最初的MP5A2、A3使用直型弹匣，到1977年全部改为弧型弹匣。

在1985年HK公司推出MP5A4和A5以后，由于其大型塑料护木使用起来相当舒适，所以新生产的MP5A2、A3都配用这种塑料护木，另外也有些客户购买这种护木换掉原来的金属护木。

20世纪80年代，突击步枪开始流行3发点射的功能。于是在1985

年，HK 公司也推出了有 3 发点射功能的 MP5 新改型——MP5A4
和 MP5A5。

与 MP5A2 和 A3 相比，MP5A4、A5 主要的改进是内装 3 发点射机
构和塑料制的护木。MP5A4 和 A5 的区别与 A2 和 A3 一样，分别为固定
式枪托和伸缩式枪托。

由于 MP5 零部件的通用化，现在有不少 MP5A2 和 A3 把原有的金
属护木更换为塑料护木，如果不是下订单时有特别要求，现在 HK 公司
所提供的 MP5A2 和 MP5A3 也全部都采用塑料护木，所以要区分
MP5A2、A3 和 A4、A5 就只能看快慢机有没有 3 发点射的选择了。

现在 HK 公司又生产出有 2 发点射机构的握把座，由于其零部件的
通用化，可广泛用于各类 MP5、HK53 等武器。结果使 MP5A2、A3 和
A4、A5 之间的区分更加模糊。

就目前的资料来看，似乎快慢上只有两种射击方式（单发和连发，
或单发和 2 发点射）选择的就是 MP5A2 和 MP5A3，有三种射击方式
（单发、3 发点射和连发，或单发、2 发点射或连发）的就是 MP5A4
和 A5。

主要性能参数

型号全长（mm）全宽（mm）全高（mm）空枪重（kg）瞄准基线
长（mm）枪管长（mm）初速米/秒射速（RPM）弹匣容量发射方式
枪托

MP5A2　680　50　210　2.54　340　225　400　800　15/30　S，
F　固定

MP5A3　692/533　50　210　2.93　340　225　400　800　15/30
S，F　伸缩

MP5A4　680　50　210　2.54　340　225　400　800　15/30　S，
3，F　固定

MP5A5	692/533	50	210	2.93	340	225	400	800	15/30	S, 3, F	伸缩
MP5SFA2	711	50	210	2.54	340	225	400	——	15/30	S	固定
MP5SFA3	726/567	50	210	2.94	340	225	400	——	15/30	S	伸缩
MP5-N (FS)	680	50	210	2.54	340	225	400	800	15/30	S, F	固定
MP5-N (RS)	692/533	50	210	2.94	340	225	400	800	15/30	S, F	伸缩
MP5K	325	50	210	2.00	260	115	375	900	15/30	S, F	——
MP5K-N	350	50	210	2.00	260	140	375	900	15/30	S, F	——
MP5KA4	325	50	210	2.00	260	115	375	900	15/30	S, 3, F	——
MP5K-PDW	603	50	210	2.78	260	140	375	900	15/30	S, F	折叠
MP5SD1	550	60	210	2.80	340	146	285	800	15/30	S, F	——
MP5SD2	780	60	210	3.10	340	146	285	800	15/30	S, F	固定
MP5SD3	804	60	210	3.45	340	146	285	800	15/30	S, F	伸缩
MP5SD4	550	60	210	2.80	340	146	285	800	15/30	S, 3, F	——
MP5SD5	780	60	210	3.10	340	146	285	800	15/30	S, 3, F	固定

MP5SD6　804/652　60　210　3. 45　340　146　285　800　15/30
S, 3, F　伸缩

　　MP5SD - N　804/652　60　210　3. 55　340　146　285　800　15/
30　S, F　伸缩

MP5/10 和 MP5/40

MP5/10 冲锋枪

　　10mm 口径的 MP5 冲锋枪（简称 MP5/10）是 HK 公司在 1991 年根据美国联邦调查局提出的要求研制生产的。联邦调查局所配备的手枪主要是使用 10mmAUTO 弹的，而且他们感到现有的发射 9mm 子弹的冲锋枪威力不足，出于后勤供应及作战效能的考虑，联邦调查局提出要为其人质拯救队及其他特种部队配备 10mmAUTO 口径的冲锋枪。

　　于是，在原有的 9mm 口径的 MP5 基础上改进，研制出发射 10mmAUTO 弹的 MP5/10 冲锋枪。除了联邦调查局外，美国不少城市、州、联邦等一些执法部门也有采用。

　　为了能发射 10mmAUTO 弹，MP5/10 采用了强化的枪身，连拉机柄都加强了。由于弹壳的形状是圆柱形，没有 9mm 弹壳的小锥角，所以使用直形的塑料弹匣，由于 10mmAUTO 弹比 9mm 子弹稍长，所以 MP5/10 的弹匣较宽较长。

　　早期的塑料制弹匣是透明的，可以很方便地看到余弹数，弹匣两面带有弹匣联接装置，不需要附加装置就可以将数个弹匣并联起来。

　　后来的弹匣取消的弹匣联接装置，弹匣外壁改为半透明。另外还采用了一种新型的

空仓挂机柄，插入新弹匣后，射手可以用左手解脱位于扳机正上方的空仓挂机柄，使枪处于待击状态。除此以外，MP5/10 和其他的 MP5 没有太大的区别，护木、枪托等配件都可以同通使用。

MP5/10 最新的型号是 MP5/10N，即海军型 MP5/10，这是为根据美国海军特种部队的需要而研制的。MP5/10N 算是 MP5 系列中最新的型号了。

MP5/10 现在已经停止生产和销售了，估计是因为执法机构已经决定选择.45 口径来代替 10mm 或 40 毫米口径，而 HK 公司也要大力推广他们的新产品 UMP45。不过原来的 MP5/10 用户仍可得到 HK 公司维修保用及技术支持等售后服务。

MP5/40 冲锋枪

MP5/40 和 MP5/10 分别不大，同样是为发射大口径手枪弹而开发的，只是 MP5/40 发射的是.40S&W 手枪弹，这种子弹的弹壳长度比 10mmAUTO 弹稍短。和 MP5/10 一样，MP5/40 也已经停产。

安装消声器的 MP5/40A2 和 9mm 口径的 MP5SD 不同，10mm 口径和 40 毫米口径的 MP5 没有专门开发的消声型号，因此不少厂家都生产相配的消声器。

性能参数

	MP5/10　A2	MP5/10　A3
全枪长	680mm	490/660mm
空枪重	2.67kg	2.85kg
射　速	800	RPM
发射方式	单发	连发
弹匣容量	30 发	
枪管长	225mm	
膛　线	6 条，右旋，缠距 380mm	

初　速　　　　442m/s
瞄准基线长　　340mm

海军型 MP5

在投入使用的 20 多年中，MP5 共有 120 多种变型枪，为美国海军特种部队制造的海军型 MP5，即 MP5 - N 则是其中之一。MP5 - N 是以 MP5A2、A3 为基础，进行了防海水腐蚀处理，枪口可选用消焰器或湿式消声器。

身穿 27P 作战服、头戴树脂盔的海豹成员正在登船，MP5 - N 的枪口上装有消焰器，枪口下是 SURE - FIRE 战术灯。

MP5SFA2，只可单发的 MP5A2，由于有些国家不允许警察装备全自动武器，因此派生出半自动的 MP5。

目前共有 10 多个国家在特许生产 MP5 冲锋枪，包括希腊、巴基斯坦、沙特阿拉伯、土耳其等。其中一些的国家对自己生产的 MP5 重新命名，但基本上枪本身是没有改变的。

MP5 在投入服务的 30 多年来，以其精确、可靠和威力适中，一直是各国特种部队特别是反恐怖部队的标准装备之一。

评　价

MP5 射速高，后坐力小，射击精度高弥补了稍低的威力，这种设计紧凑的武器为世界各地的突击队所选用。它巨大的火力能在很短的时间内打败顽强的对手。高精度、重装弹迅速，很容易就能将弹夹里的子弹打出去，适中的价格，是真正成熟的武器。

MP5SD 冲锋枪

20 世纪 60 年代末期，HK 公司开始开发 MP5SD，最初是为开发特种部队用的兵器而进行 MP5 配装消声器的研究，70 年代初研制成功了 MP5SD。

MP5SD 的消声器并不能完全消除枪声，但可以在一定距离上听不出枪声。由于反恐怖部队对恐怖分子的攻击作战方式是必须敌人在未觉察出攻击位置时，一下子攻入其中心部位，因此 MP5SD 一出现就受到反恐怖部队的重视。1977 年，GSG9 在摩加迪加机场反劫机作战中就有使用 MP5SD。

MP5SD 消声器的结构是在枪管上钻有 30 个直径为 3mm 的小孔，枪管外面套有消声筒，消声筒内有两个分开的气体膨胀室。

射击时，一部分火药气体经枪管上的小孔进入后膨胀室，以降低燃气压力，从而减少运动弹头的加速度；前膨胀室用以改变燃气排出方向，降低侧向排出气流的声响，并使弹头以亚音速飞离枪口，因而在飞行中不会产生激波声响。

MP5SD 用普通弹的初速为 285 米/秒，枪口动能为 380 焦耳，膛口噪声约 70 分贝左右，不过有效射程也比较低，为 135 米。

和其他 MP5 所用的外接式消声器不同，MP5SD 的消声器采用了不分解的结构，据 HK 公司的产品说明，积存在消声器内的碳残渣会随着继续发射的火药燃气从前端喷出，因而无需卸下清洗。

早期的 MP5SD 的消声器无加护木地暴露出来，当持续发射时，高温的燃气在消声器内扩散致使消声器发热而烫手。1977 年出现了改良型的 MP5SD，在消声器后半部包上橡皮套解决了问题。改良型的

MP5SD 分别称为 MP5SD1（无枪托）、MP5SD2（固定式塑料枪托）和 MP5SD3（伸缩式金属枪托）。

1980 年，英国 SAS 在营救伊朗大使馆人质行动中使用 MP5SD 还没有护木的。

1985 年，装有 3 发点射机构的 MP5A5、A5 出厂，于是 MP5SD 也装上了 3 发点射，新的型号为 MP5SD4（无枪托）、MP5SD5（固定式塑料枪托）、MP5SD6（伸缩式金属枪托）。

MP5K 冲锋枪

概　述

　　20 世纪 70 年代是都市游击战的疯狂年代，恐怖分子袭击重要人物时多采用火力猛烈的冲锋枪和突击步枪。而保护要人的警卫感到需要同样火力猛烈的全自动武器，而且为出入公众场面，这种武器还需要像半自动手枪那样可以隐藏在衣服下，避免引人注目。1976 年 HK 公司推出的短枪管 MP5K，就是在这种背景下产生的。K 是德语"短"的缩写。

将普通冲锋枪切短而小型化后，会出现不少缺点。例如为支撑减轻重量后的枪机，需要增强复进簧，安装缓冲器等，结果小型化后的冲锋枪具有非常大的射速，至使连发时难于操控和命中精度下降。这种现象在自由枪机式的冲锋枪中尤为明显。

　　MP5 冲锋枪是采用半自由枪机式的设计，虽然这种枪机存在零件多、成本高的缺点，但后退的枪机速度缓慢，所以无需改用强力的复进簧，而且小型化后的 MP5K 仍保持有较高的命中精度，而连发射速每分钟只比 MP5 增加 100 发。缩短枪管后初速也降低至 375 米/秒，枪口动能为 570 焦耳。

　　由于枪管缩短，护木也相应缩短，为了使枪便于握持，在枪管下方安装了垂直的前握把。前握把前方有一个小型向下凸块，可防止在黑暗等情况下使用时手指伸到枪管前方而受伤。此外 MP5K 的机匣后端也被切短，而为了小型化，MP5K 没有枪托。

　　MP5K 的表尺射程固定在 25M 上，但为了归零校正而仍为旋转式。为了便于携带于是又推出了只安装小型固定式片形准星和照门的 MP5KA1，并设计制造了 15 发的小容量弹匣。后来 HK 又推出了装有 3 发点射机构的 MP5KA4 和 A5，不过就缺少了 MP5KA2 和 A3 这两个编号的产品。由于瞄准具的不同，转鼓式觇孔的 MP5K 和 MP5KA4 有效射程为 260 米，而简易片形瞄具的 MP5KA1 和 MP5KA5 的有效射程为 190 米。

　　本来 MP5K 很重视便携性，是按无枪托设计生产的，但在美国的 ChoateMachine&Tool 公司生产并提供了一种小型右侧折叠式的塑料枪托，后来 HK 公司开发的 MP5K – PDW 也是使用这种枪托。

　　MP5K 公文包枪是 HK 公司为隐蔽警卫的需要而开发的，扳机和保险可以通过提包把手上的联动装置操作，枪可以直接在提包内发射。

　　MP5K 的皮包枪可以将手直接伸进去发射。

MP5K 系列

MP5K9mm 系列

MP5K9mm 冲锋枪是 HK 公司 1976 年研制成功的超短型 MP5 冲锋枪，目前被德国和许多国家的特种部队、警察部队采用。

MP5K 冲锋枪系列的工作原理及闭锁机构与 MP5 冲锋枪系列中的其他冲锋枪一样，但其外形结构与 MP5 冲锋枪有所不同。MP5K 冲锋枪系列无枪托；枪管也被缩短；在枪管下方增加了垂直小握把，小握把前方还设有一个向下延伸的凸块，目的是对握前握把的手指进行限位。

这些设计特点使得该系列武器特别适合特警和反恐人员使用，不仅可双手持枪射击，以提高射击精度，同时也完全可以用单手射击。

MP5K 冲锋枪系列有 MP5K、MP5KA1、MP5KA4、MP5KA5、MP5K－N 等几种型号。它们的主要区别是：MP5K 冲锋枪与 MP5 冲锋枪的机械瞄具基本相同，但转鼓表尺上的觇孔式照门改为缺口式照门。

MP5KA1 冲锋枪枪身上平面比较光滑，改用尺寸较小的无护圈片状准星和固定式缺口照门，便于从衣服或枪套内迅速取出，无勾挂障碍。

MP5KA4 冲锋枪是在 MP5K 冲锋枪上增设了 3 发点射机构。

MP5KA5 冲锋枪是在 MP5KA1 冲锋枪上增设了 3 发点射机构。

MP5K－N 冲锋枪带有海军型发射机构。

MP5K 冲锋枪系列中缺少 MP5KA2 和 MP5KA3 两种型号的产品。

MP5K 冲锋枪系列初速 375m/s，枪口动能 570 焦耳。

在英国，MP5K 冲锋枪被称为 L80A1 冲锋枪，MP5KA1 冲锋枪被称为 L90A1 冲锋枪。

MP5K－PDW9mm 系列

MP5K－PDW9mm（单兵自卫武器）系列由 HK 公司在美国的分公司研制，是一种紧凑型武器，专为车辆、飞机乘员等非一线战斗人员或其他不宜携带步枪、冲锋枪执行任务的人员使用。该武器可非常容易地装入枪套中，隐藏在衣服外套、文件包和其他软包里，因而也备受特种部队青睐。

MP5K - PDW 是在 MP5K 冲锋枪上增加了折叠式枪托，枪管长由 MP5K 冲锋枪的 115mm 增加到 140mm，并且枪管前端设有 3 个突笋，用于安装消焰器或消声器、空包弹发射装置、榴弹发射器。

折叠式枪托可卸下，成为无枪托的形式；也可根据用户的需要，将折叠式枪托装在 MP5K 冲锋枪的任一型号上。该枪的标准配置仍采用机械瞄具，但准星、照门可换成带有氚光管型的；也可在机匣顶部安装光学瞄准镜或其他瞄准装置。

MP5K - PDW 系列有 919mm 口径、0.45 英寸毫米口径、0.40 英寸 S&W 口径 3 种型号。这 3 种型号的单兵自卫武器的快慢机和弹匣扣均双面设置，发射机构也有单发、两发或 3 发点射、连发等多种组合方式可供选择安装。

MP40 冲锋枪

简 述

MP40 冲锋枪，及其原型枪 MP38 冲锋枪，是不同于传统枪械制造观念具有现代冲锋枪特点的方便批量生产而设计的第一种冲锋枪。

也是第二次世界大战期间纳粹德国军队使用最广泛、性能最优良的冲锋枪。它曾经被称为"施迈瑟冲锋枪"，其实与德国枪械设计师胡戈·施迈瑟并无联系，他并没有参与该枪的设计。

研制背景

第一次世界大战的大部分作战，主要以阵地战和碉堡作战为主。攻击的一方，首先以密集火炮最大程度的攻击对方的坚固工事，战壕和铁丝网，大量杀伤敌人的有生力量，然后他们以密集冲锋的形式接近冲入

对方的阵地，在激烈而短促的近战中消灭敌人，夺取阵地。可是，随着战争的展开，各国就感觉到了这种战术的重大问题。

由于军事工事建造技术的发展，使得当时的战壕的曲折复杂。即使在猛烈的炮火也不

可能摧毁战壕里面的所有人。同时重机枪的发明，使得防守一方即使人数很少，也可以给予冲锋的进攻者大量的杀伤。实际上，一战爆发刚刚四个月，德法就分别伤亡了 70 万和 85 万人，而装备差劲的俄国人在一年内更是伤亡 250 万人。因此，防守武器的水平远远强于进攻武器，这种残酷的现实就要求进攻武器在技术上的必须突破。

具体来说，对于进攻一方来说，他们人数和地形上的劣势，就要求他们有更猛烈的单兵武器。而当时的各国步枪，每分钟射速不超过 10 发，大部分战斗射速不过每分钟 5 发，这样的武器，根本无法有效攻破对方的阵地。

加上一战时期配着刺刀的步枪几乎有 1.5 米长，这么长的武器也无法在狭窄的战壕中使用。于是，一种由单兵手持，可以在近距离威力巨大的武器随之产生。这就是曾经被称为"手提机关枪"的冲锋枪。

第一次世界大战的冲锋枪的扛鼎之做为德国的 MP18，他由德国著名武器设计师施曼塞尔设计，伯格曼军工厂生产。他虽然装备部队时期，一战已经快要结束，德国败局已经确定。但是仍然在实战重发挥了巨大的作用。

一战结束以后，对德国冲锋枪深有恐惧的英法胜利者，在战后的条约中明确规定，德军不可以装备冲锋枪，这也是对这种武器变相的肯定吧。

纳粹德国第二次世界大战中的成功，大部分依赖于闪电战。而闪电战的核心就是装甲部队的使用。作为装甲部队来说，因为其的车载武器如火炮和机枪的使用，所以对于远距离的目标都有巨大的杀伤力。但是，装甲车辆在复杂的地形，经常遇到近距离的各种武器的袭击。

由于装甲车辆自身的限制，它对于近距离的袭击反应较慢。因此，很需要车载步兵保护其安全，这个距离一般是 150 米以内。那么德国传统的毛瑟步枪的火力和射速自然无法实现这个目的。于是，德国从 30 年代初期开始，就致力于发明一种可以供装甲步兵和伞兵使用的冲锋枪。

在战前的十年内，德国陆续使用了 MPl8/l、MP28/ll、MP34/l、MP35/l、厄尔玛冲锋枪，这些武器部分参加了西班牙内战，在西班牙激烈的运动战和阵地战中，它们也发挥了一些重要的作用。但是从德国专家的专业眼光来说，这些武器仍然保持一战时期的水平，没有太大的发展，所以德军也并没有大量装备。

MP38

1938 年，德国埃尔马兵工厂为满足德国装甲兵和伞兵部队对近距离突击作战的自动武器的需求，定型并生产了 MP38 冲锋枪，列装德军。

MP38 式冲锋枪是世界上第一支成功地使用折叠式枪托和采用钢材与塑料制成的冲锋枪。随即德军在 1939 年波兰战役爆发前装备了数千支该枪，基本全部由德国装甲部队使用。

在短促而激烈的波兰战役中，面对顽强的波兰人的士兵的反抗，MP38 成功的保护了防御能力很脆弱的 1 型，2 型，3 型坦克和德式装甲车，MP38 猛烈火力使得手持集束手榴弹和燃烧瓶的波兰反坦克士兵无所适从。

MP38 的火力和战斗中可靠性深受各方的赞赏。不过其保险装置的不稳定等问题也受到了批评。由于 MP38 的简易保险不可靠，当枪机在后方待击位置时，拉机柄挂在机匣拉机柄槽后端的保险缺口内，使之不能偶发，受到较大的震动时容易走火，针对保险机构进行改进，命名为 MP38/40。可将拉机柄推入机匣机柄槽前端增设的保险缺口，使枪机不能拉动，增强了保险作用。

MP40

在战争期间制作精良的武器简化生产工艺以及降低生产成本是军方考虑的主要问题。波兰战役以后，为了进一步简化生产工艺，提高生产效率，德国军工企业根据实战的经验，在 1940 年再次进行改进，使它造价更低，工时更少，安全性更高。

这个改进的型号就是大名鼎鼎的 MP40 冲锋枪。MP40 用大量冲压、焊接工艺的零件代替 MP38 的机加工工艺的零件，降低成本，标准化的零件在各工厂分头生产，在总装厂统一装配，容易大批量生产，甚至一些非军工企业也能分包生产零部件，具有良好的加工经济性和零件互换性。

在1940年至1945年间，共生产了 1，037，400 余支 MP40 冲锋枪。根据统计，二战中间 MP38 和 MP40 一共生产了 120 万支。

MP40 冲锋枪，及其原型枪 MP38 冲锋枪，采用自由枪机式原理，使用9毫米口径手枪弹，直型的32发弹匣供弹。管状机匣，裸露式枪管。握把护板均为塑料件。用钢管制成的造型简单的折叠式枪托，向前折叠到机匣下方，方便于携带。

枪管座钩状形状可由装甲车的射孔向外射击时钩住车体，避免因后座力或者因车辆颠簸使枪管退回到车体内。该枪结构简单设计精良，枪的分解与结合不需用专门工具，非常方便。

手持 MP40 的士兵，后来成为第二次世界大战中的德国军人的象征。实际上，最早的 MP38/MP40 冲锋枪只是由装甲兵和空降部队使用，随着生产量的加大，MP40 已经普遍装备基层部队，成为受到作战部队欢迎的自动武器，不但装备了装甲部队和伞兵部队，在步兵单位的装备比例也不断增加，总是优先配发给一线作战部队。但是事实上并不象人们印象中那样广泛使用。

客观的说，MP40 是一款划时代的武器，但是并不是完美的武器。

显著特点

制造的简单性和造价低廉

MP40 取消枪身上传统的木制固定枪托、护木组件以及枪管护筒等粗大笨重的结构，主要部件都是钢片压制成，连唯一较费工时的木质枪托，也由钢制折叠式枪托代替。全枪没有复杂的工艺，钢片压制的枪身可在一般的工厂的流水线中随意制造，一般的初级技术工人依靠工具即可制造；机匣的下半部则以重量很轻的铝材制造。甚至对于枪的表面也没有什么磨光，总之，一切复杂的工艺全部取消。这样的设计思路，使得 MP40 可以在德国各地的大小工厂中大量制造。

射击的稳定性和精度

在二战期间大量装备的冲锋武器中，MP40 冲锋枪具有较高的精度。由于后坐力很小，MP40 在有效射程内的射击非常精确，在持续射击中的精度更是无人能比。

一把连续射击中的苏联波波沙和英国司登都是很难控制，而任何一个德国新兵都可以控制住猛烈射击中的 MP40。在较近距离作战中提供密集的火力。

这主要还是来自于 MP40 的设计思路。它采用自由枪机式工作原理。复进簧装在三节不同直径套叠的导管内，导管前端为击针。射击时，枪机后坐带动击针运动，并压缩导管内的复进簧，使复进簧平稳运动。另外，它使用 9mm 口径帕拉贝鲁姆手枪弹和该枪射速较低也是其射击精确的原因。

枪身短小

MP40 的枪身折叠以后，仅长 62 厘米。比各国的固定枪托武器都要短 20 厘米以上。这非常适合于装甲兵，伞兵和山地部队的使用，尤其是在狭窄的车厢和飞机的机舱里。

对于伞兵来说，MP40 短小精悍，火力猛烈，非常适合伞降使用。早期在西线一系列的空降作战，包括空袭比利时的要塞，突袭荷兰，大规模空降克里特岛，MP40 帮助德国的伞兵部队完成一个又一个不可能完成的任务，他们密集短促的火力往往可以压制数量占绝对优势的盟军士兵。

对于装甲兵来说，短小的 MP40 可以折叠后放在狭小的车厢里。对于山地步兵来说，由于山地战通常敌我双方的距离都不会太远。重量较轻和火力较好的冲锋枪非常适合他们的需要。

主要缺点

射速较低

MP40 的最大问题在于射速过低。其理论射速不过每分钟 500 发，实际射速还要低很多而它的主要对手——苏联的波波莎冲锋枪每分钟射速高达 900 发，美国的汤普森冲锋枪射速也高达 700 发，只有英国加工低劣的司登冲锋枪射速和 MP40 大体一致，因为两者内部结构基本相同。

MP40 的设计初衷，主要是针对训练严格的德国士兵，他们使用这种持续射击精确的冲锋枪，可以在有效射程内，依靠准确射击来杀伤大量的敌人。

在斯大林格勒的激烈城市战中，到处都是火力点，到处都是障碍物，到处都是突然的近距离遭遇战，敌人忽隐忽现，手持冲锋枪的士兵们很难也不可能精确瞄准射击。而大多数的时候，他们只是朝着敌人的大概方位扫射一通。在这样的对决中，MP40 的射速只是波波沙的一半左右，完全被苏联冲锋枪火力所压制，实际伤亡重大。

装弹量较少

MP40 的装弹量有 32 发，这和盟国的其他冲锋枪大致相当。但是，它在和有着 71 发大弹鼓的苏联波波莎冲锋枪的对战中，又处于绝对的下风。在近距离作战中，冲锋枪的用处就是在最短时间把最多的弹药压制到敌人的头上。

MP40 的 32 发直弹夹，又只是波波沙的一半不到。在激烈的近战中，德国士兵更换弹夹的次数要大大多于苏联士兵，在换弹药的时候，火力必然要间断或者停止。在战斗火力的中断就是死亡的前奏曲。对于这点，一线的德国士兵有着最快的认识。

很多德国士兵都抛弃自己的 MP40，而是捡起一把有着 71 发弹鼓的波波莎冲锋枪。

总体评价

MP40 无疑是容易控制的武器，它的后坐力相对较小，在扫射中可以准确的把密集的枪弹射向对方。在非极冷的气候下，它的供弹可靠性很强，基本没有卡壳的危险。相比起来，波波沙的射速过快，激烈射击时枪身跳动的很厉害，新手很难控制。

司登冲锋枪虽然也比较容易控制，但是该枪造型独特，射击时候必须一手拖住枪托，一手在侧面抓住弹夹，在枪身上下移动时候很费力，只适合水平扫射。而且司登的供弹可靠性太差，经常莫名其妙的卡壳，这在战场中就是把性命交给了对手。而老美的汤普森冲锋枪的子弹穿透能力太弱，对待较远一些的半隐蔽目标杀伤性太差，只适合近距离扫射没有防护的士兵。

在苏联波波莎冲锋枪出现之前，MP40 仍然是世界最顶尖的冲锋枪。由于它的成熟和可靠，直到 60 年代仍然有一些国家使用它。

性能数据

口　径：9mm；

弹　药：919mm 帕拉贝鲁姆手枪弹；

自动方式：自由枪机式；

发射方式：连发；

枪口初速：381m/s；

表尺射程：200m；

理论射速：500 发/分；

供弹方式：弹匣；

弹匣容量：32 发；

全枪长：枪托打开 833mm；枪托折叠 630mm；

枪管长：251mm；

膛　线：6条，右旋；

全枪质量（不含弹匣）：MP38式4.086kg；MP40式4.027kg；

全枪质量（含弹匣）：MP38式4.756kg；MP40式4.697kg；

实弹匣质量：670g；

瞄准装置：片状准星；U型缺口式照门。

MP41 冲锋枪

介 绍

MP41 是德国在第二次世界大战时私人企业的一个罕见例子。施迈赛尔尝试制造一款冲锋枪与 MP40 展开竞争，他只是简单的把 MP40 的机匣和枪管安装到与他设计的伯格曼 MP28 相同的木质枪托上，取消了 MP40 的折叠枪托；此外还加了一个快慢机，使得该枪可以单发射击；还取消了钩形枪管座。

其余部件和 MP40 完全相同。弹匣虽然打上了 MP41 的印记，但可以和 MP40 通用。但是，德国军方对此并无兴趣，一直未被采用。该枪只生产了很小一部分，仅作为各种军事单位标准武器的替代用品，现在已较少见。

性能数据

口 径：9MM；

总长度864MM；

枪管长度251MM；

空枪重量3.7KG；

射 速：600 发/分；

弹容量32 发；

准 星：片状；

照　门：U 型缺口式；

瞄准基线长：380mm；

配用弹种：919，mm 帕拉贝鲁姆手枪弹；

膛　线：6 条，右旋；

自动方式：自由枪机式；

发射方式：连发；

供弹方式：弹匣。

MP7A1 冲锋枪

MP7A1 型 冲 锋 枪 使 用 的 4.6mm30 系列高性能弹药具有接近突击步枪的穿透性和杀伤力，发射 MP7 时的后坐力只有 9mm19 枪弹的约 50%。相比之下，发射 P90 时的后坐力则达到 9mm19 枪弹的约 60-70%。PDW 用枪弹所要求的是要同时具备防弹背心穿透能力和不能穿透人体的特性。

4.6mm30 枪弹在 200m 距离上可穿透（开普勒防弹）头盔和（开普勒）防弹背心，在 50m 距离上，可穿透 2 层 CRISAT 防弹背心，包括前苏联特种部队的防弹衣以及现在的北约标准试验靶板。如果使用 2.7g 全金属被甲弹头时，有效射程可延长到 300m。继德国特种作战部队 KSK 于 2002 年首次采用之后，MP7A1 型冲锋枪现在又被列装美军部队和执法机构。

MP7A1 型冲锋枪可单手或双手射击，也可通过结实的可伸缩枪托抵肩射击。折叠式垂直前握把使该武器射击时具有极好的可控性，提高了全射程命中率。HK 公司的这种 MP7A1 型冲锋枪从其 177mm 长的枪管中半自动发射 10 发子弹，弹着点在 45m 距离时不到 5cm。

气动操作的 MP7A1 型冲锋枪采用闭膛待击和旋转枪机系统，类似于发射大威力 5.56mm 枪弹的 G36 型突击步枪。所有控制机构，包括 M16 式拉机柄、保险/快慢机、弹匣卡笋、空仓挂机和枪机卡笋等均能完全左右手操作。

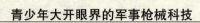

　　该枪由混合碳素纤维塑料制成，在需要的地方嵌入金属部件，无需任何工具即可在很短时间内大部分解，由于在设计中采用了独特的导气系统，几乎不需要擦拭。

　　通常情况下，如果要增加停滞威力时，需要采用凹槽弹头，而要想穿透防弹背心，则需要采用像普通步枪弹一样的尖弹头。FN 公司与 P90 同时推进开发的 5.7mm28 枪弹是通过非常巧妙的设计同时达到了这样的双重效果。

M12S 冲锋枪

概　述

M12S 冲锋枪是大名鼎鼎的意大利伯莱塔公司制造的。该枪被公认为是世界上最好的冲锋枪。

1978 年，伯莱塔公司在原来生产的 12 型冲锋枪的基础上，重新设计了新的伯莱塔 12S 型（M12S 或 PM12S）冲锋枪，该枪推出后也迅速成为意大利军队的制式武器，并被巴西和印尼特许生产和装备部队，另外突尼斯和塞尔维亚也在使用伯莱塔 M12S 冲锋枪。

此外还有一些国家的执法机构购买了伯莱塔 M12S，例如美国有一些 SWAT 分队仍在使用这种武器，最近在伊拉克的新闻中，也发现有使用伯莱塔 M12S 的承包商。

伯莱塔 M12S 全枪共由 84 个零件组成，枪管和膛线表面镀铬，能提高寿命和抗腐蚀能力，在结构、原理等设计上，伯莱塔 M12S 与原来的 M12 完全相同，主要的区别是在保险机构上。

伯莱塔 M12 的保险开关和快慢机是各自独立的按钮式开关，而在伯莱塔 M12S 上，这两个按钮的功能合并成一个旋转式的保险/快慢机柄，因此伯莱塔 M12S 冲锋枪的快慢机柄有三档，分别为保险、半自动和全自动，该快慢机柄操作起来很方便，右撇子射手直接用右手拇指扳动时手不需要离开握把。

另外 M12 型有三种容量的弹匣，而 M12S 型则只采用 32 发弹匣．M12S 冲锋枪的弹道稳定，子弹密集，非常适合突袭，从敌人的后面包抄达到迅速进攻的目的。M12S 将成为战场上的利器。

M12S 前握把，弹匣插座、发射机座和后握把等为一整体部件，并且是机匣的一部份。机匣内壁有较深的纵向排沙槽，能容纳污物，能使枪的机构在恶劣环境条件中（如沙暴、烟雾、雨雪等）仍能正常运作。

在机匣前方有一个刀形准星，可调整高低和风偏；机匣尾部安装有一个 L 形翻转式表尺，有两个射程分别装定为 100m 和 200m 和觇孔；准星和照门都有护翼保护。伯莱塔 M12 有三种弹匣，容量分别为 20 发、30 发和 40 发。

金属管制成的枪托可折叠到枪身右侧，也可改为安装可拆卸的木制固定枪托。由于横向尺寸小，加上采用包络式枪机和可折叠枪托，M12S 的整体尺寸紧凑，容易隐藏和携带。

性能数据

全枪长：枪托打开 645mm；

枪托折叠：416mm；

枪管长：200mm；

膛　线：6 条、右旋；

缠　距：250mm；

全枪高：（不含弹匣）180mm；

瞄准基线长：285mm；

枪口初速：430m/s；

空枪重：（折叠式金属枪托，不含弹匣）2.98kg；

理论射速：550RPM；

实际射速：全自动 120RPM；

半自动：40RPM；

有效射程：200m。

Mac10 冲锋枪

英格拉姆 Mac10 式冲锋枪由美国戈登·B·英格拉姆于 1964 年开始设计，美国军用武器装备公司 1969 年开始生产。为了扩大其销售市场，每种枪都有标准型和民用型，而标准型专供军用和警用。

Mac10 式冲锋枪是现代名枪之一，目前该枪装备美国、英国、玻利维亚、哥伦比亚、危地马拉、洪都拉斯、以色列、葡萄牙、委内瑞拉等国家的警察和特种部队。

Mac10 式标准型冲锋枪结构紧凑，动作可靠，大量采用高强度钢板冲压件，结实耐用，可配装消声器作微声武器使用。

Mac10 式冲锋枪均采用自由枪机式工作原理，开膛待击。两者结构基本相同，机匣分上下两部分，上机匣容纳枪机和枪管，下机匣容纳发射机、保险机构和快慢机。枪机为包络式，使枪管大部分伸入机匣内，从而大大缩短了全枪长。

拉机柄在机匣顶部，其上开有凹槽，以免影响瞄准。当枪机在前方位置时，拉机柄钮旋转 90°可以将枪机锁在前方。快慢机在机匣左侧扳机前方，向前推为单发，向后拉为连发。保险位于扳机右前方，使用非常方便，向前扳为射击，向后扳为保险，可通过扣扳机的手指就实现保险。

机匣前端枪管上挂有一个帆布把手，射击时射手用一只手握持，以便控制枪口上跳。枪管前端加工有螺纹，以便拧装消声器。伸缩式金属枪托不用时缩回

机匣后，抵肩可向上叠到机匣后端，枪托拉出后可用卡笋将其固定。

Mac10式的主要不同之处是：M10式有11.43mm和9mm两种口径。11.43mm口径的M10式采用美国M3式冲锋枪的弹匣，容弹量30发，单排列供弹，但必须用压弹器压弹。9mm口径的M10式采用稍加改进的德国瓦尔特冲锋枪的楔形弹匣，容弹量32发。

Mac10式采用机械瞄准具，由固定式片状准星和觇孔照门表尺组成。表尺射程为100m，M11式为50m。

性能数据

口　径：11.43mm；

初　速：280m/s；

表尺射程：100m；

枪口动能：598.2焦；

理论射速：1145发/分；

战斗射速：单发40发/分；

连　发：96发/分；

自动方式：自由枪机式；

发射方式：单发、连发；

容弹量：30发；

全枪长：枪托拉出：548mm；

枪托缩回：269mm；

枪管长：146mm；

膛　线：6条，右旋，缠距508mm；

全枪质量（不含弹匣）；

准　星：片状；

照　门：觇孔式；

瞄准基线长：210mm；

配用弹种：11.43mm柯尔特自动手枪弹。

MC51 冲锋枪

　　MC51 冲锋枪，别名 G3 冲锋枪（G3SMG），是美国俄克拉何马州的佛兰芒·法亚姆兹公司以 G3 为基础，加上 MP5 的护木制造的冲锋枪（有点类似于由 HK33 和 MP5 的结合而成的 HK53）。虽然 MC51 不是 HK 公司的原产品，但却是得到公认的 G3/MP5 变形枪，有时也被人称为 HK51。

　　MC51 与 HK53 都采用了 MP5 的护木，很多可选配件都可以通用，加上弹匣都比 MP5 的大，所以外形看起来有点相同，但只要留意一下弹匣的外形就很容易将 MC51 和 HK53 区分开来，而且 MC51 的护木安装位置比 HK53 靠前。

　　由于 MC51 是 G3 的小型化，口径相同，与其它发射手枪弹的冲锋枪相比，自然就成为世界上威力最强的冲锋枪。但实际上 7.62NATO 弹的威力实在是太大了，在短枪管的冲锋枪上连发时实在是不好操作，而且枪口焰大，所以作为军用枪并不实用。

MP5PIP 冲锋枪

　　MP5PIP 是尝试在 MP5 基础上改变外形及内部结构的变型枪，但只有木制模型，而没有造出可供实弹试验的样枪。MP5PIP 拟采用自由式枪机，其拉机柄的形式取自 HK36，现在已经被 G36 所采用。

　　在机匣顶部有瞄准镜导轨，这一点与现在在 UMP 冲锋枪的顶部加装皮卡汀尼导轨的做法一致。MP5PIP 的机械瞄具仍然是采用 MP5 式的，枪管口部也是采用 MP5 的三凸笋枪口。

M25 式 9mm 冲锋枪

概　述

M23 式、M24 式、M25 式和 M26 式冲锋枪都是由瓦茨拉夫·霍莱克设计的。M23 式和 M25 式 9mm 冲锋枪从 1949 年开始生产，到 1950年，大约生产了 10 万支，用于装备前捷克斯洛伐克陆军，并于 1952 年初停止生产，由 M24 式和 M26 式 7.62mm 冲锋枪取代。这 4 种枪除了装备前捷克斯洛伐克军队外，还曾于 50 年代末、60 年代初大量出口古巴和中东，现已不再生产。

结构特点

枪

M23 式、M24 式、M25 式和 M26 式都采用自由枪机式工作原理，包络式枪机和小握把内装弹匣的结构。机匣采用无缝钢管制成，大部分零件被焊接或铆接在机匣上，枪管部分伸入机匣内，使枪机包络枪管达159mm。这种枪机结构大大缩短了武器长度，在全枪长度不变下允许采用较长的枪管，使武器结构更紧凑。

这 4 种枪的枪管长为 284mm，枪机长约 210mm。枪机和机匣的右侧分别设有一个抛壳窗，当枪机位于闭锁或开锁位置时，机匣上的抛壳窗关闭。小握把是用塑料制的，插入弹匣后武器的重心正好落在握把上。塑料前护木的右侧设有一个能往弹匣内装弹的装弹器，装弹器由护

木上的弹夹导槽和导槽前端的压弹顶头组成。

压弹时，顶头能顶住装有 8 发弹的弹夹，而不妨碍枪弹被推入弹匣内。保险机设在扳机护圈的后方，向右推能使枪机锁定在开、闭锁位置。该枪通过手控扳机的两道火行程，实现单发、连发射击，而无快慢机机构。

这 4 种枪的主要区别是：M23 式为 9mm 口径，固定式木托；M25 式为 9mm 口径，金属折叠托；M24 式为 7.62mm 口径，固定式木托；M26 式为 7.62mm 口径，金属折叠托。另外，M24 式和 M26 式的弹匣与机匣成一定角度向前倾斜；表尺座和背带环也与 M23 式和 M25 式稍有不同。

瞄准装置

M23 式、M24 式、M25 式和 M26 式冲锋枪均采用相同的机械瞄准具，由带护翼的片状准星和 V 型缺口照门、旋转式表尺组成，射程装定为 100m、200m、300m 和 400m。

弹 药

M23 式和 M25 式冲锋枪发射 9mm 帕拉贝鲁姆手枪弹，M24 式和 M26 式冲锋枪发射前苏联 7.62mm 托卡列夫手枪弹。

性能数据

	M23 式	M25 式	M24 式	M26 式
口 径	9mm	9mm	7.62mm	7.62mm
初 速	381m/s	381m/s	550m/s	550m/s

表尺射速　400m　400m　400m　400m

有效射程　200m　200m　200m　200m

理论射速　650 发/分　650 发/分　650 发/分　650 发/分

自动方式　自由枪机式　自由枪机式　自由枪机式　自由枪机式

发射方式　单发、连发　单发、连发　单发、连发　单发、连发

供弹方式　弹匣　弹匣　弹匣　弹匣

容弹量　24 发、40 发　24 发、40 发　32 发　32 发

固定式木托　686mm　686mm　676mm　686mm

折叠式枪托　445mm　445mm

枪管长　284mm　284mm　284mm　284mm

膛　线　右旋 4 条　右旋 4 条　右旋 4 条　右旋 4 条

全枪质量（不含弹匣）　3.087kg　3.27kg　3.292kg　3.41kg

40 发实弹匣　730g　730g　590g　590g

准　星　片状　片状　片状　片状

照　门　V 形缺口式　V 形缺口式　V 形缺口式　V 形缺口式

全弹质量　10.6g　10.6g　9.98g　9.98g

弹头质量　8g　8g　6g　6g

M44 式 9mm 冲锋枪

概　述

M44 式 9mm 冲锋枪是芬兰于 1944 年参照苏联 ППС‒43 式冲锋枪生产的，只是改用 9mm 口径的枪管，发射 9mm 帕拉贝鲁姆手枪弹。

结构特点

M44 式 9mm 冲锋枪结构简单，加工方便，易于大批量生产。

枪

该枪采用自由枪机式工作原理，开膛待击，只能进行连发射击。供弹具最初采用苏奥米 36 发弹匣和 71 发弹鼓，50 年代中期改用古斯塔夫 36 发弹匣。枪托采用折叠式金属托，配有小握把。

该枪采用复进簧导杆代替固定式抛壳挺，射击时枪机向后移动，当枪机到达抛壳窗时，贯穿枪机体的复进簧导杆伸出枪机弹底窝，将弹壳顶出并向上抛出。保险手柄位于机匣的下方、扳机护圈的右侧，向前扳为保险，可将枪机锁在前方或后方位置。

该枪除了枪机、枪管和其他一些小零件外，大多数零部件用厚钢板冲压、铆、焊制成。握把护片用硬橡胶制成。缓冲垫选用浸渍纤维板制造。

瞄准装置

该枪采用机械瞄准具。准星为片状，表尺为带矩形缺口照门的 L 形翻转式，表尺射程为 100m 和 200m。

弹　药

该枪发射 9mm 帕拉贝鲁姆手枪弹。

性能数据

口　　径：9mm；

初　　速：399m/s；

表尺射程：200m；

有效射程：200m；

理论射速：650 发/分；

战斗射速（连发）：120 发/分；

自动方式：自由枪机式；

发射方式：连发；

供弹方式：弹匣、弹鼓；

容弹量：弹匣 36 发；

弹　　鼓：71 发；

全枪长：枪托打开 831mm；

枪托折叠 622mm；

枪管长 249mm；

膛　　线：4 条，右旋；

全枪质量：不含弹匣 2.9kg；

含 36 发实弹匣 3.6kg；

含 71 发实弹鼓 4.3kg；

瞄准装置：准星片状；

照门矩形缺口式；

配用弹种：919mm 帕拉贝鲁姆手枪弹。

MPi81 冲锋枪

  MPi81 冲锋枪是 MPi69 冲锋枪的改进型，大概在 1981 年前后改进定型。MPi81 冲锋枪的生产一直持续到 1990 年代中期才被 TMP 冲锋枪所代替。这两种型号的冲锋枪被欧洲和其他一些地方的警察和军队所使用。

  MPi69 冲锋枪的前背带环兼装填拉柄并不实用，所以在 MPi81 冲锋枪上的最主要改进就是把前背带环移到机匣右侧，而采用独立拉机柄。另外，MPi81 冲锋枪的内部结构稍有改变，使理论射速增加至 700 发/分。此外，MPi81 冲锋枪还有用于在装甲车的射孔上使用的加长型枪管。其他方面 MPi81 冲锋枪与 MPi69 冲锋枪基本相同。

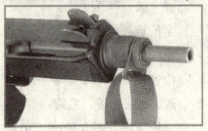

MGP – 15 式冲锋枪

概　述

MGP – 15 式 9mm 冲锋枪由秘鲁西玛瑟法尔公司设计和生产，目的是满足特种部队和保安部队在特殊环境下快速反应和作战中提供密集火力的需要。该枪现已装备秘鲁武装部队使用。

MGP – 15 的外形和性能几乎与 MGP – 84 式冲锋枪完全一样，只是全枪长和枪管长，比 MGP – 84 式短一些而已。

结构特点

枪

MGP – 15 式冲锋枪采用自由枪机式工作原理。折叠式枪托铰接在机匣尾端，向右折叠后肩托板可作为前握把。枪管不外露，弹匣仓与握把合为一体。保险与快慢机结合成一个选择开关，位于扳机的前端，用非操作扳机的手操作。

该枪平衡性良好，质心位于握把上，需要时也可单手射击。枪机为包络式，以便最大限度地增加枪管长——度。该枪的弹匣是 20 发或 32 发弹匣，其设计与乌齐冲锋枪的弹匣一样，两者可以通用。

该枪可配用消声器，只要卸下机匣前方的枪管定位螺帽，再将消声器拧在该位置上即可。

瞄准装置

该枪采用机械瞄准具，由方向和高低均可调的片状准星及两个位置缺口照门组成，射程装定为 100m 和 200m。

弹　药

该枪发射 9mm 帕拉贝鲁姆手枪弹。

性能数据

口　径：9mm；

初　速：342m/s；

表尺射程：200m；

理论射速：650 发/分；

自动方式：自由枪机式；

发射方式：单发、连发；

容弹量：20 发、32 发；

枪托打开长：490mm；

枪管长：152mm；

实弹匣质量：2.895kg；

准　星：片状；照门缺口式；

配用弹种：919mm 帕拉贝鲁姆手枪弹。

MP-18I 式冲锋枪

1916 年，伯格曼兵工厂向德国枪械检测委员会提交了他们的最新方案——一支真正意义上的自由枪机式冲锋枪。它的第一个型号是 MP-18I 式冲锋枪，于 1918 年初完成试验，同年夏天，又在此基础上经过一系列的优化设计，命名为 MP-18I 式冲锋枪，并正式列装德国陆军。该枪的零件在很多工厂分别加工，最后由伯格曼兵工厂组装，所以该枪也称为伯格曼冲锋枪。

该枪的首席设计师是雨果·希买司，他为了这支枪费尽心思。

MP-18I 式冲锋枪从 1918 年夏开始列装，一直到 1918 年 11 月 11 日第一次世界大战结束时，德国前线部队配发的 MP-18I 式冲锋枪在短期内得到了广泛使用，所有前线部队军官都使用过，步兵连有 10% 的士兵使用过。

MP-18I 式冲锋枪只有 5 大部件，即枪机组件、枪身组件、弹匣组件、枪托组件以及枪管组件。如果不计螺钉 MP-18I 式冲锋枪只有 37 个零件，该枪采用自由枪机式自动原理，只能连发发射。枪机质量为

650g，一体式的大质量枪机有利于节约加工成本，降低射速。抽壳钩在枪机推弹入膛的过程中隔离了底火和击针，以防止早发火故障的发生。进弹到位后，抽壳钩钩住弹底缘。

尽管此枪的加工与二战时期普遍流行的铆接、焊接等工

艺比较起来有些复杂，但是其制造工艺在当时来说已经达到了非常先进的水平，比起当时的卢格自动手枪、意大利的维勒·帕洛沙冲锋枪以及毛瑟 M1917 半自动卡宾枪，MP－18I 式冲锋枪的结构已经非常简单了，除枪托和扳机座之外，所有零件都可以直接从标准圆钢、方钢材料或管材上下料加工。全枪最复杂的零件是弹匣和枪管，如果事先提供了这两个零件，一个熟练的枪械师可以在一天之内做成一支 MP－18I 式冲锋枪。

MP－18I 式冲锋枪是世界上第一支采用自由枪机式自动原理、开膛待击的冲锋枪，其设计简化了生产工艺。MP－18I 式冲锋枪也是世界上第一支使用前冲击发方式的冲锋枪，这一原理后来被德国人贝克尔进一步完善并成功应用于 20mm 加农炮上。

MP－18I 式冲锋枪实现前冲击发的原理非常简单，结构也并不复杂。其弹膛比 9mm 巴拉贝姆手枪弹短千分之几英寸，击针在枪机前端面未撞击弹膛尾端面之前将底火击发。此时，弹壳在火药燃气作用下开始后坐，将枪机前冲的动能部分抵消，减小枪机前冲速度，减轻枪机对弹膛尾端面的撞击力。另外，枪机前冲的剩余动能有效地阻止了枪口的上跳。

从整个动作过程来分析，MP－18I 式冲锋枪的击发原理使得自动循环的过程更加平稳，有效提高了射击精度。同时由于弹壳后坐可以抵消枪机前冲的部分动能，因此枪机的质量可以适当减轻，对全枪质量的减轻有一定帮助。

世界上几乎没有哪支冲锋枪的击发机构比 MP－18I 式冲锋枪的简单。扣动扳机，击发阻铁直接在扳机的作用下向下移动一点距离，将枪机解脱，由此便开始连续击发，直至松开扳机，击发阻铁在阻铁簧作用下复位将枪机挂住。拉机柄卡在枪机上的拉机柄槽中，在装配完毕后与枪机是一体的。

在射击过程中，拉机柄随着枪机往复运动。由于 MP－18I 式冲锋枪的枪机为圆柱体，拉机柄在自动循环的过程中一直沿着机匣上的拉机柄槽运动，因此拉机柄同时也起到枪机径向定位的作用，拉机柄槽也可以将落入枪中的杂物排出。这一设计在许多枪上都有应用，例如 MP－28、MP－41、兰彻斯特冲锋枪等等。

为加速 MP－18I 式冲锋枪的生产，德国枪械检测委员会要求雨果·希买司使用已有的 P08 蜗形弹鼓。还有一种说法是德国枪械检测委员会还要求雨果·希买司使用卢格炮兵型 P08 手枪的长为 203mm 的枪管，但事实并非如此。203mm 的手枪枪管并不适合 MP－18I 式冲锋枪，因为二者的径向尺寸并不相符。

尽管如此，关于 MP－18I 式冲锋枪和炮兵型 P08 手枪 203mm 枪管的制造工艺手册却显示：二者从头至尾的生产工艺是极为相似的。因此只能说，在当时，加工 MP－18I 式冲锋枪枪管使用的就是生产炮兵型 P08 手枪枪管的工装设备。从以下所述的部分数据中我们可以一窥端倪：

1、P08 枪管最大直径为 22mm，MP－18I 式冲锋枪枪管直径的最大值为 21.7mm，只比前者小 0.3mm。

2、P08 的枪管肩部后端面至枪管尾端的距离为 18.9mm，MP－18I 式冲锋枪的相应尺寸为 18.4mm。

这些数据都非常地接近，但从整体上来说，MP－18I 式冲锋枪的尺寸都要略小于 P08 手枪，同时，二者的其他零件也不能互换。

3、P08 手枪枪管与机匣采用的是螺纹连接，MP－18I 式冲锋枪采用的是过盈配合。以二者连接部分最大直径来看，MP－18I 式冲锋枪的直径只比 P08 手枪的大 1.1mm，可以这样来解释，P08 手枪枪管的螺纹部分在未加工前的尺寸正与 MP－18I 式冲锋枪的尺寸相符。

4、普通卢格手枪枪管的准星座与整个枪管是一体的，距枪口 17.5mm，准星座径向尺寸 14.7mm，稍大于枪管圆锥部分的最大直径。MP－18I 式冲锋枪的枪管上不设准星座，其准星装于散热罩上，枪管前端凸台的尺寸比普通卢格枪管的准星座大 4.3mm。其作用有二：一是用作挡圈，防止枪管前窜；二是用作中心定位，确保枪管与散热罩同轴装配。

5、MP－18I式冲锋枪和P08手枪的抽壳钩和进弹斜坡在圆周上都呈180°对称分布，这也是证明二者出自同一生产线的证据之一。

6、P08手枪枪管圆锥部分最大直径16.3mm，最小部分直径13.5mm，这与MP－18I式冲锋枪的枪管锥度完全相同。

MP－18I式冲锋枪可靠性高，生产简单，勤务性好，经济实用……使用过的人将无数赞美之词送给了MP－18I式冲锋枪，而他们所赞美的并不包括德国枪械检测委员会强制装备的P08蜗形弹鼓。

雨果·希买司设计了世界上第一个双排单进式直排弹匣并申请了专利。这种弹匣可容纳20发9mm巴拉贝姆手枪弹。雨果·希买司曾试图将这种弹匣用于MP－18I式冲锋枪上，然而德国枪械检测委员会要求雨果·希买司为MP－18I式冲锋枪配装容弹量32发的P08蜗形弹鼓。

该委员会作出这种决定的目的在于弥补MP－18I式冲锋枪容弹量不足的缺陷，然而带来的另一个问题是，配装P08蜗形弹鼓的MP－18I式冲锋枪不利于部队的长途奔袭。P08手枪的蜗形弹鼓脆弱易毁、价格昂贵、制造复杂，生产中过多依赖手工修整，装弹还要借助工具。更矛盾的是，同是卢声格公司的产品，其生产的8发容弹量的弹匣也因该弹匣上的突起而无法在紧急情况下装入MP－18I式冲锋枪……不足之处不胜枚举。

尽管雨果·希买司的双排单进式弹匣不如他父亲的作品那么出色，但鉴于德国枪械检测委员会的官僚作风，要求MP－18I式冲锋枪必须采用卢格的P08蜗形弹鼓，并且还必须将枪管轴线与弹匣槽轴线的夹角设计成与P08手枪相同的55°。

更严重的问题是，由于MP－18I式冲锋枪的供弹口位于枪身左侧，因此，在插上P08手枪的蜗形弹鼓后，枪身质心严重左移，由此带来的后果可想而知。为减轻全枪质量以及平衡质心，雨果·希买司将枪身上的供弹口部位的长度适当缩短，这就要求弹鼓接口部分必须安装加强套。因为如果没有加强套，弹鼓将失去在正常供弹位置的定位点，进而插入枪中过深，枪将无法工作。

MP－18I 式冲锋枪的简单设计使其在战场上的维护相当容易。其分解的第一步与所有枪械的分解动作一样：检查膛内是否有弹。确认膛内无弹后，将枪机推至前方位置，以拇指压下机匣尾端的卡扣，即可打开机匣，这个动作过程类似于操作单发装填的霰弹枪。将机匣盖旋转 1/8 圈，取下机匣盖即可取出复进簧，向后拉拉机柄取出枪机。然后，将击针从枪机中抽出。结合动作就是将分解的动作倒过来做一遍。

当枪机装入机匣后，需要扣动扳机，阻铁下落，为枪机让开位置，枪机才能顺利装入。卸下枪管的过程并不复杂，首先用木锤和冲子将准星卸下，散热罩即可旋出，枪管就可以卸下。装枪管的时候必须注意，进弹斜坡必须与进弹位置对正、抽壳钩槽与抛壳挺呈 180°分布，确保枪管装配完毕后，当枪机处于前方位置时，抽壳钩才能顺利进入抽壳钩槽。

MP－18I 式冲锋枪的射速不高，长点射容易控制，但是它不具有单发发射功能。从总体上来说，MP－18I 式冲锋枪每次扣动扳机最少能发射 3 发枪弹。这说明，MP－18I 式冲锋枪的阻铁簧力太弱，不足以在两发时间间隔内将阻铁回位。

MP－18I 式冲锋枪的枪托对于中等身材的人来说有些短小。射手在贴腮瞄准时，眼睛过于靠近照门。该枪采用窄"V"形缺口式照门，准星为宽梯形，虽然有利于捕捉近处出现的快速移动目标，但对于远处小型目标的瞄准就显得力不从心。

总的来说，MP－18I 式冲锋枪的安全性还是比较高的。将枪机拉到后方位置时，顺时针方向旋转拉机柄使之卡在机匣盖的保险槽中，此时即使有外力作用将拉机柄撞出保险槽，阻铁也会将枪机挂住，使枪机不能复进。

然而，MP－18I 式冲锋枪同

其他采用类似设计的冲锋枪一样有无法克服的一个缺点，那就是无法保证当枪机处于闭膛位置，同时弹鼓安插到位时的安全性（武器处于闭膛状态是为避免有杂物通过抛壳窗进入枪内）。在这种状态下，一旦有外力撞击枪托甚至当士兵跨越战壕时，都有可能走火。

这是因为在撞击的过程中，枪机会在惯性作用下后坐，越过进弹位置，但没有到达阻铁位置，继而复进、击发。在认识到这一危险性后，一战后的 MP－18I 式冲锋枪都加装了一个保险机构，用来锁定处于闭膛状态的枪机。

尽管 MP－18I 式冲锋枪从整体结构上来说非常简单，然而设计者却在击针的设计上画蛇添足。MP－18I 式冲锋枪的击针是个单独的零件，与枪机装配后，其尾端与复进簧相连，这就使击针时刻都在复进簧的压力下突出于枪机前端面。从实际效果上来说，这种设计与传统的固定式击针没有什么区别，而实现的手段却显得复杂得多。后来在 MP－18I 式冲锋枪的改进型中，击针才改为固定式，枪机尾端直接与复进簧相连。

关于在一战时期德国 MP－18I 式冲锋枪的产量有着种种猜测，其数量的差距很大，从 3000 支到 35000 支不等。从科学的角度来看，一战时期的 MP－18I 式冲锋枪上的序列号应是比较可靠的依据。

从保存下来的 MP－18I 式冲锋枪来看，枪身上的序号基本分布在 50～3000 之间，由此可见当时 MP－18I 式冲锋枪的产量大体应在 3000 支左右。

无论具体的数量有多少，那些分发到受过特别训练的小分队手中的 MP－18I 式冲锋枪发挥了重要作用。同时，还有一些被分到了负责守卫战壕的土兵手中，而这些土兵更擅长于在掩体中用马克沁机枪向对方扫射，MP－18I 式冲锋枪在他们手中根本发挥不了应有的功效。因此，在投入战场的 3000 支 MP－18I 式冲锋枪中还有相当一部分被浪费掉了。

UMP45 冲锋枪

主要简介

目前，美国特种部队都使用 45 毫米的手枪替代威力较小的 9mm 手枪作为自卫武器，而 HK 公司专为美国特种部队开发的 MK23SOCOM 则主要是作为战斗武器而不是自卫武器，但美国特种部队所采用的冲锋枪却仍然是 9mm 口径的 MP5；在使用消声器时为达到效果常常需要用亚音速弹，但 9mm 亚音速弹的战斗性能不佳，而 45 毫米弹大多本身就是亚音速的；而且由于手枪和冲锋枪所用子弹不同，对后勤供应也造成不便，因此在执行特种作战任务时，希望冲锋枪也能改用 45 毫米弹。

但不仅在 HK 公司的冲锋枪中没有 .45 毫米口径的，在现役的冲锋枪中也根本没有适合拯救人质这一类的特种作战用的 45 毫米口径型号。

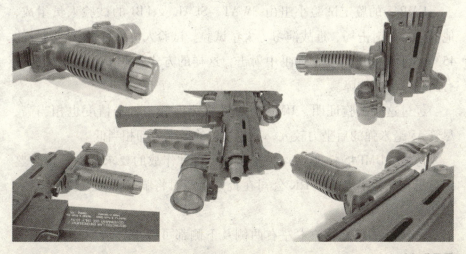

在这种背景下，HK 公司开发了全新的"45 毫米口径通用冲锋枪（简称 UMP45）"，并于 1998 年底交付试验。

和 G36 一样，UMP45 标志着 HK 公司在武器设计理念上的转变。UMP45 的研制应用了 G36 的一些设计，不仅外形相似，而且操作规程也相同。UMP45 的结构简单，并大量采用非金属材料，从而减轻了重量，降低了价格，但就保持了 HK 传统的优良性能和质量。

UMP45 的自动方式不再是 MP5 传统的半自由枪机式，而是采用自由式枪机，为了保证射击精度采用闭膛待击。另外，为便于连发时操枪和减小射弹散布，还安装了射速减速器，把射速限制在 580 发/分，在发射高压弹（＋P 弹）时，射速会提高到 700 发/分。

塑料制的直形弹匣容量为 25 发，比 MP5 少，这是因为 .45 毫米弹的直径比 9mm 弹大得多。另外还有设计有一种 10 发的短弹匣。枪管前端有一个凸爪，凸爪的设计与 MP5 不一样，但作用是一样的，是为了安装消声器或消焰器。

枪托向右折叠后，抛出的弹壳从枪托中的孔中抛出，与 G36 相似。枪的分解十分简单，也与 G36 相似，因为这是设计时刻意采用的一条原则。UMP45 的瞄具采用的是柱型准星和固定的觇孔式照门，简单实用，不过在试验中普遍反映瞄具的位置偏低。

UMP45 的鉴定试验小组由 SWAT、SEAL 及 FBI 的试验人员组成，他们进行了射击场、近战演习等大量试验。试验人员故意将不同型号的 45 毫米子弹装进同一个弹匣中射击，这样的方式发射了几百发后都没有出现过一次故障。

经过这些试验证明，UMP45 的可靠性很好，射击精度也相当高，尽管 45 毫米弹的后坐力较大，但连发时的后坐力却相当低。

总之，UMP45 性能优秀，完全符合特种作战的要求。不过作为鉴定意见，试验小组希望 HK 公司在批量生产时将瞄具的位置提高一些，以便能贴腮瞄准。

UMP45 的顶部、护木左右两侧及下侧都可以很方便地安装上 RIS

导轨，任何符合美国 MIL－STD－1913 军用标准的枪用辅助装置都可以安装在导轨上，如小握把、瞄准镜、战术灯、激光瞄准具等。因为 UMP45 根本就是为了美军特种部队设计的。

规格数据

口　径：45 毫米；

子弹数：25/100 发；

有效射程：600 米；

重　量：2.27kg；

弹　重：15.2g；

初速度：500 米/秒；

枪口动能：625 焦耳；

射　速：10 发/秒。

PP - 2000 式冲锋枪

概　述

当今的军事行动中，作战双方正规军的对垒已经很少见，更多的是小股的快速机动部队穿梭于山地、丛林或者城市的街巷之中。此时，滞留在军事行动区域内的平民会使任务变得更加复杂而艰巨。这种情况下，占有重型火力优势的空军和炮兵部队的远程打击往往鞭长莫及，难以奏效，真正担当重任的是步兵和轻武器。

目前装备的轻武器并不能完全适应这样的作战需求，尤其是近来日益高涨的反恐作战的需求。因此世界各国都在积极研究新式轻武器。俄罗斯轻武器界著名企业——图拉仪器设计局一直都在致力于军队以及执法、治安机构的武器装备研制工作。在其最近几年推出的新式产品中，有一款 PP - 2000 式冲锋枪尤为引人注目。

2004 年夏季，PP - 2000 式冲锋枪在巴黎举行的"2004 年军备展"上闪亮登场，随后该枪又出现在秋季的"2004 年莫斯科警用装备展"的展台上。PP - 2000 式冲锋枪的公开展出，引起了世界众多武器专家的极大兴趣。

设计理念

PP - 2000 式冲锋枪的整体设计十分简洁，零部件数目极少，外形紧凑，结构简单，擦拭、保养时可以很容易地将其分解、结合，而不需要借助任何专用工具。该枪体积相当小巧，几乎可以与现代的战斗手枪相媲美，其弹匣接口的设计也沿用了手枪的传统布局，即弹匣接口设在位于全枪质心位置处的握把下方，可以插入容弹量为20发或44发的两种弹匣。

该枪的握把体是一个将机匣与握把、扳机护圈做成整体的部件，采用高强度的工程塑料制成，这是该枪外观结构上不同寻常的地方之一。

采用工程塑料，一方面有利于减轻零部件的质量，提高零部件的工艺性，降低成本；另一方面工程塑料的耐腐蚀性较好，导热性也低，因而在天气寒冷的时候，握持工程塑料制成的握把不会觉得太冰手。

该枪扳机护圈的尺寸较为宽大，即使射手戴着厚手套依然可以操作自如，扳机护圈的前部还可以兼作前握把，以便于在必要时双手握持操控武器。

此外，PP-2000式冲锋枪机匣的后方还有一个用于安装备用弹匣的卡槽，将备用弹匣插入卡槽后即可兼作枪托使用，这是该枪在设计上的另一个独到之处，而这一设计早在2001年就取得了专利证书。

武器配用的弹药类型在很大程度上决定了武器的射击效能，也决定了武器的作战性能。能够通用国外的标准枪弹当然不错，但是当前单兵防护手段的不断升级对弹药穿甲性能的挑战是一个不能忽视的问题。

世界上大多数国家的军队装备体系都把防弹背心和防弹头盔列入其中，俄罗斯国内层出不穷的恐怖事件中，匪徒和叛军也大都具备最基本的个人防护装备，有的还很精良。

为了有效地打击有防护的单兵目标，PP-2000式冲锋枪的主用弹种是具有穿甲能力的7H31式9mm大威力重型防御枪弹，该弹也是图拉仪器设计局新研制的，不久前刚刚被列为俄罗斯军队和内务部的正式装备。

7H31 式防御枪弹在目前所有手枪弹中穿甲作用最强，能够击穿采用硬装甲防护的防弹背心，在对付车辆内的目标时也相当有效。其弹头在 90m 的射距上可以穿透厚度为 3mm 的钢板，在 50m 的射距上可以穿透厚度为 5mm 的钢板，在 15m 的射距上可以轻松地穿透厚度为 8mm 的钢板。

此外，PP－2000 式冲锋枪还可以发射西方国家使用较为广泛的 9mm 巴拉贝鲁姆手枪弹。

作战射击

在敌我双方短兵交接的突击作战中，拥有更强的火力密度和更好的火力持续性的武器将占有决胜的优势。PP－2000 式冲锋枪容弹量为 44 发的弹匣就是基于这种考虑而设计的，而且还可以将它插在枪身握把体后部的卡槽内充当枪托供抵肩射击使用。

虽然将弹匣作为枪托使用时的抵肩面有点小，但由于发射手枪弹的后坐冲击力并不是很大，因而不会令射手感到不适。而在需要隐藏携带武器的时候，为了减小全枪的外形尺寸，可以取下充当枪托的大容量弹匣，并采用尺寸较小的、容弹量为 20 发的弹匣供弹。

此时，完全可以像使用手枪那样，单手或者双手握持武器进行连发射击。这两种规格的弹匣都是 PP－2000 式冲锋枪出厂时的标准配置。

连发射击时的精度和效果与武器的理论射速有一定的关系：理论射速越高，武器的跳动越大，精度和射击效果也就越差。特别是对质量较小的冲锋枪和自动手枪而言，连发射击的速度对射击密集度和武器可控性的影响更大。

大多数冲锋枪和自动手枪由于受外形尺寸的制约，自动机的运动行程较短，所以理论射速都比较高，如 HKMP5K 和斯太尔 TMP 冲锋枪的射速约为 900 发/分，微型乌齐冲锋枪的射速为 1250 发/分，甚至还有理论射速高达 1300 发/分的格洛克 18 自动手枪。

因此，只有极少数经验丰富的优秀射手才能很好地驾驭这类武器。如果对理论射速不加以控制的话，无疑将会无谓地增加弹药的耗费。

虽然 PP-2000 式冲锋枪的长度尺寸非常小，但由于它采用了独创的减速机构，将武器的理论射速控制在 600 发/分钟左右，因此该枪在连发射击时能够保证很好的射击密集度和可控性。实际射击证明，即使是一个初学射击的射手使用 PP-2000 式冲锋枪也可以很轻松地将 2~3 发点射打得很好。

结构特征

PP-2000 式冲锋枪的瞄准装置采用传统的准星与翻转式照门，翻转式照门的两档分别对应 100m 和 200m 的射距。在枪身上方、照门后面的位置设有燕尾式导轨，可供加装各种光学瞄具以及激光指示器。

快慢机位于机匣左侧、握把的后上方位置，可以在单手持枪时，用持枪手的大拇指完成保险和单、连发的选择操作。PP-2000 式冲锋枪的拉机柄位于枪管上方，可以向左或者向右转出后再拉动，使用后松开又会回到与枪管平行的位置，因而不会增加全枪的横向尺寸。弹匣扣位于握把上方，左、右两侧均可以操作。

减少可能导致暴露的因素，是在任何条件下使用射击武器都应注意的问题，这一点对特种武器来说尤为重要。枪口火焰不仅会暴露射手的位置，在夜间作战的时候还会影响射手的视线，干扰观察和瞄准射击。

因此，PP-2000 式冲锋枪的枪口设置了圆锥狭缝组合消焰器，当然还可以加装消声器，进一步减小枪口焰、枪口噪声。若使用配装了消声器的 PP-2000 式冲锋枪发射亚音速弹，可最大限度地降低枪口噪声；若发射超音速弹，其消声效果也完全能够满足战术使用的要求。

PP-2000 式冲锋枪的瞄准装置采用传统的准星与翻转式照门，翻转式照门的两档分别对应 100m 和 200m 的射距。在枪身上方、照门后面的位置设有燕尾式导轨，可供加装各种光学瞄具以及激光指示器。

JS9mm 冲锋枪

JS9mm 冲锋枪沿袭了05式冲锋枪的设计风格，采用无托结构，自由枪机式自动方式和惯性闭锁机构。该枪没有使用05式冲锋枪的4排弹匣设计，主要因为9mm 手枪弹比5.8mm 手枪弹的弹径大得多，如果采用4排弹匣，弹匣尺寸偏太，造成全枪横向尺寸过大。

另一个需要考虑的问题是，4排弹匣的供弹可靠性问题，虽然05式5.8mm 微声冲锋枪的4排弹匣已经通过国家靶场的试验完成设计定型，但是弹匣尺寸太大会导致弹匣壁的强度出现问题，弹匣在受冲击的情况下容易变形，严重影响供弹的可靠性，如果增加弹匣壁厚度来提高强匣的强度，弹匣的重量也将大大增加。所以JS9mm 冲锋枪采用了传统的双排弧形弹匣。

JS9mm 冲锋枪设置了3套保险装置，分别是快慢机保险、握把保险和不到位保险。快慢机有3个位置，位置"1"表示单发发射，位置"2"表示连发发射，位置"0"表示保险状态。握把保险采用了旋转式握把保险机构。不到位保险主要是考虑到射击时首发装填的安全性问题而设置的，当枪机前进不到位时，不能完成击发动作。

JS9mm 冲锋枪的消声器也是采用与05式微声冲锋枪相同的消声碗原理，在测试中，05式微声冲锋枪的噪声比85式微声冲锋枪要低几个分贝，但JS9mm 冲锋枪的噪声却比85式微声冲锋枪高出大约5个分贝，消声指标尚未达到设计要求，目前设计师们仍在寻找解决问题的方法。

不过05式微声冲锋枪发射的是专用亚音速弹，而JS9mm 冲锋枪发射的是 DAP92式9mm 普通弹，初速超过音速，弹头飞行时在空气中产生激波是造成噪声过大的主要原因。

消声器与枪管之间采用细牙螺纹联接，这样联接的好处在于能更好地保证两者之间的同轴度。另外消声器在消声的同时还起到膛口制退的作用。射击时，消声器受到火药燃气前推的力，消声器会沿螺纹方向转动，因此在消声器与枪管联接处设置了消声器限位卡笋，以防止消声器转动。

JS9mm 冲锋枪的瞄准具座由于采用了皮卡汀尼导轨，因而可以加装各种光学瞄具，包括白光瞄准镜、微光瞄准镜及红外夜视瞄准镜。该枪的机械瞄具颇有意思，在 100m 距离上采用觇孔式照门，在 150m 距离上采用缺口式照门，机械瞄具上留有夜间瞄准用的氚光管孔，但至今样枪都未安装氚光管。

有文章指国内尚未能生产出氚光管，目前尚不清楚国内的氚光管研制到达什么程度，将来出口时氚光瞄具是否会外包给国外的公司？

JS9mm 冲锋枪采用活动式拉机柄。拉机柄依靠上机匣盖的开口作为导引，向后拉拉机柄，推动枪机框导杆尾端，压缩复进簧到位后，释放拉机柄，枪机在复进簧作用下推弹上膛、闭锁，完成首发装填，拉机柄依靠簧力卡在上机匣盖上，不随枪机运动。这种结构与固定式拉机柄相比较有两点好处：一是避免了拉机柄随枪机运动过程中对射手造成伤害；二是减少了枪机在运动过程中，附件对其运动稳定性的影响。

JS9mm 冲锋枪分解结合时不需要专用工具。握把中部为空心结构，可以放置小型附件。由于目前尚在样枪试制阶段，因此该样枪的塑料件都是采用机械加工而成，所以表面质量较差。如果设计定型且获得订单的话，就可以开模进行批量生产，这样表面质量会有很大改善。

另外一个奇怪的地方是，05 式冲锋枪的快慢机在枪身左侧，右手拇指能方便地操作，而 JS9mm 冲锋枪却是在枪身右侧，这样操作起来就不够方便。如果是针对出口市场的话，建议左右两侧都应该有快慢机。另外一个建议是增大扳机护圈，采用类似 95 式自动步枪或俄罗斯的 PP－2000 那样的设计，使扳机护圈兼作前握把时握持更牢固。

全枪长（不含消声器）　　450mm；

空枪重　不含消声器　2kg；

含消声器　2.4kg；

弹匣容量　20/30 发。

PPD40 冲锋枪

基本简介

PPD（"波波德"）冲锋枪是苏联著名轻武器设计师杰格佳廖夫于1934 年设计的。1935 年，该枪正式被红军采用并命名为 PPD34。该枪产量较少，主要供内务人民委员会部队边境警卫使用。

1938 年，经过少许改进（主要为采用 71 发弹鼓），该枪改名为 PPD34/38，并一直生产到 1939 年。在经历苏芬战争后，新的 PPD 型号被迅速开发出来，其在外形上最大的变化就是护木在弹鼓处分为两段，这就是 PPD40。

1941 年苏德战争爆发，红军很快发现 PPD40 并不适合战时快速生产，于是其很快其就被更有效但更便宜的 PPSh41（即著名的"波波莎"）代替。

PPD34 的设计主要参照了德国 MP28 II 冲锋枪，并无特别之处。所有型号的 PPD 冲锋枪均为气体反冲式原理，开膛待机。枪械标尺上的参数非常特殊，为 500 米。该枪可以半自动或全自动射击。

规格数据

全枪长：788 毫米；

枪管长：279 毫米；

射　速：800 发/分（PPD34）；

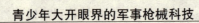

　　　　900~1000 发／分（PPD40）；

弹　药：7.62x25mm 托卡列夫手枪弹；

枪　重：空枪 3.23 公斤；使用 25 发弹夹 3.66 公斤；

使用 71 发弹鼓 5.4 公斤；

弹仓：71 发弹鼓（PPD34 使用 25 发弹夹）；

有效射程：200 米。